先进复合材料加工技术与实例

XIANJIN FUHE CAILIAO JIAGONG JISHU YU SHILI

辛志杰　编著

化学工业出版社

·北京·

先进复合材料是航空航天、国防工业、交通运输、能源及环保等诸多领域的关键材料，其应用范围不断扩大。本书主要介绍复合材料的分类、先进复合材料的性能、复合材料切削加工的特点，以及复合材料的原材料及其性能结构、复合材料的强韧性与界面行为特征等内容。

全书针对金属基复合材料、陶瓷基复合材料、聚合物基复合材料以及碳/碳复合材料，分别从其制造工艺、性能及应用、切削加工技术等方面进行了详细分析及论述，列举了大量复合材料加工、切削加工技术与实例。此外，本书还对复合材料切削加工所用刀具进行了详细分析，重点介绍了大量复合材料高效加工的孔用刀具、铣削加工刀具、车削加工刀具以及类金刚石涂层刀具等最新技术进展与实例。

本书可供广大从事复合材料生产、制造、加工等方面的工程科技人员参考，也可供广大从事机械工程及相关专业工程技术人员使用，还可供相关专业的在校师生作为教学、科研方面的参考书使用。

图书在版编目（CIP）数据

先进复合材料加工技术与实例/辛志杰编著. —北京：化学工业出版社，2015.6（2019.2重印）
ISBN 978-7-122-23871-9

Ⅰ.①先… Ⅱ.①辛… Ⅲ.①复合材料-加工
Ⅳ.①TB33

中国版本图书馆CIP数据核字（2015）第093795号

责任编辑：朱 彤　　文字编辑：王 琪
责任校对：王素芹　　装帧设计：刘丽华

出版发行：化学工业出版社（北京市东城区青年湖南街13号 邮政编码100011）
印　　装：北京虎彩文化传播有限公司
787mm×1092mm 1/16 印张13¼ 字数354千字 2019年2月北京第1版第2次印刷

购书咨询：010-64518888　　售后服务：010-64518899
网　　址：http://www.cip.com.cn
凡购买本书，如有缺损质量问题，本社销售中心负责调换。

定　　价：59.00元

前言

复合材料是新材料领域的重要组成部分，已成为新材料领域的重要主导材料。先进复合材料是航空航天、国防工业、交通运输、能源及环保等诸多领域的关键材料之一，是发展现代工业、国防和科学技术不可缺少的基础材料，也是新技术革命赖以发展的重要物质基础。

与传统材料相比，复合材料具有可设计性强、比强度和比模量高、抗疲劳断裂性能好、结构功能一体化等一系列优越性能，是其他材料难以替代的功能材料和结构材料。然而，复合材料的发展与应用还有许多制约因素，其中切削加工难度大是其主要因素之一。虽然复合材料零部件多数为直接成型工艺制成，然而，许多还离不开切削加工。例如，金属基复合材料在加工过程中，存在切削力大、散热条件差、刀具磨损严重、切削效率低等严重问题，造成该类材料目前的应用范围与其优异性能所具有的应用潜力并不相称，因此，对复合材料切削加工问题进行广泛而深入的研究迫在眉睫。

本书主要介绍复合材料的分类、先进复合材料的性能、复合材料切削加工的特点，以及复合材料的原材料及其性能结构、复合材料的强韧性与界面行为特征等内容。全书针对金属基复合材料、陶瓷基复合材料、聚合物基复合材料以及碳/碳复合材料，分别从其制造工艺、性能及应用、切削加工技术等方面进行了详细分析及论述，列举了大量复合材料加工、切削加工技术与实例。此外，本书还对复合材料切削加工所用刀具进行了详细分析，重点介绍了大量复合材料高效加工的孔用刀具、铣削加工刀具、车削加工刀具以及类金刚石涂层刀具等最新技术进展与实例。

总之，本书针对先进复合材料加工技术进行了详细分析和阐述，涵盖面广，内容丰富、实用。本书可供广大从事复合材料生产、制造、加工等方面的工程科技人员参考，也可供广大从事机械工程及相关专业工程技术人员使用，还可供相关专业的在校师生作为教学、科研方面的参考书使用。

本书第1～5章、第8章由辛志杰编写，第6章由辛志杰和庞俊忠共同编写，第7章由庞俊忠编写。此外，凌杰、张锦、李春光、潘杰、彭星等参加了书稿整理和配图工作，在此一并表示感谢！

由于编者水平和时间有限，疏漏之处在所难免，敬请各位读者批评和指正。

编著者

2015年4月

目录

第1章 先进复合材料加工技术概述

1.1 先进复合材料概述

材料、能源和信息技术是当前国际公认的新技术革命的三大支柱，一个国家材料的品种、数量和质量，已成为衡量该国科学技术、国民经济水平和国防力量的重要标志。现代科学的发展和技术的进步，对于材料性能的要求日益提高，希望材料既具有某些特殊性能，又具有良好的综合性能。长期以来，人类不断地研究改进原有材料，研究出许多新的材料，并且积累了丰富的应用经验。但发现所使用的任何一种单一材料尽管有其若干突出的优点，但在一定程度上存在一些明显的缺点，很难满足人类对各种综合指标的要求。因此，采用人工设计和合成的当代新型工程材料应运而生。人类发现将两种或两种以上的单一材料，采用复合的方式可制成新的材料，这些新的材料利用其特有的复合效应，进行优化设计，保留了原有组分材料的优点，克服或弥补了缺点，并且显示出一些新的性能，这就是复合材料。

目前，随着复合材料制作工艺日益成熟，原材料来源丰富、成本下降、可靠性提高，越来越多地取代传统金属材料，我们已经进入了复合材料时代。材料是人类文明发展的里程碑，从天然材料、冶金材料、合成材料到复合材料，可以说材料科学是现代科技进步的基础、支柱和先导。随着现代高技术的迅猛发展，特别是国内外航空航天领域的发展，材料的使用环境越来越恶劣，对材料的要求也越来越苛刻。新材料技术是为了满足高技术发展需求而开发的高性能新型材料。复合化是新材料的重要发展方向，也是新材料最具生命力的分支之一，复合材料已经发展成为与金属材料、无机非金属材料、高分子材料并列的四大材料体系之一。

20 世纪以来，高度成熟的钢铁工业已成为现代工业的重要支柱，在已使用的结构材料中，钢铁材料占一半以上，随着宇航、导弹、原子能等现代科学技术和工业的飞速发展，现有的钢铁和有色合金材料已很难满足需求，这就对材料提出了质量小、功能多、价格低等要求。与此同时，人类已掌握了丰富的知识和生产技能，在新材料的研制方面取得了巨大的成就。

复合材料具有原组成材料所不具备的，并且能满足实际需要的特殊性能和综合性能，同时有很强的可设计性。采用复合的方式在一定程度上是研究新材料的捷径，使材料研究逐步摆脱靠经验和摸索的方法研制材料的轨道，向着按预定性能设计新材料的方向发展。

自然界中存在许多天然的“复合材料”。例如，树木和竹子是纤维素和木质素的复合体；动物骨骼则由无机磷酸盐和蛋白质胶原复合而成。人类很早就接触和使用各种天然的复合材料，并且效仿自然界制作复合材料。例如，世界闻名的传统工艺品漆器就是由麻纤维和土漆复合而成的，至今已有四千多年的历史。纵观复合材料的发展历史，复合材料的发展大致可以分为早期复合材料和现代复合材料两个阶段。早期复合材料，由于性能相对比较低、生产量大、使用面广，也称为常用复合材料。现代复合材料是材料发展中合成材料时期的产物。学术界开始使用“复合材料”（composite materials，CM）一词大约是在 20 世纪 40 年代，当时出现了玻璃纤维增强不饱和聚酯树脂，并且在第二次世界大战中被美国空军用于制造飞机构件，开辟了现代复合材料的新纪元。后来随着高技术发展的需要，在此基础上又发展出高性能的先进复合材料。材料科学家们认为，就世界范围而论，1940～1960年玻璃纤维和合成树脂大量商品化生产，玻璃纤维复合材料发展成为具有工程意义的材料，同时相应地开展了与之有关的科研工作，至20世纪60年代，在技术上趋于成熟，在许多领域开始取代金属材料，称为复合材料发展的第一代。20世纪60年代后陆续开发出多种高性能纤维。20世纪80年代后，进入高性能复合材料的发展阶段。1960～1980年是先进复合材料飞速发展的时期，被称为复合材料发展的第二代。1960～1965年英国研制出碳纤维，1971年美国杜邦公司开发出Kevlar49。1980～1990年是纤维增强金属基复合材料的时代，其中以铝基复合材料的应用最为广泛，这一时期是复合材料发展的第三代。1990年以后则被认为是复合材料发展的第四代，主要发展多功能复合材料，如机敏（智能）复合材料和梯度功能材料等。随着新型复合材料的不断涌现，复合材料不仅应用在导弹、火箭、人造卫星等尖端工业中，在航空、汽车、造船、建筑、电子、桥梁、机械、医疗和体育等各个领域也都得到应用。

1.2 复合材料的分类

根据国际标准化组织（ISO）的定义，复合材料是由物理或化学性质不同的有机高分子、金属或无机非金属等两种或两种以上材料经一定的复合工艺制造出来的一种新型材料。从定义出发，决定复合材料性能和质量的主要因素是：原材料组分的性能和质量；原材料组分的比例及复合工艺；复合材料的界面粘接及处理。

复合材料组成之间的复合模式主要分为宏观复合和细观复合两种。宏观复合主要是指两层以上不同材料之间发生的叠合（也称为层合）。从某种意义上讲，这种叠合复合材料实际上是一种复合结构，如铝合金薄板和碳纤维或玻璃纤维复合材料薄片的叠合等，主要按结构形式分类。细观复合是指一种或几种制成细微形状的材料均匀分散于另一种连续材料中，前者称为分散相，后者称为连续相。通常按连续相的性质和按分散相的形状、性质分类，可通过对原材料的选择、各组分分布的设计和工艺条件的设计等，使它既能保留原组成材料的主要特色，又能通过复合效应获得原组分所不具备的性能，原组分材料性能互相补充并彼此关联，因而呈现了出色的综合性能，与一般材料的简单混合有本质的区别。

复合材料在世界各国还没有统一的名称和命名方法，比较共同的趋势是根据增强体和基体的名称来分类。当强调基体时，以基体材料的名称为主，如树脂基复合材料、金属基复合材料、陶瓷基复合材料等；当强调增强体时，以增强体的名称为主，如玻璃纤维增强复合材料、碳纤维增强复合材料、陶瓷颗粒增强复合材料等；也可以基体材料名称与增强体名称并用，这种命名方法常用以表示某一种具体的复合材料，习惯上把增强体的名称放在前面，基体材料的名称放在后面，如玻璃纤维增强环氧树脂复合材料，或简称为玻璃纤维/环氧树脂复合材料，或玻璃纤维/环氧，而我国则常把这类复合材料通称为“玻璃钢”。

国外还常用英文编号来表示，如MMC（metal matrix composite）表示金属基复合材料，FRP（fiber reinforced plastics）表示纤维增强塑料，而玻璃纤维/环氧树脂则可表示为GF/Epoxy，或G/E_p（$G\text{-}E_p$）。

复合材料一般由基体与增强体或功能组元组成，依据金属材料、无机非金属材料和有机高分子材料等的不同组合，可构成各种不同的复合材料体系，所以其分类方法也较多。如根据复合过程的性质分类，复合材料可分为自然复合材料、物理复合材料和化学复合材料；按性能高低分类，复合材料可分为常用复合材料和先进复合材料，后者主要由碳纤维、芳纶纤维、陶瓷纤维和晶须等高性能增强体与耐高温的高聚物、金属、陶瓷和碳（石墨）等构成，通常用于各种高技术领域中，用量少而性能要求高。

(1) 按用途分类 复合材料按用途可分为结构复合材料和功能复合材料。对于结构复合材料，是由能承受载荷的增强体组元与基体组元构成的，主要用于承力和次承力结构，通常增强体承担结构使用中的各种载荷，基体则起到粘接增强体予以赋形并传递应力和增韧的作用。要求它质量小，强度和刚度高，而且能耐受一定温度，在某种情况下还要求有膨胀系数小、绝热性能好或耐介质腐蚀等性能。

功能复合材料目前正处于发展的起步阶段，具备非常优越的发展基础。功能复合材料是指除力学性能以外还提供其他物理性能的复合材料，是由功能体（提供物理性能的基本组成单元）和基体组成的。基体除了起赋形的作用外，在某些情况下还能起到协同和辅助的作用。功能复合材料品种繁多，包括具有电、磁、光、热、声、机械（指阻尼、摩擦）等功能作用的各种材料。目前结构复合材料占绝大多数，但已有不少功能复合材料付之应用，而且有广阔的发展前途。

(2) 按基体类型分类 复合材料所用基体主要是有机聚合物、金属、陶瓷、水泥及碳（石墨），常用复合材料按基体类型分类如图 1.1 所示。

(3) 按增强体形式分类 复合材料通常也可以按增强体形式分类，如颗粒增强型、纤维增强型、晶须增强型、片材增强型和层叠式复合材料，如图 1.2 所示。其中短纤维在复合材料中的排列方式又有随机排列和定向排列之分；按纤维的种类，可分为玻璃纤维增强、碳纤维增强、芳纶纤维增强、氧化铝纤维增强、氧化锆纤维增强、石英纤维增强、钛酸钾纤维增强和金属丝增强等；而按金属丝的种类，又可分为钨丝增强、铜丝增强、不锈钢丝增强等；按增强作用的机制，增强颗粒复合材料也可分为弥散增强型和颗粒增强型两类；按层压板增强材料的不同，可分为纸纤维层压板、布纤维层压板、木质纤维层压板、石棉纤维层压板等。

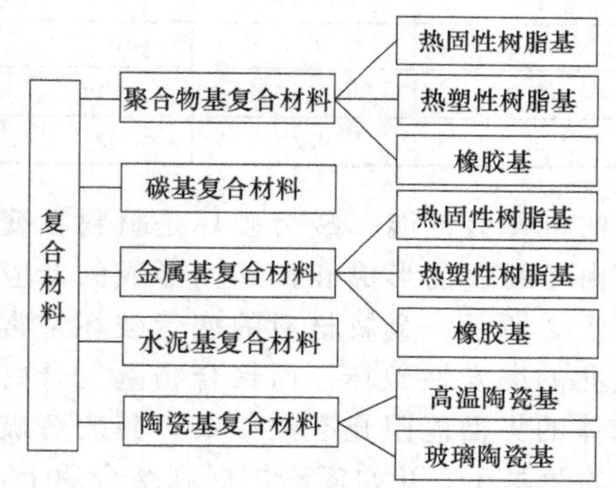

图 1.1 常用复合材料按基体类型分类

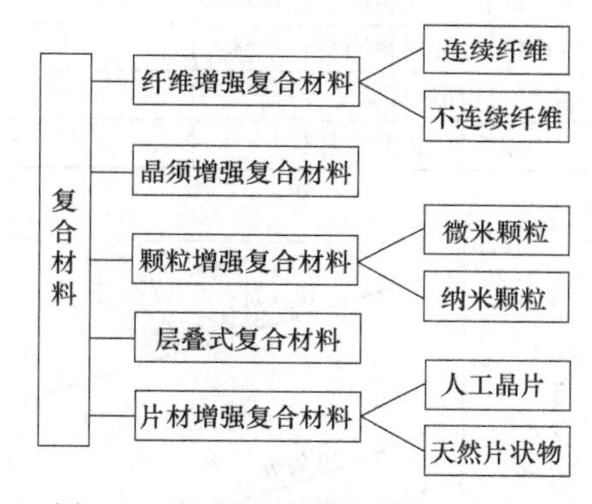

图 1.2 复合材料按增强体形式分类

1.3 先进复合材料的性能

复合材料是由有机高分子、无机非金属或金属等几种不同物理、化学性质的材料，通过复合工艺，以微观、细观或宏观等不同的结构尺度与层次，经过复杂的空间组合而形成的新的材料系统。它与一般材料的简单混合有本质区别，可以通过材料设计使原组分的性能相互补充并彼此关联，从而获得更优越的性能，既保留原组成材料的重要特色，又通过复合效应获得原组分所不具备的性能。

先进复合材料是指用高性能纤维、织物、晶须等增强基体材料所制成的高级材料。通常增强基体有碳纤维、碳化硅纤维、氧化铝纤维、硼纤维、芳纶纤维、高密度聚乙烯纤维等高性能增强材料；先进复合材料具有高比强度、高比模量和性能可设计等特点，能有效地减小导弹和航天器的结构质量，并且赋予某些特殊功能（如防热、吸波等），是用于飞机、火箭、卫星、飞船等现代航空航天飞行器的理想材料，也是当今航天新材料研究和发展的重点。先进复合材料的使用，不仅极大地提高了现代飞行器的性能，使得人类飞天、登月的梦想变成现实，同时也创造了巨大的经济效益。先进复合材料的性能优越性主要表现为以下几点。

（1）复合效应　克服单一材料的缺点，具有高强度、高韧性、适中的弹性模量等。复合材料既是一种材料，又是一种结构，其结构可根据需要进行设计，易于实现结构与功能一体化。

（2）比强度与比模量高　比强度和比模量是用来衡量材料承载能力的性能指标。比强度越高，同一零件的自重越小；比模量越高，零件的刚性越大。复合材料的突出优点是比强度和比模量高，有利于材料的减小质量。表 1.1 为几种金属和复合材料的比强度和比模量值。先进复合材料的力学性能呈现轻质高强的特征，其比强度和比模量都比钢和铝合金高出许多。例如，玻璃纤维增强树脂基复合材料的密度为 2.0 g/cm^3，只有普通碳钢的 1/5～1/4，约为铝合金的 2/3，而拉伸强度却超过普通碳钢的拉伸强度，这是现有其他任何材料所不能比拟的。

表 1.1　几种金属和复合材料的比强度和比模量值

材料	密度/(g/cm^3)	拉伸强度 /×10^{3}MPa	弹性模量 /×10^{5}MPa	比强度 /×10^{7}cm	比模量 /×10^{9}cm
钢	7.8	1.03	2.1	0.13	0.27
铝合金	2.8	0.47	0.75	0.17	0.26
钛合金	4.5	0.96	1.14	0.21	0.25
玻璃纤维增强树脂基复合材料	2.0	1.06	0.4	0.53	0.20
碳纤维Ⅰ/环氧树脂复合材料	1.6	1.07	2.4	0.67	1.5
碳纤维Ⅱ/环氧树脂复合材料	1.45	1.50	1.4	1.03	0.97
有机纤维/环氧树脂复合材料	1.4	1.4	0.8	1.0	0.57
硼纤维/环氧树脂复合材料	2.1	1.38	2.1	0.66	1.0
硼纤维/铝复合材料	2.65	1.0	2.0	0.38	0.57

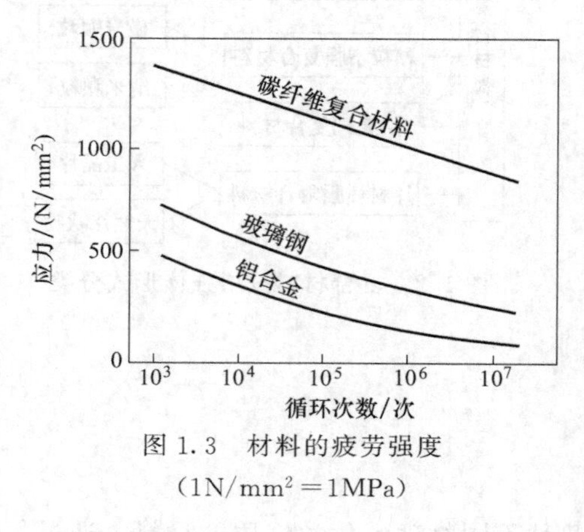

图 1.3　材料的疲劳强度
（1N/mm^2＝1MPa）

（3）良好的抗疲劳性能　疲劳破坏是材料在变载荷作用下，由于裂缝的形成和扩展而形成的低应力破坏，如图 1.3 所示。金属材料的疲劳破坏常常是没有任何预兆的突发性破坏。而聚合物基复合材料中纤维与基体的界面能阻止裂纹扩展，其疲劳破坏总是从纤维的薄弱环节开始逐渐扩展到结合面上，因此，破坏前有明显的预兆，不像金属那样来得突然。大多数金属材料的疲劳强度极限是其拉伸强度的 40%～50%，而碳纤维增强聚酯树脂复合材料则达70%～80%。

（4）耐腐蚀性能好　很多复合材料都能耐酸、碱腐蚀，如玻璃纤维增强酚醛树脂复合材料，在含氯离子的酸性介质中能长期使用，可用来制造耐硫酸、盐酸的化工管道、泵、容器、搅拌器等设备；而用耐碱玻璃纤维或碳纤维构成的复合材料能在强碱介质中使用，在苛刻环境条件下也不会腐蚀。复合材料耐化学腐蚀的优点使其可以广泛用在沿海或海上的军用、民用工程中。

（5）减振性能好　受力结构的自振频率除与结构本身形状有关外，还与材料的比模量的平方根成正比。复合材料比模量高，故具有高的自振频率，避免了工作状态下共振而引起的早期破坏。同时，复合材料界面具有较好的吸振能力，使材料的振动阻尼高，减振性好。根据对相同形状和尺寸的梁进行的试验可知，轻金属合金梁需 9s 才能停止振动，而碳纤维复合材料梁只需 2.5s 就会停止同样大小的振动。

(6) 良好的高温性能　聚合物基复合材料可以制成具有较高比热容、熔融热和气化热的材料，以吸收高温烧蚀时的大量热能。碳化硅纤维、氧化铝纤维与陶瓷复合，在空气中能耐 1200～1400℃高温，要比所有超高温合金的耐热性高出 100℃以上。同时，增强纤维、晶须、颗粒在高温下又都具有很高的高温强度和模量，并且在复合材料中起着主要承载作用，纤维强度在高温下基本不下降，所以纤维增强金属基复合材料的高温性能可保持到接近金属熔点，并且比金属基体的高温性能高许多。如钨丝增强耐热合金，其 1100℃、100h 高温持久强度仍为 207MPa，而基体合金的高温持久强度只有 48MPa。

(7) 良好的导电和导热性能　金属基复合材料中金属基体占有很高的比例，一般在 60%（体积分数）以上，因此仍保持金属所具有的良好导热性和导电性，可以使局部的高温热源和集中电荷很快扩散消失，减少构件受热后产生的温度梯度。良好的导电性可以防止飞行器构件产生静电聚集的问题，有利于解决热气流冲击和雷击问题；为解决高集成度电子器件的散热问题，也可以在金属基复合材料中添加高导热性的增强物，进一步提高其热导率。

(8) 耐磨性能好　复合材料具有良好的耐摩擦性能。例如，金属基体中加入了大量高硬度、化学性能稳定的陶瓷纤维、晶须、增强颗粒，不仅提高了基体的强度和刚度，也提高了复合材料的硬度和耐磨性。复合材料的高耐磨性在汽车、机械工业中有很广的应用前景，可用于汽车发动机、刹车盘、活塞等重要零件，能明显提高零件的性能和寿命。

(9) 大面积整体成型　采用共固化/共胶接等手段，可进行大面积整体成型。可以减少零件数目、连接件数目，减小质量，降低装配成本，增加可靠性，易于实现大型结构件的融合体布局，从而降低成本。

需要说明的是，对于不同的复合材料仍存在着许多优异的性能。例如，玻璃纤维增强塑料是一种优良的电气绝缘材料；有些复合材料中有大量增强纤维，当材料过载而有少数纤维断裂时，载荷会迅速重新分配到未破坏的纤维上，使整个构件在短期内不至于失去承载能力，有效地保证了过载时的安全性；作为增强物的碳纤维、碳化硅纤维、晶须、硼纤维等均具有很小的热膨胀系数，又具有很高的模量，尤其是石墨纤维只有负的热膨胀系数，可以保证复合材料的热膨胀系数小，具备良好的尺寸稳定性；而有些功能性复合材料具备特殊的光学、电学、磁学特性。

1.4 先进复合材料的研发动态

(1) 先进树脂基复合材料　先进树脂基复合材料是以高性能树脂为基体，高性能连续纤维等为增强材料，通过一定的复合工艺制备而成，是具有明显优于原组分性能的新型材料。与传统的钢、铝合金结构材料相比，它的密度约为钢的 1/5，铝合金的 1/2，而且比强度与比模量远高于二者。

先进树脂基复合材料常用的增强纤维包括碳纤维和其他高性能有机纤维，目前应用得最多和最重要的是碳纤维，其典型代表是环氧树脂基碳纤维复合材料。经过多年的使用验证，环氧树脂基体具有综合性能优异、工艺性能良好、价格低等诸多优点。为了提高先进树脂基复合材料的使用性能，在环氧（EP）的基础上，研究人员开发出了双马来酰亚胺（BMI）基和耐高温聚酰亚胺（PI）基等复合材料。与此同时，先进树脂基复合材料的成型技术也得到了发展。表 1.2 是一些常用的树脂基复合材料的成型技术特点和应用。

表 1.2 树脂基复合材料的成型技术特点和应用

成型技术	特点和应用
热压罐/真空袋	适于制备各种大尺寸、形状和结构复杂的复合材料构件，如整体厚壁板、加筋壁板、双曲度加筋壁板、骨架和蒙皮的整体结构等
纤维缠绕	适于制造各种复合材料管材、旋转体形状复合材料构件，如火箭发动机壳体、各种压力瓶、雷达罩、小型火箭等
RTM	适于制造各种精度要求高、内外表面光滑、不希望再加工的制件，如高性能机头雷达罩、各种形状的复合材料构件
模压	机械化程度高、生产效率高、制件重现性好。适于制造尺寸精确、表面光洁、无毛边、不希望进行再加工的中小型制件和先进热塑性复合材料
拉挤	连续生产、效率高、制品长度不受限制。适于制备断面复杂、厚度可变但宽度不变或断面形状可变但断面面积不变的制品及各种复合材料型材。产品具有较明显的方向性

(2) 金属基复合材料　航空航天领域所用到的金属基复合材料主要是指以 Al、Mg、Ti 等轻金属为基体，以高强度的第二相为增强体的复合材料。这类材料具有优良的导电性能、导热性能、耐高温性能、横向性能、低消耗和优良的可加工性能。尤其是纤维增强钛基复合材料，是先进航空承力部件的候选材料。凭借密度小、比刚度和比强度高、耐温性好等优点，碳化硅纤维增强的钛基复合材料在压气机叶片、整体叶环、盘、轴、机匣、传动杆等部件上已经得到了广泛应用。

(3) 陶瓷基复合材料　陶瓷基复合材料使陶瓷材料的韧性大大改善，同时其强度、模量有了提高。目前连续纤维增强陶瓷基复合材料是一个主要的发展方向，它具有密度小、比模量高、比强度高、热力学性能和抗热震冲击性能好等一系列优点，而且具有更高的断裂韧性及断裂功、完全的非脆性破坏形式、优异的耐烧蚀性能或者绝热性能，是未来航天科技发展的关键支撑材料之一，如碳纤维增强陶瓷（C_f/Si_3N_4、C_f/SiC、C_f/SiO_2、C_f/Al_2O_3）以及陶瓷纤维增强陶瓷（SiC_f/SiO_2、Al_2O_3/SiO_2）等。

(4) 碳/碳复合材料　碳/碳复合材料是以碳为基体，由碳纤维或其制品（碳毡或碳布）增强的一种复合材料。它兼有碳的惰性和碳纤维的高强度，具有热膨胀系数小、热导率较低、抗热冲击性能好、耐烧蚀性能好和耐含固体微粒燃气的冲刷等一系列的优异性能，而且其质量小，比强度和比弹性模量都很高，更重要的是这种材料在惰性环境下随着温度的升高（可达2200℃）其强度不降低，甚至比室温条件下还高，这些都是其他材料无法比拟的。

制备碳/碳复合材料最关键的技术是坯体致密化，碳/碳复合材料的致密工艺一般采用化学气相渗透（CVI）或者液态树脂沥青浸渍、碳化的方法。碳化的方法有中压碳化和高压碳化，高温处理的方法有充气保护石墨化和真空石墨化。以上的这些方法可以交叉使用和循环使用，从而达到预定的致密化的密度指标。

1.5 先进复合材料的应用

先进复合材料具有优异的耐腐蚀性、高强度与抗冲击性，使其在航空航天、建筑、防腐等领域广泛应用。近年来，复合材料的应用领域更加广阔，在汽车、新能源、桥梁、建筑等市场大显身手。例如，在航空航天领域，由于复合材料热稳定性好，比强度、比刚度高，可用于制造飞机机翼和前机身、卫星天线及其支撑结构、太阳能电池翼和外壳、大型运载火箭壳体、发动机壳体、航天飞机结构件等。在汽车工业，由于复合材料具有特殊的振动阻尼特性，可减振和降低噪声、抗疲劳性能好，损伤后易修理，便于整体成型，故可用于制造汽车车身、受力构件、传动轴、发动机架及其内部构件。

此外，在化工、纺织和机械制造领域，有良好耐腐蚀性的碳纤维与树脂基体复合而成的材料，可用于制造化工设备、纺织机、造纸机、复印机、高速机床、精密仪器等。同时，碳纤维复合材料具有优异的力学性能和不吸收X射线特性，可用于制造医用X射线机和矫形支架等。碳纤维复合材料还具有生物组织相容性和血液相容性，在生物环境下稳定性好，也用于生物医学材料。复合材料还应用于制造体育运动器件和用于建筑材料等。在高载荷结构如桥梁上使用复合材料，满足了桥梁自身结构更轻巧的需求，从而实现制造和施工更便捷、使用寿命更长，对环境影响也更小。利用复合材料制造的桥梁对环境的影响远低于混凝土桥，仅为钢铁桥梁的1/3。同时，复合材料因其质量小、刚度好且为环保型产品，将在建筑和基础设施行业有巨大的发展潜力，是风能等更清洁、更可持续发展能源的基础材料。

1.6 先进复合材料的切削加工特点

先进复合材料因具有轻质、高比强度、高比模量等优良特性在许多领域已取代金属材料获得广泛的应用。在过去几十年里，复合材料已大量应用于航天、航空和造船等工业，而且这种趋势仍在继续。这些材料成型后大都需要机械加工来获得所需的尺寸精度，但由于复合材料具有硬度高、强度大、导热性差、各向异性以及离散性等特点，属于难加工材料。

纤维增强树脂基复合材料的加工有一定难度，但难度尚不大，硬颗粒增强金属基复合材料的切削加工难度很大。主要问题是刀具急剧磨损和切出的表面质量差。绝大多数金属材料是均质和各向同性的，而复合材料往往是非均质和各向异性的。因此，复合材料应力与变形之间的关系比传统材料复杂得多，基体与增强体之间的协同效应对复合材料受力后的行为有重大影响。虽然复合材料的基体一般都是普通材料，但是复合材料的增强体通常都是高强度或高硬度的材料。因此，复合材料中的增强体是基体塑性变形的障碍，这使得复合材料的切削变形机制不同于普通金属材料，如何提高刀具的使用寿命和获得优良的切削表面成为加工复合材料的挑战性问题。

迄今，车、铣、刨、钻、铰、磨等多种传统工艺方法和放电、激光、电化学、磨料流等特种工艺方法都已被尝试用于复合材料零件成型加工。由于复合材料基体和增强体性能的差异，使得不论是应用传统工艺方法还是特种工艺方法，所加工的复合材料表面都显著地不同于普通均质材料表面，复合材料的已加工表面包含大量的加工所致的缺陷是其鲜明的特征。

复合材料的已加工表面包含大量的加工所致缺陷，增强体的特性和取向分布、刀具条件是决定复合材料已加工表面形貌的主要因素。对长纤维增强的复合材料，已加工表面上既有突出的纤维，也有失去纤维而留下的凹槽和孔洞，缺陷的类型和分布与加工方向密切相关。对短纤维或晶须增强的复合材料，在机械加工中增强体被拔出或脱落的现象比长纤维增强体时更常见。颗粒增强复合材料的已加工表面存在凹坑、碎颗粒、犁沟、基体涂抹等多种缺陷，增强颗粒粒度大小对复合材料的已加工表面形貌影响非常大。

复合材料表面层在加工中经受了切削高温，已加工表面包含大量加工所致缺陷，故表面硬度甚至低于未加工材料。加工中被切削表面的皮下层材料经历了比较大的塑性变形，而其温度低于表面，加工所致缺陷也少，所以此层材料通常发生显著的加工硬化。此层以下材料加工后硬度变化不大。含有细小增强体的复合材料加工硬化效应更显著。

切削热和基体塑性变形是复合材料加工后宏观残余应力的原因。由于增强体与基体的热膨胀系数、弹性模量相差悬殊，微观上复合材料切削变形区的应力状态很复杂，界面协同效应制约着增强体与基体之间的变形和恢复。加工后复合材料表层究竟残留拉应力还是压应力取决于复合材料的具体结构和实际加工条件两方面。理论上，凡使切削温度升高的因素都增大在已加工表面残余拉应力的倾向。实践上，加工后复合材料表面常残余压应力，或表面加工缺陷使大部分热应力和弹性恢复应力均被释放。

1.7 先进复合材料切削加工技术的研究现状

复合材料的加工问题是加工金属时从未有过的，因此复合材料后加工工艺的研究已引起了国内外的广泛关注，学者们在复合材料切削机理、刀具材料和结构、特种加工、制孔工艺等领域开展了许多研究工作，取得了一些成果。

1.7.1 复合材料切削机理的研究

20 世纪 70 年代以前，复合材料的加工基本上沿用金属材料的加工刀具和切削工艺，后来在复合材料切削加工过程中遇到越来越多的问题，如刀具快速磨损、钻孔分层等。这些问题的出现给复合材料的加工提出了新的课题，70 年代后国际上陆续发表了一些有关复合材料加工的论文，早期的复合材料加工技术的研究是塑料加工的延伸。80 年代，Miner 和 Mackey 在研究了两相复合材料切削工艺的复杂性后指出，不仅要更新刀具概念，而且也需要改进切削工艺。复合材料切削机理的研究是国内外学者研究的重要方向，在大量研究试验基础上，Koplev 第一个提出复合材料切屑形成过程是材料断裂过程的观点，指出切削表面质量与增强纤维的取向有关，这一观点得到了复合材料切削加工领域学者们的支持。在此基础上，学者们将目光投向了切削力、切削热等研究方向上，并且取得了许多有价值的研究成果。

(1) 复合材料切削力的研究　与金属材料加工不同，复合材料中的增强纤维是切削过程中的主要磨损要素，复合材料中的基体在切削过程中主要将切削力传递到纤维上，材料的各向异性经常导致复合材料制品出现纤维拔出、内部脱黏、分层等缺陷，这可能导致复合材料力学性能降低和表面粗糙度变大，因此复合材料切削力的研究成为切削机理研究的热点。

研究初期有些学者试图将金属材料加工过程中切削力的概念引入复合材料加工，但复合材料的切削破坏形式与金属材料完全不同，因此学者们在研究总结的基础上提出了许多新的模型。Hocheng 和 Puw 根据纤维增强复合材料含有两种力学性能和热学性能完全不同的两相材料的特点，在 C/PEEK、C/ABS 和 C/E 复合材料磨削试验的基础上提出了预测复合材料切削力的机械学模型，分析了纤维方向对切边、表面粗糙度和切削力的影响，推荐了纤维的磨削方向。C. W. Wern 和 M. Ramulu 等用光弹法研究和分析复合材料切削过程中的应力场分布，他们发现不同切削方向的纤维表面通过剪切和拉伸断裂而破坏，当刀具与工件成一定角度时，纤维通过剪切和弯曲失效而破坏，在纤维与切削方向成 45°夹角时可以明显观察到纤维与基体之间的黏结破坏，研究结果表明，纤维方向对切削力和应力场的分布有重要影响。

日本大阪大学的花畸伸作等通过 CFRP 切削试验得出结论：在碳纤维与切削方向成任何角度情况下，纤维被切断的原因都是由于刀具前进引起的垂直于纤维自身轴线的剪切应力超过剪切强度极限造成的。Koplev 等在前人研究的基础上，观察到切削方向平行或垂直于纤维方向的区别，提出用垂直或平行纤维方向的合力来预测切削力大小。

北京航空航天大学的陈鼎昌教授等多年来开展了碳纤维复合材料钻削工艺的研究，针对单向 CFRP 初步建立了钻削力的理论模型。分析了纤维角 θ 与切削力之间的关系，试验结果验证了纤维方向对切削力的影响。同时提出了出口处分层缺陷的过程模型和检验方法。

以上从不同角度研究了纤维方向与切削力之间的关系，得出了切削过程中纤维的破坏模式，对于研究复合材料的切削机理做出了重要贡献，但是有关切削力对复合材料性能的影响、刀具材料和几何参数与复合材料的切削力之间的关系等尚缺乏深入细致的研究，这些理论基本上以碳纤维复合材料的切削试验为基础，因此还不能解释所有复合材料的切削机理，尤其是C/ C和陶瓷基复合材料。

(2) 复合材料切削热的研究　复合材料切削热一方面来自纤维断裂和基体剪切所消耗的功，另一方面来自切屑对前刀面的摩擦和后刀面与已加工表面的摩擦所消耗的功。鉴于复合材料切屑形成过程是基体破坏和纤维断裂相互交织的复杂过程，加上复合材料的导热性比金属材料差等原因，切削过程中切削热将主要传向刀具和工件，导致刀具的快速磨损，甚至损伤复合材料的性能。复合材料切削热的研究主要集中在切削温度的测量方法上，国外有成功测定孔出口侧一点温度的报道，北京航空航天大学复合材料加工技术研究课题组先后采用热像仪、红外测温仪、人工热电偶等手段测试C/E复合材料钻削过程中的切削热，他们用埋入人工热电偶的方法测量到钻头切削部分靠近中心和最外侧两点的温度，结果表明，C/E复合材料的钻削温度一般不超过150～200℃。就目前的研究情况，在复合材料切削热的研究方面处于切削温度测试方法的探索阶段，还有大量的工作要做。

(3) 切削工艺与复合材料性能之间的关系　切削工艺对复合材料性能的影响是复合材料加工技术研究中最重要的内容，国内外在这方面的研究尚处于起步阶段，有许多工作有待进行。Koplev等最早开展这方面的研究工作，他们在研究中发现切削平行于纤维方向时，切削表面有可见的纤维，垂直于纵向的纤维全部破裂。当切削垂直于纤维方向时，在切削表面未发现纤维，相反他们发现整个切削表面有一层薄薄的基体材料，Koplev等还发现了在表层下面有一层材料断裂。此外，当切削垂直于纤维方向时，他们还观察到无断裂的凹槽，相反当切削平行于纤维方向时，凹槽前面有裂纹现象。Inoue和Kawaguchi报告了磨削过程中磨削表面的质量与纤维方向有关。以试验观察结果为基础，Koplev等指出，CFRP的切削方向垂直于纤维方向时，在刀尖附近出现了两种不同的结果，当刀具向前移动时，它对复合材料施加压力，引起复合材料断裂并产生碎裂，同时作用在刀具下的切削力在试样中，产生一个细小的裂纹（约0. 01mm深），当切削方向平行于纤维方向时，刀具施加在工件上的力引起复合材料断裂。

上述结果研究了复合材料性能与切削工艺之间的某些关系，但没有深入分析切削工艺对复合材料性能的影响，因此不可能从改进切削工艺的角度来减轻复合材料的损伤，有必要深入开展这方面的研究。

1. 7. 2　复合材料切削刀具材料及结构参数的改进

聚合物基复合材料（如GFRP、CFRP、KFRP）的耐磨性好、硬度大、导热性差，在切削过程中，纤维作为切削硬质点连续磨耗刀具，因此刀具快速磨损，许多刀具难以完成复合材料构件的切削全过程。切削刀具材料及结构参数的改进成为复合材料切削工艺研究的又一热点。

复合材料的性能取决于不同的纤维和基体的性能、纤维方向、纤维和基体的体积比。刀具连续遭受基体和纤维的磨损，因此切削力变化很大，比如硼纤维增强铝基复合材料，刀具必须经受铝基体和硬的硼纤维的磨损。同样，玻璃/环氧复合材料中，刀具必须承受低温软的环氧基体和脆性的玻璃纤维的磨损。芳纶纤维增强环氧复合材料的硬度大，这需要切削刀具适应这些变化。纤维和基体的性能、纤维方向、材料各向异性、硬的耐磨纤维、高的纤维体积分数等因素使玻璃纤维、石墨纤维和硼纤维增强的复合材料切削加工时刀具快速磨损而切削困难。

对于玻璃纤维增强的复合材料，高速钢（HSS）、碳化物是最常用的刀具材料；芳纶纤维增强的复合材料是一种硬度更大的材料，切削刀具应保持锋利和洁净，应经常清洗以去除粘在刀具上的部分固化的树脂，在切削过程中这些树脂能快速磨损刀具，切削芳纶纤维增强复合材料时对刀具的需求不同于玻璃纤维或碳纤维增强复合材料，一般采用硬质合金刀具或PCD刀具。有些复合材料（如高硅氧纤维增强的复合材料）的切削加工不得不使用金刚石刀具，目前已开发了一些先进的刀具材料，包括不同结构形式的聚晶金刚石刀具、金刚砂镀层刀具和金刚石涂层刀具等，如中心钻、铣刀、钻头、磨削砂轮等。

Hasegawa、Hanasaki 和 Satanaka 等对 GFRP 加工刀具的磨损特性做了大量的研究，他们发现在一定的切削长度下，玻璃纤维与刀具之间的磨损是主要的磨损，刀具和玻璃纤维之间的接触力成正比。根据切削速度他们将刀具磨损分为三类：低速条件下，刀具磨损不可忽视，与切削速度无关，而仅与切削长度有关；中速条件下，刀具磨损随切削速度增加而增加；高速切削时，刀具磨损与速度无关。Hasegawa 等建立了刀具磨损的流变模型以解释切削 GFRP 时观察到的磨损现象。

为解决难加工复合材料的切削问题，目前开发了许多特殊刀具，如波音飞机公司开发了一种贯穿全长的单向四槽螺旋旋转硬质合金铣刀，靠近刃口有一个反方向的螺旋槽，开槽与刀具轴线成 20°。这些刀具被设计用于芳纶纤维增强复合材料的加工，刀具切削时有最小的切削热。刀具制造商们也正努力研制开发复合材料切削用的刀具新材料，并且不断改进结构，Sandvick 和 Kennametal 公司研制成功能满足碳纤维增强复合材料加工需求的硬质合金铣刀和钻头，但针对 C/C 和陶瓷基复合材料的切削刀具则寥寥无几，大部分刀具由使用者自行设计制造。

刀具对复合材料切削加工质量有重要影响，以前各研究使用单位没有形成统一的刀具标准，因此切削工艺研究结果缺乏可比性，有必要专题研究复合材料的切削刀具材料和结构参数，以最终确定复合材料的切削工艺规范。

1.7.3 复合材料特种加工技术的研究

复合材料传统的切削加工，刀具磨损快、刀具费用高，此外，传统的切削加工易引起大的塑性变形和固化热应力，特别是环氧基复合材料。非接触式的材料加工工艺为复合材料的加工提供了新的可能，特种加工能降低粉尘和噪声污染，但特种加工都有各自的优缺点，如电解加工方法要求复合材料能导电，激光加工要求材料能吸收光和具有良好的导热性能，此外，激光加工、电子束加工、等离子切割加工等有明显的切削热影响区。其中水射流加工和激光加工在复合材料切削加工中的应用研究最引人注目。

（1）复合材料的水射流加工技术的研究　水射流加工尤其适合加工薄的复合材料层压板，优化的水射流加工通过调整工艺参数能克服常规机械加工的部分缺点。复合材料中的增强纤维是切削过程中的主要磨损要素，复合材料中的基体在切削过程中主要将切削力传递到纤维上，与复合材料其他加工方法相比，水射流加工的主要优点是高效率和高精度。切割能从任何方向（角度）开始，对被切削材料的厚度几乎没有限制。另一优点是切削阻力小，工件不易撕裂和分层。主要缺点是当工件厚度增加时易引起表面毛刺，与碳纤维复合材料相比，加工 GFRP 时易产生崩边。此外，由于复合材料中环氧等基体在加工过程中吸收水分而导致纤维拔出、内部脱黏、分层等缺陷，这对于航空航天材料是一个严重的问题，因为这可能导致质量增加和强度降低及加工表面的不规则和分层等。

（2）激光加工　激光加工的物理过程是传热，当激光打到工件时，反射、吸收和激光传导、反射的激光束的数量主要取决于激光源的波长、工件表面粗糙度、氧化度、被复合材料吸收的激光能的大小，取决于材料光学性能和热化学性能。切削时被吸收激光的百分比应尽可能高（或者反射尽可能低），大多数复合材料在短波时能快速吸收激光，在这些波长下只需要很小的激光功率，小波长的 Nd：YAG 激光器最适合切削金属基复合材料，而不用 CO_2 激光源。相反一些有机树脂和其他化合物在大波长时吸收的百分比更高（与 CO_2 激光器 10.6 mm 波长相似），所以 CO_2 激光器更适合于切削芳纶纤维复合材料，用于切削复合材料的激光类型取决于工件材料的性能和激光的特点（如激光密度、激光的发射波长、作用时间、激光偏振、指定波长的吸收效率、熔化和蒸发速度、比热容、扩散率、蒸发热等）。纤维和基体之间的热性能有区别，这种区别对于芳纶纤维来说尤其不可忽视。与基体相比，玻璃纤维和石墨纤维蒸发所需的能量比基体大，因此激光加工所需要的能量主要取决于所用的纤维以及纤维体积分数，而不是基体。

激光切削复合材料的特点是材料浪费少（宽度窄）、安装时间短、无须切削刀具（也无刀具磨损问题）、切削深度大、热输入低，工件的撕裂和损伤较小。激光加工可能的局限是热影响区（HAZ），切削时高温传递给工件，容易引起复合材料内部基体材料的变化，并且可能导致材料疲劳性能的降低，另外，钻深孔时会降低孔的质量，钻盲孔时难以控制钻孔深度。

利用激光技术进行预浸布带和无纬布的切割已初步取得成功，复合材料激光打孔技术的研究已开始引起重视，可以预料复合材料激光加工技术在未来将取得重要成果。

除水射流加工和激光加工外，复合材料超声加工技术的研究也曾吸引了许多学者们的注意，但是目前的研究水平停留在原理探索阶段，应在复合材料超声打孔方面先行开展研究工作。

1.7.4　复合材料表面质量评价技术的研究

过去几十年里，复合材料在我国航空航天和民用工业获得了广泛的应用，但国内没有复合材料表面质量的评价方法，因此在复合材料的设计、制造和使用过程中沿用金属材料的表面质量评价方法，复合材料加工及其表面质量评价缺乏一个统一的方法和手段。

为了研究切割边缘的表面特性，国外有些学者采用扫描电镜的测试手段。目前复合材料的切削表面粗糙度评价主要靠目视，因此无法比较，没有大家接受的度量标准，此外，纤维拔出、断裂和分层也对测试结果有影响。另有报道，采用非接触式测量（LSP）方法可用于金属基复合材料试样表面粗糙度的测试。粗糙度值主要取决于在可接受误差范围内的接触式和非接触式激光测试的近似值。

第2章 复合材料的原材料

复合材料是由基体材料、增强材料以及二者之间的界面组成的，其性能取决于增强体与基体的比例以及三个组成部分的性能。复合材料的基体是复合材料中的连续相，起到将增强体黏结成整体并赋予复合材料一定形状、传递外界作用力、保护增强体免受外界环境侵蚀的作用。增强体是复合材料中能提高基体材料力学性能的组元物质，是复合材料的重要组成部分，起到提高复合材料强度和韧性及耐热性、耐磨性等作用。随着复合材料的发展和新增强体品种的不断出现，被用于复合材料增强体的范围不断扩大，主要有高性能的纤维、晶须和颗粒等。复合材料界面是指复合材料的基体与增强材料之间化学成分有显著变化的、构成彼此结合的、能起载荷等传递作用的微小区域。复合材料界面是一层具有一定厚度（纳米级以上）、结构随基体和增强体而异、与基体有明显差别的新相-界面相（或称界面层）。增强体和基体互相接触时，在一定条件的影响下，可能发生化学反应或物理化学作用，如两相间元素的互相扩散、溶解，从而产生不同于原来两相的新相；即使不发生反应、扩散、溶解，也会由于基体的固化、凝固所产生的内应力，或者由于组织结构的诱导效应，导致接近增强体的基体发生结构上的变化或堆砌密度上的变化，从而导致这个局部基体的性能不同于基体的本体性能，形成界面相。

2.1 纤维

作为复合材料强化体的纤维是连续的细丝材料，从材质上讲可以是金属、氧化物、碳化物、氮化物、硼化物等，从形态上讲可以是长纤维（连续纤维）、短纤维、晶须。现在，作为强化体的长纤维的直径可为7～140μm。由于制备技术的开发与进步，几乎所有的无机化合物都可以制成纤维。陶瓷材料纤维化，特别是制成连续纤维，有利于充分发挥其特性。随着复合材料的发展，也不断开发出具有新特征的纤维。

2.1.1 陶瓷纤维

陶瓷纤维是一种纤维状的轻质耐火材料，具有密度低、耐高温、热稳定性好、热导率低、比热容小及耐机械振动等优点，因而在机械、冶金、化工、石油、陶瓷、玻璃、电子等行业都得到了广泛的应用。近几年，由于全球能源价格不断上涨，节能已成为各国倡导的一项重要策略，因此，比隔热砖与浇注材料等传统材料节能提高10%～30%的陶瓷纤维在我国得到了广泛的应用，发展前景十分看好。

20世纪40年代研究开发的玻璃纤维强化环氧树脂具有优越的强度和刚度，标志着纤维强化复合材料研究的开始，同时也开展了适合于各种基体的纤维的研究开发。20世纪50年代后期到60年代前期，先后开发了弹性模量比玻璃纤维更高的硼纤维、碳纤维、以钨丝作为芯线的SiC纤维以及Al_2O_3晶须、SiC晶须等。

20世纪70年代后期，开发了SiC、Al_2O_3等连续纤维。后来，PC-SiC实现了工业化生产。随后陶瓷纤维的开发很活跃，出现了很多新的品种，例如高性能Si-Ti-C-O纤维、高纯度Si_3N_4纤维、Si-N-C纤维、Si-C纤维、碳氮化硅纤维等。陶瓷纤维的研究范围不断扩大，例如对B-N、Al-N等体系进行了研究。上述陶瓷纤维的发展过程如表2.1所示。

表2.1 陶瓷纤维的发展过程

年代	陶瓷纤维
20世纪40年代	玻璃纤维强化不饱和环氧树脂
20世纪50年代	预测晶须强化复合材料 钛酸钾晶须 硼纤维的开发 人造丝系碳纤维的开发
20世纪60年代	PAN系碳纤维的开发 硼纤维强化塑料 高弹性、高强度碳纤维的开发 沥青系碳纤维的开发 碳纤维强化塑料、硼纤维强化铝等复合材料的开发推广 CVD-SiC纤维的开发 用稻壳合成SiC晶须
20世纪70年代	PC-SiC纤维的开发 Al_2O_3纤维的开发 FP纤维的开发 Nextel(3M) Altex(住友化学工业公司)
20世纪80年代	Si-Ti-C-O纤维的开发 下一代复合材料的研究开发 Si-C-N纤维的开发 PC-SiC纤维的工业化 碳纤维的高强度化 Si-N-O纤维的合成 Si-Ti-C-O纤维的工业化 高纯度Si_3N_4纤维的开发 B-N系纤维的开发 Al-N系纤维的开发 Si-C-N系纤维的制造 超耐环境先进复合材料的开发 Al_2O_3纤维的开发
20世纪90年代	高性能Si系陶瓷纤维的开发 高性能Si-C纤维的开发 复合材料在改进的气体发动机中的应用

虽然陶瓷纤维的应用在20世纪80年代得到了迅速推广，但主要都在1000℃以下的温度范围内使用，应用技术简单落后。进入20世纪90年代，随着含锆纤维的开发和多晶氧化铝纤维的应用推广，使用温度提高到1000～1400℃。但由于产品质量的缺陷和应用技术的落后，应用领域和应用方式都受到了限制，如多晶氧化铝（或莫来石）纤维不能制成纤维毯，产品规格单一，以散棉、混合纤维或纤维块为主。虽然产品的使用温度有所提高，但强度很差，限制了其应用范围，也缩短了其使用寿命。目前，陶瓷纤维大多用于原有炉衬内贴面，节能效果未能得到充分体现。

2.1.2 玻璃纤维

大部分的玻璃纤维都是以氧化硅（SiO_2）为原料，添加钙、硼、钠、铁及铝等的氧化物而形成的。这些玻璃纤维在高温下拉伸后，可能会发生某种晶化，虽然这有可能引起强度的下降，但这些玻璃纤维通常还是非晶体。复合材料中经常使用的 3 种玻璃纤维的成分及性能如表 2.2 所示。玻璃纤维的物理、化学性能由其化学组成决定。现在使用的主要有 E 玻璃纤维、无碱玻璃纤维、耐药品的 C 玻璃纤维、含碱的 A 玻璃纤维、高拉伸强度的 S 玻璃纤维以及特殊用途的玻璃纤维等。最常用的 E 玻璃纤维具有好的延伸率、高的强度与刚度、电气绝缘性及耐环境性等特点。C 玻璃纤维虽然强度低于 E 玻璃纤维，但其具有更好的耐腐蚀性。S 玻璃纤维虽然价格高于 E 玻璃纤维，但其强度、弹性模量、使用温度等都高于 E 玻璃纤维。

表 2.2 常用的玻璃纤维的成分与性能

类别		E 玻璃纤维	C 玻璃纤维	S 玻璃纤维
成分	SiO_2	52.4	64.4	64.4
	$Al_2O_3+Fe_2O_3$	14.4	4.1	25.0
	CaO	17.2	13.4	—
	MgO	4.6	3.3	10.3
	Na_2O+K_2O	0.8	9.6	0.3
	B_2O_3	10.6	4.7	—
	Ba_2O	—	0.9	—
性能	密度/(g/cm^3)	2.60	2.49	2.48
	热导率/[W/(m·K)]	13	13	13
	热膨胀系数/K^{-1}	4.9×10^{-6}	7.2×10^{-6}	5.6×10^{-6}
	拉伸强度/GPa	3.45	3.30	4.60
	弹性模量/GPa	76.0	69.0	85.3
	最高使用温度/℃	55.0	600	650

在工业生产中所使用的将固体玻璃纤维加热软化进行拔丝的方法，除了在制作光缆等特殊的场合使用之外，一般很少使用。这主要是因为制备直径一定的玻璃纤维，必须对原材料的尺寸、与形状相对应的温度以及拔丝速度等进行严格的控制，因此设备复杂、批量生产性差。现在大多采用将玻璃纤维加热至熔融状态，使其从漏嘴流出，再进行高速拔丝的方法，而且一般是使用多个漏嘴同时纺丝。用这种方法既可以制备长纤维，也可以制备短纤维。

图 2.1 所示为制备玻璃纤维装置。首先，在熔槽内将原材料连续地熔融，可以使熔融的原材料直接导入纺丝炉，也可以制成玻璃球贮藏。纺丝炉一般由铂合金制成，由直接通过炉体的电流发出的焦耳热来加热，接收来自熔槽的熔融玻璃，或者是将上述小球状的原材料加热。在

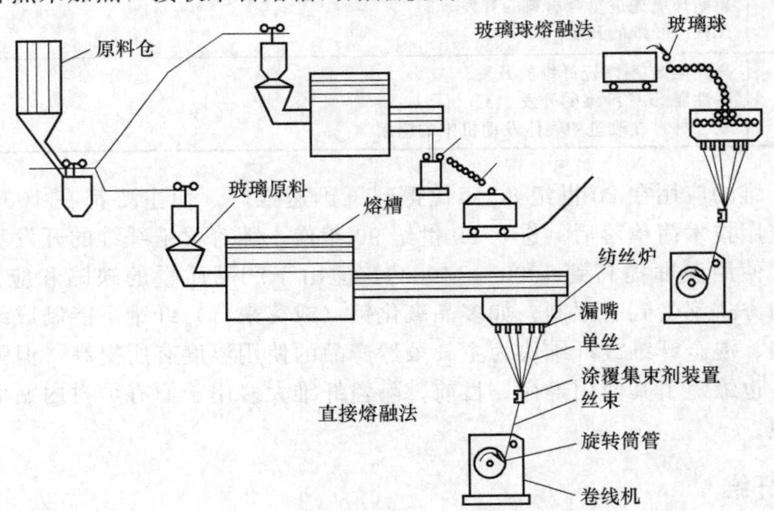

图 2.1 制备玻璃纤维装置示意图

纺丝炉的底部有数十个到数千个漏嘴，对从漏嘴中流出的熔融玻璃进行高速拉拔，冷却固化后进行盘卷，盘卷速度可达每秒数十米。对从各个漏嘴拉拔出的纤维涂以集束剂，则可以成束地盘卷。玻璃短纤维的制造是将高速的空气流、水蒸气流或火焰（高温气体流）吹到从漏嘴中流出的熔融玻璃上，使其拉拔延伸，可以得到长度为数十毫米至数百毫米的短纤维。

玻璃纤维的直径是通过调整熔池中玻璃的液面、玻璃的黏度（与成分及温度有关）、孔的直径及拉拔速度而控制的。由于玻璃纤维的直径很小，单位质量所具有的比表面积是普通玻璃的1000倍。所以，对于普通玻璃来说不成问题的耐风化性、耐药品性、表面电阻率等，对于玻璃纤维来说都必须充分注意。例如，玻璃纤维表面可能与空气中的水分反应，产生风化，使强度等下降。连续纤维的直径可以为3μm、4μm、5μm、6μm、7μm、9μm、10μm、13μm、16μm、24μm等，短纤维的直径多为5～20μm。

玻璃纤维的最大特征是拉伸强度高，一根连续E玻璃纤维的拉伸强度可达3400MPa，而一根连续S玻璃纤维的拉伸强度可达4800MPa。

玻璃纤维的强度及弹性模量主要是由其原子结构所决定的。由氧化硅制备的玻璃本质上是中心为硅、角部为氧的四面体的共价结合。氧原子在四面体之间共用，形成三维网状结构。但是当重组有Ca、Na、K等低价的分子时，氧原子与离子相结合，不能形成这样的网状结构，所以会使强度与刚度下降，但是能够改善其成型性。与碳纤维等不同，玻璃纤维是各向同性的，所以轴向与横向的弹性模量相同。强度与制造过程及试验环境有关。由于表面的损伤会对强度产生很大的影响，所以必须充分注意。为了减少这样的损伤，在玻璃纤维制造的初期阶段应该进行整形处理。通过对纤维喷涂包含聚合物的水，能够在纤维的表面形成一层薄的聚合物。这种整形处理具有以下作用。

① 防止纤维表面的损伤。

② 使纤维成为容易处置的束。

③ 纤维能够更顺利地进入以后的工序。

④ 使纤维不具有带静电的性质。

⑤ 由于界面的改善，能够促进玻璃纤维与基体的化学结合。

在这样复杂的要求下，上述薄膜中通常含有以下的成分：以保护后续处置为目的的聚合物薄膜、润滑剂，能够促进其余基体结合的交联剂等。

70%以上的玻璃长纤维用于强化树脂，其余的多用于电绝缘、工业机器等。玻璃纤维的应用实例如图2.2所示。

(a) 玻璃纤维

(b) 玻璃纤维带

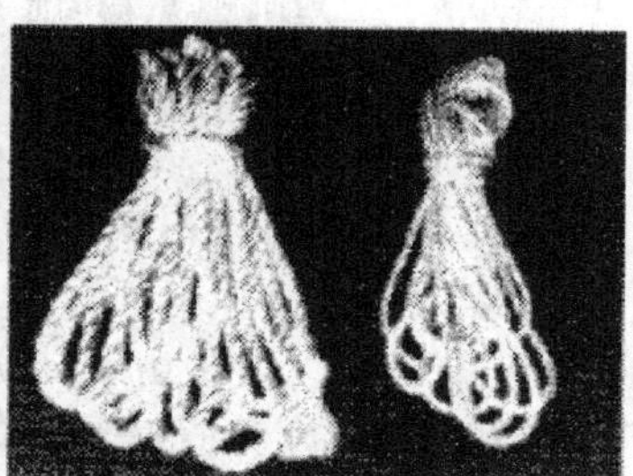

(c) 玻璃纤维绳

图2.2　玻璃纤维的应用实例

2.1.3 高熔点金属纤维

金属纤维具有很多重要的特性，如高的导电性和导热性、高抗拉强度、高弹性模量及高熔点等。由于金属纤维的密度很高，所以它们只能增强那些对减小质量无特别要求的材料，特别是混凝土和橡胶。1959 年首次将钢纤维混入轮胎，目前 90%以上的汽车轮胎都使用钢纤维。将不锈钢混入织物中可以消除静电，用钨丝来制备 B 或 SiC 纤维和白炽灯的灯丝。在纺织行业中，用铝丝来制作带金属光泽的装饰线。

金属纤维增强陶瓷基复合材料是以难熔金属纤维作为增强体，把纤维同陶瓷基体通过适当的复合工艺结合在一起而组成的复合材料。广义的金属纤维包括外涂塑料的金属纤维、外涂金属的塑料纤维以及外包金属的芯线纤维，大多数用物理方法和化学方法获得。金属几乎具备所有的理想性能，但高温应用略显逊色，而陶瓷的高熔点、高强度、抗氧化性和抗蠕变性恰好弥补了金属的不足。金属与陶瓷相结合，大大改善金属的抗氧化、耐腐蚀和耐磨损等性能。

在复合材料中常用的高熔点金属纤维有 Ta、Mo、W、Nb、Ni 与不锈钢等纤维。这些金属纤维通常是用拔丝的方法最终制备的，所以直径可以自由地选择。通常所使用的直径范围为 10～600μm。这些纤维的密度较大，这对于陶瓷基复合材料来说是一个缺点。然而它们到断裂之前可以有百分之几的延伸率，这一点却是一般的陶瓷材料所不具备的。此外，这些纤维具有导电性，用于陶瓷基复合材料时可以获得一些新的性能，特别是能够得到复合后断裂能量大幅度提高的效果。

金属纤维用于陶瓷基复合材料时，主要问题在于纤维高温下的氧化，以及 W 纤维的再结晶等引起的纤维脆化。而且与基体相比，膨胀系数存在差异，在烧结和冷却时可能会产生热膨胀与收缩的不匹配，从而产生裂纹。

2.1.4 碳纤维

石墨单晶的结构是碳原子在“ABABAB”规则叠层的面上排列为正六边形。由于该面上原子间距与面间的原子间距有很大的不同，所以具有强的各向异性。例如，面内（垂直于 c 轴）的弹性模量约为 1000GPa，而与该面垂直（平行于 c 轴）的弹性模量约为 35GPa。

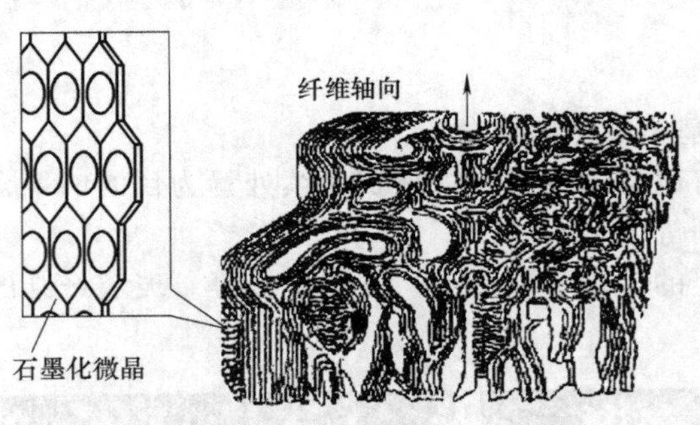

图 2.3 碳纤维结构的模式图

碳纤维的直径一般为 8μm，其结构的模式图如图 2.3 所示，是碳的同素异形体的一种。除了其配置面不是对于 c 轴方向规则排列之外，与石墨单晶的结构类似。为了在轴向获得高的强度与弹性模量，必须尽量使其基面平行于 c 轴而配置。由于纤维截面的层面会影响横向的性能与剪切性能，所以其配置也是很重要的。

碳纤维可以用以下原材料制得：人造丝、沥青（或煤的蒸馏残渣）以及 PAN 等。其特性也因原材料不同而有所差别。

（1）以人造丝为原材料　该方法最早是于 1959 年开发的。该类纤维主要在美国生产，用于碳/碳复合材料。但是由于其炭化率较低（约 25%），而且性能与其他碳纤维相比较低，现在已逐渐被以 PAN 为原材料的碳纤维所取代。

（2）以沥青为原材料　该方法最初由 Ohtani 于 1965 年提出，以后有很多人投入研究与开发。用该类制备方法所得的纤维可分为低弹性模量碳纤维和高弹性模量碳纤维两类。前者由日本吴羽化学工业公司产业化，后者由美国 Union Carbide 公司产业化。前者是对等质沥青进行纺丝，而后者是对含有液晶的非等质沥青进行纺丝。由等质沥青所得到的碳纤维也是等质的，即使经过高温炭化也只能得到低弹性模量的纤维，所以该类纤维较少用于结构材料，而是用于绝热材料和燃料电池的电极等。此外，由于该类碳纤维能够获得高的热导率，所以在飞机刹车片等碳/碳复合材料的应用中具有优势。

高弹性模量碳纤维的制法如下：将相对分子质量约为500的等质沥青加热到350℃，其会发生脱水缩合反应而成为相对分子质量大于1000的平面缩合芳香环分子；随着这些高分子量分子数目的增多，由于表面张力的作用能够从等质沥青中分离出液晶；当液晶的含量超过40%时会发生相变，液晶部分成为连续相；在这种状态下进行纺丝，液晶会沿与纤维轴平行的方向取向，而且由于该纤维是热塑性的，氧化时会发生桥接反应，接着炭化时，碳晶体会沿着一个方向取向而得到高弹性模量的纤维。该方法由于使用了容易石墨化的液晶，所以容易得到高弹性模量的纤维，但是与PAN系碳纤维相比强度较低。另外，由于使用的是石油精炼的残留物，所以去除其中的催化剂残留成分也是很重要的。

(3) 以PAN为原材料　该方法是英国Farnborough的Rolls Royce等在1966～1967年开发的，是到目前为止制造弹性模量最高的碳纤维的方法。最初是用聚丙烯腈（polyacrylonitrile）的聚合物（PAN）为原材料。PAN与聚乙烯有些类似，但是具有被氰基（—CN）所取代、全部碳原子上都有2个氢原子的结构特点。PAN的团聚体被拔成纤维，形成分子链排列而伸长。对拉伸的纤维进行加热，活化的氰基发生反应，形成如图2.4所示的具有6边的环组成的柱状结构。纤维于拉伸的状态下在氧气中加热，发生反应，在柱状分子之间形成桥接。

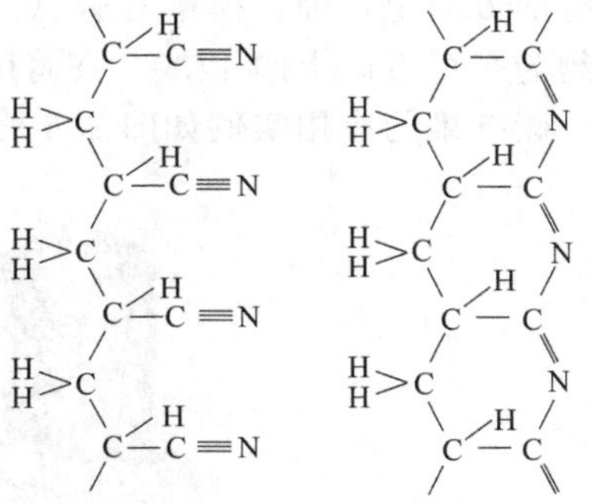

图2.4　PAN分子的变换

工艺过程如下。

① 原丝制造　特殊改质的聚丙烯纤维或衣料用聚丙烯纤维。

② 安定化　通常使用硫酸脱氢并发生桥接反应，缩合成以嘧啶（pyramiding）为主要成分的聚合物。

③ 炭化　在氮气等惰性气体中加热至1000℃以上，高弹性纤维则加热至2000℃以上。在产生氰化氢和氮气的同时生成缩合的苯环结构，在此基础上发展成石墨结构。

④ 稳定化　碳、氮等的结合反应、脱氢反应等均为致热反应，必须对其进行控制。另外，炭化过程中有40%（质量分数）以上的分解物生成。排除这些分解物也是十分重要的。

⑤ 精整　稳定纤维尺寸。

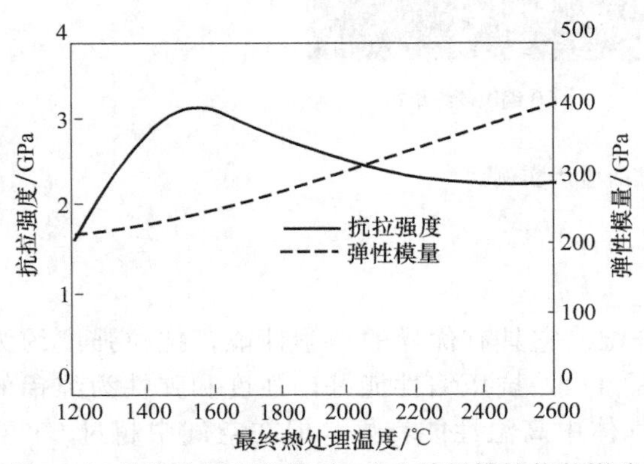

图2.5　最终热处理温度对PAN碳纤维性能的影响

⑥ 表面处理　在纤维表面生成氢氧基或羰基物，或在表面涂以有机聚合物。

最终热处理温度对PAN碳纤维性能的影响如图2.5所示。适当地选择最终热处理温度，能够控制弹性模量及强度。弹性模量的一般标准为230～240GPa，中级标准为240～300GPa，高级标准为350～500GPa。一般来说，弹性模量高的纤维在断裂之前的应变较低。与纤维轴垂直方向的弹性模量仅有轴向弹性模量的3%～10%。膨胀系数与热导率等性质也有很大的各向异性。

各种碳纤维的力学性能如表2.3所示。可以看出，抗拉强度最高可达3430MPa。碳纤维是不完全的石墨微晶的集合体，具有碳网与纤维轴平行的结构。炭化温度越高，石墨晶体生长的取向度越好，弹性模量也越高。在PAN系碳纤维中，石墨晶体的网面沿周围方向排列，即表现为年轮结构，越靠近外侧，取向越好。沥青系碳纤维则根据纺丝的条件可以是年轮结构、放射性结构或随机取向。

表 2.3 各种碳纤维的力学性能

原料	抗拉强度/MPa	弹性模量/GPa	延伸率/%
人造丝(低弹性模量丝)	686	39	1.8
人造丝(高弹性模量丝)	2744	49	0.6
沥青(低弹性模量丝)	784	39	2.0
沥青(高弹性模量丝)	2450	343～490	0.5～0.7
PAN(高强度丝)	3430	325	1.5
PAN(高弹性模量丝)	2450	39	0.6

如上所述，碳纤维结构的特征之一是在纤维方向上排列有石墨结构的碳网面。在与该网面平行的方向上，弹性模量可达1000GPa，是钢的5倍；而在与该网面垂直的方向上，弹性模量仅约为平行方向上的1/30。在将碳纤维作为复合材料使用时，必须注意这种各向异性。

碳纤维的应用实例如图 2.6 所示。

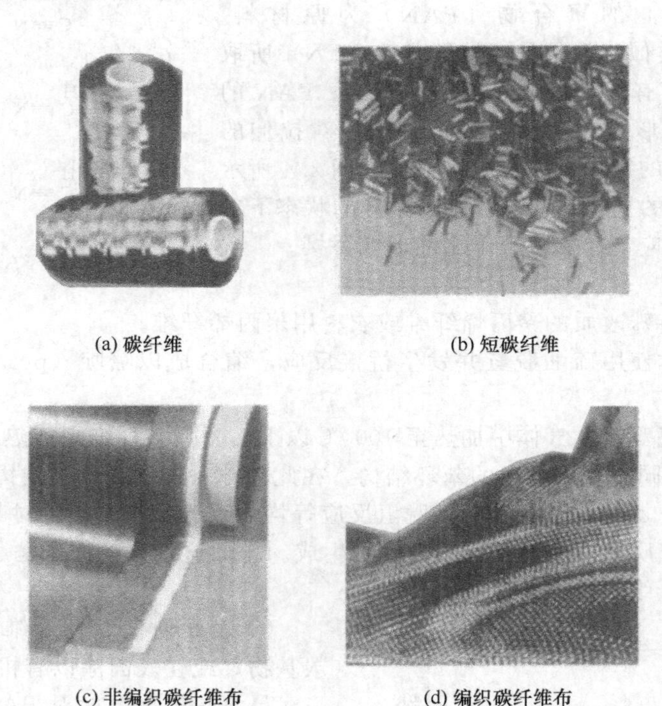

(a) 碳纤维　(b) 短碳纤维

(c) 非编织碳纤维布　(d) 编织碳纤维布

图 2.6 碳纤维的应用实例

2.1.5 硼纤维

硼纤维又称为硼丝，是一种耐高温的无机纤维。它具有优异的力学性能，抗拉强度约为3500MPa，弹性模量为400GPa，密度只有钢材的1/4，抗压缩性能好，强度和弹性为纯铝的20～30倍，是高强度合金的7～10倍，在惰性气体中高温性能良好。但在空气中超过500℃时，强度显著降低。虽然硼纤维的价格很高，但其性能稳定，偏差小，是一种可靠的纤维，也是良好的增强材料。

硼纤维是1958年面世的，其本身就是一种复合材料。它是以钨丝为芯线，采用化学气相沉积（CVD）方法制备得到的。将所需金属或非金属的化合物盐（主要为挥发性卤化物）气化，与 H_2 等气体一起加热，并且使其与基体接触，由于热分解或还原反应，可以使金属或化合物在基体上析出，该过程称为化学气相沉积。化学气相沉积一般用于表面处理，也可以用来制作强化材料纤维。

图 2.7 所示为制备硼纤维的装置。将 BCl_3 与作为载体的 H_2 一起加热，并且使其在钨丝或者碳丝上流过，发生反应。

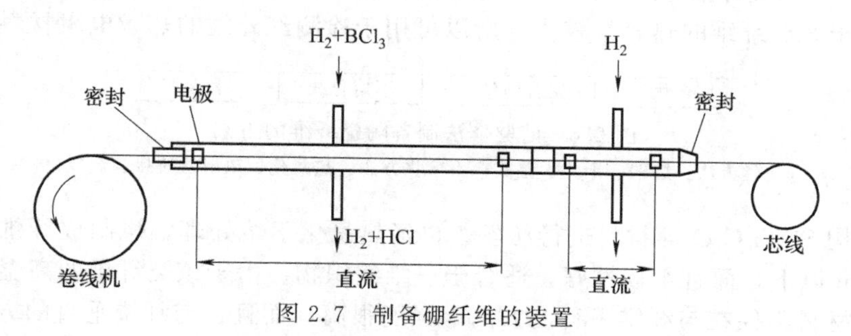

图 2.7 制备硼纤维的装置

可在细丝上析出硼，以适当的速度拉卷细丝，则可以得到硼纤维。硼的析出速度与 BCl_3 的流量、芯线的温度、芯线的拉卷速度、反应槽的长度等有关。一般对直径为 100～150μm 的线可以 2～6m/min 的速度制造。硼的析出速度随着温度的升高而增大，但温度在 1200℃以上时不仅硼会晶化而使晶界变弱，而且还可能与芯线反应生成脆性层。所以，制造硼纤维时不希望温度过高。反之，如果温度过低，则硼纤维之间的结合力会变弱。所以，存在最佳的制备硼纤维的温度范围。

在硼纤维开发的初期，作为芯线的大多是钨丝芯线（纤维为 100μm 时，芯线为 13μm；纤维为 150μm 时，芯线为 20μm）。后来从成本上考虑，多使用碳芯线（约 30μm）。

与碳纤维等相比，硼纤维直径较粗，强度也高。一般市场上所出售的硼纤维直径为 150μm。实际应用中还可以再粗一些，如 300μm。由于纤维较粗，所以不能采用像碳纤维那样的成型方法。另外，此类纤维不适宜用于曲率半径小的部分和非常薄的板。

硼纤维可与金属、塑料或陶瓷复合，制成高温结构用复合材料。如硼-铝复合板材，其纤维体积分数达 50%时，在增强方向上抗拉强度达 1500MPa，弹性模量为 200GPa，密度为 2.6 g/cm^3。由于其高的比强度和比模量，在航空航天和军工领域获得了广泛应用。硼纤维活性大，在制作复合材料时易与基体相互作用，影响材料的使用，故通常在其上涂覆碳化硼、碳化硅等涂料，以提高其惰性。

2.1.6 SiC 纤维

SiC 有与金刚石相同的结构，具有良好的热稳定性与导热性，而且密度低、强度与刚度高，是复合材料中很具吸引力的强化材料。其合成比较容易，作为粉末状态的原料能够大批量地制造。虽然大量地生产纤维尚需要进一步努力，但已经有了数种制备方法。

最初的 SiC 纤维是将有机硅化合物与氢气在 1000℃以上加热，在钨丝（12μm）上沉积 SiC 而制作的。这与硼纤维的制备有相似之处。后来以沥青系碳纤维为芯线（约 30μm）的 SiC/C 纤维成为主流。为了提高该类纤维与基体的结合性，在纤维的表面再沉积一层碳。SiC 纤维的商品牌号有 SCS-2、SCS-6、SCS-8、SCS-9 等。例如，SCS-2 是在纤维表面涂有 1μm 厚的碳层，SCS-9 是直径为 80μm 的较细的纤维。CVD-SiC/C 纤维用于 Si_3N_4 基复合材料时表现出了优异的高温强度。

PC-SiC 纤维是以有机硅聚合物为形式的硅，与碳为主的材料进行多羧硅烷纺丝，经热氧化不熔处理后烧制而成的。该方法也称为前驱体法，其工艺如图 2.8 所示。该纤维直径为 7～14μm。在 1200～1300℃烧成时可获得最高的抗拉强度与弹性模量，成分接近 Si_3C_4O，以 β-SiC 为主。热分解碳呈 2～5nm 的结晶状态。Si 的氧化物呈非晶状态，彼此均匀分布。电阻率随烧成温度而异，可在 $10^3 \sim 10^6 \Omega \cdot cm$ 范围内变化。该类纤维用于强化环氧树脂基复合材料，其压缩强度和冲击韧性与碳纤维强化环氧树脂相比可提高 2 倍，而且由于具有电波透过性，可用于雷达无线电罩。该类纤维也用于强化 Al 基复合材料，不仅力学性能优异，而且容易变形加工。

此外，由于 SiC 纤维的热容量较小，所以可用于检测红外线的热敏电阻材料。

聚合物 — 聚合纺丝 — 不熔化线 — 陶瓷纤维

图 2.8 前驱体法制备陶瓷纤维的工艺

（纺丝方法：熔融、干式、湿式；不熔化方法：热氧化、放射线桥接、烧成）

将非晶结构 Si-Ti-C-O 等材料进行纺丝，再经热氧化不熔处理，烧制成纤维。该类纤维的直径可达 10μm 以下，而且柔韧性好，适合于三维编织物。由于该类纤维的高温性能较好，用其强化的复合材料不仅在与纤维平行的方向上强度很高，而且在与纤维垂直的方向上也获得了较高的强度。该类纤维对金属、陶瓷的适应性较好，有望得到大的发展。

PC-SiC 纤维与 CVD-SiC 纤维相比，强度和弹性模量都较低，但柔韧性好，适用于编织物和复杂形状的复合材料。此外，还可以将两类纤维结合使用，能够增大纤维的体积分数，从而得到高性能的复合材料。

2.1.7 Al_2O_3 纤维与铝硅酸盐纤维

无机氧化物纤维大部分由氧化铝与氧化硅组合而成，其质量分数分别为 50%，称为铝硅酸盐纤维。作为不熔融的纤维，在高温绝热中广泛使用。该纤维与玻璃纤维相似，当氧化硅的含量降低时，纤维会出现氧化铝晶体，制造费用会升高，但对高温的抵抗能力也增大，而且刚度与强度也增大。

以氧化铝（熔点为 2050℃）为主要成分制作的连续陶瓷纤维，成品抗拉强度最高达 2900 MPa，1300℃时抗拉强度不低于 1100 MPa，抗氧化性能优良，耐热且绝缘。具有 γ-Al_2O_3 结构的纤维为无色透明，折射率为 1.65，能制成各种类型的高性能复合材料（陶瓷-树脂、陶瓷-陶瓷、陶瓷-金属、陶瓷-水泥等），极具发展价值。

另外，诸如浆状法、聚合物法、溶胶-凝胶法、无机盐法、EFG 法等方法都已用来制备出各种 Al_2O_3 纤维，其性能因制备方法不同而各有差异。

高温氧化物连续陶瓷纤维在美国、日本、英国等国家已进行了多年的研究、生产和应用。美国 3M 公司自 1965 年开始研制，现拥有 Nextel 系列氧化物连续陶瓷纤维产品，产品的主要特点为椭圆形截面，纤维柔软性得到提高。杜邦（Du Pont）公司在 20 世纪 70 年代报道了 FP 及其改进型 PRD166 高强度连续陶瓷纤维产品。日本有国家工业研究院和三家公司在进行连续氧化铝基陶瓷纤维的研究，Sumitomo 公司近年来发展了 Altex 多晶氧化铝连续纤维，K. K. Denka 于 1984 年和 1985 年开发了莫来石质连续陶瓷纤维，Mitsui Mining 公司于 20 世纪 90 年代初研制出氧化铝连续纤维。

目前，美国投入大量经费实施了包括氧化铝基连续陶瓷纤维在内的高性能复合材料的研究计划（CFCC），旨在为航空航天及机械领域提供节能材料。日本、英国等国家基于科技和商业利益也争相开展了此类纤维材料的研制工作。我国在国家“863”计划支持下也开展了氧化铝基连续陶瓷纤维的研制工作。

国外制造连续氧化铝基陶瓷纤维的方法多为溶胶体喷丝法，胶体经连续喷拉干燥后形成素丝纤维（前驱体）。通过连续热处理炉转变成氧化物纤维，再经过校直、去静电，收集成纱锭。目前，国际市场最主要的氧化物连续陶瓷纤维产品是美国 3M 公司生产的 Nextel 系列产品。

不同成分的连续陶瓷纤维具有以下不同的用途：连续碳化硅纤维（编织物成型后经热处理）主要用于高性能军用发动机燃烧室；连续硼纤维由于具有很高的单丝抗拉强度，被作为军用飞机的高强度轻结构材料；连续高硅氧纤维是传统航空航天复合材料和耐烧蚀材料。这些材料的共同特点是生产成本较高，相比较而言，氧化铝基连续陶瓷纤维有最好的性价比，而且化学溶胶-凝胶生产工艺也较容易实现。

美国3M公司联合美国国家研究部门对这些纤维材料进行了深入的应用研究（如CFCC计划)。美国在氧化铝-氧化硅基连续陶瓷纤维材料应用方面的研究范围较广，如航天隔热材料、铝镁基合金的增强剂、化工接触氢氟酸的过滤网、高温烟气袋式除尘机等。其他国家，如日本政府于1981年启动了“未来工业基础技术的研究与开发计划”，以开发具有高潜在价值的新材料，其工业界、大学及国立研究机构都加入这项计划中，进行金属、陶瓷及塑料领域的研究，并且建立了能够在20世纪90年代至21世纪产生较强竞争力的复合材料研究计划，以抢占新材料科技的制高点，从中获得巨大的商机和可观的经济利益。氧化铝基连续陶瓷纤维是其中的研究重点之一。

目前，国际市场上最主要的氧化物连续陶瓷纤维产品是美国3M公司生产的Nextel系列产品，其常用牌号及其单丝抗拉强度和纤维颜色如表2.4所示。

表2.4 美国3M公司Nextel系列氧化物连续纤维产品的牌号及其单丝抗拉强度和纤维颜色

牌号	材质	单丝抗拉强度/MPa	纤维颜色
Nextel 312	Al_2O_3-SiO_2-B_2O_3	1700	白色
Nextel 440	Al_2O_3-SiO_2(2%的B_2O_3)	2000	淡红色
Nextel 480	莫来石(2%的B_2O_3)	2000	—
Nextel 550	Al_2O_3-SiO_2-B_2O_3	2000	蓝色
Nextel 610	Al_2O_3	2930	白色
Nextel 650	Al_2O_3-ZrO_2(2%的Y_2O_3)	2550	白色
Nextel 720	Al_2O_3-SiO_2	2100	绿色
Nextel Z-11	ZrO_2-SiO_2	2100	白色

2.1.8 Si_3N_4系纤维

氮化硅系纤维是一种陶瓷纤维，按组成有Si-C-N纤维和Si_3N_4纤维。由氮化硅纤维增强的复合陶瓷材料有诸多优异性能，因此氮化硅的研究工作非常活跃。制备氮化硅纤维的方法有两种：一是以氯硅烷和六甲基二硅氮烷为起始原料，先合成稳定的氢化聚硅氮烷，经熔融纺丝制成纤维，再经不熔化和烧制而得到Si_3N_4纤维；二是以吡啶和二氧化硅烷为原料，在惰性气体保护下反应生成白色的固体合成物，再于氮气中进行氨解得到全氢聚硅氮烷，然后置于烃类有机溶剂中深解配制成纺丝溶液，经干法纺丝制成纤维，最后在惰性气体或氨气中于1100～1200℃温度下进行热处理而得氮化硅纤维。

将聚环氨烷以及多羧硅烷作为前驱体进行干式纺丝，在惰性气体或NH_3中烧成，可以得到白色、具有优异耐热性的Si_3N_4纤维。进而，在该聚合物中加入硼，还开发了高温性能优异的含硼Si_3N_4纤维。一方面，用胶态聚硅氨烷作为前驱体，在三氯硅烷蒸气中进行不熔化处理，再在NH_3中烧结，可制作Si-N-C纤维。另一方面，将PC-SiC纤维的前驱体多羧硅烷纤维在惰性气体中用放射线进行不熔化处理，再在NH_3中烧成，可以将其中的C置换为N，得到无色、不透明的Si-N系纤维。如果用热氧化进行不熔化处理，则氮化后得到非晶的Si-N-O系纤维。

氮化硅纤维有类似碳化硅纤维的力学性能和应用领域，耐高温性能和耐腐蚀性能好，是先进陶瓷基复合材料的增强纤维之一，也是制造航空航天、汽车发动机等耐高温部件最有希望的材料，有着广阔的应用前景。

2.1.9 ZrO_2系纤维

氧化锆纤维秉承了氧化锆陶瓷本身的优良性能，具有高熔点、高强度、韧性好、耐高温、抗氧化、耐酸碱腐蚀、抗热震性和隔热性好等优点，特别是纤维抗拉强度高（2.6GPa 以上），最高使用温度高（2200℃），热导率和高温蒸气压在金属氧化物中均最小，是一种综合性能优良的防热、绝热材料和复合增强材料。

氧化锆陶瓷纤维材料的晶粒粒径一般在几十纳米至几百纳米之间，直径范围为 1～50μm。氧化锆纤维有连续纤维和短纤维之分。短纤维的长度通常为厘米、毫米或微米级别，其制备方法简单，一般多采用浸渍法制备，强度不高。国际上通常将长度大于 1m 的氧化锆纤维称为氧化锆连续纤维。连续纤维的制备相当困难，但其强度高、韧性好，可实现三维编织，在应用于复合增强材料方面具有短纤维所无法比拟的优异性能。

20 世纪 60 年代末，国际上开始致力于氧化锆纤维的研制。美国首先研制成功，随后英国、前苏联、德国、日本、印度等国家随后相继开始研制，我国于 20 世纪 70 年代末也开始了氧化锆纤维的实验室研制。

制备氧化锆纤维特别是连续纤维的方法基本均为前驱体转化法，即先制得有机和/或无机的前驱体纤维，再将其热处理转化为预定组成和结构的氧化锆纤维。

前驱体转化法制备氧化锆纤维的常用方法有以下 4 种。

① 浸渍法　将黏胶丝或整个织物浸入锆盐溶液一段时间后，取出清洗，再经干燥、热解和煅烧，得到具有一定强度的氧化锆纤维或纤维织物。

② 混合法　将有机聚合物与纳米级锆盐或氧化锆颗粒配成均匀混合溶液，经纺丝烧结固化成氧化锆纤维。

③ 溶胶-凝胶法　将乙酸氧化锆或锆的醇盐进行水解和缩聚反应，生成含聚合长链的溶胶，纺丝形成凝胶纤维，热处理除去挥发组分，然后煅烧氧化物骨架，制得的纤维具有良好的力学性能。

④ 有机聚锆法　将无机锆盐与有机配合物进行配位、聚合反应生成纺丝性能极好的有机锆聚合物，干法纺丝获得前驱体纤维，热处理获得氧化锆连续纤维。

尽管浸渍法工艺较为简单，但前驱体中的锆含量低，有机成分含量高，在烧结过程中体积收缩大，有机物分解导致晶粒间空隙较多，因而得到的纤维结构疏松，强度较低。混合法需制备亚微米级或纳米级的氧化锆或锆盐粉末，工艺复杂，纺丝液的均匀性和稳定性差，也很难得到高强度的连续纤维。溶胶-凝胶法前驱体中的锆含量高，有机物分解而残存的缺陷相对较少，制得的纤维强度较高，但溶胶体系不稳定，非常容易自发转化为凝胶而失去纺丝性能。有机聚锆法除具有溶胶-凝胶法所具有的优点之外，其纺丝液还十分稳定，可长时间不变质，并且可重复利用，适于实际生产。

由于高强度氧化锆连续纤维制备上的困难以及涉及保密等原因，国际上关于其制备方法的相关报道较少。

氧化锆连续纤维的制备方法如表 2.5 所示。

表 2.5　氧化锆连续纤维的制备方法

年份	制造者	方法	纤维特性
1987 年	美国加利福尼亚大学 D. B. Mashall	亚稳的乙酸盐前驱体	直径为 1～5μm，强度为 1.5～2.6GPa
1990 年	印度中央玻璃与陶瓷研究学院 G. De	sol 法	纤维最长 165cm，透明
1990 年	日本名古屋大学 T. Yogo	利用有机聚锆前驱体	最大长度 50cm，柔韧性较好
1994 年	日本东京科技大学 Y. Abe	简便的聚锆溶胶 one-pot 合成路线	直径为 20～25μm，抗拉强度平均为 1.5GPa，最大为 1.8GPa
1998 年	日本东京科技大学 Y. Abe	one-pot 合成路线	直径为 12～18μm，抗拉强度为 1.4GPa
1999～2000 年	山东大学晶体材料国家重点实验室	溶胶-凝胶法	实验室阶段，纤维强度不高
2001 年	英国华威大学 A. Hanridge	无机前驱体和有机溶胶-凝胶体系	短纤维毯

以前的工作主要放在含锆纺丝液的制备、热处理升温程序探索以及纤维性能表征上，缺乏对纤维形成机理和影响纤维性能的各种因素的深入研究。另外，大多数报道称尚处于实验室制备阶段，离规模化生产还有很大差距，许多关键技术问题仍亟须解决。

2.1.10 BN系、AlN系纤维

氮化硼（BN）因其具有良好的电绝缘性、热稳定性、导热性、耐腐蚀性和高温下较高的机械强度等特性，在冶金、机械、电子和航空航天等多方面得到广泛应用。20世纪60年代，氮化硼纤维被提出，引起了材料科学家的广泛关注，国际上对氮化硼纤维的研究异常活跃，并且取得了很大进展。由于氮化硼纤维兼备氮化硼材料和纤维材料各自所特有的性能，使该材料在核工业、电子及复合材料等方面具有很好的应用前景。

可以将氧化硼纤维与NH_3反应，使其氮化而制备BN系纤维，但纤维内部缺陷较多，抗拉强度也较低。后来，用甲基氨基醇的热缩合物进行熔融纺丝。同时，用表面加水分解进行不熔化处理，再在NH_3气体中烧成制取了BN纤维。在1800℃所得纤维直径约为50μm，抗拉强度和弹性模量分别为1GPa和80GPa。

由于制备过程复杂，涉及的反应和影响因素较多，几十年来，氮化硼纤维的合成工艺技术及其性能的提高始终为各国的重点研究对象，氮化硼纤维的制备方法除了传统的CVD法和先驱体转化法外又出现了很多其他方法，所得到的纤维基本上是由乱层结构或类六方结构所组成的。

AlN纤维由于具有高的热导率和电阻率而越来越多地受到人们的关注。AlN系纤维可以由热塑性有机铝聚合物作为前驱体，熔融纺丝后，在NH_3气流中烧成而得。其有望作为高热导率AlN烧结体的强化纤维。

国外报道了一种用NH_3和C_3H_8的混合气体作为还原氮化剂，采用还原氮化法由Al_2O_3纤维制备AlN纤维的方法。该方法采用Al_2O_3短纤维作为原料，其主要成分为γ-Al_2O_3。取一定量的Al_2O_3纤维，放置于高纯Al_2O_3瓷舟中，然后放于氧化铝管式炉（内径为42mm）中，加热时先通氩气排去系统中的氧气。当升温至900℃时，通入纯度为99.97%的NH_3和纯度为99.99%的C_3H_8的混合气体，C_3H_8和NH_3的摩尔比为1∶200。流量为4L/min（在标准温度和压力下），然后以8℃/min的升温速度加热到反应温度（1100～1400℃），保温0.5h后，在NH_3中以6℃/min的速度冷却，然后称重，计算转化率，用XRD分析试样的相组成。

2.1.11 芳纶纤维

芳纶（Kevlar）是由杜邦公司于20世纪70年代开发的，现在作为商品生产的合成纤维。与传统的合成纤维相比，其强度与弹性模量都有显著的提高。

芳纶的聚合物原材料为聚间苯基间苯二酸酰胺和聚对苯基对苯二酸酰胺，简称PPT，是1958年合成得到的高强度、高弹性的纤维。

对于PPT这样的高晶体化的聚合物，纺丝时得到充分的晶体取向是十分必要的。如果没有充分的晶体取向，即使通过热延伸提高弹性模量，也不能使强度得到大幅度提高。将上述纺丝所得的纤维置于氮气气氛中，在550℃下进行一定时间与规格的热处理，可以促进晶体化与取向。从而使弹性模量成倍增长，但强度几乎无变化。

芳纶纤维与其他纤维性能的比较如表2.6所示。该类纤维的主要特征是密度小、强度和弹性模量高，是已知长纤维中最强的纤维之一，其比强度也是最高的。芳纶纤维的弹性模量一般与玻璃纤维基本相同，但芳纶-49可以达到PPT理论弹性模量的2/3，比玻璃纤维高得多，然而还是不能与碳纤维相比。

表 2.6 芳纶纤维与其他纤维性能的比较

性能	芳纶-29	芳纶-49	玻璃纤维	碳纤维		钢纤维
				HT	HM	
强度/MPa	2840	2840	2058	3430	2450	2740
延伸率/%	4.0	2.0	4.8	1.5	0.6	4.0
弹性模量/GPa	61	131	73	235	392	196
密度/(g/cm³)	1.45	1.45	2.54	1.74	1.81	7.81

该类纤维还有以下一些特征。

① 不熔融（强度为零时的温度为 650℃）。

② 高温能保持高强度与高弹性模量。

③ 耐热，不易燃烧。

④ 尺寸稳定，几乎不发生蠕变。

⑤ 耐药性好，在有机溶剂及油中性能不下降。

⑥ 耐疲劳性、耐磨性好。

⑦ 对放射线的抵抗性大。

⑧ 非导体，而且介电性能优越。

⑨ 与无机纤维相比吸振性好，衰减速度快。

⑩ 多次加工性好，用现行纤维加工设备可加工。

芳纶纤维的缺点是压缩性差，压缩强度不到拉伸强度的 1/5，紫外线照射时强度大幅度下降。

由于芳纶纤维具有很多优异的性能，所以在很多领域得到了商业性的应用，而且还正在开发出很多新的用途。例如，可用于橡胶轮胎的补强，绳索、防弹手套、保护衣、树脂基等复合材料的强化等。

2.2 晶须

晶须已有很久的历史，但是推测出晶须为接近单晶结构，而且具有非常高的强度与弹性模量，从而可用于复合材料，还是最近几十年的事情。

随着复合材料的发展，特别是对短纤维强化树脂以及金属基复合材料需求的增多，人类迎来了一个迄今为止非常贵重的材料——晶须应用于工业化生产的时代。

1975 年前后，美国、日本两国分别独立地发现用稻壳制造碳化硅晶须（SiC_w）能够大大降低成本并适于批量生产（在此之前 SiC_w 的价格为 50 美元/g）。为将该廉价的晶须用于工业生产，美国、日本两国都做了计划，然而受到制造与实用操作环境等实际困难的影响，致使进展不甚迅速。例如，将该类晶须用于铝合金，可使其弹性模量提高数倍，但采用熔融锻造法进行工业化生产，已经经历了十几年。另外，SiC_w 对于陶瓷的高韧化来说未必能够满足，再加上环境问题等，该类晶须与几乎在同一时期开发的氮化硅晶须（Si_3N_{4w}）以及碳纤维（CF）等相比，其发展速度并不算快。

但是上述发展引起了材料科学工作者对晶须的关注，促进了晶须在工业实用化方面（虽然不是高温）的发展。不可否认，这些研究与开发又促进了 SiC_w 研究水平的提高。

2.2.1 SiC_w、Si_3N_{4w}

由于碳纤维（CF）在 500℃以上能与 Al 发生反应生成碳化物，这意味着从工业意义上讲，

CF与Al的复合化是十分困难的，研究者以此为契机开发了SiC_w。从成型工艺上讲，长纤维对金属等的复合化未必合适，而作为短纤维的晶须从形状上讲是合适的。用CVD法制备晶须不适于量产，所以很难成为工业材料。然而从廉价且原料丰富的SiC_w和C出发，用气相法制得SiC_w从原理上讲可用单纯的工艺完成。日本东海碳公司于20世纪80年代中期开发出了世界上最初的SiC纤维，随后的10年间实现了其在复合材料中的应用，开始了所谓的“晶须时代”。SiC_w的具有代表性的特性如表2.7所示。

表2.7 SiC_w的代表性特性

特性		TWS-100	TWS-200	TWS-400
晶体		B型	B型	B型
直径/μm		0.3～0.6	0.3～0.6	1.0～1.4
长度/μm		5～10	5～10	20～30
长径比		10～40	10～40	10～30
密度/(g/cm^3)		3.20	3.20	3.20
表观密度/(g/cm^3)		0.04～0.1	0.04～0.1	0.04～0.1
比表面积/(m^2/g)		2～4	2～4	1～2
膨胀系数/$℃^{-1}$		5.0×10^{-6}	5.0×10^{-6}	5.0×10^{-6}
SiC的质量分数/%		99	98	99
不纯物的质量分数/%	SiO_2	0.5以下	0.5以下	0.5以下
	Ca	0.05以下	0.05以下	0.05以下
	Co	0.05以下	0.05以下	0.15以下
	Fe	0.05以下	0.05以下	0.05以下
	Cr	0.05以下	0.05以下	0.05以下
	Mg	0.02以下	0.02以下	0.05以下
	Al	0.08以下	0.08以下	0.08以下
颗粒物的质量分数/%		1以下	1以下	1以下

2.2.2 钛酸钾晶须

钛酸钾晶须（KT_w）是以$K_2O\cdot nTiO_2$为一般式的人工矿物的总称，其结构和性能随n的值不同而不同，n通常取2、4、6，可以用烧成法、熔融法、溶剂法等合成。在晶须的制备方法中，常用共晶定向凝固法。由于其具有极端的碱性，所以在制备过程中存在容器的选定、凝集体的去除、助溶剂（Mo、W化合物）的回收等问题。

各厂家所制造的KT_w的性能如表2.8所示，具有代表性的性能如表2.9所示，其用途如图2.9所示。

表2.8 各厂家所制造的KT_w的性能

厂家	商品名	颜色	形状	化学组成	平均纤维直径/μm	平均长度/μm	密度/(g/cm^3)	pH值
大塚化学有限公司	Tisumo D	白色	针状	$K_2O\cdot6TiO_2$	0.2～0.5	10～20	3.3	7～9
	Tisumo L	白色	针状	$K_2O\cdot6TiO_2$	0.2～0.5	10～20	3.3	8～11
日本晶须有限公司	Tofika Y	淡黄色	针状	$K_2O\cdot6TiO_2$	0.3～1.0	10～20	3.3	－9
	Tofika F	白色	针状	$K_2O\cdot6TiO_2$	0.3～1.0	10～20	3.3	－9
	Tofika T	白色	针状	$K_2O\cdot6TiO_2$	0.3～1.0	20～30	3.3	7～7.5
川崎矿业有限公司	Taipurekkuse	白色	针状	$K_2O\cdot6TiO_2$	1以下	50	3.3	7～9
九州耐火材料有限公司	—	白色	针状	$K_2O\cdot6TiO_2$	0.8～1.2	30～50	3.5	6～8
日本钛工业有限公司	HT-300	白色	针状	$K_2O\cdot6TiO_2$	0.4～0.6	20～40	3.28	6～8
	HT-30	白色	针状	$K_2O\cdot6TiO_2$	0.3～0.5	10～20	3.3	6～8

表 2.9 KT_w（Tisumo D）的代表性性能

项目	性能	项目	性能
颜色	白色	莫氏硬度	4.0
形状	针状晶体	熔点/℃	1300～1350
化学组成	$K_2O \cdot 6TiO_2$	抗拉强度/GPa	4.9～6.8
平均纤维长度/μm	10～20	拉伸弹性模量/GPa	约 275
纤维直径/μm	0.2～0.5	电阻率/Ω·cm	3.3×10^{15}
真密度/(g/cm³)	3.1～3.5		

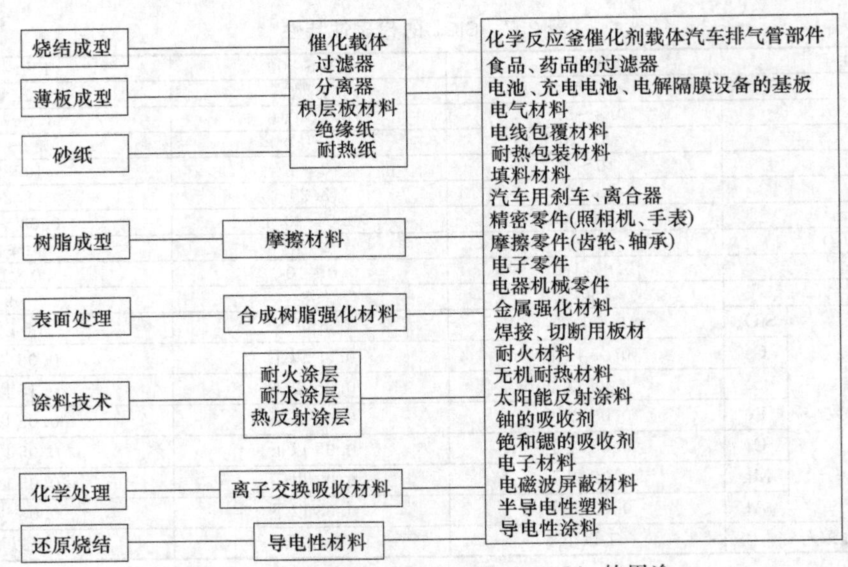

图 2.9 KT_w（Tisumo D、Tisumo L）的用途

2.2.3 硼酸铝晶须

硼酸铝晶须（AlB_w）的强度与弹性模量都超过 KT_w，其弹性模量可与 SiC_w 相媲美。硼酸铝晶须的制造方法不像 SiC_w 那样采用惰性气体气相法，而是使用像 KT_w 那样廉价的助溶剂法，即在 1000℃以上，向 Al_2O_3 与 B_2O_3 的原材料中添加碱金属的氯化物、硫酸盐或碳酸盐等不参与反应的助溶剂。在 1000～1200℃加热可生成具有 $9Al_2O_3 \cdot 2B_2O_3$ 成分的晶须。如果加热温度为 800～1000℃，则得到成分为 $2Al_2O_3 \cdot 3B_2O_3$ 的晶须。其性能如表 2.10 所示。

表 2.10 AlB_W 的性能

项目	性能	方法
平均纤维长度/μm	10～20	画像处理法
平均纤维直径/μm	0.5～1.0	画像处理法
真密度/(g/cm³)	3.0	空气比较法
表观密度/(g/cm³)	0.1～0.2	轻装
比表面积/(m²/g)	1.5～3.0	BET 法
含水量/%	0.5 以下	
努普硬度/MPa	704～785	
pH 值	5～7.5	5%的浆
熔融温度/℃	1420～1460	分解熔融
抗拉强度/GPa	7.8	
弹性模量/GPa	392	
线膨胀系数/℃⁻¹	4.7×10^{-6}	
体膨胀系数/℃⁻¹	14.1×10^{-6}	
体积电阻率/Ω·cm	10^{13}	施加直流电压 1000V
介电损耗角正切	$(1\sim6)\times10^{-3}$	推定值
曲折率	1.60～1.63	
比热容/[J/(kg·K)]	800	
热导率/[W/(m·K)]	5.6	

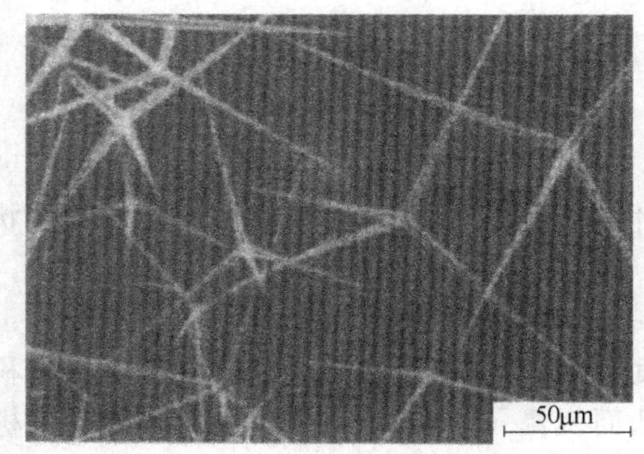

图 2.10 典型的四脚状晶须

2.2.4 氧化锌晶须

日本松下电器产业公司所开发的氧化锌晶须（ZnO_w）是以充分利用制造电容器时所产生的大量锌粉为起点。与其他晶须的形状不同，呈四脚状，如图 2.10 所示。虽然尺寸微小的四脚状物质在 1941 年就有发现，但像 ZnO_w 这样大的尺寸，却是在 20 世纪 90 年代初才开发出来的，其代表性的特性如表 2.11 所示。

此类大型四脚状晶须的主要用途见表 2.12。由于它具有优异的振动吸收性，在开发特殊扩音器的振动板方面受到关注。此外，它还可以用于原子力显微镜的探针，能够清楚地观察到物质的数纳米凸凹。

表 2.11 ZnO_w 的特性

化学式	形状	密度/(g/cm³)	松装密度/(g/cm³)	升华点/℃	脚长/μm	脚径/μm	膨胀系数/℃⁻¹
ZnO	四脚	5.75	0.1～0.5	1720	约 200	0.4～14	4×10^{-6}

表 2.12 大型四脚状晶须的主要用途

功能材料	构成	特征与用途举例
电波吸收体	与硅橡胶复合	反射衰减率、比带域宽度优越，通信电路损失材料
微波发热体	单独、耐热黏结剂	2.45GHz 微波吸收性能好。微波加热器
音响材料	与各种塑料复合	改善振动吸收性（提高音质）、高刚度、高密度。录像机、CD 录音机的机架
导热体	与塑料、橡胶复合	白色导电填料、电子传导性填料。防止带电材料、抗静电用品
制动材料	与塑料、橡胶及其他材料复合	耐磨复合材料、刹车材料

2.2.5 石墨晶须

1960 年，Bacon 利用石墨电极直流放电在 3900K、90atm[1] 下最初制得了石墨晶须。其抗拉强度达 20GPa，弹性模量达 700GPa，为人造石墨的研究提供了有用的基础。

工业上常采用的制备石墨晶须的方法是气相生长法，从原材料的供给到纤维生成的工艺都是连续的。石墨纤维与陶瓷纤维的性能比较如表 2.13 所示。从表可知，石墨纤维具有低密度、低硬度、高热（电）导率等特征。

表 2.13 石墨纤维与陶瓷纤维的性能比较

性质	石墨纤维(GMH)	陶瓷纤维（括号内为 Si_3N_4 的值）
抗拉强度/GPa	高(7)	高(14)
抗拉弹性模量/GPa	高(400)	高(390)
熔点/℃	非常高(3730)	高(1900)
密度/(g/m³)	低(2)	高(3.2)
硬度(莫氏)	低(2)	高(9)
电导率/(S/cm)	高(10^4～10^5)	中或低(10～14)
热导率/[W/(m·K)]	高(2000)	中或低(20)

[1] 1atm＝101325Pa。

2.3 颗粒

用于改善复合材料力学性能，提高断裂功、耐磨性和硬度，以及增强耐腐蚀性能的颗粒状材料，称为“颗粒增强体”。

颗粒增强体可以通过三种机制产生增韧效果。

① 当材料受到破坏应力时，裂纹尖端处的颗粒发生显著的物理变化（如晶型转变、体积改变、微裂纹产生与增殖等），它们均能消耗能量，从而提高了复合材料的韧性，这种增韧机制称为“相变增韧”和“微裂纹增韧”。其典型例子是四方晶相 ZrO_2 颗粒的相变增韧。

② 复合材料中的第二相颗粒使裂纹扩展路径发生改变（如裂纹偏转、弯曲、分叉、裂纹桥接或裂纹钉扎等），从而产生增韧效果。

③ 以上两种机制同时发生，此时称为“混合增韧”。常用的颗粒增强体的性能见表 2.14。

表 2.14 常用的颗粒增强体的性能

颗粒名称	密度 /(g/cm^3)	熔点 /℃	热膨胀系数 /$℃^{-1}$	热导率 /[kW/(m·K)]	硬度 /MPa	弯曲强度 /MPa	弹性模量 /GPa
碳化硅(SiC)	3.21	2700	4.0×10^{-6}	75.31	2700	400～500	
碳化硼(B_4C)	2.52	4250	5.73×10^{-6}		3000	300～500	260～460
碳化钛(TiC)	4.92	3200	7.4×10^{-6}		2600	500	
氧化铝(Al_2O_3)		2050	9.0×10^{-6}				
氮化硅(Si_3N_4)	3.2～3.35	2100 分解	$(2.5～3.2)\times10^{-6}$	12.55～29.29	89～93HRA	900	330
莫来石($3Al_2O_3\cdot2SiO_2$)	3.17	1850	4.2×10^{-6}		3250	约 1200	
硼化钛(TiB_2)	4.5	2980					

颗粒增强体的平均尺寸为 3.5～10μm，最细的为纳米级（1～100nm），最粗的颗粒粒径大于 30μm。在复合材料中，颗粒增强体的体积含量一般为 15%～20%，特殊的也可达 5%～75%。

复合材料中的颗粒增强体，按照颗粒尺寸可以分为两类：一类是颗粒尺寸在 0.1～1μm 以上的颗粒增强体，它们与金属基体或陶瓷基体复合的材料在耐磨性能、耐热性能及超硬性能方面都有很好的应用前景；另一类是颗粒尺寸在 0.01～0.1μm 范围内的微型增强体，其强化机理与第一类不同，由于微粒对基体位错运动的阻碍而产生强化，属于弥散强化，如 $Ni-ThO_2$ 系列和 $Mo-ZrO_2$。

按照变形性能，颗粒增强体可以分为刚性颗粒和延性颗粒两种。刚性颗粒主要是陶瓷颗粒，其特点是高弹性模量、高拉伸强度、高硬度、高热稳定性和化学稳定性。刚性颗粒增强的复合材料具有较好的高温力学性能，是制造切削刀具（如 WC/Co 复合材料）、高速轴承零件、热结构零部件等的优良候选材料。

此外，刚性颗粒增强体一般具有以下特点。

① 高模量、高强度、高硬度、高热稳定性和化学稳定性。

② 增强体与基体之间具有一定的结合度，否则在界面处易诱发裂纹，从而降低韧性。

③ 增强体热膨胀系数大于基体材料，形成热膨胀系数失配，促使基体处于径向受胀、切向受压的应力状态，促使裂纹绕刚性增强体偏析，可抑制机体内部裂纹生长，使材料的韧性得以提高。

④ 在一定范围内，增强体的颗粒增大，复合材料的韧性提高，但强度降低。

⑤ 不同形貌的刚性颗粒增强体对于裂纹的偏析、桥联作用不同。刚性颗粒增强陶瓷基复

合材料比单相陶瓷具有更好的高温力学性能。这类材料能够耐高温、耐高应力，是制造切削刀具、高速轴承和陶瓷发动机部件的优良材料。

延性颗粒主要是金属颗粒，加入陶瓷、玻璃和微晶玻璃等脆性基体中，目的是增加基体材料的韧性。颗粒增强复合材料的力学性能取决于颗粒的形貌、直径、结晶完整度和颗粒在复合材料中的分布情况及体积分数。其增韧机理大致分为两类。

① 桥联机制，延性颗粒拦截裂纹，并且在裂纹尾区塑性伸长，这样既消耗了能量，又使裂纹得以被桥接，从而提高复合材料的断裂韧性。在WC/Co体系中已得到很好的实验验证。

② 区域屏蔽机制，延性颗粒的塑性变形对宏观裂纹尖端的外加应力场形成屏蔽，从而使复合材料的韧性得以提高，在这种机制下，延性颗粒的尺寸大小以及延性相的屈服强度值等因素，对增韧效果有显著的影响。如在Al_2O_3/Al、WC/Co等复合材料体系中，由于金属颗粒的加入，材料的韧性显著提高，但高温力学性能有所下降。

常见的增强颗粒有SiC颗粒、Si_3N_4颗粒、TiB_2颗粒、Al_2O_3颗粒等。

SiC颗粒的硬度高（莫氏硬度为9.2～9.5），β-SiC颗粒的热膨胀系数为4.5×10^{-6}℃$^{-1}$，具有负电阻温度系数。SiC颗粒的表面常有一薄层氧化物（SiO_2）妨碍烧结，在制造陶瓷基复合材料时，可用AlN、BN、$BeSiN_2$或$MgSN_2$等共价键材料作为烧结促进剂，如用10%（质量分数）AlN作为SiC颗粒的烧结促进剂时，可以提高产品的致密度和韧性。由于SiC与金属的相容性好，所以SiC颗粒增强金属铝可以采用成本相对较低的液态浸渗工艺制造，在航天、航空、电子、光学仪表和民用领域具有广泛的应用前景。

高强度Si_3N_4颗粒主要作为氮化硅陶瓷、多相陶瓷的基体和其他陶瓷基体的增强体使用。氮化硅颗粒增强陶瓷基复合材料应用于涡轮发动机的定子叶片、热气通道元件、涡轮增压器转子、火箭喷管、内燃发动机零件、高温热结构零部件、切削工具、轴承、雷达天线罩、热保护系统、核材料的支架、隔板等高技术领域。

硼化钛（TiB_2）颗粒熔点为2980℃，显微硬度为3370MPa，电阻率为15.2～28.40Ω·cm，还具有耐磨损性和耐腐蚀性，被用来增强金属铝和增强碳化硅、碳化钛和碳化硼陶瓷。TiB_2颗粒增强陶瓷基复合材料具有卓越的耐磨性、高韧性和高温稳定性，已用于制造切削刀具、加热设备和点火装置的电导部件以及超高温条件下工作的耐磨结构件。

氧化铝颗粒用于增强金属铝、镁和钛合金，这类复合材料可望在内燃发动机上应用。

此外，氮化铝颗粒和石墨颗粒用于增强金属铝，具有较高的硬度和抗拉强度，而且不降低金属的电导率和热导率，可以作为电子封装材料。

2.4 基体

用于复合材料的基体常见的有聚合物基体、金属基体、陶瓷基体等，其性质如表2.15所示。

表2.15 几种基体的性质

基体		密度/(g/cm³)	弹性模量/GPa	泊松比	抗拉强度/GPa	断裂应变/%	膨胀系数/K^{-1}	热导率/[W/(m·K)]
热固性树脂	环氧树脂	1.1～1.4	3.6	0.38～4.0	0.035～0.1	1～6	60×10^{-6}	0.1
	聚酯树脂	1.2～1.5	2.0～4.5	0.37～0.39	0.04～0.09	2	$(100\sim200)\times10^{-6}$	0.2
热塑性树脂	尼龙66	1.14	1.4～2.8	0.3	0.06～0.07	40～80	90×10^{-6}	0.2
	聚丙烯	0.90	1.0～1.4	0.3	0.02～0.04	300	110×10^{-6}	0.2
	PEEK	1.26～1.32	3.6	0.3	0.17	50	47×10^{-6}	0.2

续表

基体		密度/(g/cm³)	弹性模量/GPa	泊松比	抗拉强度/GPa	断裂应变/%	膨胀系数/K^{-1}	热导率/[W/(m·K)]
金属	铝	2.70	70	0.33	0.2～0.6	6～10	24×10^{-6}	130～230
	镁	1.80	45	0.35	0.1～0.3	3～10	27×10^{-6}	100
	钛	4.5	110	0.36	0.3～1.0	4～12	9	6～22
陶瓷	硼酸玻璃	2.3	64	0.21	0.10	0.10	3	12
	SiC	3.4	400	0.20	0.4	0.4	4	50
	Al_2O_3	3.8	380	0.25	0.5	0.5	8	30

将这些信息与强化材料的性能一起考虑，就能够对某些体系进行评价。例如，如果是以提高刚度（弹性模量）为目的，就不应该将玻璃纤维用于金属的强化材料。如果是纤维与基体的膨胀系数有很大的差异，就容易产生热收缩应力，这一点也必须仔细考虑。

2.4.1 聚合物基体

2.4.1.1 热固性树脂

通常最常使用的是环氧树脂、不饱和聚酯与乙烯基酯树脂。它们包含很宽范围的化学制品，也能够得到宽范围的物理性能与力学性能。热固性树脂形成液态树脂紧密结合的三维网状结构，是化学桥接的坚硬固体。其力学性能与构成网状结构的分子单位、桥接的长度及密度有关，前者由使用的初期化合物所决定，而后者则由固化桥接的过程所控制。固化虽然在室温下也可以进行，但是为了得到最佳桥接与最佳性能，一般是加热到预先决定的温度并保温一定的时间，来实现固化桥接。另外，为了减少使用过程中性能的变化，还可以在较高的温度下进行后处理。固化中的收缩与基于随后冷却过程中的热收缩是造成复合材料中残留应力的原因。

从表2.15可以看出，热固性树脂与热塑性树脂的性质有很大差异。在这些性质中，最引人注目的是热固性树脂断裂应变很小。热固性树脂本身是脆性材料，而热塑性树脂则能够承受较大的塑性变形。但是，在热固性树脂的不同种类之间，性质也会有很大差异。例如，环氧树脂，特别是一些先进的环氧树脂合成物，其韧性会明显好于不饱和聚酯与乙烯基酯树脂。热固性树脂与热塑性树脂的性质如表2.16所示，不同的基体之间也有很大不同。

表2.16 热固性树脂与热塑性树脂的性质

性质	热固性树脂		热塑性树脂		
	环氧树脂	聚酯树脂	尼龙66	聚丙烯	PEEK
熔点/℃	—	—	265	164	334
热变形温度/℃	50～200	50～100	120～150	80～120	150～200
硬化收缩率/%	1～2	4～8	—	—	—
吸水率/%	0.1～0.4	0.1～0.3	1.3	0.03	0.1
耐化学品性	对强酸良好	对强酸、强碱弱	对强酸良好	优良	优良

2.4.1.2 热塑性树脂

与热固性树脂不同，热塑性树脂不发生桥接，是由单体要素的潜在性质与非常大的分子量而产生强度与刚度。这意味着热塑性树脂中分子链的结合能够起到类似于桥接的作用，在半晶体材料中分子的排列高度发达。对无定形材料加热，分子链的结合加强，从液体变为坚硬的固体。对晶体材料，由于加热时成为无定形黏性液体，晶体相溶解。根据无定形及半晶体聚合物硬化中的条件而可能产生各向异性。对于无定形聚合物，这是由成型或随后的塑性变形中产生的分子排列所引起的。同样地，在晶体性聚合物中，例如由纤维表面的不均匀形核，或由溶液中的温度梯度所引起的某一方向上的优先生长，使晶体的薄片择优取向发达。

几种热塑性树脂的性质见表2.15与表2.16。一般具有高的断裂应变以及良好的热稳定性。其后者在复合材料取得显著进步的先进热塑性树脂发挥了很大作用，半晶体性的PEEK是一个很好的例子。这些聚合物的刚度与强度，一般可以在加热到大多数聚合物分解的温度(150℃）而不受大的影响。在PEEK中添加50%碳纤维的复合材料，在飞机中得到了广泛的应用。大多数热塑性树脂都对水的吸收表现出良好的抵抗性。全部的热塑性树脂都发生屈服，在最终断裂之前会有较大的塑性变形。而且，其力学性能与温度及加载速度有很大关系。全部的热塑性树脂的另外一个重要性质是在一定的载荷下，应变会随时间的延长而增大，即发生蠕变。这意味着在变形中或承载载荷的条件下，基体与纤维之间所承受的载荷会发生再分配。

与热固性树脂相比，热塑性树脂复合材料的最重要的特征之一是加工很难。这主要是由于材料已经发生了聚合，而且在制备复合材料时液体具有很大的黏性。这些材料的玻璃转移温度与溶解温度都较低，而且制造时的溶解物的黏度高，不容易进行纤维的仔细排列与含浸，所以一般是采用热塑性树脂的薄片与纤维的预成型体，可以缩短工艺流程，但是需要充分的时间与压力。热塑性树脂复合材料可以采用多种成型方法。

2.4.2 金属基体

金属及复合材料的发展集中于铝基、镁基与钛基三种金属，为了提高金属的物理性能与力学性能，一般添加其他成分。而且，使用范围广的多种合金成分最终性能受到决定其微观结构的热处理与机械处理的影响。通常的金属基体的性质如表2.15所示。与聚合物不同，由强化材料的加入而得到的刚度的增加一般较小。但是磨损、蠕变特性及热变形抵抗等性能却能够得到重要的改善。三种金属基体与氧的亲和力都很强，容易发生反应。这对于金属基复合材料在生产时是必须要考虑的。特别是对于钛，更是需要充分注意，例如基体与强化材料之间的界面化学反应。

2.4.3 陶瓷基体

几种主要的陶瓷都可用于陶瓷基复合材料。玻璃陶瓷是经过使晶体相以玻璃状纤维系分散处理的硼硅酸与铝硅酸等玻璃状化合物的氧化物。玻璃陶瓷具有比晶体陶瓷低的软化温度，成型也容易。这一点在考虑复合材料时也是十分重要的。SiC、Si_3N_4、Al_2O_3、ZrO_2等普通陶瓷是具有充分晶化，在任意方向上都由晶粒构成的标准结构。而且，该类材料的特点之一是能够比较容易制造。作为不使成型性下降的方法，有添加短纤维的水泥及混凝土。

2.4.3.1 氧化物陶瓷

本质上，陶瓷是由金属与非金属元素的化合物构成的非均匀固态物质，而氧化物是大多数典型陶瓷特别是特种陶瓷的主要组成和晶体相。它们主要由离子键结合，也有一定成分的共价键。它们的结构取决于结合键的类型、各种离子的大小以及在极小空间保持电中性的要求。陶瓷最重要的氧化物是几种简单类型的氧化物AO、AO_2、A_2O_3、ABO_3和AB_2O_4等（A、B表示阳离子)。其结构的共同点是，氧离子（一般比阳离子大）进行紧密排列，金属阳离子位于一定的间隙中，最重要的是具有四面体和八面体间隙。表2.17所示为氧化物的结构及特点。

工程意义较大的是纯氧化物陶瓷，它们的熔点多超过2000℃。应用最多的有SiO_2、Al_2O_3、ZrO_2、MgO、CaO、BeO、ThO_2和UO_2等，以及一些氧化物之间的化合物，如$3Al_2O_3\cdot 2SiO_2$（莫来石)、$MgO\cdot Al_2O_3$（尖晶石）等。氧化物陶瓷主要是单相多晶材料，除了晶体相以外，可能含有少量的气相（气孔）和玻璃相。微晶氧化物陶瓷的强度较高，粗晶结构时，晶界较平直且晶界上的内应力较大，使强度降低。随着温度的升高，氧化物陶瓷的强度降低，但在800～1000℃以前强度的降低不大，高于此温度后大多数材料的强度剧烈降低。纯氧化物陶瓷在任何高温下都不会氧化，所以这类陶瓷是很有用的高温耐火结构材料。

表 2.17 氧化物的结构及特点

结构类型	氧离子排列方式	阳离子填充方式	结构名称	举例
AO	面心立方	全部八面体间隙	岩盐	MgO,CaO,SrO,BaO,CdO,VO,MnO,FeO,CoO,NiO
	面心立方	1/2 面体间隙	闪锌矿	BeO
	面心立方	面体间隙	纤锌矿	ZnO
AO_2	简单六方	立方体间隙	萤岩	ThO_2,CaO_2,PrO_2,UO_2,ZrO_2,HfO_2,NpO_2,PuO_2,AmO_2
	面心立方	面体间隙	反萤岩	Li_2O,K_2O,Pb_2O
	畸变六方	面体间隙	金红石	TiO_2,GeO_2,SnO_2,PbO_2,VO_2,NbO_2,TeO_2,MnO_2,RuO_2,OsO_2,IrO_2
A_2O_3	密排六方	面体间隙	刚玉	Al_2O_3,Fe_2O_3,Cr_2O_3,Ti_2O_3,V_2O_3,Ga_2O_3,Rh_2O_3
ABO_3	密排六方	面体间隙	钛铁矿	$FeTiO_3$,$NiTiO_3$,$CoTiO_3$
	面心立方	面体间隙	钙钛矿	$CaTiO_3$,$SrTiO_3$,$SrSnO_3$,$SrZrO_3$,$SrHfO_3$,$BaTiO_3$
AB_2O_4	面心立方	面体间隙	尖晶石	$FeAl_2O_4$,$ZnAl_2O_4$,$MgAl_2O_4$
	面心立方	面体间隙	反尖晶石	$FeMgFeO_4$,$MgTiMgO_4$
	密排六方	面体间隙	橄榄石	Mg_2SiO_4,Fe_2SiO_4

氧化铝（刚玉）陶瓷主要成分是 Al_2O_3 和 SiO_2，Al_2O_3 含量越高，氧化铝陶瓷的性能越好，但其制备工艺更复杂、成本更高。氧化铝陶瓷具有较高的室温和高温强度、高的化学稳定性和接点介电性能，但热稳定性不高。利用其高硬度、耐磨性好的特点，可用于制造高速切削工具、量规、拉丝模、轴承；利用其耐高温特性，可制作高温热电偶套管、坩埚等；利用其耐腐蚀性，可用于制造化工高压机械泵零件；还可用于制造内燃机火花塞等。此外，致密的氧化铝陶瓷又可用于电真空陶瓷，多孔的氧化铝能作为绝热材料使用。其中微晶刚玉的性能优于其他工具材料，其密度达 3.96g/cm^3，抗弯强度达 500 MPa，硬度达 92～93HRA，红硬性达 1200℃，用于要求高的各类工具。表 2.18 所示为氧化铝陶瓷的主要性能。

表 2.18 氧化铝陶瓷的主要性能

项目	刚玉-莫来石陶瓷	刚玉陶瓷	刚玉陶瓷
牌号	75 陶瓷	95 陶瓷	99 陶瓷
Al_2O_3 含量(质量分数)/%	75	95	99
主晶体	α-Al_2O_3,3Al_2O_3·2SiO_2	α-Al_2O_3	α-Al_2O_3
密度/(g/cm^3)	3.2～3.4	3.5	3.9
抗弯强度/MPa	140	180	250
抗拉强度/MPa	250～300	280～350	370～450
抗压强度/MPa	1200	2000	2500
膨胀系数/℃$^{-1}$	(5～5.5)×10^{-6}	(5.5～7.5)×10^{-6}	6.7×10^{-6}
介电强度/(kV/mm)	25～30	15～18	25～30

ZrO_2 陶瓷的特点是呈弱酸性或惰性，热导率小［在 100～1000℃区间，热导率为 1.7～2.0W/(m·K)］，其推荐使用温度为 2000～2200℃，主要用于耐火坩埚、炉子和反应堆的绝热材料、金属表面的防护涂层等。ZrO_2 有三种晶型：立方结构（c 相）、四方结构（t 相）和单斜结构（m 相）。加入适量的稳定剂后，t 相可以部分地以亚稳定状态存在于室温，称为部分稳定氧化锆，简称 PSZ。在应力作用下发生 t→m 马氏体转变，称为“应力诱导相变”。这种相变过程将吸收能量，使裂纹尖端的应力场松弛，增加裂纹扩展阻力，从而实现增韧。部分稳定氧化锆的断裂韧性远高于其他结构陶瓷，并且由此获得了“陶瓷钢”的称誉。因此也常用这类材料去增韧其他陶瓷材料即氧化锆增韧陶瓷（ZTC）。目前，常用的稳定剂有 MgO、Y_2O_3、CaO、CeO_2 等。

(1) Mg-PSZ Mg-PSZ 是将含 MgO（6%～10%，摩尔分数）的 ZrO_2 粉料成型后于 1700～1850℃（立方相区）烧结，控制冷却速度快速冷却至 c+t 双相区后等温时效；或直接冷却至室温后再进行时效处理，使 t 相在过饱和 c 相中析出。得到的 Mg-PSZ 陶瓷分为两类：

一类是在 1400～1500℃处理后得到的高强型 Mg-PSZ，抗弯强度为 800MPa，断裂韧性为 10MPa·$m^{1/2}$；另一类是在 1100℃处理得到的抗热震型 Mg-PSZ，抗弯强度为 600MPa，断裂韧性达 8～15MPa·$m^{1/2}$。但存在的问题是烧结温度高、晶粒易于长大，而且为了控制 t 相及其含量，一般需要急冷工艺，这些对设备的要求较苛刻，严重影响了这类材料的应用。近年来人们发现在 ZrO_2-MgO 二元系低共析点附近选择适宜的 MgO 与 ZrO_2 的比值，引入适量的稀土氧化物（如 Y_2O_3）等，在 1550℃左右即可烧结得到性能优异的微晶 PSZ（晶粒尺寸为 1～2μm），经 1100℃处理后抗弯强度为 500～650MPa，断裂韧性为 9～14MPa·$m^{1/2}$。还可在这个体系中引入 Al_2O_3，控制烧结过程和改性 PSZ，制备出 Y_2O_3-MgO-Al_2O_3-ZrO_2 四元系新型 Mg-PSZ。

（2）Y-TZP 四方多晶氧化锆陶瓷（TZP）可以看作是 PSZ 的一个分支，它在 t 相区烧结，冷却过程中不发生相变，在室温下保持全部或大部分 t 相。Y-TZP 以 Y_2O_3 为稳定剂，于 1350～1450℃烧成。由于可相变 t 相含量很高，Y-TZP 的强度可达到 1000MPa，断裂韧性可达到 10MPa·$m^{1/2}$以上。Y-TZP 面临的主要问题是低温（300～500℃）长期时效性能恶化，即所谓的老化问题。这一现象的机理目前尚不十分清楚，可能是表面受到某种化学腐蚀，使基体应力松弛，导致 t→m 相变，使材料性能恶化。一般可通过加入 Al_2O_3、CeO_2 等抑制这一恶化过程。

MgO、CaO 陶瓷呈碱性，能抗各种金属碱性渣，但它们的热稳定性差。MgO 在高温下易挥发，CaO 甚至在空气中就易水化。它们可用于制作坩埚，MgO 还可用于炉衬和高温装置等。

BeO 陶瓷的特点是导热性很好，因而具有高的热稳定性，但强度性能较差。BeO 消散高能辐射的能力强、热中子阻尼系数较大，用于制造熔化某些纯金属的坩埚，并且可用于真空陶瓷和原子反应堆用陶瓷。

ThO_2、UO_2 陶瓷具有很高的熔点、高的密度，并且具有放射性，主要用于制造熔化铑、铂、银和其他金属的坩埚，电炉构件，动力反应堆中的放热元件等。

表 2.19 列出了部分高耐火度氧化物的基本特性。

莫来石是 Al_2O_3-SiO_2 系中唯一稳定的二元化合物，其组成可在 $3Al_2O_3·2SiO_2$ 到 $2Al_2O_3·SiO_2$ 之间变化，$3Al_2O_3·2SiO_2$ 为化学计量莫来石。莫来石基体是由硅氧四面体有规则、交替连接成双链式的硅铝氧结构团，由六配位的铝离子把一条条双链连接起来，构成莫来石整体结构，有关的特性见表 2.20。

表 2.19 部分高耐火度氧化物的基本特性

项目	Al_2O_3	ZrO_2	BeO	MgO	CaO	ThO_2	UO_2
熔点/℃	2050	2700	2580	2800	2570	3050	2760
理论密度/(g/cm^3)	5.63	5.6	3.02	3.58	3.35	9.69	10.96
抗拉强度/MPa	255	147	98	98	—	98	—
抗弯强度/MPa	147	226	128	108	78	—	—
抗压强度/MPa	2943	2060	785	1373	—	1472	961
弹性模量/MPa	375×10^3	169×10^3	304×10^3	210×10^3	—	137×10^3	161×10^3
莫氏硬度	9	7	9	5～6	4～5	6.5	3.5
线膨胀系数/$℃^{-1}$	8.4×10^{-6}	7.7×10^{-6}	10.6×10^{-6}	15.6×10^{-6}	13.8×10^{-6}	10.2×10^{-6}	10.5×10^{-6}
热导率(无气孔)/[W/(m·K)]	28.8	1.7	208.8	34.5	13.9	8.5	7.3
体积电阻率/Ω·cm	10^{16}	10^4(1000℃)	10^{14}	10^{15}	10^{14}	10^{12}	10^3(800℃)
抗氧化性	中等	中等	中等	中等	中等	中等	中等
热稳定性	高	低	高	低	低	低	—
抗磨蚀能力	高	高	中等	中等	中等	高	—

表 2.20 莫来石的特性

特性	理论密度/(g/cm^3)	熔点/℃	弹性模量/GPa	热导率/[W/(m·K)]	线膨胀系数(25～1500℃)/$℃^{-1}$	泊松比	蠕变(8.27MPa,1000℃)/(m/h)
数据	3.16～3.22	1890±10	200～220	5.0	5.5×10^{-6}	0.238～0.276	9.8×10^{-9}

莫来石是一种不饱和的具有有序分布氧空位的网络结构，其结构空隙大、比较疏松，因而具有许多独特的性能，如较低的膨胀系数、低的热导率和比热容，弹性模量也较低，因而具有良好的绝热性和抗热震性及耐腐蚀性。此外，高纯莫来石还表现出低的蠕变性。大多数结构陶瓷其强度随温度上升均有不同程度的退化，而莫来石的强度在一定组成和温度范围内不仅不随温度上升而下降，反而有一定起跳，如图 2.11 所示。尤其当组成为 68% Al_2O_3 +32% SiO_2 时，其在 1300℃时的强度和韧性为室温的 1.7 倍。在此基础上可制备出性能优异的莫来石基复合陶瓷材料。而当 Al_2O_3 的质量分数为 60%时，莫来石陶瓷中晶体呈现针柱状交织网络结构，玻璃相填充于网络间，使得莫来石陶瓷具有优异的抗热震性能，是制备莫来石质窑具的极佳材料。

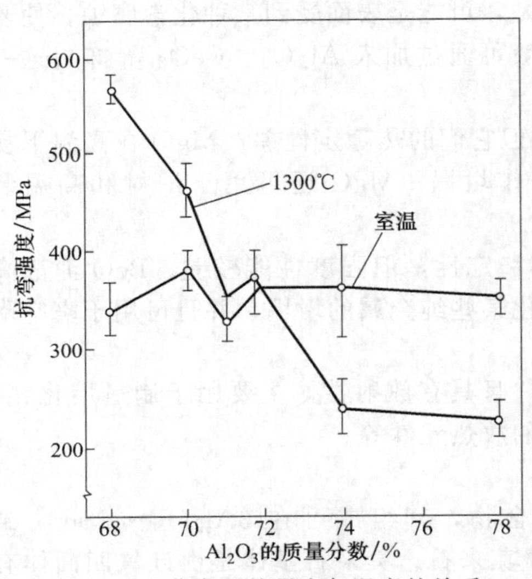

图 2.11 莫来石的强度与温度的关系

莫来石一般是由人工合成的。工业上多用天然高铝矾土、黏土或工业氧化铝等为原料，采用烧结法或电熔法合成莫来石熔块，然后破碎成各种粒度的莫来石粉料。一般合成温度高于 1700℃。实验室及一些特殊的场合也有用化学法（如溶胶-凝胶法）合成高纯超细莫来石粉末的。莫来石质陶瓷通常在常压下 1550～1600℃ 烧成，纯莫来石陶瓷要在 1750℃左右才能烧结。

尖晶石（spinel）从广义上讲，指的是相同结构的一类矿物，化学通式可写为 AO、R_2O_3 或 AR_2O_4，其中，A 代表二价元素离子，可以是 Mg^{2+}、Fe^{2+} 等，R 为三价元素，可以是 Al^{3+}、Fe^{3+} 等，它们大都以同晶型固溶体形式存在。镁铝尖晶石（缩写为 MA，也称为尖晶石）是 MgO-Al_2O_3 二元系中的一个中间化合物，其熔点为 2135℃，理论密度为 $3.58g/cm^3$，膨胀系数为 $7.6\times10^{-6}℃^{-1}$（0～1000℃）。镁铝尖晶石具有良好的抗腐蚀性、抗热震性和耐磨性，是用得比较广泛的一类碱性陶瓷材料，它可以和其他许多陶瓷材料复合制备出性能优异的高温结构材料，如方镁石-尖晶石、新型（Y，Mg）ZrO_2/$MgAl_2O_3$ 系微晶 PSZ 等。

一般尖晶石多用镁砂（MgO）等配以 Al_2O_3 的原料（如矾土、工业氧化铝等），于 1500℃左右煅烧或电熔合成；也可在 1200～1300℃得到活性较高的轻烧尖晶石，作为制品中的细粉活性成分，以利于坯体的高温烧结。尖晶石制品一般需要 1700℃以上才能致密烧结。表 2.21 所示为部分工业用尖晶石原料的性能。

表 2.21 尖晶石原料的性能

种类	质量分数/%		体积密度/(g/cm^3)	显气孔率/%	晶粒尺寸/μm
	Al_2O_3	SiO_2			
电熔尖晶石	69.2	30.2	3.37～3.49	>7	>500
烧结尖晶石	70.0	29.0	3.10～3.30	3.5～5.5	50

最近还出现了以有机物及无机盐溶液为原材料、燃烧合成氧化物材料的方法，已经报道可用此方法制备 $MgAl_2O_4$、$3Al_2O_3\cdot2SiO_2$、TiO_2、Al_2O_3、ZrO_2、ZnO 等，所得的粉料纯度

高、晶粒细。

2.4.3.2 非氧化物陶瓷

非氧化物陶瓷指的是不含氧的金属碳化物、氮化物、硼化物和硅化物等。不同于氧化物，这类化合物在自然界很少有，需要人工合成。它们是先进陶瓷特别是金属陶瓷的主要成分和晶相，主要由共价键结合而成，但也有一定的金属键的成分。由于共价键的结合能一般很高，因而由这类材料制备的陶瓷一般具有较高的耐火度、高的硬度（有时接近于金刚石）和高的耐磨性（特别是对侵蚀性介质），但这类陶瓷的脆性都很大，并且高温抗氧化能力一般不高，在氧化气氛中将发生氧化而影响材料的使用寿命。

非氧化物陶瓷涉及的面很广，每一类都有许多化合物，如碳化物中有 TiC、ZrC、HfC、VC、NbC、B_4C 和 SiC 等，但目前研究较多并能在工业上真正得到应用的并不多。这里主要讨论 Si_3N_4、BN、TiN、SiC、B_4C、TiC 和 $MoSi_2$ 等几种陶瓷材料的生产工艺、特性和使用等问题。

（1）氮化硅陶瓷　氮化硅（Si_3N_4）有两种晶型，即 α-Si_3N_4 和 β-Si_3N_4，均属六方晶系，两者都是由［SiO_4］四面体共用顶角构成的三维空间网络，α 相在高温下可转变为 β 相，但一般认为两相在结构上只有对称性的差别（β 相对称性较高），而无高、低温相之分。表 2.22 所示为 Si_3N_4 两种晶型的晶格常数和密度。

表 2.22　Si_3N_4 两种晶型的晶格常数和密度

晶相	晶格常数/Å		单位晶胞分子数	计算密度/(g/cm³)
	a	*c*		
α- Si_3N_4	7.748±0.001	5.617±0.001	4	3.184
β- Si_3N_4	7.608±0.001	2.910±0.0005	2	3.187

注：1 Å=0.1nm。

① Si_3N_4 粉体的制备方法

a. 硅粉直接氮化法　市售的氮化硅粉体多用此法生产。由于 $3Si+2N_2 \longrightarrow Si_3N_4$ 是放热反应，反应初期应控制 N_2 的流量，避免局部过热超过 Si_3N_4 的熔点，使形成的 β 相增多。一般多采用多步氮化法，氮化时间约为 72h，产物结块、颗粒粗，使用前需粉碎，易引入杂质，影响高温性能。

b. SiO_2 碳还原法　这种方法使用的原料（SiO_2、C）便宜、纯度高，生成的 Si_3N_4 粉末纯度高、颗粒细；反应吸热，无须分阶段氮化，氮化速率比 Si 粉的快。以 SiO_2-C-N_2 系统来说，总反应式为 $3SiO_2+6C+2N_2 \longrightarrow Si_3N_4+6CO$。但反应较复杂，易生成纤维状物质，因此需控制反应速率等以避免 SiC 的形成，并且采取措施控制粉末的形貌。此外，SiO_2 不易完全还原氮化是一个严重的问题，因为烧结时少量的 SiO_2 在高温下与金属杂质易形成低共熔物，严重影响材料的高温强度。

c. 亚胺和胺化物热分解　此法又称为 $SiCl_4$ 液相法。$SiCl_4$ 在 0℃ 干燥的已烷中与过量的无水氨气反应，生成亚氨基硅［$Si(NH)_2$］、氨基硅［$Si(NH_2)_4$］和 NH_4Cl 沉淀。

真空加热，去除 NH_4Cl，再在高温下惰性气氛中加热，分解生成 Si_3N_4。

$$3Si(NH)_2 \longrightarrow Si_3N_4+2NH_3$$

$$3Si(NH_2)_4 \longrightarrow Si_3N_4+8NH_3$$

d. $SiCl_4$ 或 SiH_4 与 NH_3 的化学气相沉积（CVD）法　把 $SiCl_4$ 挥发气或 SiH_3 在高温下与 NH_3 直接进行气相反应。

$$3SiCl_4+16NH_3 \longrightarrow Si_3N_4+12NH_4Cl$$

$$3SiH_4 + 4NH_3 \longrightarrow Si_3N_4 + 12H_2$$

c和d两个方法反应剧烈、设备复杂、难以控制，尽管产物为高纯、超细的 Si_3N_4 粉末，但成本高、产率低并常含有对密度有害的 Cl^-，因此这两种方法多用于制作 Si_3N_4 涂层。

近年来人们还利用新技术（如激光诱导法、等离子体法等）制备出了纳米级的 Si_3N_4 或 SiC 粉末。

② Si_3N_4 陶瓷的制备方法　由于共价键化合物的原子自扩散系数非常小，高纯 Si_3N_4 要固相烧结是极为困难的。因此常用的有反应烧结（RBSN）与热压烧结两种。前者是将硅粉以适当方式成型后，在氮气炉中通氮进行氮化：$3Si + 2N_2 \xrightarrow{\text{约}1350℃} Si_3N_4$，为了精确控制试样的尺寸公差，还常把反应烧结后的制品在一定氮气压力、较高温度下再次烧成，使之进一步致密化，这就是所谓的RBSN的重烧结或重结晶。

热压烧结是用 α-Si_3N_4 含量高于90%的 Si_3N_4 细粉，加入适量的烧结助剂（如MgO、Al_2O_3）在高温（1600～1700℃）和外部压力下烧结而成。近年来在热等静压烧结方面也取得了一定进展。利用烧结助剂使 Si_3N_4 在常压下液相烧结也是可行的。有效的烧结助剂有MgO、Y_2O_3、CeO_2、ZrO_2、BeO、Sc_2O_3、Mg_2N_2、La_2O_3、$BeSiN_2$、SiO_2 等。

近年来研究较多的体系是在 Si_3N_4 中固溶相当数量的 Al_2O_3，形成 Si_3N_4 固溶体，即所谓的Sialon陶瓷。这种材料可添加烧结助剂常压或热压烧结，还可与其他陶瓷形成复合材料。表2.23列出了 Si_3N_4 陶瓷的一些典型性能。

表2.23　Si_3N_4 陶瓷的一些典型性能

类型	抗弯强度(四点)/MPa			弹性模量	线膨胀系数	热导率
	室温	1000℃	1375℃	/GPa	$/K^{-1}$	/[W/(m·K)]
热压(加MgO)	690	620	330	317	3.0×10^{-6}	15～30
烧结(加 Y_2O_3)	655	585	278	276	3.2×10^{-6}	12～28
反应结合(2.43g/cm³)	210	345	380	165	2.8×10^{-6}	3～6
β-Sialon(烧结)	485	485	275	297	302×10^{-6}	22

(2) 氮化硼和氮化钛陶瓷

① 氮化硼陶瓷　氮化硼（BN）有两种晶型：六方结构（HBN）和立方结构（CBN）。HBN性能与石墨相似，因而有白石墨之称。HBN硬度不高，是唯一易于机械加工的陶瓷。在高温（1500～2000℃）、高压（6000～9000MPa）下可转化为CBN，CBN的硬度接近于金刚石，是极好的耐磨材料。HBN粉末可通过含硼的化合物引入氨基来制造。含硼的化合物包括硼的卤化物、硼的氧化物及其酸类、硼酸盐类以及单质硼等。引入的氨基一般来自于氨、氯化铵、尿素、氮等，也有用硫氰化铵、氰化钠（或氰化钙）或其他有机胺类的。从方法上有气相合成、等离子流合成和气固相合成等，从原料上有卤化硼法（即气相合成）、硼酸法、氧化硼法、单质硼法以及碱金属硼酸盐法等多种。而CBN粉末一般都是由HBN经高温、高压处理后合成转换而得到的，由于所用催化剂不同，合成转换的反应压力与温度也不同，得到的CBN颜色随之而异，通常有黑色、棕色、暗红色、白色、灰色或黄色成品出现，当用氮化物作为催化剂时，CBN几乎为无色。

氮化硼陶瓷的生产工艺有两种，即冷等静压成型、1700～2000℃烧结，或在2000℃热压烧结。前者密度约为1.2g/cm³，后者密度可达到2g/cm³，而CBN的理论密度为3.45g/cm³。

② 氮化钛陶瓷　氮化钛（TiN）是一种新型的结构材料，硬度大（显微硬度为20GPa）、熔点高（2950℃）、化学稳定性好，而且具有动人的金黄色金属光泽。因此TiN是一种很好的耐火耐磨材料及受人欢迎的代金装饰材料。TiN还具有导电性，可用于熔盐电解的电极以及电触头等材料。此外，TiN具有较高的超导临界温度，还是一种优良的超导材料。

制取TiN粉末是一个发展中的研究课题。常用的方法有氢化钛或钛粉直接氮化法、二氧化硅-碳还原法以及 CVD 法等。也有人用高温自蔓燃的方法来制备 TiN 粉末。

一般 TiN 以涂层和金属陶瓷两种形态应用。TiN 涂层常用的方法有 CVD 法、等离子喷涂法等，而 TiN 基金属陶瓷在工艺上最大的问题是烧结过程中的吸氮和脱氮。吸氮时会改变材料的组成，产生不均匀的结构，使材料的强度和硬度急剧下降；脱氮时会严重阻碍金属陶瓷的烧结，脱出的氮气封闭在试样内部产生很多气孔，也会影响材料的性能。

（3）碳化硅陶瓷　碳化硅（SiC）结晶中存在呈四面体空间排列的杂化键 sp^3，这是由该化合物的电子结构特点决定的。碳化硅晶体结构中的单位晶胞由相同的四面体构成，硅原子处于中心，周围是碳原子。表 2.24 所示为几种常见的 SiC 多型体的晶格常数。

表 2.24　几种常见的 SiC 多型体的晶格常数

多型体	结晶构造	晶格常数/Å	
		a	c
α-SiC	六方	3.0817	5.0394
6HSiC	六方	3.073	15.118
4HSiC	六方	3.073	10.053
15R	斜方六面	12.62	37.70($\alpha=13°54'$)
β-SiC	面心立方	4.349	—

注：1 Å=0.1nm。

碳化硅粉体的制备与氮化硅类似，有还原法、气相合成法（包括 CVD 法）等。其中还原法主要是二氧化硅-碳还原法，工业上主要是用石英砂加焦炭直接通电还原，通常需要在1900℃以上进行。这种方法制备的 SiC 粉末颗粒较粗，有绿色和黑色两大类，高纯的 SiC 应为无色的。气相法可制备出高纯超细分散的 SiC，一般采用挥发性的卤化物和碳化物按气相合成法来制取，或者用有机硅化物在气体中加热分解的方法来制取。而制取 SiC 纤维或晶须常用气-液-固法，即将气相中的组分溶解在液相中并使之在固体-液体界面上生成结晶。这种方法得到的 SiC 纯度高、粒度细，但生产成本高。

碳化硅陶瓷的理论密度是 3.21g/cm³，与 Si_3N_4 一样，由于共价键结合的特点，很难采用通常离子键结合材料（如 Al_2O_3、MgO 等）那样单纯化合物常压烧结的途径来制取高密度的 SiC 材料，故一般要采用一些特殊的工艺手段或依靠第二相物质。常用的制造方法有反应烧结法（包括重结晶法）、热压烧结法、常压烧结法、浸渍法以及制作涂层的化学气相沉积（CVD）法。反应烧结法是用 α-SiC 粉末与炭混合，成型后放入盛有硅粉的炉子中加热到 1600～1700℃，使硅的蒸气渗入坯体与炭反应生成 β-SiC 并将坯体中原有的 α-SiC 结合在一起；热压烧结法要加入 B_4C、Al_2O_3 等烧结助剂；常压烧结法是一种较新的方法，一般在 SiC 粉体中加入 0.36%的硼及 0.25%以上的炭，烧结温度高达 2100℃；浸渍法是用聚碳硅烷作为结合剂加入 0.25%以上的炭，然后烧结得到多孔 SiC 制品，再置于聚碳硅烷中浸渍，在 1000℃烧成，其密度增大，如此反复进行；CVD 法在 1200～1800℃范围内进行可得到 50～100μm 厚的 SiC 层，近年也用 CVD 法生产 SiC 连续纤维。关于 SiC 的不同工艺的制备条件及其制品性能见表 2.25。

表 2.25　SiC 不同工艺的制备条件及其制品性能

材料	制备温度/℃	抗弯强度(室温,三点)/MPa	密度/(g/cm³)	弹性模量/MPa	线膨胀系数(20～1000℃)/℃⁻¹
反应烧结 SiC	1600～1700	159～424	3.09～3.12	$(380\sim420)\times10^3$	$(4.4\sim5.2)\times10^{-6}$
热压烧结 SiC	1800～2000	718～760	3.19～3.20	440×10^3	4.8×10^{-6}
CVD SiC 涂层	1200～1800	731～993	2.95～3.21	480×10^3	—
重结晶 SiC	1600～1700	－170	2.60	206×10^3	—
烧结 SiC(掺入 SiC-B_4C)	1950～2100	－280	3.11	—	—
烧结 SiC(掺入 B)	1950～2100	－540	3.10	420×10^3	4.9×10^{-6}

(4) 碳化硼与碳化钛陶瓷

① 碳化硼陶瓷　碳化硼(B_4C)晶体的密度为2.52g/cm^3，在2350℃左右分解，属于六方晶系。B_4C晶胞中碳原子构成链状位于立体对角线上，同时碳原子处于充分活动状态，这就使它有可能由硼原子来代替形成置换固溶体，并且使其有可能脱离晶格，形成有缺陷的碳化硼。因此B_4C的电位受这些缺陷的影响较大。如符合化学计量比的B_4C的电阻率在$10^{-20}\Omega \cdot m$左右，而随着碳含量的改变，可降低到几千分之一欧姆米。

B_4C突出的特点是质量小，硬度高，仅次于金刚石，因此耐磨性好。B_4C的线膨胀系数很低($4.5\times10^{-6}℃^{-1}$，20～1000℃)，热稳定性好，具有高的耐酸、耐碱性，能抗大多数熔融金属的侵蚀。这些特点使得B_4C成为制作喷砂嘴、切削工具、高温热交换器、防弹衣或轻型装甲陶瓷的最佳材料之一。但B_4C在温度高于1000℃的氧化气氛中易发生氧化。

B_4C粉末一般用过量的炭还原硼酐制得($2B_2O_3+7C \longrightarrow B_4C+6CO$)，可在间接或直接让电流通过配料的不同类型的电阻炉或电弧炉中进行。不同的炉子中制得的B_4C中游离碳或硼的含量不同。如在电阻炉中，在B_4C分解温度以下加热配料，合成的B_4C中游离的硼含量约为10.2%。

B_4C陶瓷的烧结难以控制，烧成温度范围窄，温度低，烧结不致密；温度高，B_4C易分解。通常B_4C粉末可采用热压烧结和高温等静压烧结的办法制成B_4C陶瓷制品。

② 碳化钛陶瓷　碳化钛(TiC)结晶为面心立方晶格(NaCl型)，晶格常数为0.4319 nm，密度为4.93～4.90g/cm^3，熔点为3160～3250℃，1.15K时TiC呈现超导特性，TiC的莫氏硬度为9～10，弹性模量为322MPa，可作为耐磨材料。

工业上一般用TiO_2与炭黑在高温下短时间内反应而得到TiC，其反应式如下：

$$2TiO_2+C \longrightarrow Ti_2O_3+CO$$

$$Ti_2O_3+C \longrightarrow 2TiO+CO$$

$$TiO+2C \longrightarrow TiC+CO$$

由于钛的氧化物稳定性高，制造TiC的反应需在1800～2000℃的高温下进行。TiC粉末的碳含量在18.0%～20.3%之间，游离碳含量为0.1%～0.8%，粉末的颗粒度小于1～2μm。其中含碳20%的TiC为固态浅灰色金属粉末，不溶于盐酸、硫酸，易溶于碳酸和氢氟酸的混合溶液中，能溶于碱性氧化物熔体中。

也有用气相沉积法制备TiC粉末的，但此法制得的TiC在真空中1000℃以上时分解。

一般采用热压的办法将TiC粉末烧结成制品，近年来也有人用原位反应烧结的办法制造TiC复相陶瓷。透明的TiC陶瓷是较好的光学功能材料。

(5) 二硅化钼陶瓷　二硅化钼($MoSi_2$)是介于无机非金属与金属间化合物之间的材料，其原子结合方式是共价键和金属键的混合，表现出既像陶瓷又像金属的综合性能。$MoSi_2$有两种晶型：在1900℃以下为稳定的C11b型四方晶体，在1900～2030℃之间为不稳定的C40型六方晶体。$MoSi_2$的熔点为2030℃，密度为6.24g/cm^3。在800℃以上发生氧化反应形成一种黏附、凝聚、玻璃状的SiO_2保护层，能够防止氧化侵蚀，但高于1800℃时氧扩散通过SiO_2层使保护层性能恶化，形成挥发的SiO_2。而且在高温下SiO_2沿晶界形成玻璃态弱的第二相或液相，恶化了高温强度，降低了抗蠕变性。在1000℃左右，$MoSi_2$发生脆性-塑性转变，由脆性材料变为塑性材料，这一特性使其有可能成为高温结构陶瓷材料的高温连接材料。

$MoSi_2$粉末的制备方法有以下几种：机械合金化、自蔓燃高温合成、低真空度等离子喷涂沉积、固态置换反应以及放热扩散等方法。其中，自蔓燃高温合成法工艺简单，成本较低；低真空度等离子喷涂沉积得到的粉末晶粒尺寸非常小，化学均匀性好；固态置换是利用扩散相变，将2～3种元素或化合物以固态形式反应生成热力学稳定的新化合物的过程；放热扩散是将高温相的元素粉末在第三相存在的情况下进行加热，在一定温度下发生放热反应并在基体内形成微米尺寸的粒子。

$MoSi_2$ 陶瓷多采用电弧熔炼、铸造或粉末压制/烧结的工艺制成。$MoSi_2$ 陶瓷通常用于电阻发热体和抗高温氧化涂层，从 20 世纪 80 年代开始向高温结构材料发展。需要解决的问题是低温脆性和高温蠕变。研究发现，$MoSi_2$ 可与许多潜在的陶瓷增强体（如 SiC、Si_3N_4、ZrO_2、Al_2O_3、TiB_2 和 TiC）在热力学上相容，与其他高熔点硅化物（如 WSi_2 和 $NbSi_2$ 等）进行合金化有提高性能的可能。目前的研究表明，高熔点的增强剂主要有 Ti、Cr、Nb、Hf、Ta 和 W 等，高熔点、高弹性模量的增强剂主要有 SiC、TiC、TiB_2、Y_2O_3、Al_2O_3 等。

第3章 复合材料的强韧性与界面行为

3.1 复合材料的增强机理

复合材料是由基体和增强体组成的，由于增强体的加入，使得复合材料在强度、刚度及韧性等方面均有鲜明的特性。为了提高复合材料的力学性能引入的增强体主要有三种形式：颗粒、晶须和纤维，其增强原理各不相同。

3.1.1 颗粒增强原理

颗粒增强原理根据粒子尺寸的大小分为两类：弥散增强原理和颗粒增强原理。

3.1.1.1 弥散增强原理

弥散增强复合材料是由弥散微粒与基体复合而成的。其增强机理与金属材料析出强化机理相似，可用位错绕过理论解释，如图 3.1 所示。

载荷主要由基体承担，弥散微粒阻碍基体的位错运动。微粒阻碍基体位错运动能力越大，增强效果越好。在剪应力 τ_i 的作用下，位错的曲率半径为：

$$R=\frac{G_m b}{2\tau_i} \tag{3.1}$$

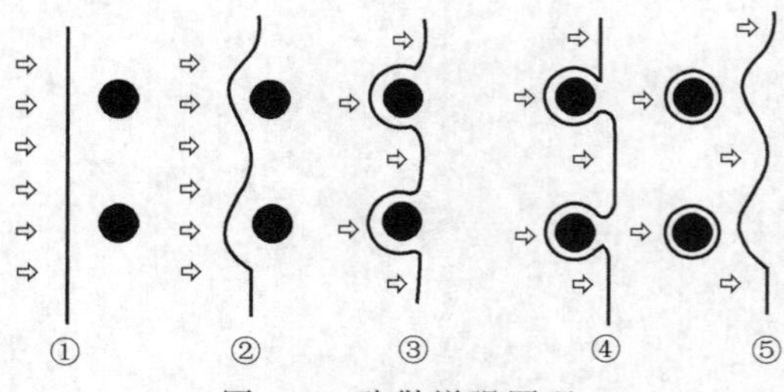

图 3.1　弥散增强原理

式中，G_m 为基体的剪切模量；b 为柏氏矢量。若微粒之间的距离为 D_f，当剪应力大到使位错的曲率半径 $R=D_f/2$ 时，基体发生位错运动，复合材料产生塑性变形，此时剪应力 τ_c 即为复合材料的屈服强度：

$$\tau_c=\frac{G_m b}{D_f} \tag{3.2}$$

假设基体的理论断裂应力为 $G_m/30$，基体的屈服强度为 $G_m/100$，它们分别为发生位错运动所需剪应力的上下限。代入上面公式得到微粒间距的上下限分别为 0.3μm 和 0.01μm。当微粒间距在 0.01～0.03μm 之间时，微粒具有增强作用。

若微粒直径为 d_p，体积分数为 V_p，微粒弥散且均匀分布。根据体视学，有如下关系：

$$D_f=\sqrt{\frac{2d_p^2}{3V_p}}(1-V_p) \tag{3.3}$$

$$\tau_c=\frac{G_m b}{D_f}=\frac{G_m b}{\sqrt{\frac{2d_p^2}{3V_p}}(1-V_p)} \tag{3.4}$$

显然，微粒尺寸越小，体积分数越高，强化效果越好。一般 V_p 为 0.01～0.15，d_p 为 0.001～0.1μm。

3.1.1.2　颗粒增强原理

颗粒增强复合材料是由尺寸较大（大于1μm）的坚硬颗粒与基体复合而成的。其增强原理与弥散增强原理有区别，在颗粒增强复合材料中，虽然载荷主要由基体承担，但颗粒也承受载荷并约束基体的变形，颗粒阻止基体位错运动的能力越大，增强效果越好。在外载荷的作用下，基体内位错滑移在基体/颗粒界面上受阻滞，并且在颗粒上产生应力集中，其值为：

$$\sigma_i = n\sigma \tag{3.5}$$

根据位错理论，应力集中因子为：

$$n = \frac{\sigma D_f}{G_m b} \tag{3.6}$$

代入上式得到：

$$\sigma_i = \frac{\sigma^2 D_f}{G_m b} \tag{3.7}$$

$\sigma_i = \sigma_p$ 时，颗粒开始破坏，产生裂纹，引起复合材料变形，令 $\sigma_p = \frac{G_p}{c}$，则有：

$$\sigma_i = \frac{G_p}{c} = \frac{\sigma^2 D_f}{G_m b} \tag{3.8}$$

式中，G_p 为颗粒强度；c 为常数。由此得出颗粒增强复合材料的屈服强度为：

$$\sigma_y = \sqrt{\frac{G_m G_p b}{D_f c}} \tag{3.9}$$

将体视学关系式代入得到：

$$\sigma_y = \sqrt{\frac{\sqrt{3} G_m G_p b \sqrt{V_p}}{\sqrt{2} d (1 - V_p) c}} \tag{3.10}$$

显然，颗粒尺寸越小，体积分数越高，颗粒对复合材料的增强效果越好。一般在颗粒增强复合材料中，颗粒直径为1～50μm，颗粒间距为1～25μm，颗粒体积分数为5%～50%。

3.1.2　单向排列连续纤维增强复合材料

在对高性能纤维复合材料结构进行设计时，使用最多的是层板理论。在层板理论中，纤维复合材料被认为是单向层片按照一定的顺序叠放起来的，从而保证了层板具有所要求的性能。已知层片中主应力方向的弹性和强度参数就可以预测层板的相应行为。

复合材料性能与组分性能、组分分布以及组分间的物理、化学作用有关。复合材料性能可以通过实验测量确定，实验测量的方法比较简单直接。理论和半实验的方法可以用于预测复合材料中系统变量的影响，但是这种方法对零件设计并不十分可靠，同时也存在许多问题，特别是在单向复合材料的横向性能方面。然而，数学模型在研究某些单向复合材料纵向性能方面却是相当精确的。

单向纤维复合材料中的单层板如图 3.2 所示。平行于纤维方向称为纵向，垂直于纤维方向称为横向。

3.1.2.1　纵向强度和刚度

（1）复合材料应力-应变曲线的初始阶段　连续纤维增强复合材料层板受沿纤维方向的拉伸应力作用，假设纤维性能和直径是均匀的、连续的并全部相互平行；纤维和基体之间的结合是完美的，在界面无相对滑动发生；并忽略纤维和基体之间的线膨胀系数、泊松比以及弹性变形差所引起的附加应力。整个材料的纵向应变可以认为是相同的，即复合材料、纤维和基体具有相同的应变，即：

$$\varepsilon_c=\varepsilon_f=\varepsilon_m \tag{3.11}$$

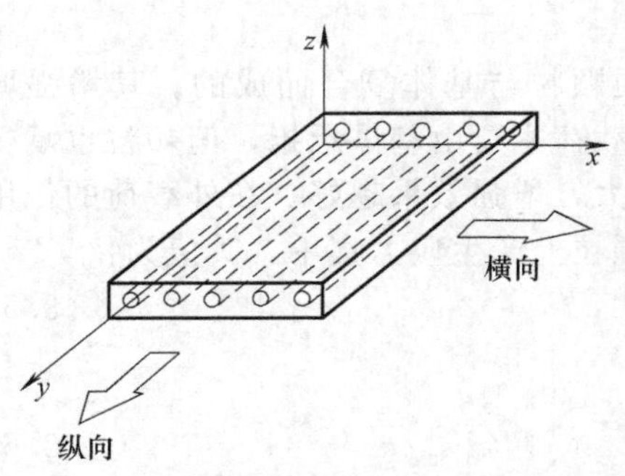

图 3.2 单向纤维复合材料中的单层板

考虑到在沿纤维方向的外加载荷由纤维和基体共同承担，应有：

$$\sigma_c A_c=\sigma_f A_f+\sigma_m A_m \tag{3.12}$$

式中，A 表示复合材料中相应组分的横截面积。上式可转化为：

$$\sigma_c=\sigma\frac{A_f}{A_c}+\sigma\frac{A_m}{A_c} \tag{3.13}$$

对于平行纤维的复合材料，体积分数等于面积分数，则有：

$$\sigma_c=\sigma_f V_f+\sigma_m V_m \tag{3.14}$$

复合材料、纤维、基体的应变相同，对应变求导数，得到：

$$\frac{d\sigma_c}{d\varepsilon}=\frac{d\sigma_f}{d\varepsilon}V_f+\frac{d\sigma_m}{d\varepsilon}V_m \tag{3.15}$$

式中，$d\sigma_c/d\varepsilon$ 为在给定应变时相应应力-应变曲线的斜率。如果材料的应力-应变曲线是线性的，则斜率是常数，可以用相应的弹性模量代入，得到：

$$E_c=E_f V_f+E_m V_m \tag{3.16}$$

上述三个公式表明纤维、基体对复合材料平均性能的贡献与它们各自的体积分数成比例，这种关系称为混合法则，也可以推广到多组分复合材料体系。

在纤维与基体都是线弹性情况下，纤维与基体承担应力与载荷的情况推导如下：

$$\frac{\sigma_c}{E_c}=\frac{\sigma_f}{E_f}=\frac{\sigma_m}{E_m} \tag{3.17}$$

因此有：

$$\frac{\sigma_f}{\sigma_m}=\frac{E_f}{E_m},\frac{\sigma_f}{\sigma_c}=\frac{E_f}{E_c} \tag{3.18}$$

由上式可以看出，复合材料中各组分承载的应力比等于相应弹性模量比，为了有效地利用纤维的高强度，应使纤维有比基体高得多的弹性模量。复合材料中组分承载比可以表达为：

$$\frac{P_f}{p_m}=\frac{\sigma_f A_f}{\sigma_m A_m}=\frac{V_f E_f}{V_m E_m} \tag{3.19}$$

$$\frac{P_f}{p_c}=\frac{\sigma_f A_f}{\sigma_c A_c}=\frac{E_f}{E_c}V_f \tag{3.20}$$

图 3.3 为纤维/复合材料承载比与纤维体积分数的关系。由该图可以看出，纤维/基体弹性模量比值越高，纤维体积分数越高，则纤维承载越大。因此对于给定的纤维/基体系统，应尽可能提高纤维的体积分数。当然，在提高体积分数时，由于基体对纤维润湿、浸渍程度的下降，造成纤维/基体界面结合降低、气孔率增加，复合材料性能变坏。

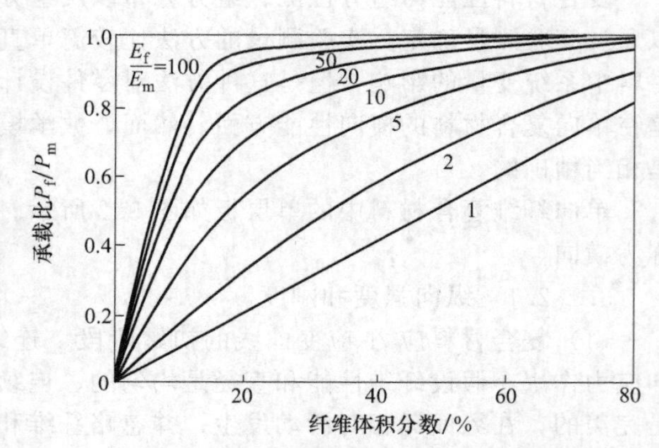

图 3.3 纤维/复合材料承载比与纤维体积分数的关系

(2) 复合材料初始变形后的行为 一般复合材料的变形有四个阶段：纤维和基体均

为线弹性变形；纤维继续线弹性变形，基体非线性变形；纤维和基体都是非线性变形；随纤维断裂，复合材料断裂。对于金属基复合材料来说，由于基体的塑性变形，第二阶段可能占复合材料应力-应变曲线的相当大一部分，这时复合材料的弹性模量应当由下式给出：

$$E_c = E_f V_f + \left(\frac{d\sigma_m}{d\varepsilon}\right)_{\varepsilon_c} V_m \tag{3.21}$$

式中，$(d\sigma_m/d\varepsilon)_{\varepsilon_c}$为相应复合材料应变点$\varepsilon_c$基体应力-应变曲线的斜率。脆性纤维复合材料未观察到第三阶段。

(3) 断裂强度　对于纵向受载的单向纤维复合材料，当纤维达到其断裂应变值时，复合材料开始断裂。当基体断裂应变大于纤维断裂应变时，在理论计算时一般假设所有的纤维在同一应变值断裂。如果纤维的断裂应变值比基体的小，在纤维体积分数足够大时，基体不能承担纤维断裂后转移的全部载荷，则复合材料断裂。在这种条件下，复合材料纵向断裂强度可以认为与纤维断裂应变值对应的复合材料应力相等，由混合法则可得到复合材料纵向断裂强度：

$$\sigma_{cu} = \sigma_{fu} V_f + (\sigma_m)_{\varepsilon_f}(1 - V_f) \tag{3.22}$$

式中，σ_{fu}为纤维的强度；$(\sigma_m)_{\varepsilon_f}$为对应纤维断裂应变值的基体应力。

在纤维体积分数很小时，基体能够承担纤维断裂后所转移的全部载荷，随基体应变增加，基体进一步承载，并且假设在复合材料应变高于纤维断裂应变时纤维完全不能承载。这时复合材料的断裂强度为：

$$\sigma_{cu} = \sigma_{mu}(1 - V_f) \tag{3.23}$$

式中，σ_{mu}为基体强度。联立式（3.22）和式（3.23），得到纤维控制复合材料断裂所需的最小体积分数为：

$$V_{min} = \frac{\sigma_{mu} - (\sigma_m)_{\varepsilon_f}}{\sigma_{fu} - (\sigma_m)_{\varepsilon_f}} \tag{3.24}$$

当基体断裂应变小于纤维断裂应变时，纤维断裂应变值比基体大的情况与纤维增强陶瓷基复合材料的情况一致。在纤维体积分数较小时，纤维不能承担基体断裂后所转移的载荷，则在基体断裂的同时复合材料断裂，由混合法则得到复合材料纵向断裂强度为：

$$\sigma_{cu} = \sigma_f^* V_f + \sigma_{mu}(1 - V_f) \tag{3.25}$$

式中，σ_{mu}为基体强度；σ_f^* 为对应基体断裂应变时纤维承受的应力。

当纤维体积分数较大时，纤维能够承担基体断裂后所转移的全部载荷，假如基体能够继续传递载荷，则复合材料可以进一步承载，直至纤维断裂，这时复合材料的断裂强度为：

$$\sigma_{cu} = \sigma_{fu} V_f \tag{3.26}$$

同样的方法，可以得到控制复合材料断裂所需的最小纤维体积分数为：

$$V_{min} = \frac{\sigma_{mu}}{\sigma_{fu} + \sigma_{mu} - \sigma_f^*} \tag{3.27}$$

3.1.2.2　横向强度

与纵向强度不同的是，纤维对横向强度不仅没有增强作用，反而有相反作用。纤维在与其相邻的基体中所引起的应力和应变中将对基体形成约束，使得复合材料的断裂应变比未增强基体低得多。

假设复合材料横向强度σ_{tu}受基体强度σ_{mu}控制，同时可以用一个强度衰减因子S来表示复合材料强度的降低，那么这个因子与纤维、基体性能及纤维体积分数有关。且有：

$$\sigma_{tu} = \frac{\sigma_{mu}}{S} \tag{3.28}$$

按照传统材料强度方法，可以认为因子S就是应力集中系数S_{CF}或应变集中系数S_{MF}。如果忽略泊松效应，S_{CF}和S_{MF}分别为：

$$S_{CF}=\frac{1-V_f\left(1-\frac{E_m}{E_f}\right)}{1-\sqrt{\frac{4V_f}{\pi}}\left(1-\frac{E_m}{E_f}\right)} \tag{3.29}$$

$$S_{MF}=\frac{1}{1-\sqrt{\frac{4V_f}{\pi}}\left(1-\frac{E_m}{E_f}\right)} \tag{3.30}$$

一旦知道了 S_{CF} 和 S_{MF}，用应力或应变表示的横向强度就容易计算。

使用现代方法，通过对复合材料应力或应变状态的了解可以计算得到 S。可以用一个适当的断裂判据来确定基体的断裂，一般使用最大形变能判据，即当任何一点的形变能达到临界值时，材料发生断裂。按照这个判据，S 可以写作：

$$S=\frac{\sqrt{U_{max}}}{\sigma_c} \tag{3.31}$$

式中，U_{max} 是基体中任何一点的最大归一化形变能；σ_c 是外加应力。对于给定的 σ_c，U_{max} 是纤维体积分数、纤维堆积方式、纤维/基体界面条件、组分性质的函数。这种方法比较精确、严格、可靠。

仿照颗粒增强复合材料的经验公式，可以得到复合材料横向断裂应变 ε_{cb} 的表达式为：

$$\varepsilon_{cb}=\varepsilon_{mb}(1-\sqrt[3]{V_f}) \tag{3.32}$$

式中，ε_{mb} 是基体的断裂应变。如果基体和复合材料有线弹性应力-应变关系，还可以得到复合材料横向断裂应力为：

$$\sigma_{cb}=\frac{\sigma_{mb}E_T(1-\sqrt[3]{V_f})}{E_m} \tag{3.33}$$

以上公式的推导都假设纤维和基体之间有完全的结合，因此断裂发生在基体或界面附近。

3.1.3 短纤维增强原理

3.1.3.1 短纤维增强复合材料的应力传递机理

复合材料受力时，载荷一般是直接加载于基体上，然后通过一定方式传递到纤维上，使纤维受载。与连续长纤维相比，短纤维的末端效应不能忽略，纤维各部分受力不均匀。图 3.4 可示意解释复合材料受力时变形不均匀现象。从细观上看，纤维和基体弹性模量不同。如果受到平行于纤维方向的力时，一般基体变形量将会大于纤维变形量。但因为基体与纤维是紧密结合在一起的，纤维将限制基体过大的变形，于是在基体与纤维之间的界面部分便产生了剪切力和剪应变。并将所承受的载荷合理分配到纤维和基体这两种组分上。纤维通过界面沿纤维轴向的剪应力传递载荷，会受到比基体中更大的拉应力，这就是纤维能增强基体的原因。由于纤维沿轴向的中间部分和末端部分的限制基体过度变形的条件不同，因而在基体各部分的变形是不同的，不存在如长纤维复合材料受力时的应变条件，于是界面处剪应力沿纤维方向各处的大小也不应相同。

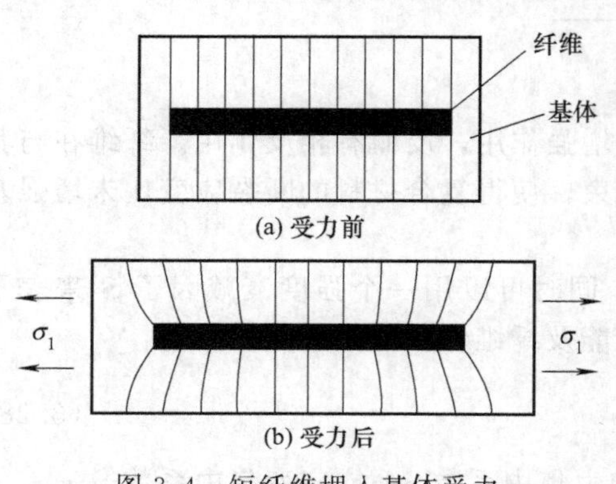

图 3.4 短纤维埋入基体受力前后变形示意图

3.1.3.2 短纤维增强复合材料的强度

可以用混合法则来表达单向短纤维复合材料的纵向应力：

$$\sigma_c=\frac{1}{2}(\sigma_f)_{max}V_f+\sigma_m V_m \quad (l<l_f) \tag{3.34}$$

$$\sigma_c=\frac{1}{2}(\sigma_f)_{max}\left(1-\frac{l_f}{2l}\right)V_f+\sigma_m V_m \quad (l>l_f) \tag{3.35}$$

如果纤维长度比载荷传递长度大得多，则 $1-l/l_f$ 接近 1，上式可以改写为：

$$\sigma_c=(\sigma_f)_{max}V_f+\sigma_m V_m \tag{3.36}$$

当纤维短于临界长度时，最大纤维应力小于纤维平均断裂强度，不管外加应力有多大，纤维都不会断裂，这时复合材料断裂发生在基体或界面，复合材料的强度近似为：

$$\sigma_{cu}=\frac{\tau_y l}{d}V_f+\sigma_m V_m \tag{3.37}$$

当纤维大于临界长度时，纤维应力可以达到平均强度，这时可以认为当纤维应力等于其强度时，纤维将发生断裂，复合材料的强度为：

$$\sigma_{cu}=\frac{1}{2}\sigma_{fu}\left(1-\frac{l_c}{2l}\right)V_f+(\sigma_m)_{\varepsilon_f}V_m \quad (l<l_f) \tag{3.38}$$

$$\sigma_{cu}=\sigma_{fu}V_f+(\sigma_m)_{\varepsilon_f}V_m \quad (l>l_f) \tag{3.39}$$

式中，$(\sigma_m)_{\varepsilon_f^*}$ 为纤维断裂应变 ε_f^* 时所对应的基体应力。用基体强度 σ_{cm} 值代表是合理的近似。

以上所讨论的都是纤维复合材料体积分数高于临界值，基体不能承担纤维断裂后所转移的全部载荷，纤维断裂时复合材料立刻断裂的情况。与处理连续纤维复合材料类似，可以得出最小体积分数和临界体积分数为：

$$V_{min}=\frac{\sigma_{mu}-(\sigma_m)_{\varepsilon_f^*}}{\sigma_{fu}+\sigma_{mu}-(\sigma_m)_{\varepsilon_f^*}} \tag{3.40}$$

$$V_{cnt}=\frac{\sigma_{mu}-(\sigma_m)_{\varepsilon_f^*}}{\sigma_f-(\sigma_m)_{\varepsilon_f^*}} \tag{3.41}$$

与连续纤维复合材料相比，短纤维复合材料具有更高的 V_{min} 和 V_{cnt}，原因很明显，即短纤维不能全部发挥增强作用。但是在纤维长度比载荷传递长度大得多时，平均纤维应力接近纤维断裂强度时，短纤维复合材料就与连续纤维复合材料的行为类似。

如果纤维体积分数小于 V_{min}，当所有纤维断裂时复合材料也不会发生断裂，这是因为纤维断裂后残留的基体横截面能够承担全部载荷。只有在基体断裂后，才会发生复合材料的断裂，这时复合材料的断裂强度为：

$$\sigma_{cu}=\sigma_{mu}(1-V_f) \quad (V_f<V_{min}) \tag{3.42}$$

造成短纤维复合材料断裂的另一个重要因素是纤维端部造成相邻基体中严重的应力集中，这种集中会进一步降低复合材料的强度。

3.2 复合材料的韧性

复合材料的韧性决定了复合材料的断裂性能，韧性优异的材料在断裂时需要大的能量。在受到冲击等多种载荷作用的情况下，材料吸收一定的能量后再发生断裂。在温度变化而引起载荷增加的情况下，由应力所产生的能量一般较小，并且伴随一定的应变。在这种情况下，决定材料性能的不是材料的强度，而是断裂韧性。

3.2.1 材料断裂机理

3.2.1.1 基本概念

断裂力学表明，受到外力的材料在缺口附近产生的应力远大于周围的平均应力 σ_∞，在平板内部与拉伸载荷相垂直的方向上具有长度为 c 的裂纹时，裂纹先端的应力 σ 由裂纹先端的半径 r 表示，即：

$$\sigma=\sigma_{\infty}(1+2\sqrt{c/r}) \tag{3.43}$$

利用式（3.43）可求出 $r=c$ 的圆孔处，应力集中系数为 3。所得到的结果在物理意义上讲是妥当的。但是在 $r\to 0$ 时，应力集中系数为无穷大，也就是说，无论应力如何小，都会产生无限大的应力集中而导致材料的断裂。这显然与实际是不一致的。

如果断裂附近的能量不释放，就不会发生裂纹断裂，材料的断裂是由于裂纹周围积蓄的能量随裂纹的扩展而释放所产生的。而且，材料内部吸收能量而生成新的断裂面，在与此相伴的内部断裂与变形过程中，如果能量不能达到平衡，则裂纹不扩展。所以，在多数材料中，裂纹先端的高应力与裂纹传播的能量不能取得平衡时，裂纹不会扩展，从而显示出高的断裂韧性。在一般的金属材料中，由于此时在晶界上高频率地发生滑移，所以显示出高的断裂韧性。

研究表明，能量吸收过程会促进断裂，从而以新的裂纹面所发生的裂纹传播能量。系统能量与裂纹长度的关系如图 3.5 所示。而受到载荷的平板中积蓄的单位厚度的能量变化是诱导长度为 $2c$ 的内部裂纹产生的原因，该能量的变化 U 可由下式表示：

$$U=-\frac{\sigma^2\pi c^2}{E} \tag{3.44}$$

式中，E 为弹性模量。

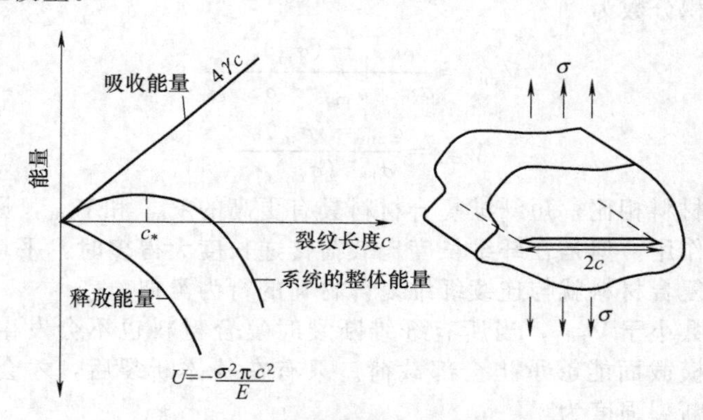

图 3.5 系统能量与裂纹长度的关系

全体能量的变化是为了形成新的断裂面，其值由 $4c\gamma$ 给出（γ 表示表面能）。大于裂纹临界长度（x_*）的裂纹继续扩展时能量降低，所以会急剧扩展。将裂纹的整体能量对裂纹长度求导，其值为 0 时的长度即为裂纹临界长度。

$$c_*=\frac{2\gamma E}{\sigma^2\pi} \tag{3.45}$$

采用该方法对一般材料进行了研究，在表示表面能 2γ 的值中添加了裂纹线段附近吸收的其他能量。可由式（3.45）求出能量释放率 G（J/m^3）与负荷应力及预先存在的裂纹尺寸的关系：

$$G=\frac{\sigma^2\pi c}{E} \tag{3.46}$$

对于裂纹的发生，该值超过临界值，也可作为裂纹抗力 R 来处置。裂纹扩展对单位面积的能量的临界值 G_C 称为临界能量释放率或断裂能量。各种材料的断裂能量与临界应力扩散系数如表 3.1 所示。

表 3.1 各种材料的断裂能量与临界应力扩展系数

材料		断裂能量 G_C /(kJ/m²)	临界应力扩展系数 K_C /MPa·m^{1/2}
高分子材料	环氧树脂	0.1～0.3	0.3～0.5
	尼龙 66	2～4	3
	聚丙烯	8	3
金属材料	纯铝	100～100	100～350
	铝合金	8～30	23～45
	低碳钢	100	140
陶瓷材料	钠钙玻璃	0.01	0.7
	SiC	0.05	3
	混凝土	0.03	0.2
天然材料	木材(裂纹垂直木纹)	8～20	11～13
	木材(裂纹平行木纹)	0.5～2	0.5～1
	骨骼	0.6～5	2～12
复合材料	玻璃纤维强化塑料(玻璃-环氧树脂,纤维分散)	40～100	42～60
	氧化铝基颗粒弥散强化金属基复合材料	2～10	15～30
	SiC 叠层材料(裂纹垂直叠层)	5～8	45～55

高韧性金属的断裂能量 $G_C=100\text{J/m}^2$ 或大于该值，而玻璃等脆性材料的断裂能量仅为 0.01J/m^2。对于预先存在具有裂纹长度为 c 的材料，发生断裂所需要的应力 σ_* 可由下式表示：

$$\sigma_*=\sqrt{\frac{G_C E}{\pi c}} \tag{3.47}$$

裂纹先端附近的应力难以正确地测定，一般可考虑用试验来测定。应力扩展系数 K 可由下式给出：

$$K=\frac{\sigma}{\sqrt{\pi c}} \tag{3.48}$$

式（3.48）也表示了载荷应力与裂纹尺寸的关系。能量释放率 G 决定两个参数的关系，特别是在裂纹先端应力严峻的情况下。

临界应力扩展系数 K_C 与能量释放率 G 到达 G_C 相对应，所以 K_C 可由下式表示：

$$K_C=\sigma_*\sqrt{\pi c}=\sqrt{EG_C} \tag{3.49}$$

K_C 一般作为断裂韧性值而使用，韧性高的材料的 K_C 可达 $100\text{MPa}\cdot\text{m}^{1/2}$ 以上，脆性材料的 K_C 在 $1\text{MPa}\cdot\text{m}^{1/2}$ 左右。应力扩展系数与局部裂纹先端的状况相关。例如，裂纹先端塑性区域的大小 r_Y 与裂纹先端的屈服应力的关系为：

$$r_Y\approx\frac{1}{2\pi}\left(\frac{K}{\sigma_Y}\right)^2 \tag{3.50}$$

式中，σ_Y 为裂纹先端的屈服应力。

裂纹先端的开口位移 δ 为：

$$\delta\approx\frac{K^2}{\sigma_Y E} \tag{3.51}$$

3.2.1.2 界面断裂与裂纹变形

脆性材料的断裂能量很小（$0.1\sim1\text{J/m}^2$），但玻璃-环氧树脂复合材料的断裂能量却能够达到金属的水平（$40\sim50\text{J/m}^2$）。

在给定载荷的情况下，沿不同材料的界面所产生的裂纹扩展可由裂纹释放率 G_i 所表示。该方法在均质材料中也可使用。而界面断裂能量 G_I 的临界值 G_{IC} 是指裂纹开始扩展的值。

裂纹先端的开口模式与剪切模式的关联可以用相位角 Ψ 来表示，裂纹扩展的模式如图

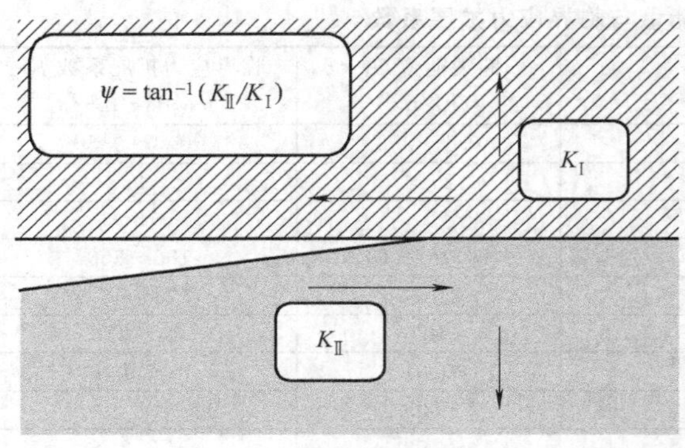

图 3.6 裂纹扩展的模式

3.6 所示。

相位角 Ψ 可由下式求出：

$$\Psi=\tan^{-1}(K_{\mathrm{II}}/K_{\mathrm{I}}) \tag{3.52}$$

在完全的开口模式（$K_{\mathrm{II}}=0$）中，$\Psi=0°$；在完全的剪切模式（$K_{\mathrm{I}}=0$）中，$\Psi=90°$。虽然对于相位角的变化的计算未必简单，但是可以求出关于载荷变化的各种配置。在界面为非平滑时，Ψ 还随着断裂的位置而变化。虽然只有有限的数据，但也能够表明，G_{IC}与 Ψ 的关系是随模式的形式而变化的。图 3.7 所示为界面断裂能量 G_{IC}与相位角 Ψ 的关系。这里的数据是基于开口模式与剪切模式的众多试验结果而归纳得到的。G_{IC}随剪切模式的增大而增加。此时，G_{IC}与界面的摩擦功有关，表现出随裂纹先端的裂纹侧面的变化而变化的特征。所以，Ψ 对 G_{IC}的影响随着原材料中任意一方发生塑性变形而更为显著。

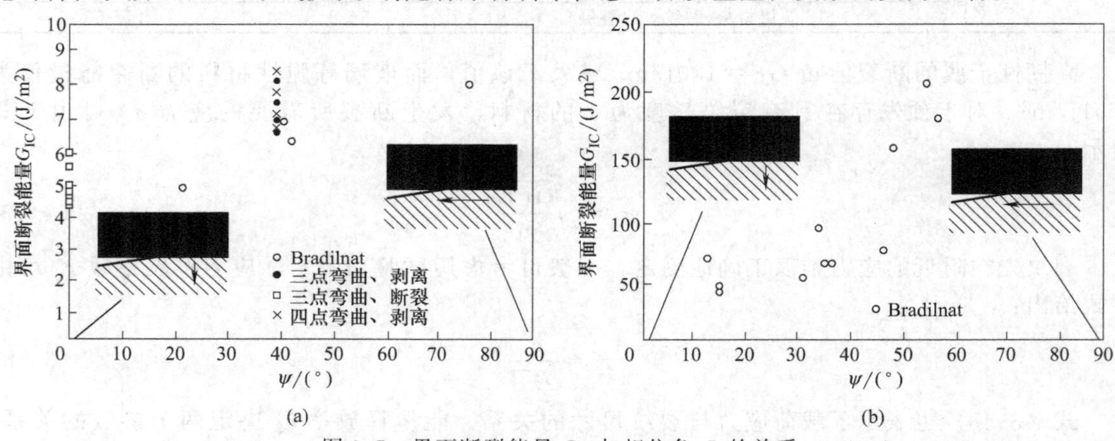

图 3.7 界面断裂能量 G_{IC}与相位角 Ψ 的关系

对界面层间韧性的研究主要是关注裂纹先端的变形。在以树脂为基体的高韧性复合材料中，贯通基体的裂纹伴随着纤维、基体界面的变形。在关于裂纹断裂条件的初期研究中，是以裂纹先端的应力为焦点的。复合材料在受到与纤维平行的载荷作用下，裂纹接近纤维时，在裂纹的先端产生横向应力，这样的应力使界面开口，使来自纤维插入部的裂纹钝化，或者使裂纹变形倾斜。由于该横向应力的最大值约为最大轴应力的 20%，当该强度小于基体强度的 1/5，则不发生界面断裂。

图 3.8 所示为裂纹贯通与裂纹变形的模式，一个模块中产生的裂纹，随着裂纹的增大而向另一模块扩展。可以推测，通过施加使裂纹扩展的载荷，能够使裂纹在该过程中贯通到另一模块，或者是发生沿着界面的变形。

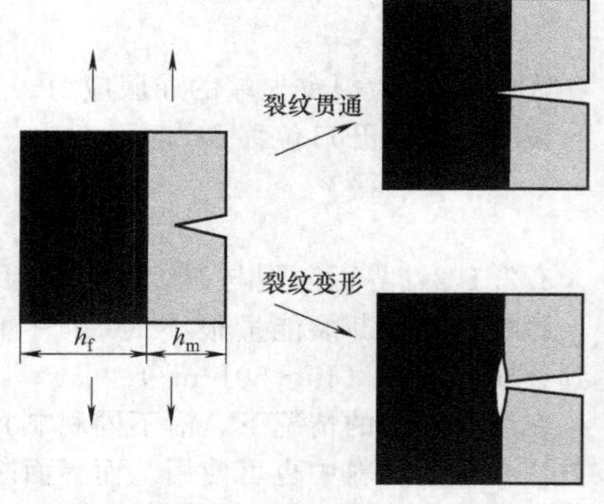

图 3.8 裂纹贯通与裂纹变形的模式

由此，伴随该变形的断裂能量临界值有如下关系：

$$\frac{G_{\mathrm{IC}}}{G_{\mathrm{fC}}}\leqslant\frac{h_{\mathrm{m}}E_{\mathrm{m}}+h_{\mathrm{f}}E_{\mathrm{f}}}{h_{\mathrm{f}}E_{\mathrm{f}}}\times\frac{1}{4\pi(1-\nu^2)} \tag{3.53}$$

式中，G_{IC}、G_{fC}为界面断裂能量及无裂纹的模块（纤维）的断裂能量；h_{m}、h_{f} 为有裂纹的模块

（基体）与无裂纹的模块（纤维）的厚度；E_m、E_f 为各模块的弹性模量；ν 为泊松比（两种材料具有同样的值）。

如果 $h_m=h_f$，则相当于通常的纤维强化复合材料。如果弹性模量 $E_m \approx E_f$，则该临界断裂能量比约为 20%。

上述分析基于裂纹的贯通与裂纹的变形中的任意一个都大于静态释放能量。由于陶瓷纤维的断裂能量一般都较低，所以如果是韧性值非常低的界面，则为了增大复合材料的断裂韧性，必须使裂纹在变形过程中吸收更多的能量。

3.2.2 对断裂能量的贡献

对于复合材料要求其具有优异的断裂韧性，而断裂韧性对于复合材料有利的方面是促进材料对能量的吸收。

3.2.2.1 基体的变形

金属基体一般在裂纹附近产生大的滑移，所以具有高的断裂韧性。但是高分子材料（特别是热固性树脂）与陶瓷的断裂韧性一般较低。

复合材料在断裂过程中，基体的变形与同一材料非强化状态下的变形相比，有很大的不同。其主要原因是，复合材料中基体的变形会受到很多约束，所以在刚度高的纤维周围的基体，不能自由地变形，其中载荷传递的不同是原因之一，结果使基体所分担的应力减小。但是最主要的原因是，裂纹附近是三维应力场，所以会阻碍基体伴随着变形的塑性流动。例如，产生了塑性变形的基体会与该塑性变形相伴产生横向收缩，但该收缩会因纤维的包围而受到约束，这样横向的拉应力伴随形状的变化，约束基体的变形，使其分担的应力减小。因此，虽然纤维阻碍了基体的塑性流动，但是却可能在材料中产生空洞，反而使材料容易断裂。

提高断裂韧性的有效措施是使强化材料分布均匀，具体来说，可限制颗粒或纤维的尺寸，去除可能会减小断裂韧性的因素。在金属基复合材料的高韧化过程中，可通过改善成型工艺达到这一目的。在用长纤维强化铅等断裂韧性较低的金属材料时，令人比较关心的问题是低的层间韧性，这是因为由纤维的拔出强度而引起的强韧化能够使基体的韧性得到提高。对于非金属基复合材料也是如此，虽然对于基体的能量吸收范围是有限的，但是强韧化的机理仍具有很大的意义。塑料基复合材料韧性改善的基本思路也是使用韧性高于基体的强化材料，但在此基础上还考虑了损伤的微观机理及伴随该机理所产生的能量吸收等方法。

3.2.2.2 纤维的断裂

构成复合材料的基体材料的断裂虽然因纤维的结构及载荷状态而不同，但纤维的断裂是其基本形式。然而，断裂能量中纤维断裂所占的比例很小。对于玻璃纤维、碳纤维、SiC 纤维等无机纤维，其断裂能量也只有数十焦耳每平方米左右。但是，有机体系的纤维由于其韧性优于其他纤维或其塑性变形区域大，所以其纤维的断裂能量也较大。通常的天然纤维与 Kevlar 纤维类似，金属纤维的断裂能量比无机纤维要大，所以强化混凝土中钢筋的体积分数虽然较低，但仍然能够得到好的效果，不仅韧性得到提高，而且抗拉强度也得到改善。在一般的复合材料中，如果不能充分利用纤维的这些性能，提高其韧性是比较困难的。

3.2.2.3 界面剥离

界面剥离在复合材料的断裂过程中常常发生。如果裂纹是沿着与纤维排列方向相垂直的方向扩展，则产生的裂纹在到达界面时就可能会在界面处产生剥离。而且，界面剥离是由横向载荷或剪切载荷所产生的。如果已经知道了界面断裂能量，则可以推定自剥离发生到材料整体发生断裂的能量。

基于这样的推算方法，可以得到图 3.9 所示的短纤维排列的断裂模式。

这里适用的是单纯的剪切断裂的观点。如果短纤维的长径比 A_s（$A_s=L/r$，其中，L 为

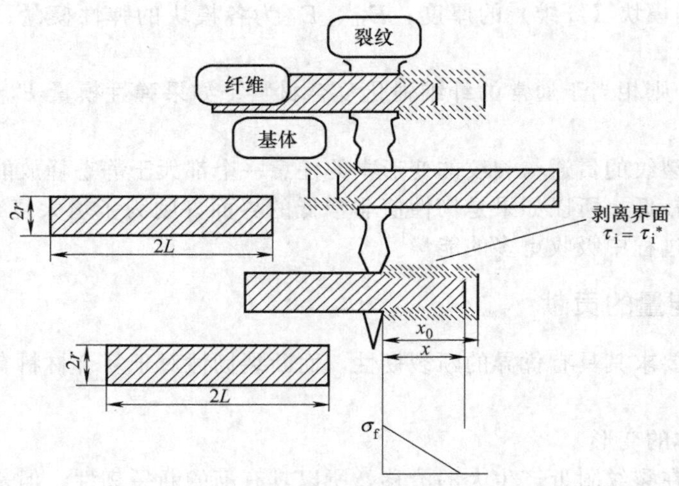

图 3.9　短纤维排列的断裂模式

短纤维的长度，r 为短纤维的直径）小于临界值 A_s^*（$A_s^*=\sigma_f^*/\tau_i^*$），则与裂纹交叉的全部纤维发生剥离，纤维会从基体中拔出。基体中的单纤维在界面剥离时的能量由下式表示：

$$\Delta U=2\pi r x_0 G_{IC} \tag{3.54}$$

式中，x_0 为埋入基体的纤维发生剥离的极限纤维长度。

纤维长度为 $2L$ 时，在 $x_0\leqslant L$ 处发生剥离。关于复合材料发生剥离所需要的局部能量 G_{cd} 可以由裂纹横切纤维的总和求出。如果每平方米有 N 条纤维，则极限纤维长度 x_0 与 x_0+dx_0 之间的微小埋入长度 dx_0 在每平方米中纤维的分担由 $N dx_0/L$ 给出。所以，进行剥离所需的全部的功可由下式给出：

$$G_{cd}=\int_0^L \frac{N dx_0}{L} 2\pi r x_0 G_{IC} \tag{3.55}$$

式中，N 与纤维的体积分数有关，如果纤维的半径为 r，则 N 为：

$$N=\frac{V_f}{\pi r^2} \tag{3.56}$$

但是，对于这样的断裂机理，该功的贡献较小。例如，如果 $A_s=50$、$V_f=0.5$、$G_{IC}=10J/m^2$，则 $G_{cd}=0.25kJ/m^2$。如果纤维的长径比及界面断裂能量分别大于 A_s^* 及 G_{fC}（临界界面断裂能量），即 $A_s>A_s^*$、$G_{IC}>G_{fC}$，则纤维在裂纹面断裂，不发生剥离。在强化材料不断裂、剥离面长距离扩展时，则由弯曲变形使该值略有增加。

3.2.2.4　摩擦滑动与纤维的拔出抵抗

通常的纤维强化复合材料的断裂能量是由界面上的滑动摩擦产生的。断裂能量的吸收会因界面的粗糙度、接触压力及滑动距离而不同。最值得关注的是纤维从基体的空洞中拔出。由纤维的拔出而引起复合材料断裂时表面的状况表明，拔出的长径比为数十至数百的数量级。

关于拔出的能量，可以采用与“界面剥离”类似的方法进行计算。首先假定埋入纤维的长度为 x，已拔出了微小的长度 dx，则与此相伴所产生的能量由下式给出：

$$dU=(2\pi r x\tau_1^*)dx \tag{3.57}$$

式中，τ_1^* 为层间剪切应力，该值沿纤维的长度方向为定值。

将该纤维从基体中全部拔出所需要的能量 ΔU 由下式给出：

$$\Delta U=\int_0^{x_0} 2\pi r x\tau_1^* dx=\pi r x_0^2\tau_1^* \tag{3.58}$$

将式（3.58）沿纤维的长度方向积分，求出拔出的断裂能量如下：

$$G_{cp}=\int_{0}^{L}\frac{N\mathrm{d}x_{0}}{L}\pi r x_{0}^{2}\tau_{1}^{*} \tag{3.59}$$

这里，将式（3.56）代入式（3.59）可得：

$$G_{cp}=\frac{1}{3}V_{f}s^{2}r\tau_{1}^{*} \tag{3.60}$$

对于相同长径比的纤维，直径大的纤维的拔出能量较大。

所以，拔出试验对评价韧性是很重要的，特别是对于短纤维的断裂机制是有效的。纤维中所产生的应力，在发生断裂的充分长的断裂侧面上有纤维埋入的情况下，认为连续纤维在裂纹面上断裂。虽然界面剥离可在较大范围内发生，但可以认为其对断裂能量的贡献不大。如果这样的话，长纤维复合材料中纤维的拔出很少出现，实际的材料也确实如此。其原因在于，通常在纤维中存在强度偏差。

3.2.2.5　微小结构的效果

为控制复合材料的断裂能量，有改变纤维的长度、纤维的方向，进而改变界面特性等多种方法。图3.10所示为断裂能量与载荷角度的关系。图中的断裂能量是由夏普冲击所得到的。定向叠层材料的断裂能量随着裂纹面与纤维轴的角度的减小（载荷角度的增加）而急剧下降，如图3.10（a）所示。这主要是由于纤维的拔出受到抑制，断裂与纤维轴平行而发生。在垂直叠层板与编织强化材料中，基本上显示出各向同性的行为。由于叠层板及纤维束之间力的相互作用十分复杂，所以预测载荷角度的影响十分困难。但是，复合材料断裂时，界面剥离、纤维断裂及纤维拔出都在起作用，所以复合材料的韧性一般表现出高的值。图3.10（b）所示为金属基复合材料断裂能量与载荷角度的关系。在裂纹沿叠层板的面扩展时，如果裂纹先端是与叠层面垂直的，则所得到的韧性能够进一步提高。

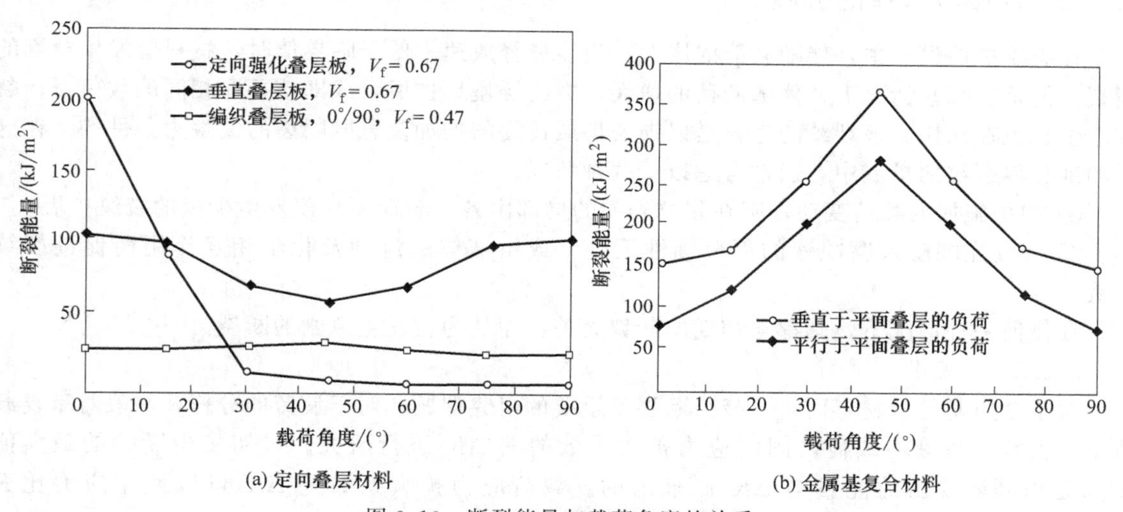

图3.10　断裂能量与载荷角度的关系

界面特性的控制对材料的韧性起到重要的作用。图3.11所示为由SiC薄板构成的陶瓷基复合材料，在薄的石墨层之间发生层间断裂时的断裂能量与界面断裂能量的关系。复合材料受到弯曲载荷时，裂纹沿薄板而扩展，此时如果界面的韧性低，则界面的剥离会在各层间发生，此时所需的全部的功（载荷-位移图所包围的面积）因载荷的大小及试样的尺寸而不同，该值要比试样实际所吸收的能量大（因载荷系统中有能量损失）。这种情况在界面断裂模型中由G_C的变化来表示。这样，虽然层间的G_C有所增大，但全体能量受其影响较小，如图3.11所示。由于界面的G_I阻止了裂纹的变形，所以G_C的增大是很困难的。虽然界面的剥离能够使韧性增大，但由于陶瓷材料的断裂能量较大，所以认为断面的增大也能够提高韧性。

在颗粒强化复合材料中，剥离、拔出的能量吸收很少，所以对于金属基颗粒强化复合材料，必须尽量地使基体本身的韧性得以保留。图 3.12 所示为包含 SiC 颗粒的时效硬化铝合金的断裂能量与拉伸强度的关系。伴随时效的进行，拉伸强度先上升随后下降（过时效）。在拉伸强度增大的初期阶段，断裂能量下降是由于滑移所引起的。过时效的现象在铝合金中也会出现，虽然对此做进一步的说明比较困难，但可以认为这种现象是由于界面的形状变形及内部的空洞所引起的。

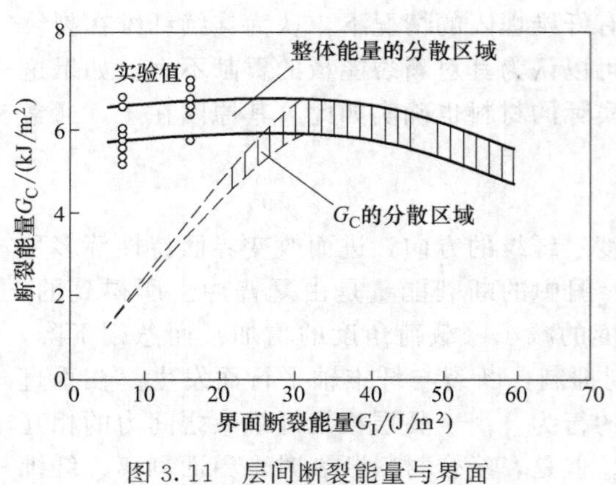

图 3.11 层间断裂能量与界面断裂能量的关系

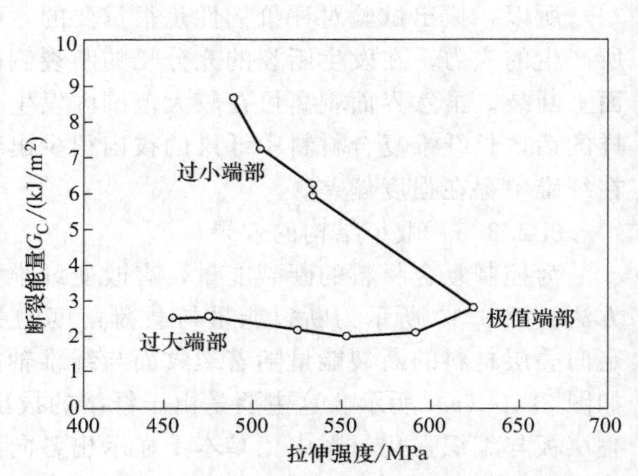

图 3.12 包含 SiC 颗粒的时效硬化铝合金的断裂能量与拉伸强度的关系

3.2.3 准临界裂纹的扩展

在裂纹扩展过程中，伴随载荷的增大，当能量释放速率低于临界值时，材料会发生急剧的断裂。但是在某些情况下，伴随载荷的增大，裂纹缓慢地扩展，或即使是在相同的载荷下，裂纹的生长也在加快。该裂纹的生长是以损失扩展速度的增加及急剧断裂的发生为条件的。在这样的准临界裂纹的扩展中，通常考虑以下两种情况。

① 如果施加的载荷变动，则在裂纹先端的局部由各个载荷循环仅发生少量的裂纹扩展。

② 裂纹先端浸入腐蚀液的部分韧性下降，或由液体的流动及化学相互作用而促进裂纹扩展。

在任何一种情况下，其都与初期的断裂无关，而认为会发生急剧的断裂。

3.2.3.1 疲劳

对于金属基复合材料而言，疲劳断裂是重要的研究课题。对于疲劳的分析，一般对重复载荷中最大载荷与最小载荷之间的应力扩大系数的差 ΔK 进行研究。最初发生断裂的最大值 K_{max}是由循环放出的能量与 ΔK 而求出的。载荷应力扩大系数差 ΔK 可以使用应力比 R（K_{min}/K_{max}）来表示。裂纹扩展的抵抗可以由载荷循环时裂纹长度的扩展速度 dc/dN 给出。而且，裂纹扩展速度 dc/dN 是使用 ΔK 定义的，两者的关系如下式所示：

$$\frac{dc}{dN}=\beta(\Delta K)^n \tag{3.61}$$

式中，β 为一定值。

裂纹扩展速度 dc/dN 对应于 ΔK 的变化，如果两者都取对数，则是直线关系，此时的斜率为 n。在裂纹几乎不扩展的低应力范围的初期阶段，ΔK 为 ΔK_{th}，裂纹的生长速度伴随初期断裂应力的增大而接近 K_C。

疲劳数据可由 S-N_f 图来表示，这里，S 表示应力振幅，N_f 表示至断裂的重复次数。大多数材料应力振幅高时，裂纹生长速度快（N_f 小），N_f 伴随应力振幅 S 的下降而增大。而且根据 Paris 的观点，如果应力值在疲劳极限以下，则即使长时间地施加循环应力，也不会发生疲劳断裂。这与应力扩大在 ΔK_{th} 以下相对应。

图 3.13 所示为长纤维强化的塑料基复合材料中，在纤维方向施加载荷时最大应力振幅与断裂重复次数的关系。在由硼纤维及碳纤维等高刚度纤维强化的复合材料中，即使是对于 1GPa 的高重复应力，也显示出寿命长、具有优异的疲劳性能的优点。这样的材料的疲劳性能比通常的铝合金的疲劳性能要优越。但是，在由玻璃纤维强化的低刚度复合材料中，基体的应力分担大，延伸率也增大，其疲劳特性低。这样，与刚度高的复合材料相比，刚度低的复合材料即使承受低的载荷应力，其损伤也大，或容易扩展。

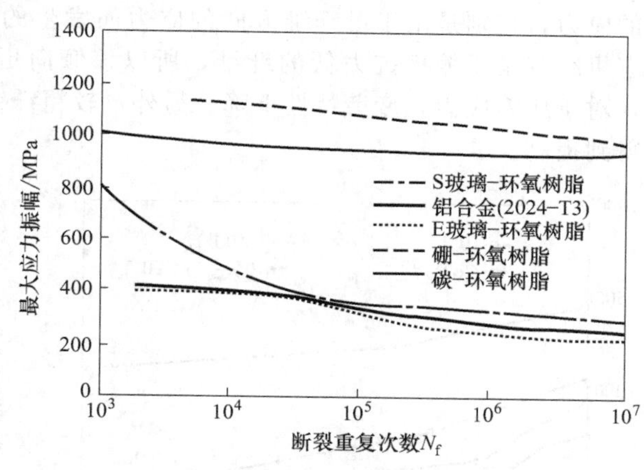

图 3.13 长纤维强化的塑料基复合材料中最大应力振幅与断裂重复次数的关系

特别是由高刚度纤维强化的长纤维复合材料，其对于轴向应力的疲劳特性非常优异，但叠层板及定向强化材料的横向疲劳特性一般都较低。这可以由图 3.14 所示的玻璃纤维强化的塑料复合材料的最大应力振幅与断裂重复次数的关系而得到确认。垂直叠层板及编织叠层板与定向强化材料相比，其可在较低的载荷状态下发生断裂，而且其各自的疲劳极限也比定向强化材料要低。与纤维垂直方向的损伤从低应力水平开始，伴随载荷的增大，裂纹沿轴向传播。但是，即使是这样的复合材料的疲劳特性，也比通常的金属材料优越。而短切原丝毡（chopped strand mat，CSM）与成型复合材料（molding composites，DMC）的疲劳特性较低，纤维排列的偏差及低的长径比是主要原因。

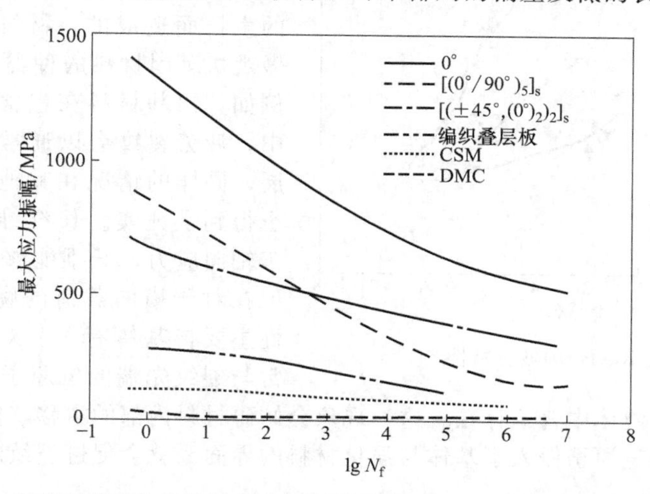

图 3.14 玻璃纤维强化的塑料复合材料的最大应力振幅与断裂重复次数的关系

在金属基复合材料中也发现了与此相同的行为。图 3.15（a）所示为金属基复合材料的最大载荷应力与断裂重复次数的关系。最优异的疲劳特性表现在向定向强化复合材料的纤维方向施加载荷应力时。其他叠层板的疲劳特性可以由与纤维平行的叠层板的疲劳特性来推定。图 3.15（b）所示为纤维方向上载荷应力与断裂重复次数的关系。由该图可知，只要平行方向的纤维不断裂，叠层板就不发生疲劳断裂。所以，只要是基体的裂纹不侵入纤维与基体的界面，就不会发生疲劳特性的极端低下。

复合材料的疲劳特性与 ΔK 的范围无关，其对施加应力的绝对值敏感，特别是压缩应力是使纤维强化复合材料破坏的主要原因之一。这是由于纤维与基体发生损伤后，其附近将发生大的应力，特别是由于沿纤维方向的应力而发生的弯曲损伤会使疲劳断裂加速。由于 Kevlar 等有机纤维是压缩抵抗力低的纤维，所以该倾向更为显著。图 3.16 所示为 Kevlar 的疲劳特性，对于压缩应力，疲劳特性下降。另外，较粗纤维的抗弯曲能力较强，所以其疲劳特性也能够得到提高。

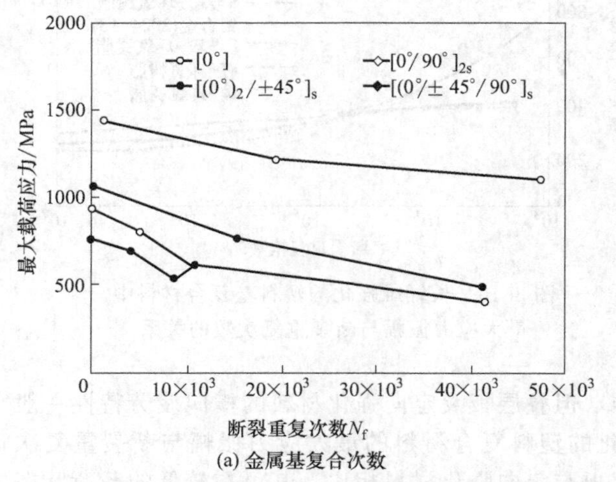

(a) 金属基复合次数

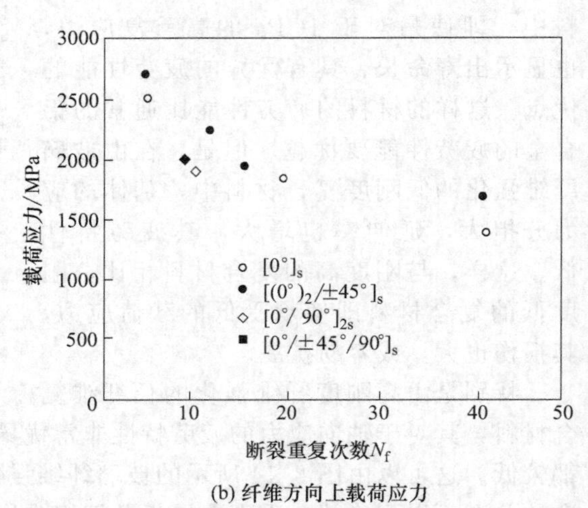

(b) 纤维方向上载荷应力

图 3.15 金属基复合材料的最大载荷应力及纤维方向上载荷应力与断裂重复次数的关系

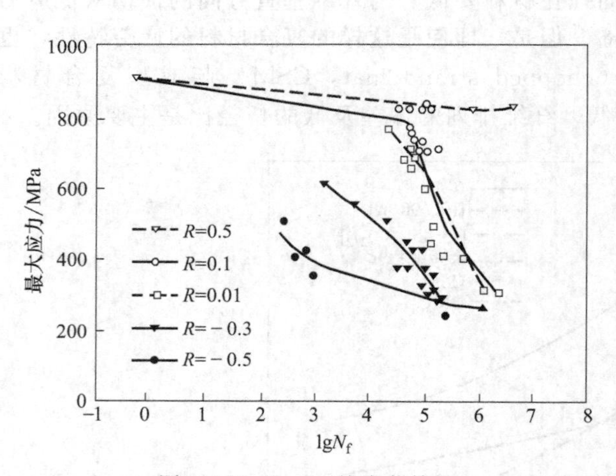

图 3.16 Kevlar 的疲劳特性

3.2.3.2 应力腐蚀裂纹

应力腐蚀所产生的裂纹是由于腐蚀液浸入了断面先端，从而促进了准临界裂纹的生长而造成的。材料的局部韧性下降的微观机理因材料的种类及环境条件而变化。例如，铝基材料在包含水分及盐分的空气中，疲劳裂纹会以通常 5～10 倍的速度扩展，同样的情况在其他金属基复合材料中也得到了证实。长纤维强化的铝合金，对于轴向应力，纤维能够使材料的性能提高，但在对于横向载荷的腐蚀环境，其疲劳特性主要与基体有关。对于铝，应力腐蚀通常与裂纹先端的氢原子的放出有关。而且，这样的氢原子在各种液体中普遍存在。这一现象会妨碍材料内部的滑移，使材料脆化，在金属基复合材料中，如果氢原子侵入了基体与强化材料的界面，就会促进裂纹的产生。

3.3 复合材料的界面特征与分类

3.3.1 界面特征

复合材料是由两种或两种以上的原材料组成的新型材料，界面的存在具有必然性，而且它也是决定复合材料性能的关键。首先，界面是基体和增强材料的结合处，即两者的分子在界面形成原子作用力。其次，界面又作为基体和增强材料之间传递载荷的媒介或过渡带，硬化和强化依赖于跨越界面的载荷传递，韧性受到裂纹偏转及纤维拔出的影响，塑性则受靠近界面的峰值应力松弛的影响，这些对复合材料的性能起到举足轻重的作用。再者，由于界面处的结构和物理、化学等性能既不同于基体，又不同于增强材料，使得对它的研究又具有特殊性。界面问题是复合材料的核心问题，它涉及表面物理、表面化学、力学等多个学科。

3.3.2 界面分类

界面的分类方法有多种，例如可以进行如下的分类。

① 机械结合　基体与增强材料之间没有发生化学反应，纯粹靠机械连接。机械结合是靠纤维的粗糙表面与基体产生的摩擦力而实现的。

② 溶解和润湿结合　基体与增强材料相互之间发生原子扩散和溶解，形成结合，其界面是溶质原子的过渡带。

③ 反应结合　基体与增强材料之间发生化学反应，在界面上生成化合物，使基体和增强材料结合在一起。

④ 交换反应　结合基体与增强材料之间发生化学反应，生成化合物，并且还通过扩散发生元素交换，形成固溶体而使两者结合。

⑤ 混合结合　这种结合较普遍，是最重要的一种结合方式，其为以上几种结合方式中几个的组合。

3.4 复合材料界面的结合机理

3.4.1 力学结合

如果基体对增强体（纤维）的润湿性良好，纤维表面的粗糙度也能够增大界面的结合力，与拉伸强度相比，该效应对于由剪切应力引起的断裂抵抗能力更大。在有凹陷存在的情况下，对拉伸强度的贡献也会增大，由于接触面积的增加，会使强度增大。

3.4.2 残余应力

残余应力的存在会对界面的接触性质产生很大的影响。基体的塑性变形及伴随着体积变化的相变的发生是残余应力存在的主要原因。形成残余应力的最主要的原因是材料成型（制造）后冷却时发生的收缩。由于在大部分的复合材料中纤维的膨胀系数比基体的膨胀系数小，所以纤维受压缩残余应力，而基体受拉伸残余应力。

对于树脂基复合材料，收缩差所产生的应力的一部分能够由基体的黏弹性流动及蠕变而得到缓和。而对于金属基复合材料，由于冷却中温度的变化大，而且基体对于蠕变及塑性流动的抵抗力大，所以其残余应力较大。界面上的垂直应力（半径方向上的压力）为压缩应力，该压缩使纤维与基体紧密接触，能够增大对于界面剥离及滑移的抵抗力，所以与界面结合有很大的关系。在残余应力较大的情况下，能够得到较大的结合强度。但是，如果纤维的体积分数很大，基体被分割为孤立的区域，全部被纤维所包围，则应力的性质可能会发生变化，基体可能会向离开纤维的方向收缩，界面上会产生垂直的拉应力。

3.5 复合材料的界面强度与界面行为

3.5.1 界面强度

3.5.1.1 界面黏结强度的重要性

在复合材料的界面上常常发生许多重要的现象。对于高分子基复合材料，尽管所涉及的化学原理可能比较复杂，但都是要求高的黏结强度以有效地把载荷传递给纤维，同时要求对环境破坏具有良好的抵抗力。对于金属基复合材料，通常也要求强的黏结界面。而在设计陶瓷基复合材料时，则主要关心界面处的能量耗散，以提高韧性。

图 3.17 所示为界面上所发生现象的模式，界面形成空洞、界面裂纹传播、界面法向脱黏、界面摩擦滑动、界面剪切脱黏等，都与界面结合强度有关。

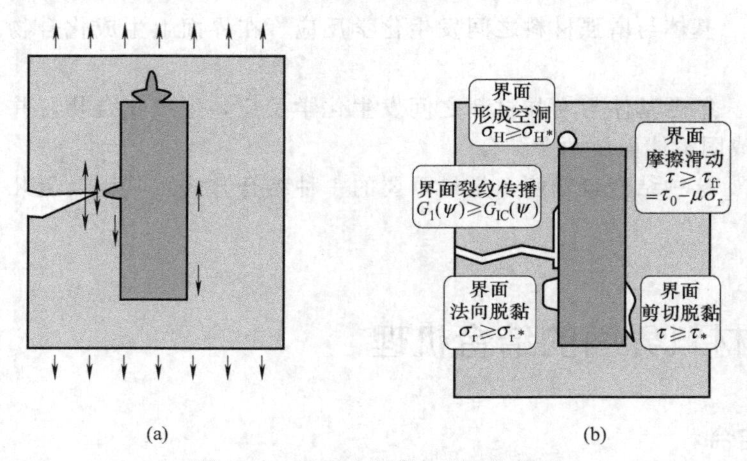

图 3.17 界面上所发生现象的模式

表征界面的力学行为可以采用非弹性过程开始的临界应力值，也可以是测量界面的断裂韧性。

3.5.1.2 界面强度的试验测定

界面结合的性质会以各种方式影响复合材料的弹性与断裂性能。单一纤维的试验由于能够得到结合强度的定量信息，所以被经常采用。结合强度的测定大多是关于剪切剥离与滑移的，很少有关于垂直于界面的应力的试验，这是由于将这样的应力作用于圆筒状的表面并进行控制是十分困难的。有人认为，具有大的剪切剥离应力的界面，对于垂直方向的拉伸也能够表现出大的抵抗力。但是，是否确实如此，还有待于进一步研究。例如，粗糙的纤维表面能够对剪切变形断裂具有较大的贡献，但是却对垂直于纤维的拉伸几乎没有作用。所以，为了将界面的试验数据与复合材料的宏观性质相联系，必须仔细考虑各种具体的情况。还有，在有些试验中使用的是单一纤维的“复合材料”，该试样的成型方法可能会与实际的复合材料不同，而且不具有邻接纤维的约束，所以界面的性质也可能不同。试验数据的解释一般是采用临界应力模型，但是也可以采用能量模型（断裂力学模型）。

（1）单纤维的拔出试验 该方法广泛用于树脂基复合材料。由拉伸载荷将埋入树脂基体的单纤维拔出。纤维的垂直应力分布及载荷-半径方向的距离的模式如图 3.18 所示。载荷可以分为 3 个阶段：发生剥离之前的弹性载荷、向剥离前方的进展、纤维的摩擦滑动拔出。该模式中认为纤维不发生剪切应变，纤维的末端不传递垂直应力。

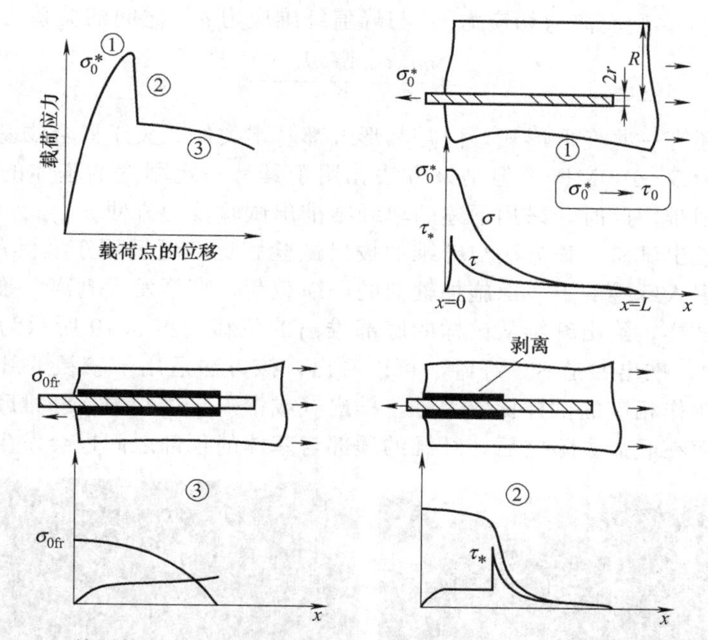

图 3.18 单纤维拔出试验中的垂直应力分布及载荷-半径方向的距离的模式

参照图 3.18，通常假定载荷-位移曲线的峰值与发生剥离相对应。通常采用基体与纤维的半径比 R/r 来表示纤维的体积分数（圆柱模型中），此时有：

$$\frac{\mathrm{d}\sigma_{\mathrm{f}}}{\mathrm{d}x}=\frac{E_{\mathrm{m}}(u_R-u_r)}{(1+\nu_{\mathrm{m}})r^2\ln(R/r)} \tag{3.62}$$

式中，σ_{f} 为纤维载荷应力；E_{m} 为基体的弹性模量；u_R 为 $x=R$ 时的位移；u_r 为 $x=r$ 时的位移；ν_{m} 为基体的泊松比。

位移对于距离的微分是应变，在不太严密的情况下有：

$$\frac{\mathrm{d}u_r}{\mathrm{d}x}=\varepsilon_{\mathrm{f}}$$
$$\frac{\mathrm{d}u_R}{\mathrm{d}x}=0 \tag{3.63}$$

这相当于界面完全结合，基体不从纤维剥离的情况。支配 σ_{f} 的纤维长度方向分布的二阶常微分方程式如下：

$$\frac{\mathrm{d}^2\sigma_{\mathrm{f}}}{\mathrm{d}x^2}=\frac{n^2}{r^2}\sigma_{\mathrm{f}} \tag{3.64}$$

式中，无量纲常数 n 由下式给出：

$$n=\left[\frac{E_{\mathrm{m}}}{E_{\mathrm{f}}(1+\nu_{\mathrm{m}})\ln(R/r)}\right]^{1/2} \tag{3.65}$$

使用边界条件 $\sigma_{\mathrm{f}}(0)=\sigma_0$（纤维从基体露出之处）以及 $\sigma_{\mathrm{f}}(L)=\sigma_0$（应力不能传递到埋入纤维的末端），可以得到：

$$\sigma_{\mathrm{f}}=\sigma_0\frac{\sinh[n(L-x)/r]}{\sinh(nL/r)} \tag{3.66}$$

界面的剪切应力可以由下式给出：

$$\tau=-\frac{r}{2}\times\frac{\mathrm{d}\sigma}{\mathrm{d}x}=\frac{n\sigma_0}{2}\cosh\left[\frac{n(L-x)}{r}\right]\cosh\left(\frac{nL}{r}\right) \tag{3.67}$$

上式中，令 $x=0$，则剥离剪切应力 τ^* 与峰值纤维应力 σ_0^* 之间的关系为：

$$\tau^*=\frac{n\sigma_0^*\cosh(nL/r)}{2} \tag{3.68}$$

对于上述模型还有一些变形形式，但是其形式都基本类似。关于聚合物基复合材料，剥离剪切应力的值一般为 5～100MPa。但是该方法在用于具有一定刚度的基体的复合材料时，试样的制作有一定的困难。此时，采用下述的单纤维推出试验较为方便。

（2）单纤维的推出试验　该方法与纤维的拔出试验相比，更适用于实际的复合材料试样。该方法的基础是在埋入纤维的上表面施加轴向的压缩载荷，直至发生剥离。推出试验使用纤维轴与面垂直的薄片试样，给出纤维从试样的底部推出的位移。图 3.19 所示为进行了上述试验后试样的 SEM 照片，推出的是 SiC 纤维。可以看出，该方法适用于较粗的纤维。对于很细且结合牢固的纤维，制作相应的试样比较困难。推出（或推入）试验中，纤维摩擦滑移一定程度之后发生剥离，即使在载荷去除之后，纤维的顶部与基体的顶部之间也会发生永久变形。

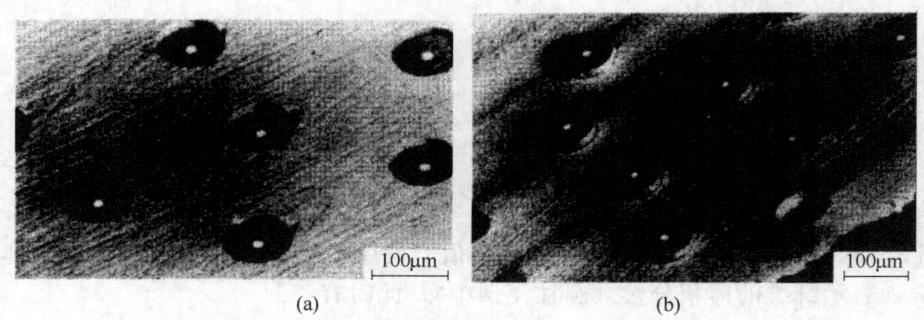

图 3.19　单纤维推出试验后的 Ti-6Al-4V/30%SiC 试样的 SEM 照片

（3）其他试验　对于金属基复合材料与某些树脂基复合材料，还可以采用如下的方法：将单纤维埋入基体，对基体施加与纤维方向平行的拉应力，由此来推定剪切强度。纤维断裂后成为多个小片，测定每个小片的长径比。解析考虑了纤维的韦伯系数，是以 τ 为定值而进行的。

也可以不注重特定的纤维，而对单层板进行试验。图 3.20 所示为测定界面剪切强度及横

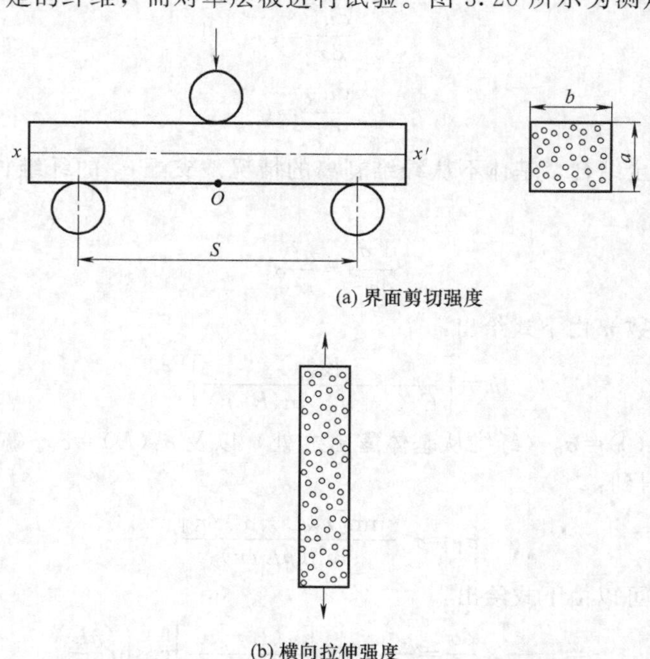

图 3.20　测定界面剪切强度及横向拉伸强度的试验方法

向拉伸强度的试验方法。该方法也是有用的，但是却难以建立数据与实际的纤维-基体的界面特性之间的关系。

3.5.2 界面行为

3.5.2.1 界面的脱黏与剥离

研究界面的脱黏与剥离，其研究思路为考虑基体中仅有一根纤维，受到拉伸载荷 P_f 作用时，分析复合材料中强化材料与基体之间应力传递的方式，如图 3.21 所示。

脱黏、剥离与滑动的关系为一旦发生脱黏与剥离，剥离部分就产生滑动。解析法可以应用最大剪切应力理论，也可以应用断裂力学理论。

(1) 最大剪切应力理论　该理论认为，当界面剪切应力达到界面剥离所需要的剪切应力时，界面发生脱黏与剥离。按照 Shearlag 理论，以界面完全未发生剥离模型估算剪切应力达到 τ_d 时的 σ_f [图 3.22 (a)]，界面发生剥离时纤维的应力 σ_f^d 为：

$$\sigma_f^d=(2\tau_d/\beta r_f)\tanh\beta l_f^d \tag{3.69}$$

$$\beta=\sigma\sqrt{H/(E_f A_f)}$$

式中，l_f^d 为埋入基体内的纤维长度；H 为由基体内力的平衡所确定的比例常数；E_f、A_f 分别为纤维的弹性模量和横截面积。

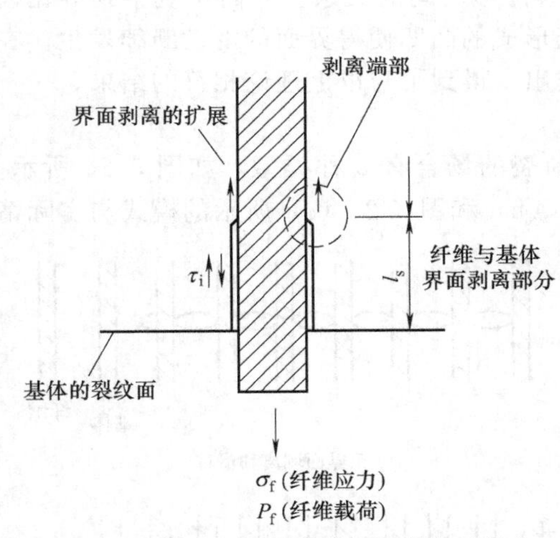

图 3.21 描述一根纤维从基体拔出时复合材料中强化材料与基体之间应力传递的方式

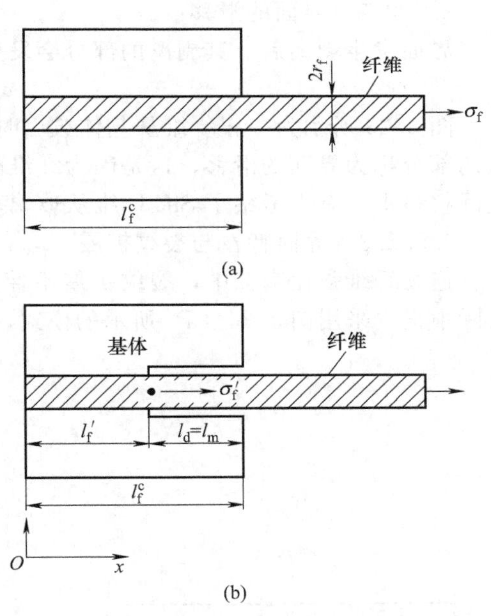

图 3.22 纤维与基体之间应力传递解析模型

此时，平均剪切应力为：

$$\langle\tau_d\rangle=\sigma_f r_f/l_f^c \tag{3.70}$$

当界面的一部分发生剥离时 [图 3.22 (b)]，假设未剥离部分的长度为 l_f'，产生剥离所需要的剪切应力为 τ_d，界面滑移所需的剪切应力为 τ_s，剥离的先端 x 到达 l_f^c 时停止，此时：

$$\sigma_f=\sigma_f'+2\tau_i(l_f^c-l_f')/r_f=(2\tau_d/\beta r_f)\tanh\beta l_f'+2\tau s l_f^c/r_f \tag{3.71}$$

当 $l_f'=0$ 时，式 (3.71) 与式 (3.69) 一致。如果不考虑界面的化学结合，可以认为 τ_d 与界面滑移所需的剪切应力 τ_s 相等，此时 τ_d、τ_s 可以用 τ_i 来代替进行解析。

(2) 断裂力学理论　纤维与基体之间存在结合力，界面因成分引起的能量释放率为 G_C^i，纤维由于受到拉伸长度为 dx 的部分与基体发生了界面剥离，剥离的部分不能再靠摩擦传递应力。此时，界面能量的释放全部转化为基体的弹性能。

$$2\pi r_f G_C^i dx = \frac{1}{2}(\sigma_d^2/E_m)dV_m \tag{3.72}$$

式中，dV_m 为产生应力缓和的基体体积。可表示为：

$$dV_m = \alpha\pi r_f^2 dx \tag{3.73}$$

式中，α 为由纤维的半径和基体的剪切模量所决定的常数。

由以上两式可以得出界面发生脱黏和剥离时纤维的应力为：

$$\sigma_d = (4E_m G_C^i/\alpha r_f)^{1/2} \tag{3.74}$$

纤维与基体之间发生滑动是因为纤维所受的拉应力超过了 σ_d。一方面，如果纤维的强度 σ_{fu} 小于 σ_d，则在界面发生脱黏和剥离之前纤维会发生断裂，即界面的 G_C^i 较大时，在基体的裂纹面不是发生界面的脱黏和剥离，而是纤维的断裂，这不利于发挥纤维的桥接作用。另一方面，当 σ_{fu} 大于 σ_d 时，宏观的裂纹可以通过纤维或者通过纤维后界面发生剥离。此时纤维的应力由下式给出：

$$\sigma_f \approx \frac{2\tau_i\tau}{r_f} + \sigma_d \tag{3.75}$$

3.5.2.2 界面的滑移

界面发生剥离后，其剥离的部分会发生滑移。此时，纤维的应力可由下式近似得到：

$$\sigma_f = 2\tau_i l_s/r_f \tag{3.76}$$

图 3.23 所示为一根纤维从基体拔出时纤维载荷与位移之间的关系。界面所观察到的锯齿状的部分称为界面的滑移，这是因为纤维的基体之间形成的凸凹使得界面的滑动断续发生。在实际材料中，有人考察了 SiC 纤维从玻璃基体中的拔出，得到了与以上理论相符的结果。

3.5.2.3 界面特性与裂纹扩展

连续纤维强化陶瓷中，裂纹扩展不伴随着纤维断裂的场合有 3 种类型，如图 3.24 所示。实际中很少采用图 3.24（a）所示的模式，而图 3.24（b）和图 3.24（c）所示的模式与实际情

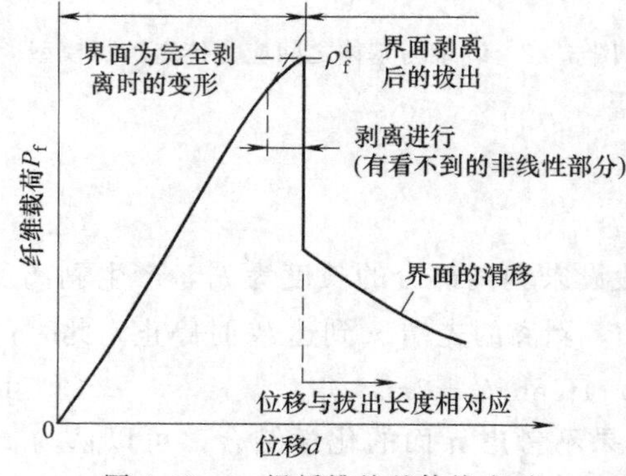

图 3.23 一根纤维从基体拔出时纤维载荷与位移之间的关系

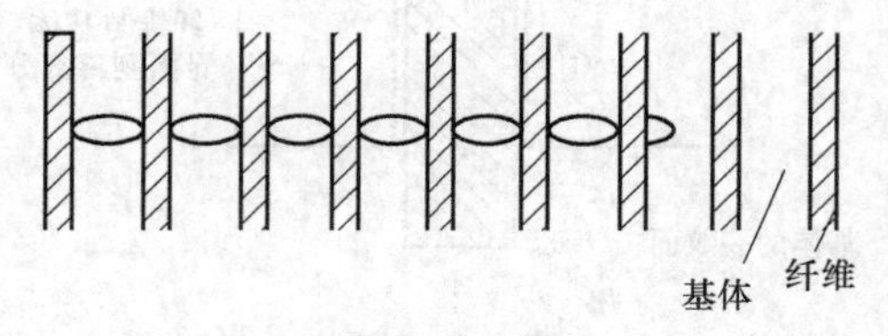

(a) 无界面剥离和滑移

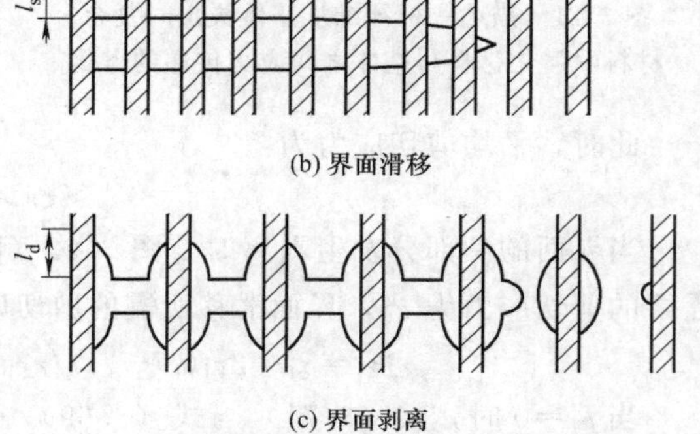

(c) 界面剥离

图 3.24 连续纤维强化陶瓷中裂纹的扩展行为（纤维不断裂的情况）

况比较接近。基体中裂纹扩展后，界面发生剥离和滑移。一般认为，界面一旦发生了剥离，将其剪切应力保持一定的值进行解析。滑动前的界面发生剥离和滑移的长度 l_d 可以是无限大，随纤维应力的增加，滑移的长度也增大。但是实际的 l_d 大多是有限的，对这样的关于界面稳定性的理论分析还有待于进一步研究。

如图 3.25 所示，裂纹到达纤维表面之前，界面受到拉应力而发生剥离，即裂纹尖端存在的拉应力使界面脱黏和剥离，而裂纹到达这一部分时会发生钝化。

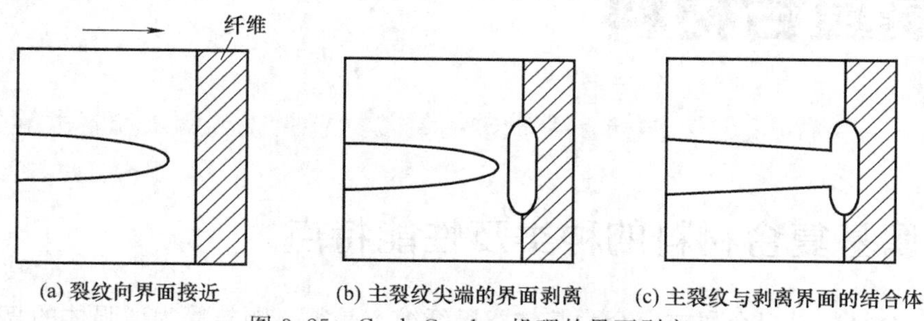

图 3.25　Cook-Goedon 机理的界面剥离

实际上，在裂纹的尖端不仅存在拉应力，而且还有切应力，所以并不能简单地求出 l_s。但是，可以采用图 3.26 所示的模型对 l_s 做定量的描述。

界面的临界能量释放率 G_{IC}^{i} 和纤维的临界能量释放率 G_{IC}^{f} 之间的关系为 $G_{IC}^{i} \ll G_{IC}^{f}$，$l_s$ 由下式给出：

$$\frac{l_s}{r_f} \approx \frac{F[(1-V_f)(1-2\nu_c)+1+V_f]}{2\tau_i(1-V_f)(1-2\nu_c F)} \tag{3.77}$$

$$F=(t-p)/(EcVf\varepsilon_i^0)$$

式中，t 为裂纹对纤维的附加应力；p 为基体中的残留应力；ε_i^0 为完全不加应力时界面的残留应变。

当 $G_{IC}^{i}=G_{IC}^{f}$ 时，剥离长度表示为界面与基体的临界能量释放率的函数，纤维不发生断裂而剥离的条件是：

$$\frac{G_{IC}^{i}}{G_{IC}^{f}} \leqslant \frac{1}{4} \tag{3.78}$$

裂纹尖端 l_s/r_f（用 r_f 规范化的 l_s）与 G_{IC}^{i}/G_{IC}^{f} 的关系如图 3.27 所示。可以看出，欲得到较大的剥离长度，应使 G_{IC}^{i}/G_{IC}^{f} 较小，此时有 $G_{IC}^{i}/G_{IC}^{f} \approx 0.1 r_f/l_s$ 的近似关系。

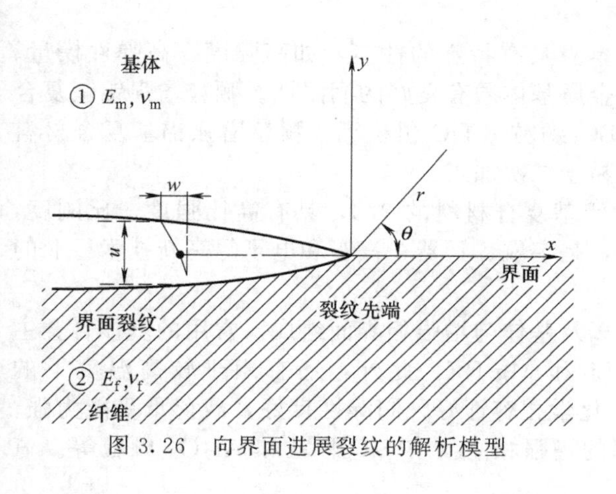

图 3.26　向界面进展裂纹的解析模型

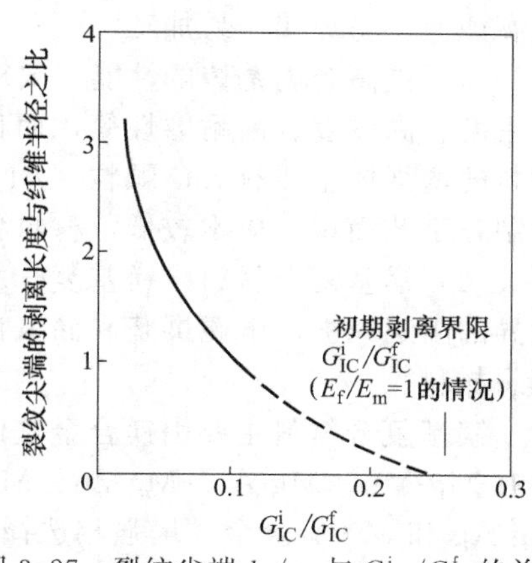

图 3.27　裂纹尖端 l_s/r_f 与 G_{IC}^{i}/G_{IC}^{f} 的关系

第4章 金属基复合材料

4.1 金属基复合材料的种类及性能特点

金属基复合材料是以金属或合金为基体，以纤维、晶须、颗粒等为增强体的复合材料。按所用的基体金属的不同，使用温度范围为350～1200℃。其特点在力学方面为横向及剪切强度较高，韧性及疲劳等综合力学性能较好，同时还具有导热、导电、耐磨、热膨胀系数小、阻尼性好、不吸湿、不老化和无污染等优点。例如碳纤维增强铝复合材料的比强度为（3～4）×10^7mm，比模量为（6～8）×10^9mm，又如石墨纤维增强镁复合材料不仅比模量可达1.5×10^{10}mm，而且其热膨胀系数几乎接近零。

金属基复合材料按增强体的类别来分类，如颗粒增强、晶须增强和纤维增强（包括连续纤维和短切纤维）等；按金属或合金基体的不同，金属基复合材料可分为铝基、镁基、铜基、钛基、高温合金基、金属间化合物基以及难熔金属基复合材料等。

4.1.1 颗粒增强金属基复合材料

颗粒增强金属基复合材料兼具金属与非金属的综合性能，材料的强韧性、耐磨性、耐热性、导电性、导热性及耐候性适应广泛的工程要求，而且比强度、比模量及耐热性超过基体金属，对航空航天等尖端领域的发展具有重要作用。目前已发展为铝基、镁基、钛基、铜基、镍基等多种材料，其中以铝基发展最快，并且成为当前金属基复合材料发展和研究的主流。

（1）铝基复合材料　铝基复合材料常用的铝合金基体有Al-Mg、Al-Si、Al-Cu、Al-Li和Al-Fe等。采用Al-Li合金作为基体，可减小构件质量并提高刚度；采用Al-Fe合金作为基体则可提高构件的高温性能；而经过处理后的Al-Cu合金强度高，具有非常好的塑性、韧性和抗腐蚀性，易焊接、易加工。

为了提高金属基体的性能，要求增强材料本身具有特殊的性能，如高强度、高弹性模量、低密度、高硬度、高耐磨性等，而且增强体与金属基体须有良好的润湿性。颗粒增强铝基复合材料的增强体主要有SiC颗粒、Al_2O_3颗粒、BC_4颗粒、TiC颗粒等。颗粒增强铝基复合材料的制备工艺简单、成本较低，材料各向同性，易于二次加工。

（2）镁基复合材料　镁基复合材料密度为铝基复合材料的2/3，具有高比强度、比刚度，优异的阻尼减振、电磁屏蔽和储氢析氢等性能，是宇航、兵器、汽车和电子等高新技术行业的理想材料。

镁基复合材料主要由镁合金基体、增强相以及基体与增强相界面组成。常用的基体合金主要有Mg-Mn、Mg-Al、Mg-Zn、Mg-Zr、Mg-Li和Mg-RE，此外，还有用于较高温度下的Mg-Ag和Mg-Y合金。增强相选择要求物理、化学相容性好，润湿性良好，载荷承受能力强，避免增强相与基体合金之间的界面反应。常用的增强相主要有SiC颗粒和Al_2O_3颗粒等。氧化铝是铝基复合材料中常用的增强相，但易与镁合金基体发生反应，降低界面强度，所以镁基复合材料较少采用氧化铝作为增强相。B_4C、SiC 与镁不发生反应，但 B_4C 颗粒表面的 B_2O_3 与 Mg 发生反应生成 MgB_2，增大了 Mg 与 B_4C 之间的润湿性，提高了界面强度。因此，SiC 和 B_4C 是镁基复合材料较为理想的增强相。

(3) 钛基复合材料　钛基体是一种物理性能优良、化学性能稳定的材料，钛与钛合金具有强度高、相对密度小、耐海水和海洋气氛腐蚀等许多优异的特性。钛合金具有高比强度和良好的耐腐蚀性能，随着钛合金的使用温度逐步提高，在600℃以上，其强度和蠕变抗力急剧下降。通过传统的合金化方法已无法满足对高温和抗蠕变性能的要求。

钛基复合材料具有比钛合金更高的比强度和比刚度、优良的耐疲劳性能和抗蠕变性能以及优异的高温性能和耐腐蚀性能，它克服了钛合金弹性模量和耐磨性低的缺点。颗粒增强钛基复合材料的增强颗粒主要有 TiC、TiB 与 TiAl 等。颗粒增强钛基复合材料的性能是各向同性的，其硬度和耐磨性、刚度得到明显提高，塑性、断裂韧性和耐疲劳性能有所降低，室温抗拉强度与基体接近，高温强度比基体高。

(4) 铜基复合材料　传统的铜和铜合金由于强度与耐热性不足，使其应用受到了很大限制，而提高铜合金的强度很大程度以牺牲电导率和热导率为代价。为解决这一矛盾，铜基复合材料应运而生。铜基复合材料的性能主要取决于铜基体和增强体的性能以及基体和增强体之间的结合特性。

常见的增强相主要有 Al_2O_3、WC、TiB_2、Ti_3SiC_2、TiC 等。

① Al_2O_3颗粒增强铜基复合材料是目前研究最多的铜基复合材料，并且进入实用化阶段，Al_2O_3增强铜基复合材料强度高，导电性和导热性与纯铜接近，具有良好的抗腐蚀和抗磨损能力。

② WC 化合物因其高强度、高硬度、高熔点和高弹性等性能，因此用 WC 颗粒增强的铜基复合材料具有高强度、高硬度、高导电性的特点。

③ TiB_2刚度好、硬度高、耐磨性优良，因此采用 TiB_2作为增强体制备的 TiB_2增强铜基复合材料与铜基体相比，刚度、硬度和耐磨性均有明显提高。

④ Ti_3SiC_2是集结构、导电和自润滑等功能于一体的新型材料，有与金属一样的导电、导热和易加工的特性，又有与陶瓷一样的轻质、抗氧化、耐高温等特性。Ti_3SiC_2增强铜基复合材料是一种优良的自润滑材料，其力学性能优于 SiC 增强铜基复合材料。

(5) 镍基复合材料　镍基复合材料具有良好的高温强度、抗热疲劳性、抗氧化性和抗热腐蚀性，是取代传统镍基高温合金制造飞机、舰船及工业燃气涡轮发动机中重要受热部件的新型金属基复合材料。用 SiC 颗粒增强可达到高强度、高刚度和抗蠕变，但不适于富氧环境下。

4.1.2 纤维增强金属基复合材料

(1) 碳纤维（CFRP）　碳纤维按原材料类型分为聚丙烯腈（PAN）基碳纤维、中间相沥青（MP）基碳纤维、黏胶（人造丝，RAYON）基碳纤维、酚醛基碳纤维及其他碳纤维。聚丙烯腈纤维是以丙烯腈（AN）为主要链接结构单元的聚合物经过纺丝加工而制成的纤维；中间相沥青基碳纤维是通过热聚合高芳香物含量的同性沥青得到的具有中间相或液晶结构的沥青，将其进行纺丝加工而制成的纤维。聚丙烯腈基碳纤维原丝弹性模量低（300GPa 左右）而极限应变高，沥青基碳纤维则正好相反（弹性模量可达800GPa）。目前，世界上强度最高的碳纤维原丝是日本东丽公司生产的 T1000，其抗拉强度达到了 7.02GPa，弹性模量为 293GPa。CFRP 的比强度可达钢材的 20 倍，容重仅为钢材的 1/5，很适合用于超大跨径桥梁中。

(2) 芳纶纤维（AFRP）　芳纶纤维是芳香聚酰胺纤维的简称，由苯二甲酸和苯二胺合成，是人造有机纤维，于 1971 年由美国杜邦公司发明。芳纶纤维的密度比碳纤维小，而且低导电；

刚性、受拉韧性好，极限延伸率比碳纤维高，但在潮湿的环境中松弛率也较大；芳纶纤维的弹性模量和抗拉强度均比碳纤维低，其抗拉强度为2600～3500MPa，弹性模量为83～186GPa；芳纶纤维的力学性能受紫外线直接照射会降低。芳纶纤维主要有两类：一类是聚对苯二甲酰对苯二胺（PPDA）纤维，如美国杜邦公司的Kevlar-49、荷兰恩卡公司的Twaron HM、中国的芳纶1414等；另一类是聚对苯甲酰胺（PBA）纤维，如Kevlar-29、芳纶14等。

（3）玻璃纤维（GFRP） 玻璃纤维强度高，松弛率低，绝缘性能好。但其弹性模量低，而且在碱性、潮湿环境和长期载荷作用下性能降低较大。应用较多的玻璃纤维主要有E玻璃和S玻璃两种。E玻璃的强度和弹性模量较低，其抗拉强度为2300～3900MPa，弹性模量为74～87GPa，但由于价格较低，E玻璃型玻璃纤维被广泛使用；S玻璃强度高，刚度和极限延伸率大，但价格较高。为了改善玻璃纤维的性能，出现了C玻璃、AR玻璃等具有一些特殊性能的玻璃纤维，使得玻璃纤维的耐酸、耐碱性能得到了一定程度的改善，但这些玻璃纤维的价格偏高。

AFRP和GFRP的耐疲劳性能好，为钢材的3倍，其疲劳极限可达静载荷的70%～80%。新型的FRP产品PBO-FRP除具有高强CFRP相近的力学性能外，还表现出更好的物理性能，DFRP也具有良好的物理性能，抗拉极限应变可达到3.5%，延性很好。

4.1.3 晶须增强金属基复合材料

晶须增强金属基复合材料是将晶须的超高强度、刚度与金属基体的高韧性、高延性结合起来，得到许多优异的性能，具有重要的应用前景，被广泛地研究。

（1）晶须增强铝基复合材料 碳化硅（SiC）晶须是已合成出晶须中硬度最高、模量最大、抗拉强度最大、耐热温度最高的晶须产品，它有α-SiC和β-SiC两种形式，β型性能优于α型。SiC晶须增强铝基复合材料具有高比强度、高阻尼、高比模量、耐磨损、耐高温、耐疲劳、尺寸稳定性好以及热膨胀系数小等一系列性能，是具有广阔应用前景的新型结构材料。制备方法大体上可采用液相法和固态法。晶须增强铝基复合材料的制备工艺较成熟，研究方向较广。

（2）晶须增强镁基复合材料 关于镁合金复合材料的研究工作主要集中于材料组成及反应、制备及合成工艺和结构及性能方面。合成方法主要有熔体浸渗法、熔体搅拌法和粉末冶金法。碳化硅、硼酸镁、氧化铝、硼酸铝等晶须增强镁基复合材料可产生较高的强度和优异的弹性模量。硼酸镁晶须增强镁基复合材料可提高弹性模量10%～50%。由于现有制备工艺、回收技术及材料的内部结构的原理研究尚需进一步探究，大范围的应用还未成为可能。

4.2 金属基复合材料的应用

4.2.1 应用领域及现状

在航空航天工业及民用工业的推动下，金属基复合材料的制备和成型制造工艺有了很大的进展。

（1）金属基复合材料在汽车领域的研究 金属基复合材料用于汽车工业主要是颗粒增强和短纤维增强的铝基、镁基、钛合金等有色合金基复合材料。由于铝合金、镁合金等是传统的轻质材料，随着汽车轻量化进程的不断推进和科学技术的日益进步，在汽车工业中采用铝合金、镁合金，要求具有良好的耐磨性、抗腐蚀性、耐热性和尺寸稳定性，并且要求质量更小，强度、刚度更高。这就为铝基复合材料的发展提供了广阔的应用前景。

活塞是发动机的主要零件之一。它在高温高压下工作，与活塞环、汽缸壁不断摩擦，工作环境恶劣，因此选择合适的活塞材料至关重要。日本丰田公司于1983年首次成功地用Al_2O_3/Al复合材料制成了发动机活塞，与原来铸铁发动机活塞相比，质量减小了5%～10%，导热性提高4倍左右。连杆是汽车发动机中继活塞之后第二个成功地应用金属基复合材料的例子。1984年，Fogar等用氧化铝长纤维增强铝合金制造了第一根连杆。后来，日本Mazda公司亦制造出了Al_2O_3/Al复合材料连杆。这种连杆质量小，比钢质连杆小35%；抗拉强度和疲劳强度高，分别为560MPa和392MPa；而且线膨胀系数小，可满足连杆工作时性能要求。

钛及钛合金由于具有质量小、比强度高、比模量高、耐腐蚀、有较高的韧性等特点，汽车制造厂正在探索用钛合金来延长气门、气门弹簧和连杆等部件的寿命。用钛制成的部件，质量可减小60%～70%。但是钛的耐磨性、刚性、热稳定性较差限制了其广泛应用，通过颗粒增强得到的钛基复合材料（PMMC）可以克服钛的上述缺点。

（2）金属基复合材料在航空航天领域的研究　早在20世纪80年代，低体积分数（15%～20%）的结构级碳化硅颗粒增强铝基复合材料作为非主承载结构件成功地应用于飞机，典型实例为洛克希德·马丁公司生产的机载电子设备支架。

F-18“大黄蜂”战斗机上采用碳化硅颗粒增强铝基复合材料作为液压制动器缸体，与替代材料铝青铜相比，不仅质量减小、热膨胀系数降低，而且疲劳极限还提高1倍以上。

更为引人注目的是，在20世纪90年代末，碳化硅颗粒增强铝基复合材料在大型客机上获得正式应用。普惠公司从PW4084发动机开始，将以DWA公司生产的挤压态碳化硅颗粒增强变形铝合金基复合材料（6092/SiC/17.5p-T6）作为风扇出口导流叶片，用于所有采用PW4000系发动机的波音777飞机上。

与低体积分数的结构级碳化硅颗粒增强铝基复合材料相比，光学/仪表级的中等体积分数（35%～45%）碳化硅颗粒增强铝基复合材料的功能化特性比较突出，不仅具有比铝合金和钛合金高出1倍的比刚度，还有着与铍材及钢材接近的低热膨胀系数和优于铍材的尺寸稳定性。因此，该种复合材料可替代铍材用于惯性器件，并且被誉为“第三代航空航天惯性器件材料”。除用于惯性器件外，光学/仪表级碳化硅颗粒增强铝基复合材料还可替代铍、微晶玻璃、石英玻璃等用于反射镜镜坯。

电子级高体积分数（60%～70%）碳化硅颗粒/铝基复合材料，作为新型轻质电子封装及热控元件在一系列为世人所瞩目的先进航空航天器上获得了正式应用。在F-22“猛禽”战斗机的遥控自动驾驶仪、发电单元、飞行员头部上方显示器、电子计数测量阵列等关键电子系统上，替代包铜的钼及包铜的殷钢作为印刷电路板板芯，达到减重70%的显著效果。此种材料的热导率可高达180W/(m·K)，从而降低了电子模块的工作温度，减少了冷却的装置。除印刷电路板板芯外，这种材料被用于F-22战斗机的电子元器件基座及外壳等热控结构。另外，目前采用无压浸渗法制备的碳化硅颗粒/铝电子封装复合材料应用在包括F-18“大黄蜂”战斗机、欧洲“台风”战斗机、EA-6B“徘徊者”预警机、ALE-50型诱饵吊舱以及摩托罗拉铱星、火星“探路者”和“卡西尼”深空探测器等著名的航天器上。

（3）重金属基复合材料的研究　美国Alloy Technology International公司开发了热等静压法制造TiC复合材料。例如，Cs-40是以含20%的不锈钢为基体，掺和45%（体积分数）TiC的复合材料，可以用于制造标准件、阀座和机械密封件。它在油中或惰性气体中淬火，硬度达到68HRC，此类材料对食品加工所需要的环境具有良好的横向破断强度，可用于工具及承受很高的弯曲和拉伸应力的制品，最易切削加工，并且具有良好的耐热震性。在磨损条件下使用与工具钢相比，寿命提高约20倍。

日本Kurimoto公司研制了由烧结碳化钨合金粉和高铬铸铁组成的复合材料，在一层烧结碳化钨合金粉上浇注熔化的高铬铸铁形成复合板。新开发的这种超级耐腐蚀复合材料，用于运输机的衬板，工作寿命超过670d，而原来用的高铬铸铁仅为30～50d。日本富士电机公司开发了用以制作水轮机和水泵等部件的耐汽蚀、耐沙土腐蚀的复合材料，金属基体是一种双相不锈钢（质量分数为：Cr 20%～30%，Ni 3%～10%，Mo 1%～5%），硬质颗粒为Cr_3C_2、SiC、WC等，添加量为5%～60%（质量分数），比原来用的Cr13铸钢件的耐汽蚀性提高10倍。

德国蒂森钢铁公司用粉末冶金法生产了Ferro-Titantit复合材料，该材料含45%（体积分数）TiC，TiC均匀分布并镶嵌在高合金钢中。用它制成的模具比用莱氏体铬钢制成的寿命提高5～10倍，可用普通方法进行车、铣、钻削加工，最后淬硬到70HRC而不发生变形。

国内学者采用离心预成型套法制成了SiC颗粒/铸铁复合材料。这种方法是依靠离心力把增强颗粒分布于铸件外表面，获得一定复合层厚度的复合材料，最大复合层厚度可达6～8mm。

另外，我国科研工作者在纤维增强金属基复合材料的界面、金属基复合材料的拉伸断裂过程、金属基复合材料的抗冲蚀性等方面也做了许多研究。

4.2.2 发展方向及趋势

当代MMCs的结构和功能都相对简单，而高科技发展日益要求MMCs能够满足高性能化和多功能化的挑战，因此新一代MMCs必然朝着“结构复杂化”的方向发展。

4.2.2.1 金属基复合材料结构的优化

金属基复合材料的性能不仅取决于基体和增强体的种类和配比，更取决于增强体在基体中的空间配置模式（形状、尺寸、连接形式和对称性）。传统上增强体均匀分布的复合结构只是最简单的空间配置模式，而近年来理论分析和试验结果都表明，在中间或介观尺度上人为调控的有序非均匀分布更有利于发挥设计自由度，从而进一步发掘MMCs的性能潜力、实现性能指标的最优化配置是MMCs研究发展的重要方向。

（1）多元/多尺度MMCs 多元复合强化（混杂增强）的研究理念逐渐引起研究者的更大兴趣。通过引入不同种类（例如TiB和TiC混杂增强钛基MMCs）、不同形态（例如晶须和颗粒混杂增强镁基MMCs）、不同尺度（例如双峰SiC颗粒增强铝基MMCs）的增强相，利用多元增强体本身物性参数不同，通过相与相以及相界面与界面之间的耦合作用呈现出比单一增强相复合条件下更好的优越性能。

（2）层状MMCs 层状金属基复合材料在现代航空工业中的应用十分广泛，如用于飞机蒙皮的GLARE层板是由玻璃纤维增强树脂层与铝箔构成的层状铝基复合材料，在A380上的用量达机体结构质量的3%以上。在微米尺度上，受自然界生物叠层结构达到强、韧最佳配合的启发，韧脆交替的微叠层MMCs研究越来越引起关注，主要包括金属/金属、金属/陶瓷、金属/MMCs微叠层材料，主要目的是通过微叠层来补偿单层材料内在性能的不足，以满足各种各样的特殊应用需求，如耐高温材料、硬质材料、热障涂层材料等。

（3）微结构韧化MMCs 随增强体含量的增大，MMCs的强度和韧性/塑性存在相互倒置关系，即强度的提高伴随韧性/塑性的降低。通过将非连续增强MMCs分化区隔为增强体颗粒富集区（脆性）和一定数量、一定尺寸、不含增强体基体区（韧性），这些纯基体区域作为韧化相将会具有阻止裂纹扩展、吸收能量的作用，从而使MMCs的损伤容限得到提高。与传统的均匀分散的MMCs相比，这种新型的复合材料具有更好的塑性和韧性。

（4）泡沫MMCs 多孔金属泡沫是近几十年发展起来的一种结构功能材料，作为结构材料，它具有轻质和高比强度的特点；作为功能材料，它具有多孔、减振、阻尼、吸声、散热、吸收冲击能、电磁屏蔽等多种物理性能。由于其满足了结构材料轻质多功能化及众多高技术的需求，已经成为交通、建筑及航空航天等领域的研究热点。目前研究较多的是泡沫铝基复合材料，大致可分为两个范畴：一是泡沫本身是含有增强体的铝基复合材料；二是泡沫虽然由纯铝基体构成，但在孔洞中引入黏弹性体、吸波涂料等功能组分。

(5) 双连续/互穿网络 MMCs 为了更有效地发挥陶瓷增强体的高刚度、低膨胀等的特性，除了提高金属基复合材料中的陶瓷增强体含量外，另一种有效的做法是使陶瓷增强体在基体合金中成为连续的三维骨架结构，从而以双连续的微结构设计来达到这一目的。

4.2.2.2 结构-功能一体化

随着科学技术的发展，对金属材料的使用要求不再局限于力学性能，而是要求在多场合服役条件下具有结构-功能一体化和多功能响应的特性。在金属基体中引入的颗粒、晶须、纤维等异质材料，既可以作为增强体提高金属材料的力学性能，也可以作为功能体赋予金属材料本身不具备的物理和功能特性。

(1) 高温热管理 MMCs 随着微电子技术的高速发展，微处理器及半导体器件的最高功率密度已经逼近 $1000W/cm^2$，在应用中常常因为过热而无法正常工作。散热问题已成为电子信息产业发展的技术瓶颈之一。新一代电子封装材料的研发主要以高热导率的碳纳米管、金刚石、高定向热解石墨作为增强相。其中，金刚石可以人工合成且不存在各向异性，将金刚石与 Cu、Al 等高导热金属复合可以克服各自的不足，可望获得高导热、低膨胀、低密度的理想电子封装材料。

(2) 低膨胀 MMCs 低热膨胀 MMCs 具有优异的抗热冲击性能，在变温场合使用时能够保持尺寸稳定性，因此在航天结构件、测量仪表、光学器件、卫星天线等工程领域具有重要的应用价值。据研究报道，在金属基体中添加具有较低热膨胀系数，甚至负热膨胀系数的增强体作为调节 MMCs 热膨胀系数的功能组元，例如 β-锂霞石（$Li_2O \cdot Al_2O_3$）、钨酸锆（ZrW_2O_8）、准晶（$Al_{65}Cu_{20}Cr_{15}$）等，可以有效地降低复合材料的热膨胀系数。随着研究的逐渐深入和完善，这种近零膨胀的金属基复合材料很快将成功应用于实践。

(3) 高阻尼 MMCs 在实际应用中，不但要求高阻尼材料具有优异的减振与降噪性能，而且要求轻质、高强的结构性能。然而，二者在金属及其合金中通常是不兼容的。因此 MMCs 成为发展高阻尼材料的重要途径，即通过引入具有高阻尼性能的增强体，使增强体和金属基体分别承担提供阻尼与强度的任务。目前关注较多的高阻尼增强体包括粉煤灰空心微球(fly ash)、形状记忆合金（TiNi，Cu-Al-Ni)、铁磁性合金、压电陶瓷（PbTiO)、高阻尼多元氧化物（$Li_5La_3Ta_2O_{12}$)、碳纳米管等。

4.2.2.3 碳纳米管增强金属基纳米复合材料

在金属基体中引入均匀弥散纳米级增强体粒子，所得 MMCs 往往可以呈现出更为理想的力学性能以及导电、导热、耐磨、耐蚀、耐高温、抗氧化等性能。目前，金属基纳米复合材料的研究重点主要集中在纳米结构材料和纳米涂层。碳纳米管具有优异的力学、电学、热学等性能，是制备 MMCs 的最为理想的增强体之一，特别是随着碳纳米管的宏量制备及其价格的一路降低，碳纳米管增强 MMCs 日渐成为研究的焦点，Al、Cu、Mg、Ti、Fe 等基体虽都有涉及，但是关于 Al 基和 Cu 基的研究相对集中。然而，由于碳纳米管很难均匀分散，以及碳纳米管很难与金属基体形成有效的界面结合，所以所制备的 MMCs 的性能提高并不是很大，远没有达到理想值，特别是在力学性能方面。

4.3 金属基复合材料的切削加工性

评定材料切削加工性的主要指标包括刀具耐用度、已加工表面质量、切削温度、切削力及切屑控制难易程度等，材料的切削加工性是上述指标综合衡量的结果。由于硬质增强相的作用，金属基复合材料通常被认为是难加工材料。即使没有硬质增强相而采用石墨纤维等增强，与基体合金相比，刀具的磨损仍剧烈得多，刀具的耐用度显著缩短。

4.3.1 切削加工机理

金属基复合材料的切削机理与其他大多数材料均不相同，这可从切削类型及加工后表面特征明显地反映出来。通过快速落刀试验（quick-stop test）及显微观察，表明金属基复合材料的切削机理很大程度上由材料的断裂行为控制。金属基复合材料通常是由塑性好、强度较低的基体与强度高、脆性大的增强体复合而成，因此使复合材料切削表面的塑性变形机制有别于普通金属材料。金属基复合材料的切屑一般为短的节状切屑或挤裂切屑，切屑内有大量的显微裂纹，在特定条件下，如刀刃很锋利时，亦可形成长螺卷屑。金属基复合材料切削时倾向于崩解、塌落，而不像韧性材料那样发生剪切断裂。但是，金属基复合材料的切削机理比其他产生不连续切屑的脆性材料复杂得多。复合材料的增强体在切削过程中引起应力集中，并且导致显微裂纹的产生，同时增强体的存在将影响裂纹的扩展过程，最终影响金属基复合材料的断裂及切屑的形成。例如，不同的刀具切削 SiC/Al 复合材料，在各种切削速度下，尤其是在低速时刀具表面均有积屑瘤产生。积屑瘤的存在对切屑的形成、刀具磨损及工件表面质量均有影响。

对于颗粒增强金属基复合材料（MMC），由于增强颗粒的存在，使得切屑的脆性增加，在加工中产生的切屑均为短切屑，图 4.1 所示为在不同进给量下加工 MMC 过程中所产生的形状不规则的短切屑，在较低进给量（0.05mm/r 和 0.1mm/r）的情况下，形成螺旋形和直线形

(a) 0.025mm/r

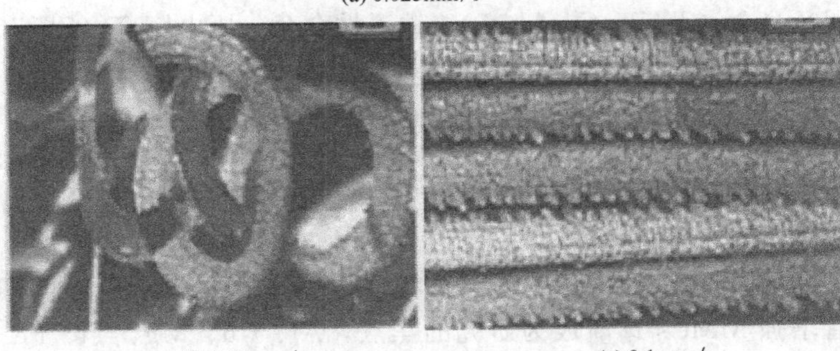

(b) 0.05mm/r (c) 0.1mm/r

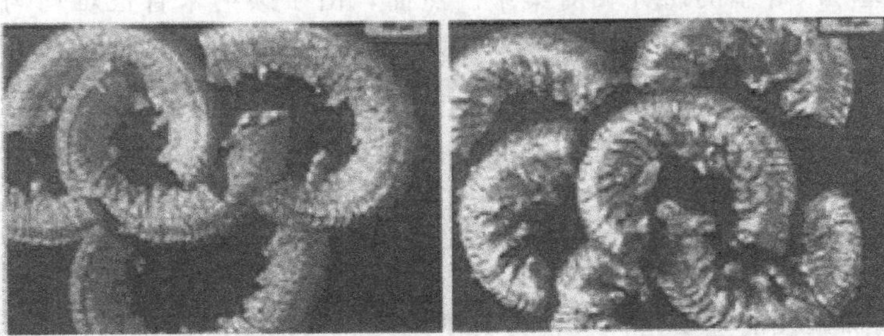

(d) 0.2mm/r (e) 0.4mm/r

图 4.1 不同进给量时 MMC 的切屑形状

（切削速度 400m/min，背吃刀量 1mm）

的切屑；当进给量增加到 0.2mm/r 和 0.4mm/r 时，形成的都是 C 形切屑。另外，在加工 MMC 的过程中，切削速度的改变也将影响切屑的形状（图 4.2），在较低切削速度下（100m/min 和 200m/min），形成的都是螺旋形切屑，而在较高切削速度下（400m/min、600m/min 和 800m/min），形成的都是直线形切屑。同时，在加工 MMC 时可清晰地观察到切屑的边缘呈锯齿状，而加工非增强合金时则没有这一现象。

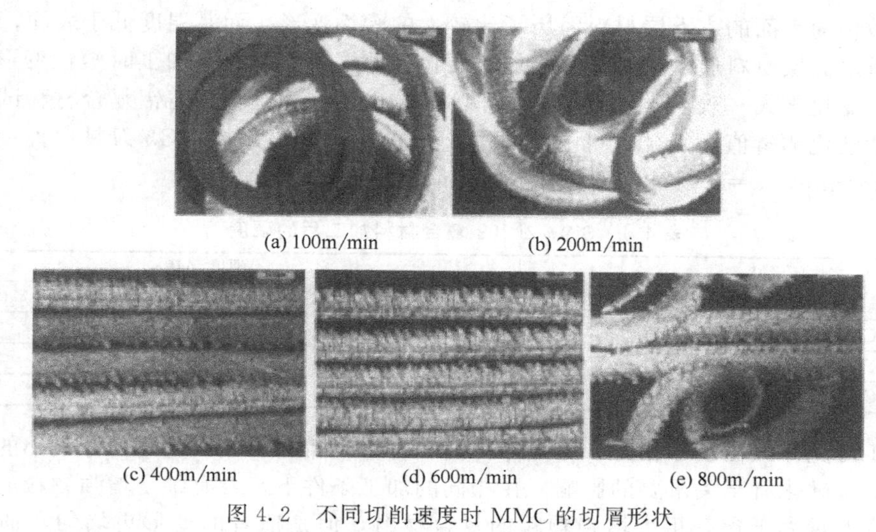

(a) 100m/min　(b) 200m/min

(c) 400m/min　(d) 600m/min　(e) 800m/min

图 4.2　不同切削速度时 MMC 的切屑形状

（进给量 0.1mm/r，背吃刀量 1mm）

4.3.2　已加工表面粗糙度

金属基复合材料切削加工后的表面粗糙度与切削条件及刀具材料有关。由于 PCD 可以切削增强体，故用 PCD 切削金属基复合材料所得到的表面粗糙度最低，而用硬度较低的刀具切削金属基复合材料表面时，由于硬质增强相的露头而导致粗糙度增大。切削参数对工件表面质量的影响为：切削速度提高，表面粗糙度降低，切削速度大于一定值以后表面粗糙度不再发生变化；进给量增大，表面粗糙度增大；切削深度对表面粗糙度影响不大，但却是表面残余应力的主要影响因素；刀具的钝圆半径对表面粗糙度亦有较大的影响。随着切削速度的提高，金属基复合材料表面出现鳞刺的概率和鳞刺高度降低，从而能降低已加工表面的粗糙度，但是一方面它加剧了刀具的磨损，另一方面由于切削深度的降低导致尺寸精度的下降，故应根据具体情况来选择切削参数。

此外，用硬质合金刀具切削金属基复合材料时，工件的亚表面增强相的损伤比较严重，试验材料的增强体 Al_2O_3短纤维和 SiC 颗粒严重碎化，而用 PCD 刀具切削时则没有这一现象。这是由于硬质合金刀具切削刃容易钝化，从而对工件产生较大的挤压作用造成的，在苛刻条件下使用的金属基复合材料需要重视亚表层增强相的损伤问题。

4.3.3　已加工表面的硬化

在已加工表面形成过程中表面层材料经受了强烈的挤压、摩擦和塑性变形以及切削热，在此过程中晶粒发生细化和伸长，从而导致了加工后表面材料硬化。力和热是加工硬化的原因，然而，加工硬化的效应只能在一定的温度下维持。在材料塑性变形中或变形后如果温度上升至其回复点，硬化效果就会减弱；如果温度高到材料再结晶范围，硬化效果将大大减小甚至消失。材料塑性变形越大，温度越低，加工硬化效应就越大。

当在一定的条件下切削加工复合材料，表面层局部温度可能高至基体材料变成重铸造组织或高温退火组织，加工后其硬度甚至低于未加工材料。加工时温度越高，加工后软化的表层越厚。此外，加工所致的大量表面缺陷也使局部表面硬度降低。因此，任何导致切削温度上升或加工缺陷增多的因素都将促使已加工表面硬度降低，如大切削量加工、高速切削、复合材料中的增强体极硬而粗大、复合材料的基体强度高而塑性差、使用磨损了的刀具进行加工、复合材料的导热性差等。

加工中被切削表面的皮下层材料经历了比较大的塑性变形，而其温度低于表面，加工所致缺陷也少，所以此层材料通常发生显著的加工硬化。此层以下材料在加工时塑性变形量小，因而加工后硬度变化不大。表 4.1 列出了一组车削后的碳化硅颗粒增强铸铝复合材料试样纵剖面上基体的显微硬化测量值，复合材料中 SiC 质量分数为 15%，采用 YG3 刀具，$\gamma_0=8°$，$\alpha_0=10°$，$v_c=30m/min$，$f=0.3mm/r$，$a_p=0.5mm$，干切削。

表 4.1 $SiC_p/ZL109$ 复合材料加工后的硬度

材　料	硬度/MPa		
	表面	次表面	内部
SiC 的平均颗粒度为 85μm	<700	1030	<900
SiC 的平均颗粒度为 42μm	1000	1900	<850
SiC 的平均颗粒度为 14μm	900	2500	<800

从表 4.1 可见，即便基体相同、增强体种类和含量也相同，仅仅是增强体大小的变化也对复合材料的加工硬化有至关重要的影响。在相同的加工条件下，含有细小增强颗粒的复合材料其平均塑性变形量大于含有粗大增强颗粒的复合材料，但是前者的变形更均匀，加工缺陷更少，切削前者的刀具磨损更轻微，因而前者的切削温度更低，这使前者表面的加工硬化更显著。相反，由于含有粗大增强颗粒复合材料结构上的不均匀性导致加工中局部基体严重塑性变形，再加上粗大的硬颗粒引起刀具急剧磨损和破损，因此切削温度非常高，足以使切削表面材料发生恢复和再结晶，所以其加工硬化效应减弱。随增强颗粒进一步粗化或切削速度加快，加工表面材料发生高温退火甚至熔融，加工后表皮硬度反而低于内部。

4.3.4 已加工表面的残余应力

切削加工的残余应力来源于切削热、材料塑性变形和弹性恢复。切削复合材料时，加工表面与后刀面之间发生剧烈的磨料摩擦，此区温度高过刀具前刀面。一方面，对表面任何局部而言，摩擦过程极其短暂，大量的摩擦热聚集于表面，造成从表面至内部的温度梯度很大，以致在冷却过程中产生热应力，表层材料受拉应力而内部材料受压应力。另一方面，在复合材料的加工中表层材料发生了严重的塑性变形，而表层以下材料只发生弹性变形。因此，加工后由于弹性恢复，表层材料中留下压应力而表层下材料中留下拉应力。

从宏观上考虑，复合材料的残余应力产生的根本原因也仍然是这两方面，但从微观上考虑，复合材料切削变形区的应力状态很复杂，因为增强体与基体的热膨胀系数、弹性模量都相差悬殊，界面协同效应制约着增强体与基体之间的变形和恢复。加工后复合材料表层究竟残留拉应力还是压应力取决于复合材料本身具体结构和实际加工条件两方面。理论上，凡使切削温度升高的因素都增大在已加工表面残余拉应力的倾向，如大进给量切削和高速切削，用磨损了的刀具切削，刀具与工件摩擦系数大等。另外，已加工表面中的加工缺陷，特别是裂纹和孔洞，会使残余应力松弛。在复合材料加工中，尤其是加工含有粗大颗粒增强的复合材料，加工表面与刀具之间的摩擦非常强烈。如果切削温度高到足以使表面材料熔融或接近于复合材料基体的熔点，刀具切离后迅速的冷却过程中所产生的拉应力可能足以使表面基体材料热裂。一旦发生开裂，附近区域的应力即被完全释放，只有其后续低温冷却期间产生的微小热应力残留下来。

由于粗大颗粒增强的复合材料已加工表面含有较多及较严重的加工缺陷，故加工后表面的大部分热应力和弹性恢复应力均被释放。如果复合材料增强相分布均匀且界面强度高，在加工中表面将发生较大塑性变形，而下层材料发生较大弹性变形，加工后表面将残留压应力。

表4.2列出了由X射线衍射测得的残余应力值。复合材料中SiC质量分数为15%，采用YG3刀具车外圆的加工参数为：$v_c=63\sim72\text{m/min}$，$f=0.1\text{mm/r}$，$a_p=0.5\text{mm}$；高速钢铣端面的加工参数为：$v_c=60\text{m/min}$，$f=31.5\text{mm/min}$，$a_p=0.5\text{mm}$；干切削。一般来说，被测应力值小于100MPa时测量结果可能有较大误差，表4.2中所列应力值只作为定性分析的参考。

表4.2　SiC_p/Al已加工表面的残余应力

位置	残余应力/MPa		
	SiC的平均颗粒度为85μm	SiC的平均颗粒度为42μm	SiC的平均颗粒度为2μm
外圆表面	−6	−2	4
端面	−21	−5	−60

4.3.5　已加工表面形貌

对于加工长纤维增强的复合材料，机械加工所致表面缺陷包括纤维松弛、纤维断裂、纤维沿长度方向暴露或掉脱、纤维头露出、纤维被从基体中拔出、纤维与基体脱黏、分层等，因此已加工表面上既有突出的纤维也有失去纤维而留下的凹槽和孔洞。这类复合材料加工表面缺陷的类型和分布与加工方向密切相关。当沿纤维长度方向加工单向复合材料板，主要产生纤维脱出和纤维与基体脱黏问题；当加工方向与单向纤维成一定夹角，已加工表面常见被严重挤折而产生的纤维断头；当沿某一方向加工多向纤维板料，各层经受不同的破坏，而且结构分层现象比较明显。

短纤维或晶须增强复合材料的增强体有3种分布方式：单方向断续对齐分布、单方向断续错轴分布、无方向断续散乱分布。无方向断续增强的复合材料宏观上各向同性，其应用最广。对短纤维或晶须增强的复合材料，在机械加工中增强体被拉长而松弛的现象已基本消除，但其被拔出或脱落现象则比长纤维增强体更常见。已加工表面上各处留下什么样的加工所致缺陷主要取决于切削方向与该处短纤维或晶须取向之间的夹角以及刀具条件。露出的短纤维或晶须断头、孔洞和凹槽、裂纹等是这类复合材料已加工表面最常见的缺陷。此外，沿纵剖面观察，可见加工后表层短纤维或晶须倾向于沿加工方向取向。颗粒增强的复合材料多以金属为基体。虽然这类复合材料各向同性，却仍然免不了留下各种机械加工导致的缺陷在已加工表面上，如颗粒破碎和脱落而留下不规则的凹坑，碎颗粒被刀刃和后刀面推挤而使表面产生犁沟，基体受热软化并被磨损了的后刀面挤压而涂抹于局部已加工表面，刀刃前受挤压区颗粒与颗粒之间裂纹贯穿而产生的不规则自由表面等。增强颗粒的分量、形状，尤其是颗粒度大小，对复合材料的已加工表面形貌影响非常大，粗大颗粒增强的复合材料已加工表面粗糙。

复合材料的已切削加工表面形貌如图4.3所示。

图4.4所示为切削速度为300m/min，进给量分别为0.05mm/r和0.1mm/r时，MMC的已切削加工表面形貌。

复合材料中增强体的特性和取向分布、刀具条件是决定复合材料已加工表面形貌的主要因素，而已加工表面形貌决定了其粗糙度。然而，由于复合材料的已加工表面包含大量加工所致的随机不规则缺陷，故其粗糙度应该用合适的方法和参数来评定，用常用参数如轮廓算术平均偏差参数 Ra 可能会得出不符合实际的评估结果。

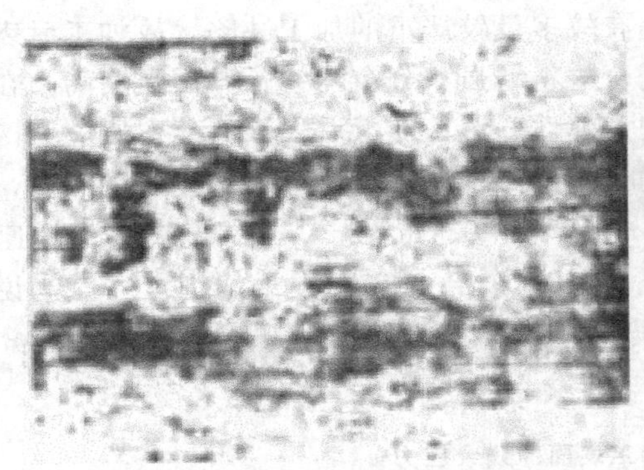

(a) YG3刀具车削Al_2O_3短纤维增强铸铝

(b) YG3刀具刨削SiC颗粒增强铸铝

图 4.3 复合材料的已切削加工表面形貌

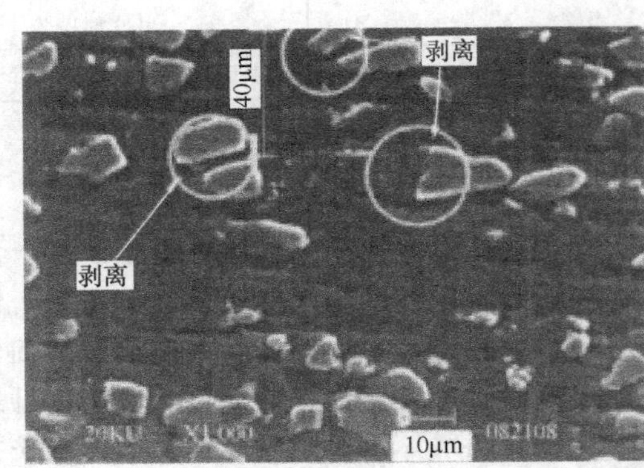

(a) 进给量0.05mm/r

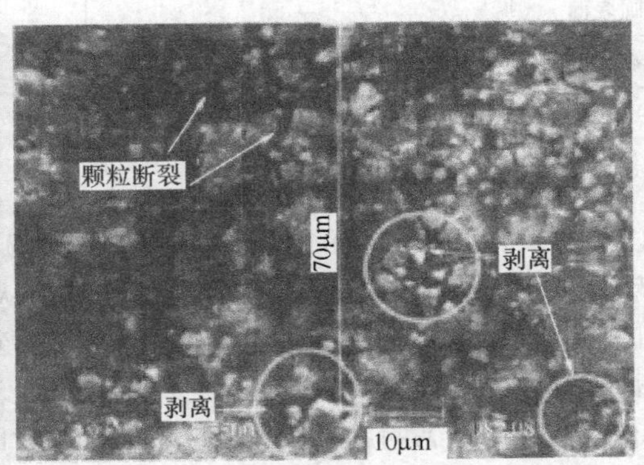

(b) 进给量0.1mm/r

图 4.4 MMC 的已切削加工表面形貌

4.3.6 刀具材料的选用及其磨损机理

由于金属基复合材料大多含有硬、脆、耐磨的增强相，切削金属基复合材料时刀具的主要磨损形式是磨粒磨损，通常后刀面的磨损非常严重。从延长刀具使用寿命出发，应选用高硬度的刀具材料，表 4.3 列出了几种常用刀具材料的努氏硬度。由表 4.3 可以看出，作为金属基复合材料最常用的两种增强体 SiC 和 Al_2O_3（硬度为 3000）本身也是常用的陶瓷刀具材料的基体，它们的硬度比一般的硬质合金刀具和高速钢刀具材料的高。因此，使用硬质合金刀具和高速钢刀具切削金属基复合材料过程中刀具磨损严重是可以预见的。用不同材质的刀具切削 40%SiC_p/Al 复合材料，发现硬度大于 SiC 的刀具材料的磨损量与其显微硬度成线性关系，而且硬度越高，磨损量越小，而硬度小于 SiC 的刀具材料则没有这种简单线性关系。而且磨损量也比前者大得多。聚晶金刚石刀具（PCD）的切削效果最好，但其优越程度与金属基复合材料的成分有关。尽管 PCD 价格昂贵，但可由刀具寿命的延长、生产效率的提高而得到补偿。立方氮化硼（CBN）刀具是硬度仅次于 PCD 的刀具材料，用于切削金属基复合材料效果也不错。对于硬质合金刀具，在同样的硬度下，晶粒大和黏结相（如 Co）少的刀具材料磨损量要低于晶粒小、黏结相多的刀具材料，这与刀具磨损机制的改变有一定的关系。

表 4.3 几种常用刀具材料的努氏硬度

材料	PCD	CBN	SiC	WC	TiN	HSS
努氏硬度	7000	3800	2500	2100	1770	980

一方面，刀具的磨损量除了与刀具材料的硬度有关以外，还与切削参数的选择有关。切削速度对刀具的磨损量也有较大的影响。随着切削速度的提高，刀具的磨损量也增大，这说明切削金属基复合材料时，刀具材料的磨损机制是一个对温度敏感的过程。增大进给量同样使刀具的磨损量增大。在相同的切削速度下，增大刀具进给量将导致刀具寿命的延长。

另一方面，金属基复合材料增强体的形态、大小、分布对刀具的磨损量也有很大的影响。如在基体材料（Al）和增强体体积分数相同的条件下，与切削 SiC_p 增强的金属基复合材料比较，切削 SiC_w 增强的金属基复合材料的刀具的磨损量要大，而同是 SiC_w 增强，晶须越细、越短，刀具的磨损量越小。

4.4　金属基复合材料的车削加工

4.4.1　钛基复合材料（TiC_p+ TiB_w）/TC4 的车削

4.4.1.1　钛基复合材料车削加工的刀具耐用度

在钛基复合材料的切削加工过程中，刀具磨损迅速且严重，不仅造成工件已加工表面质量、加工精度不高，而且极大限制了加工效率的提高，刀具耐用度低这一问题严重制约了钛基复合材料的切削加工经济性和该材料的应用范围。提高刀具耐用度，降低刀具磨损，以改善零件的表面质量，提高效率，降低成本，是钛基复合材料切削中需要解决的重大问题。

切削试验在 SK50P 卧式数控车床上进行，刀具参数如表 4.4 所示。PCD 刀具是由 30μm 和 2μm 混合粒度的金刚石聚合而成的，图 4.5 所示为 PCD 刀具的原始形貌。

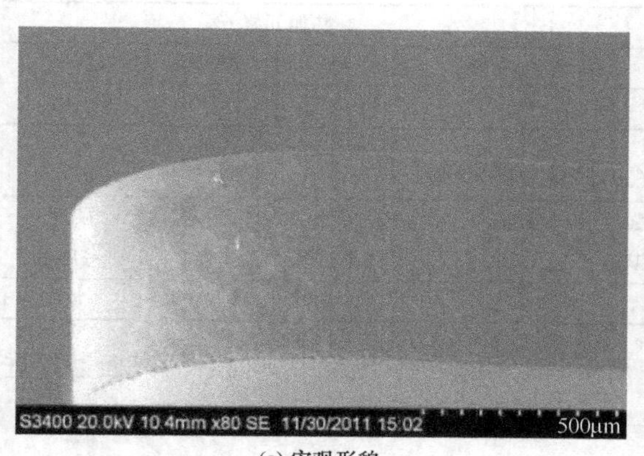

(a) 宏观形貌

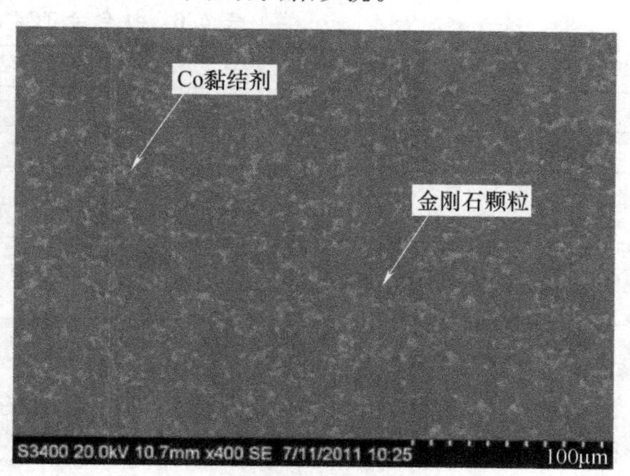

(b) 微观形貌(30μm+2μm粒度)

图 4.5　PCD 刀具的原始形貌

为了对比 PCD 刀具与硬质合金刀具车削钛基复合材料的切削性能，选用一种材质为 K313 的 WC-Co 类细颗粒硬质合金机夹式可转位刀片。该硬质合金刀具兼具高强度、高硬度和高韧性，已经在生产实际中证明适用于加工钛合金、高温合金和高强度合金，因此可以选择该种刀具与 PCD 刀具进行钛基复合材料切削加工性对比研究。

表 4.4　刀具参数

刀具种类	前角 γ_0/(°)	后角 α_0/(°)	主偏角 κ_r/(°)	负偏角 κ_f/(°)	刃倾角 λ_s/(°)	刀尖圆半径 ε/mm
Supower PCD 刀具	5	8	45	45	4	0.8
Kennametal 硬质合金刀具	5	8	45	45	4	0.8

使用由真空自耗熔炼和热锻技术制备的钛基复合材料进行切削试验。钛基复合材料为 TiC 颗粒和 TiB 晶须混合增强 TC4（TiC_p+TiB_w）/TC4，两种增强相的摩尔比为 1∶1，增强相体积分数为 10%，棒料规格为 ϕ60mm×200mm，基体是 TC4（Ti-6Al-4V）。钛基复合材料的物理力学性能见表 4.5，金相组织照片如图 4.6 所示。

表 4.5 钛基复合材料的物理力学性能

钛基复合材料	制备方法	增强相类	体积分数/%	增强相平均尺寸直径长度/μm		硬度	
				增强相 1	增强相 2	/HRC	/HV
(TiC_p+TiB_w)/TC4	熔炼	颗粒＋晶须	10	1.5～20	35～80	35	383.4

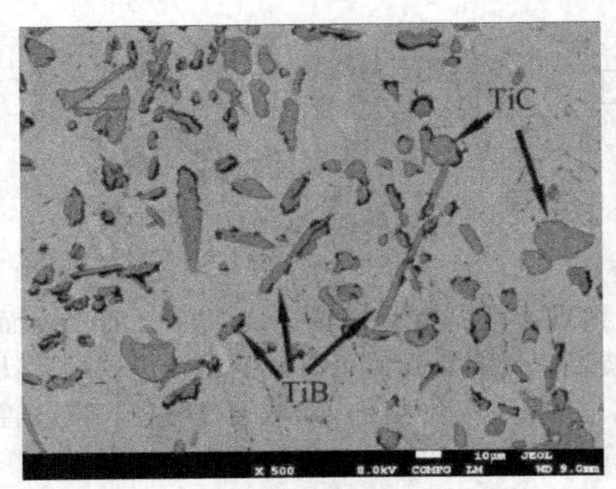

图 4.6 钛基复合材料金相组织照片

为了对比 PCD 刀具车削钛合金和钛基复合材料之间的切削加工性，选取钛合金 TC4 作为对比试验材料。TC4 是典型的 α＋β 型钛合金，属于中等强度钛合金，具有良好的工艺性能和优异的综合性能。由于它的强度、塑性、韧性、耐热性、成型性、可焊性、耐腐蚀性和生物相容性均较好，而成为钛合金工业中的王牌合金，几乎占到目前钛合金使用总量的一半以上。正是由于 TC4 具有上述优点，所以被广泛应用于非连续增强钛基复合材料的基体合金。其化学成分及物理力学性能如表 4.6、表 4.7 所示。

表 4.6 钛合金 TC4 的化学成分（质量分数）

合金元素/%			杂质/%			其他元素/%			
Ti	Al	V	Fe	C	N	H	O	单个	总和
余量	5.5～6.8	3.5～4.5	≤0.30	≤0.10	≤0.05	0.015	0.20	0.10	0.40

表 4.7 钛合金 TC4 的物理力学性能

材料状态	密度/(g/mm³)	热导率/[W/(m·K)]	拉伸强度/MPa	屈服强度/MPa	延伸率/%	弹性模量/GPa	相变温度/℃	硬度/HRC
退火	4.43	7.95	950	834	10	110	980～1000	30

使用由光学显微镜和显微摄像系统组成的专用刀具磨损观测系统对刀具前、后刀面磨损进行拍照记录，然后采用图像测量分析软件对后刀面磨损带进行测量。后刀面磨损测量软件和测量方法如图 4.7 所示。测量过程中，在切削刃磨损较为均匀的区域对其宽度测量三次后取平均值作为后刀面磨损值 VB，如果磨损带不均匀则记录下最大磨损带宽度值即 VB_{max}。考虑到初期磨损阶段磨损较快，正常磨损阶段磨损较慢，而急剧磨损阶段磨损也很快，因此在初期磨损和剧烈磨损阶段测量时间间隔取短一些，而正常磨损阶段则可将测量时间间隔取长一些。

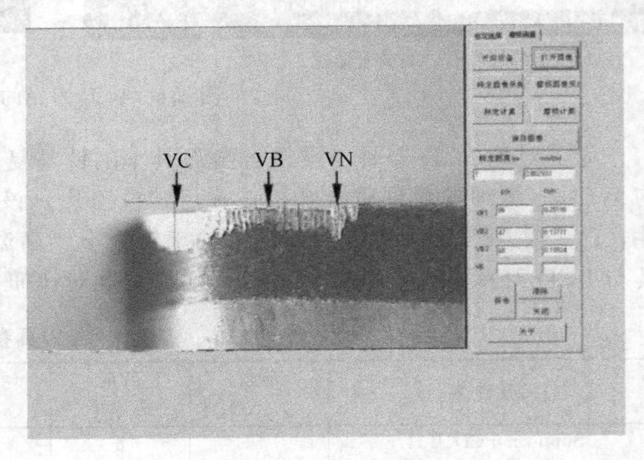

图 4.7 后刀面磨损测量软件和测量方法

试验中选用的切削参数如表 4.8 所示。

表 4.8 试验切削参数

序号	切削速度 v /(m/min)	进给量 f_r /(mm/r)	切削深度 a_p /mm
1	60	0.08	0.5
2	80	0.08	0.5
3	100	0.08	0.5
4	120	0.08	0.5

图 4.8 为 PCD 刀具在切削速度 $v=60\text{m/min}$ 时干车削钛基复合材料的一组后刀面磨损过程。

(a) 切削时间 t=0.25min,VB=0.08mm

(b) 切削时间 t=2.06min, VB=0.12mm

(c) 切削时间 t =8.91min,VB=0.21m

图 4.8 PCD 刀具后刀面磨损过程

(1) PCD 刀具干车削钛基复合材料的刀具耐用度 图 4.9 所示为 PCD 刀具在切削速度 $v=60\text{m/min}$ 和 $v=120\text{m/min}$ 下干车削钛基复合材料时刀具后刀面磨损 VB 随时间的变化曲线。从图 4.9 可以看出，切削速度 $v=60\text{m/min}$ 时，PCD 刀具耐用度约为 9min，当切削速度提高到 $v=120\text{m/min}$ 时，PCD 刀具耐用度下降到 4min 左右。

(2) PCD 刀具湿车削钛基复合材料的刀具耐用度 图 4.10 所示为 PCD 刀具在切削速度 $v=60\text{m/min}$、$v=80\text{m/min}$、$v=100\text{m/min}$ 和 $v=120\text{m/min}$ 时湿车削钛基复合材料的刀具后刀面磨损 VB 随时间的变化曲线，切削液为水基乳化液，从图 4.10 中可以看出，PCD 刀具在切削速度 $v=60\text{m/min}$、$v=80\text{m/min}$、$v=100\text{m/min}$ 和 $v=120\text{m/min}$ 时的刀具耐用度分别

为 10.6min、7.87min、7min 和 5.49min。可以发现，随着切削速度的提高，PCD 刀具湿车削钛基复合材料的刀具耐用度逐渐降低。

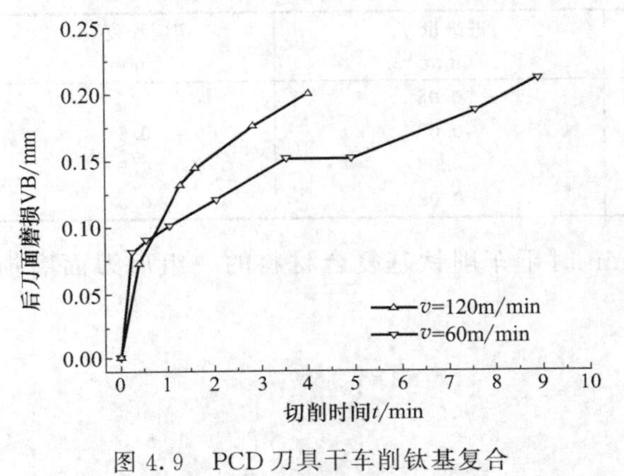

图 4.9 PCD 刀具干车削钛基复合材料时 VB 随时间的变化曲线

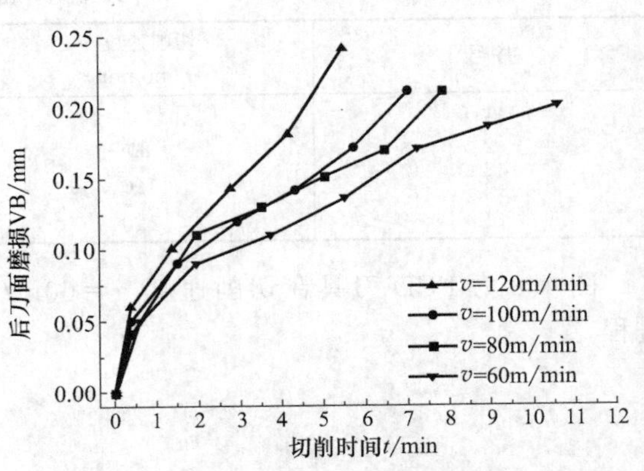

图 4.10 PCD 刀具湿车削钛基复合材料时 VB 随时间的变化曲线

从图 4.11 中可以看出，当刀具后刀面磨损 VB 达到 0.2mm 时，PCD 刀具在切削速度 $v=120\text{m/min}$ 和 $v=100\text{m/min}$ 时的切削路程略大于 $v=60\text{m/min}$ 和 $v=80\text{m/min}$ 时的切削路程，材料去除量差别不大。但是切削速度越高，材料的去除率就越大，因此从提高加工效率方面考虑，在较高速下车削钛基复合材料更加合理。

为了对比干切和湿切两种条件下 PCD 刀具车削钛基复合材料的刀具耐用度，选取切削速度 $v=60\text{m/min}$ 和 $v=120\text{m/min}$ 下干湿切时刀具后刀面磨损 VB 随时间的变化曲线进行分析，如图 4.12 所示。从图 4.12 可以看出，切削参数相同时，PCD 刀具湿切时的刀具耐用度都高于干切时的刀具耐用度。这是因为一方面切削液能迅速将切削热从切削区域带走，对刀具和工件材料起到冷却作用，另外，切削液具有润滑的作用，在一定程度上减小了切削过程中刀具与切屑和工件之间的摩擦系数，有效地减轻了切削过程中刀具与切屑和工件的摩擦，减小了切削热的产生，从而降低了切削区域的温度，进而降低了刀具热化学磨损的程度，从而提高刀具寿命。另一方面在切削液的冲洗和工件高速旋转的离心力作用下，部分切屑和脱落、破碎的增强相会随切削液一起被迅速甩出，从而减少了切屑和脱落增强相对刀具的摩擦、碰撞和刻划，在一定程度上减轻了刀具的磨粒磨损。

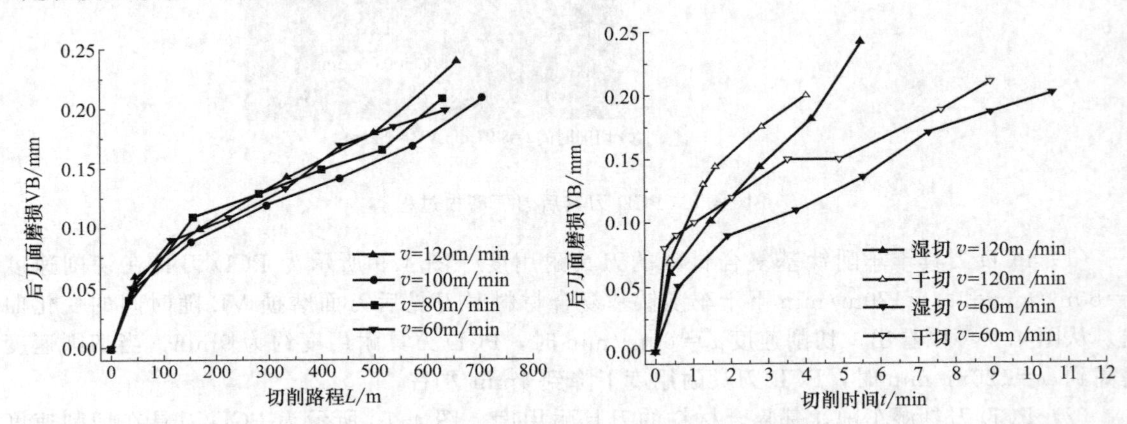

图 4.11 不同切削速度下 VB 随切削路程的变化曲线　图 4.12 干切和湿切时 VB 随时间的变化曲线

由以上分析可知，切削过程中使用切削液可以提高刀具耐用度。

(3) 硬质合金刀具车削钛基复合材料的刀具耐用度　图 4.13 所示为硬质合金刀具在切削

速度 $v=60\text{m/min}$、$v=80\text{m/min}$、$v=100\text{m/min}$ 和 $v=120\text{m/min}$ 时车削钛基复合材料刀具后刀面磨损 VB 随时间的变化曲线。从图 4.10 中可以看出，PCD 刀具在切削速度 $v=60\text{m/min}$、$v=80\text{m/min}$、$v=100\text{m/min}$ 和 $v=120\text{m/min}$ 时的刀具耐用度分别为 2.5min、2.2min、0.89min 和 0.27min，刀具耐用度值都比较低。和 PCD 刀具相同，硬质合金刀具车削钛基复合材料时，随着切削速度的提高，刀具耐用度逐渐降低。

(4) PCD 刀具车削钛合金的刀具耐用度　图 4.14 所示为 PCD 刀具在切削速度 $v=120\text{m/min}$ 下车削钛合金 TC4 的刀具后刀面磨损 VB 随时间的变化曲线。从图 4.14 可以看出，PCD 刀具车削 TC4 时，切削时间长达 60min 左右，而刀具后刀面磨损 VB 却很小，只有 0.065mm。可以发现，PCD 刀具车削钛基复合材料和 TC4 的刀具耐用度相差悬殊。

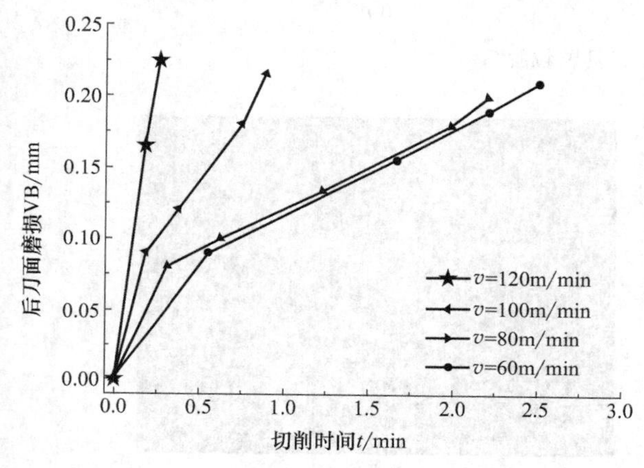

图 4.13　硬质合金刀具车削钛基复合材料时 VB 随时间的变化曲线

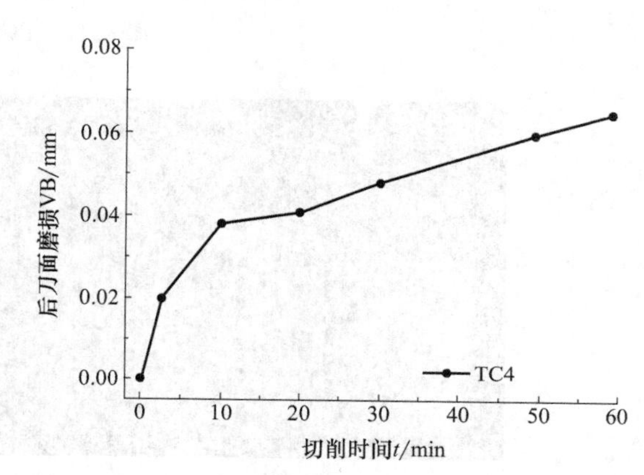

图 4.14　PCD 刀具车削 TC4 时 VB 随时间的变化曲线

4.4.1.2　钛基复合材料车削加工的刀具破损

在切削过程中，刀具破损和刀具磨损一样，是刀具损坏的主要形式之一，多发生在脆性较大的刀具材料切削硬度较高的工件材料的情况下。为了能够更清楚地了解刀具破损形态，分析刀具失效形式，采用三维视频显微镜和扫描电子显微镜（SEM）对 PCD 刀具和硬质合金刀具的破损形态进行观察和分析。

(1) 刀具颗粒脱落　PCD 刀具是由 $30\mu\text{m}+2\mu\text{m}$。粒度的金刚石颗粒与 Co 金属黏结剂粉末均匀混合后，在高压高温下烧结而成的，因此在刀具制备过程中会不可避免地残留内部孔洞和微裂纹、黏结剂-刀具颗粒界面缺陷如结合不善、微孔洞等缺陷，在较高的切削速度下，增强相对刀具的冲击以及切削振动产生的冲击力会超过黏结剂对刀具颗粒的把持力，从而造成金刚石颗粒的脱落。刀具磨损初期仅有较细小的 PCD 颗粒在增强相的刻划和冲击下从刀具基体脱落，随着切削的进行，增强相不断对刀具进行刻划和摩擦，从而将大尺寸 PCD 颗粒周围的黏结剂刮除，钛合金基体很容易黏结在刀具表面，凸出的 PCD 颗粒在钛合金基体的黏结力的作用下也会发生脱落，如图 4.15 所示，脱落凹坑的尺寸约为 $30\mu\text{m}$，与 PCD 刀具中大尺寸颗粒的颗粒度一致。PCD 刀具刃磨时留下的刃磨缺陷，如刀刃不平整、磨痕和细小颗粒脱落留下的微缺口等（图 4.16），同样是促进刀具发生颗粒脱落的重要因素。这些刃磨缺陷处都是应力集中的区域，切削时在较高的切削力和切削温度下，材料的破坏很容易在这些区域发生，进而造成更大区域的破坏/断裂。

(2) 微崩刃和崩刃　微崩刃是在切削刃局部产生的小缺口，是刀具较为常见的一种早期破损形式。从图 4.17 可以看出，PCD 刀具切削钛基复合材料时，在磨损初期切削刃附近区域出现微崩刃现象。随着 PCD 刀具的不断磨损和微崩刃，刀具的强度被逐渐削弱，一旦所受切削

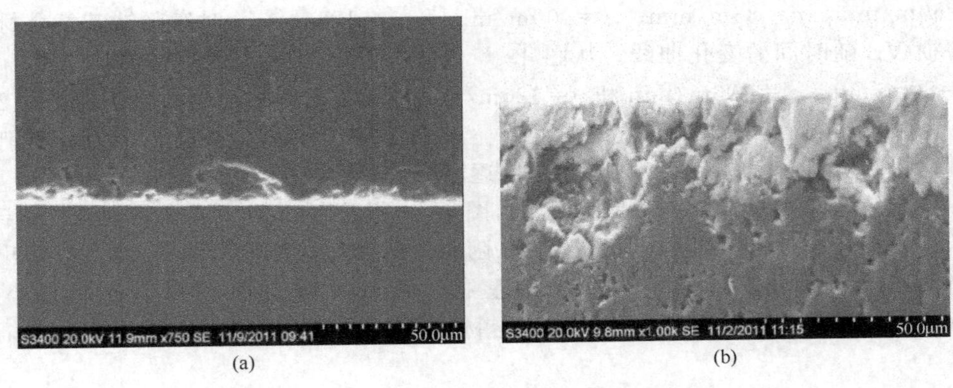

(a) (b)

图 4.15 PCD 刀具颗粒脱落

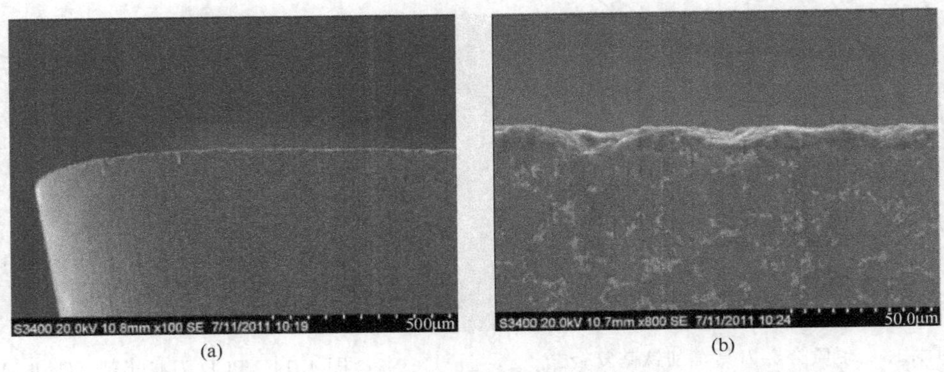

(a) (b)

图 4.16 PCD 刀具新刀形貌

力大于刀具材料的断裂强度或者切削过程中的振动较大就会产生崩刃，如图 4.18 所示。产生微崩刃和崩刃的主要原因如下：PCD 刀具具有极高硬度（8000HV）的同时，韧性和抗弯强度较低，导致脆性较大。另外，在切削钛基复合材料的过程中，刀具交替切削软的钛合金基体和硬的增强相，刀具承受交变的应力，切削振动现象较严重，再加上增强相频繁对刀刃的刻划，使得刀具受到较大的冲击。当刀具刃口局部区域应力超过其结合强度时，就发生微小的崩刃。刀具磨损初期 PCD 颗粒脱落和微崩刃现象较为普遍，刀具发生微崩刃和切削刃处金刚石颗粒的脱落，包括 PCD 刀具原始的刃磨缺陷，都将造成切削刃的不平整，这些部位就会容易产生应力集中，当切削过程中切削力及切削振动较大时，韧性较弱的 PCD 刀具刃口薄弱区域就会发生局部断裂，从而引起大块材料的崩刃。

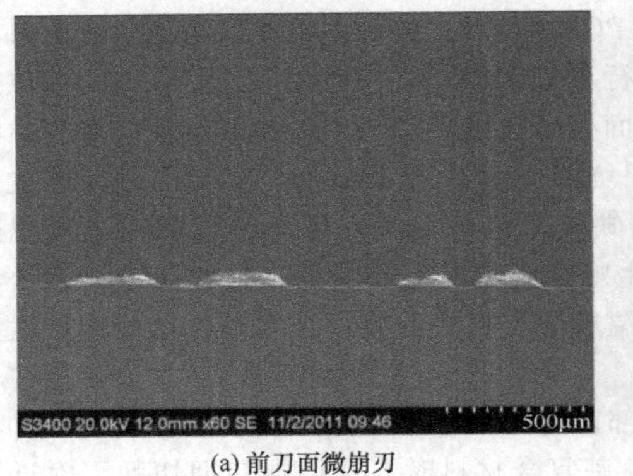

(a) 前刀面微崩刃

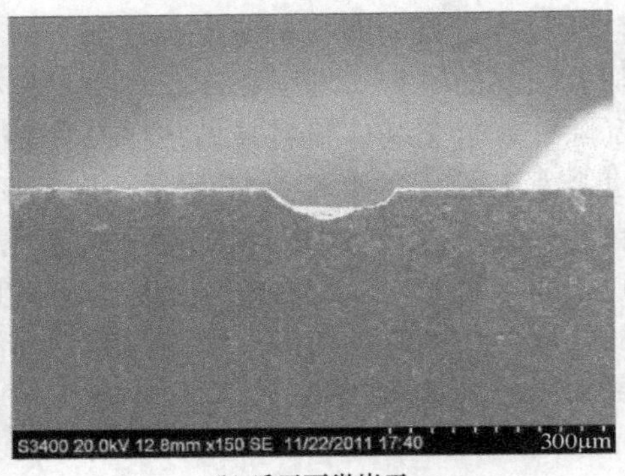

(b) 后刀面微崩刃

图 4.17 PCD 刀具微崩刃

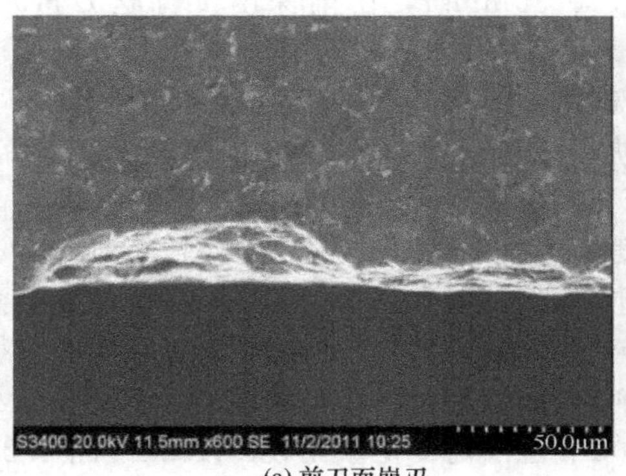

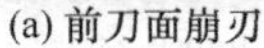
(a) 前刀面崩刃

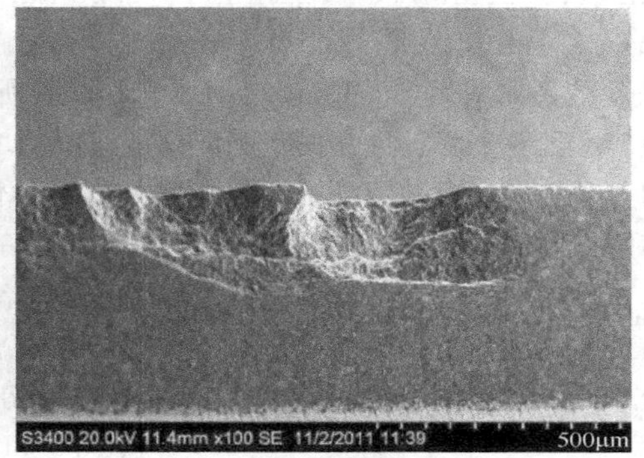

(b) 后刀面崩刃

图 4.18　PCD 刀具崩刃

（3）剥落　由图 4.19 和图 4.20 可看出，在试验过程中 PCD 刀具和硬质合金刀具在切削钛基复合材料时，前刀面发生了刀具材料的剥落现象，后刀面未发现剥落。当剥落较小时，刀具可以继续使用，但是当剥落严重时就会使刀具失效，形成剥落破损。对于 PCD 刀具的剥落破损，其主要原因如前所述，一方面是由于 PCD 刀具本身脆性较大，另一方面是因为受到增强相冲击、切削振动和切削力的综合作用，使得 PCD 刀具发生了剥落破损。从抑制 PCD 刀具剥落的角度考虑，通过提高刀具材料的韧性、选择合理的刀具几何角度和切削参数以及增加切削过程稳定性等措施，均可以减小剥落发生的概率。

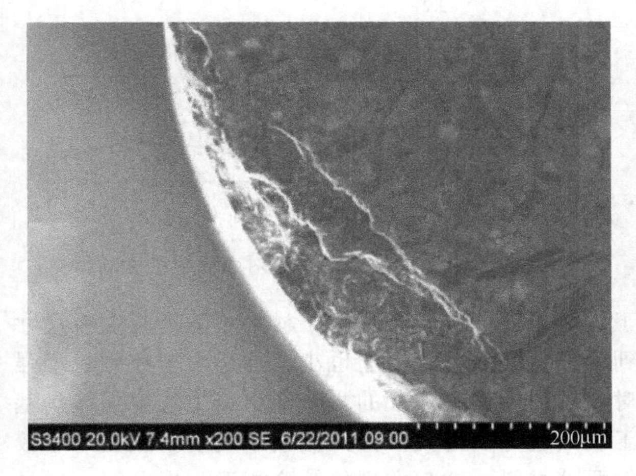

图 4.19　PCD 刀具前刀面剥落

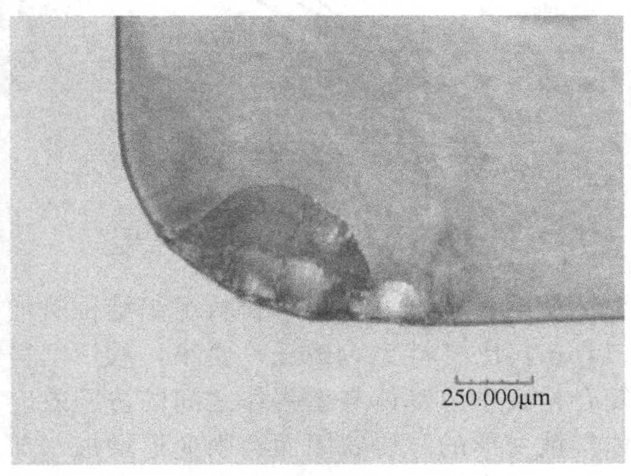

图 4.20　硬质合金刀具前刀面剥落

4.4.2　铝基复合材料 SiC_p/ZL109 的车削

针对三种不同颗粒度和体积分数的 SiC 颗粒增强铝基复合材料进行车削加工对比试验。其颗粒度参数分别为：1 号材料，14μm，10%；2 号材料，40μm，20%；3 号材料，63μm，20%。基体材料为铸铝合金 ZL109。试件经 160MPa 成型挤压冷却制备成中空圆柱体，并且经 T6 热处理。

采用聚晶金刚石刀具（PCD）进行切削。刀具几何参数为：前角 $\gamma_0=0°$，后角 $\alpha_0=11°$，主偏角 $\kappa_r=75°$，副偏角 $\kappa'_r=15°$，刀尖圆弧半径 $r_\varepsilon=0.20$mm。考虑到 3 号材料中有较大的 SiC 颗粒，切削时有较大的冲击，所以刀具采用 0°前角。

试验选用的切削参数范围是：切削速度 $v_c=80\sim250$m/min，进给量 f 分别为

0.15mm/r、0.20mm/r、0.24mm/r、0.28mm/r、0.30mm/r，切削深度（背吃刀量）a_p 为 0.2mm、0.4mm、0.6mm、0.8mm、1.0mm。

试验结果如图 4.21～图 4.23 所示，从试验所得的曲线来看，随着切削速度 v_c 的增加，已加工表面粗糙度稍有下降。这是由于随着切削速度的增加，切削变形减少，裂纹和鳞刺等也减少，同时温度的上升使切削时被压下的增强相颗粒的弹性恢复减少所致。由于切削变形增加的缘故，因此，随着切削深度 a_p 的增加，材料的已加工表面粗糙度的变化也不明显，只是略有上升。

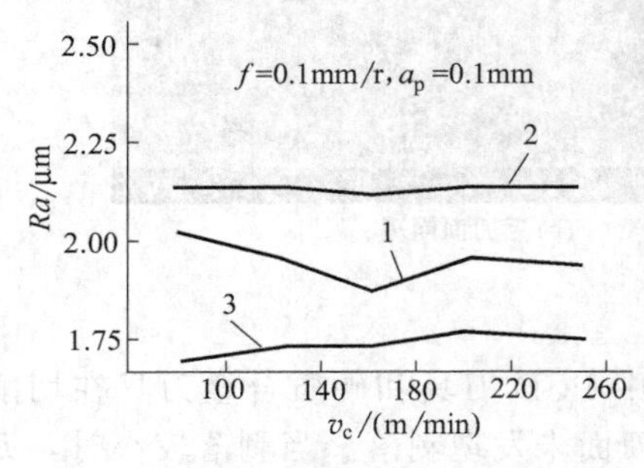

图 4.21 切削速度对表面粗糙度的影响

随着进给量 f 的增大，加工表面的粗糙度会急剧增大。在 $v_c=80\sim200$m/min 的不同切削速度下改变进给量进行切削，其试验结果具有相同的规律性。Ra 值在 3.15～11.0μm 范围内变化。比较图 4.21～图 4.23 还发现，在改变切削速度和切削深度时，所获得的表面粗糙度值均低于改变进给量切削时的表面粗糙度，这是因为前者采用了较小的进给量（$f=0.10$mm/r）。由于进给量小于刀尖圆弧半径 r_ε，在切削过程中，切削表面被重复挤压，因而表面粗糙度得到改善。而当进给量 f 等于或大于刀尖圆弧半径 r_ε 时，切削表面由刀具一次性切出，不再有熨压修整作用，因此，已加工表面具有颗粒增强复合材料的切削表面特征。

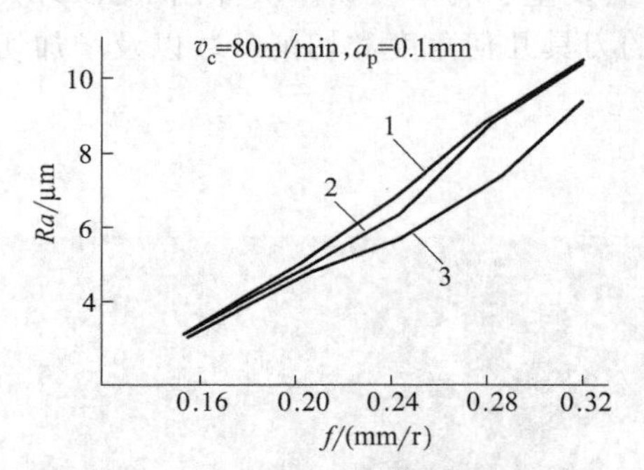

图 4.22 进给量对表面粗糙度的影响

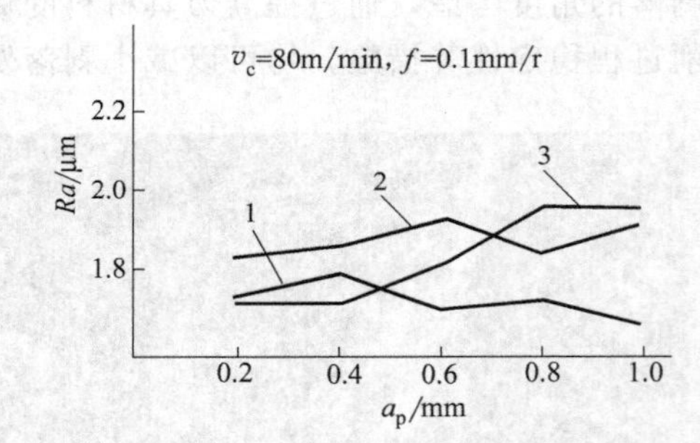

图 4.23 切削深度对表面粗糙度的影响

从图中还可以看到，材料组织结构对加工表面粗糙度的影响。由于材料 1 的增强颗粒尺寸（14μm）比材料 2（40μm）要小，故切削得到的加工表面粗糙度值也小。这是由于在颗粒增强复合材料中，基体与增强体之间的协同效应对其切削行为有很大的影响，材料中的增强体是基体塑性变形的障碍，因而切削变形增加，加工表面粗糙度增大。但试验结果发现，颗粒尺寸较大的材料 3 的切削表面粗糙度几乎都小于其他两种材料，这与常规的结论相反。据分析，这是由于含有粗大增强颗粒的复合材料结构上的不均匀性导致加工中局部基体产生严重的塑性变形，再加上切削粗大的硬颗粒引起刀具急剧磨损和破损，因此切削温度很高，基体受热软化并被磨损了的后刀面挤压而使加工表面较为平整。

表 4.9 列出了一组车削后的碳化硅颗粒增强铸铝复合材料试样纵剖面上基体的显微硬度测量值。颗粒尺寸为 85μm 的 1 号材料的表面硬度较其他材料低，说明其表面经受过较高的温度，并且有基体材料的熔融涂抹。

表 4.9 SiC_p/ZL109 复合材料加工后的 HV 硬度

材料	硬度/MPa		
	表面	次表层	内部
1号	<700	1030	<900
2号	1000	1900	<850
3号	900	2500	<800

4.4.3　铝基复合材料 Al_2O_3/Al 的激光加热辅助车削

试件为 Al_2O_3 颗粒增强铝基复合材料，长度为 300mm，直径为 27.3mm，颗粒大小为 0.3～0.5μm，颗粒含有率 V_f 为 45%；采用光纤导光、连续输出的 YAG 激光器，平均功率为 200W，输出平均光斑直径为 1mm；在普通车床上采用 YT15 硬质合金刀具，主偏角 $\kappa_r=70°$，前角 $\gamma_0=4°$，后角 $\alpha_0=9.5°$，副偏角 $\kappa_r'=26°$，刃倾角 $\lambda_s=-1°$；激光束与刀具夹角 $\theta=60°$。通过切削试验，得到以下结论。

（1）切削力　在激光加热切削的情况下，由于激光的作用改变了材料的显微组织结构，导致轴向力和径向力下降幅度比较明显，可平均达到 50%左右，主切削力下降平均可达 20%左右。基于材料的组织错配理论，在变形、断裂的条件下，材料变形抗力主要来自于晶格的弹性应变能，即弹性模量以及位错运动阻力。因此微屈服抗力与弹性模量和位错的稳定程度成正比，与位错密度和晶粒大小成反比，即弹性模量高，基体中几乎无错位，变形需要开动新的位错源，这需要相对应基体合金的位错源开动几倍的外力，加之基体中只有密集细小的亚晶区，这些组织结构特征均对提高材料的微屈服抗力有利，故复合材料具有较高的尺寸稳定性潜力。但当温度达到一定程度后，材料位错变得相对容易，材料变形、断裂抗力相对减小，故而切削力降低。由于刀具切削刃的挤压变形过程是引起径向力 F_y 和轴向力 F_x 的主要原因，在切削 Al_2O_3 颗粒增强铝基复合材料时，在切削刃钝圆半径分流点附近和以下的 Al_2O_3 颗粒将被挤压进入已加工表面，未加热时，需要很大的挤压力才能将 Al_2O_3 颗粒挤入铝基体中，因而造成径向力 F_y 和轴向力 F_x 较大，刀具磨损严重，而加热切削时，由于铝基体被加热软化，使 Al_2O_3 颗粒的挤入力大大降低。而加热后主切削力 F_z 的下降主要是由于材料的软化所引起的，因此主切削力减小幅度比较小。

（2）刀具磨损　颗粒增强金属基复合材料切屑形成过程是基体破坏和颗粒移动相互交织的复杂过程，由于颗粒的强度、刚性比较高，在切削过程中移动颗粒与刀具的摩擦是刀具磨损的主要原因，未加热时被挤压颗粒要受到很大的移动抗力，颗粒对刀具的前后刀面磨损很大，而在加热状态下，由于基体材料变软，移动抗力减小，故而导致了刀具磨损的减轻。通过对 YT15 硬质合金刀具的测试，在切削深度 $a_p=0.3$mm、进给量 $f=0.1$mm/r、切削速度 $v=25.1$m/min 的条件下，切削 100m 长的试件刀具磨损降低 50%。

（3）切削表面残余应力　在切削过程中由于刀具的挤压、颗粒的移动将改变基体内部的应力状态，同时在激光加热过程中，由于 Al 基体与 Al_2O_3 颗粒的热膨胀系数不同，将在试件表面产生温度梯度，导致基体与颗粒之间产生热错配，从而引发位错，在温度梯度的方向上依次将导致颗粒与基体产生空隙，从而诱发大量的热应力。另外，切削过程中试件与刀具的磨损切削热的存在，也会诱发少量的热应力。所有这些将使基体与颗粒结合的状态更加牢固，并且在基体中产生大量的亚晶粒，使切削表面的残余应力值增加，X 射线应力分析仪的测量结果表明，激光加热辅助切削表面的残余应力比常规切削的大 3 倍。由于在颗粒增强金属基复合材料中存在反应界面，在激光加热辅助切削过程中由于颗粒体的挤入，大大提高了切削表面的力学性能。

（4）表面粗糙度　理论上讲，切削深度对材料加工表面的粗糙度影响不大。但试验发现随着切削深度的增加，复合材料的表面粗糙度明显增大。这要从颗粒增强金属基复合材料的组织特点进行解释，增强颗粒脆性大、硬度高，切削深度越大，车刀单位时间与增强颗粒碰撞的概率越大，所受的阻力越大，由此产生的振动就越严重，而导致加工表面粗糙度增大。但当激光加热辅助切削时，由于材料内部的位错抗力的减小，车刀所受阻力与产生的振动减少，故表面粗糙度有所提高。经检验测量，在切削速度 $v=25.1$m/min、进给量 $f=0.1$mm/r 的切削参数下，加热切削后的表面粗糙度 Ra 为 0.40～0.50μm，常规切削后的表面粗糙度 Ra 为 0.48～0.56μm。

（5）切屑形成　由于切屑中包含大量的基体和移动颗粒，激光加热后，基体材料变软导致材料的组织形态与内部结合状态的改变，位错变得相对容易，另外，在切屑中基体增多，其变形系数加大，变形相对容易，故而在温度场的作用下使切屑形状变得螺旋加大。

4.5 金属基复合材料的铣削加工

4.5.1 颗粒增强铝基复合材料的普通铣削

在数控铣床上采用 K10 硬质合金铣刀进行逆铣加工，铣刀直径为 5.0mm，三齿，干式切削。工件材料为具有不同尺寸增强颗粒的 Al2024/SiC_p 复合材料，增强颗粒的尺寸分别为 1μm、10μm、20μm，采用的切削参数如表 4.10 所示。

表 4.10　切削参数

主轴转速 n/(r/min)	进给速度 v_f/(mm/min)	吃刀量 a_p/mm	材料颗粒尺寸/μm
1000	10	0.01	1
1200	15	0.05	10
1400	20	0.10	20
1600	25	0.15	—
1800	30	0.20	—

4.5.1.1　刀具的磨损

加工过程中刀具的失效形式有后刀面磨损和崩刃两种形式，如图 4.24 所示。颗粒尺寸对刀具的失效形式有重要影响，当增强颗粒尺寸较小时，刀具的主要失效形式为后刀面磨损，而随着颗粒尺寸的增大，除后刀面磨损外，崩刃也是一种主要的失效形式。

(a) 磨损　(b) 崩刃

图 4.24　刀具磨损形貌

刀具后刀面磨损严重主要是材料中碳化硅颗粒作用的结果。碳化硅的硬度远高于硬质合金的硬度，达到 2700～3500HV。在加工过程中刀具与工件之间产生剧烈的摩擦，并且碳化硅颗粒对刀具后刀面产生反切削作用，刀具磨损较快。另外，在加工过程中刀刃与工件之间存在撞击，增强颗粒的存在加剧了对刀具的冲击作用，所以除了典型的后刀面磨损外，还经常造成刀具的崩刃，并且随着增强颗粒尺寸增大，崩刃现象也更严重。

图 4.25 所示是主轴转速为 1000r/min、吃刀量为 0.05mm 时，在不同进给速度下加工三种颗粒尺寸材料后刀面磨损值的变化情况。从图 4.25 中可以看出，随着颗粒尺寸增大，刀具后刀面磨损值增大。

图 4.26 所示为在主轴转速为 1000r/min、进给速度为 15mm/min 情况下，吃刀量对后刀面磨损的影响。从图 4.26 中可以看出，随着吃刀量的增加，磨损值呈增大趋势。吃刀量在 0.01～0.05mm 范围内，磨损值变化不大，而在 0.05～0.2mm 时，磨损值增大较快。总体分

析，在所研究的吃刀量范围内，后刀面磨损值随着吃刀量的增大而增大，但增加幅度不大，所以可以选择较大的吃刀量以提高加工效率。

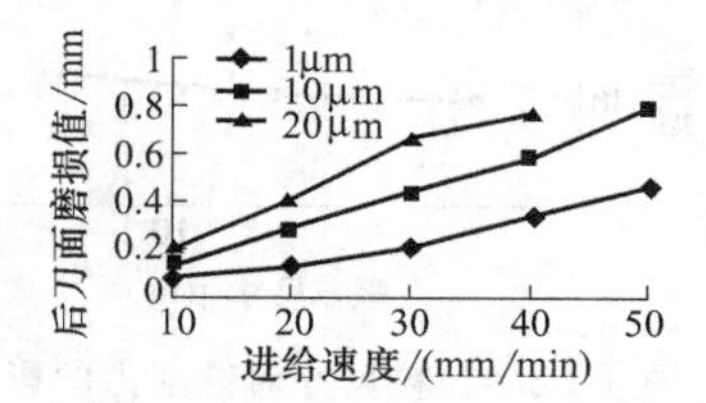

图 4.25　进给速度、颗粒尺寸对后刀面磨损的影响

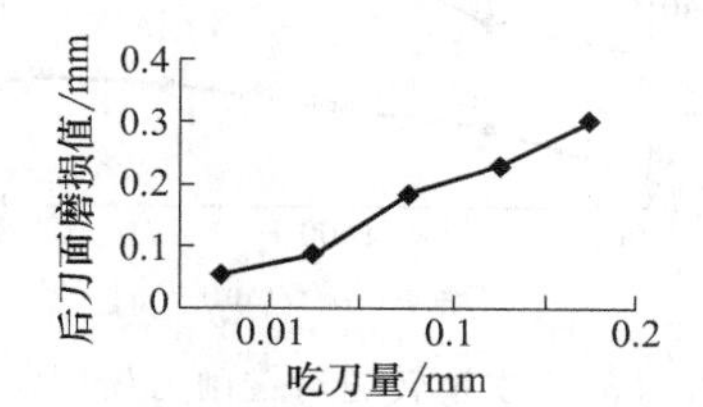

图 4.26　吃刀量对后刀面磨损的影响

图 4.27 所示为进给速度为 15mm/min、切削深度为 0.05mm 时，主轴转速对后刀面磨损的影响。从图 4.27 可以看出，随着主轴转速的增大，后刀面磨损值呈增大趋势，这是由于当主轴转速增大时，刀具与工件之间的摩擦增大的原因。当主轴转速小于 1400r/min 时，磨损值增加缓慢，而在 1400～1800r/min 之间时，磨损值增加速度较快。

4.5.1.2　切削力

图 4.28 所示为碳化硅颗粒尺寸为 1μm 时，实测的铣削力波形图，图中 F_y、F_z 分别为法向力和切向力。

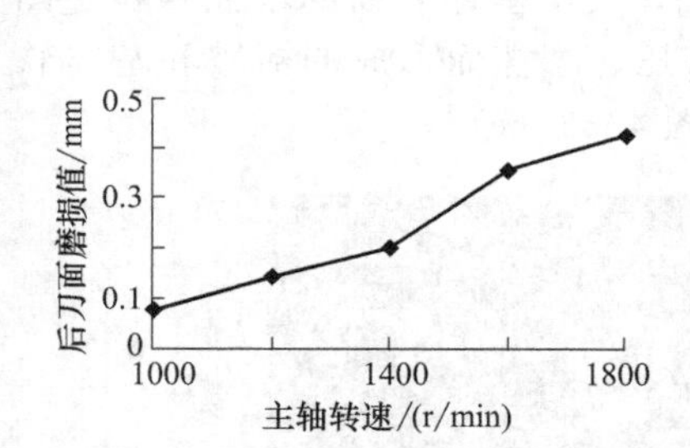

图 4.27　主轴转速对后刀面磨损的影响

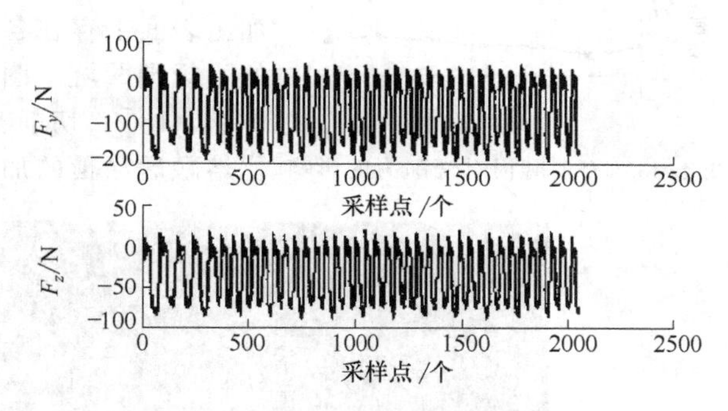

图 4.28　铣削力波形图

(v=1000r/min，a_p=0.05mm，f=20mm/min)

(1) 切削用量的影响　图 4.29、图 4.30、图 4.31 所示分别为吃刀量、进给速度、主轴转速对铣削力的影响。随着切削用量的增大，铣削力呈增大趋势，其中吃刀量对铣削力影响最大，当由 0.01mm 增加到 0.2mm 时，法向和切向铣削力分别增加 100N 和 55N。进给速度对铣削力的影响次之，主轴转速对铣削力的影响最小。

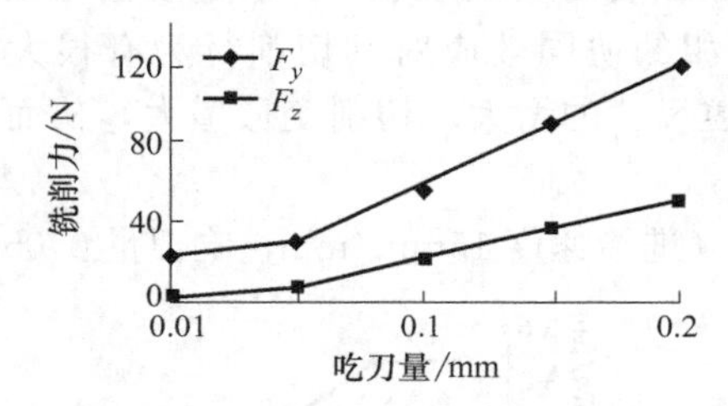

图 4.29　吃刀量对铣削力的影响

(v=1000r/min，f=15mm/min)

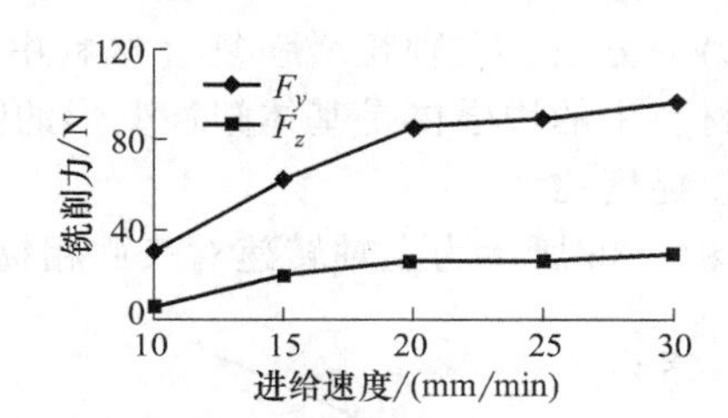

图 4.30　进给速度对铣削力的影响

(v=1000r/min，a_p=0.05mm)

(2) 颗粒尺寸的影响　图 4.32 所示为颗粒尺寸对铣削力的影响。随着颗粒尺寸的增大，铣削力呈增大趋势，原因是当颗粒尺寸增大时，刀具需要直接切开的碳化硅颗粒的数量就增

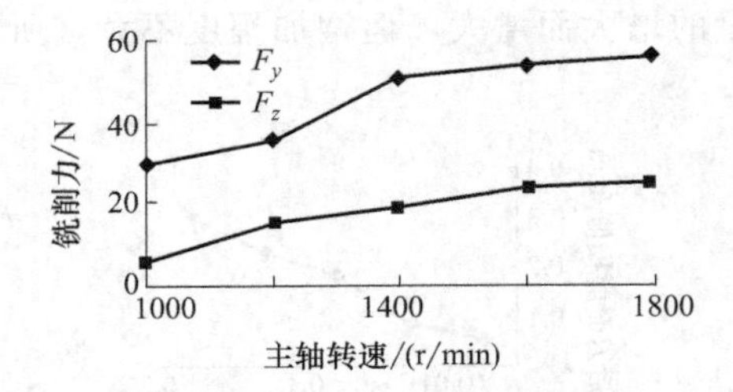

图 4.31 主轴转速对铣削力的影响
(f=15mm/min，a_p=0.05mm)

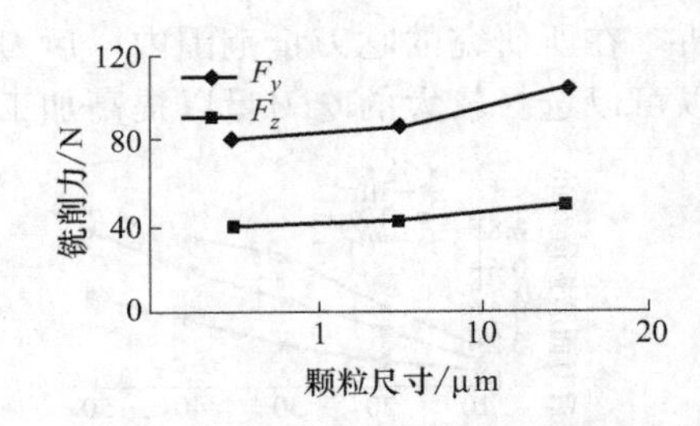

图 4.32 颗粒尺寸对铣削力的影响
(v=1000r/min，a_p=0.05mm，f=15mm/min)

多，导致铣削力增大。

(3) 刀具磨损的影响 图 4.33 所示为碳化硅增强颗粒尺寸为 10μm、主轴转速为 1000r/min、进给速度为 15mm/min、吃刀量为 0.05mm 时，刀具磨损对铣削力的影响。

随着走刀长度的延长，铣削力呈增大趋势。并且，法向力增大的幅度大于切向力，说明刀具磨损对法向力的影响更大。

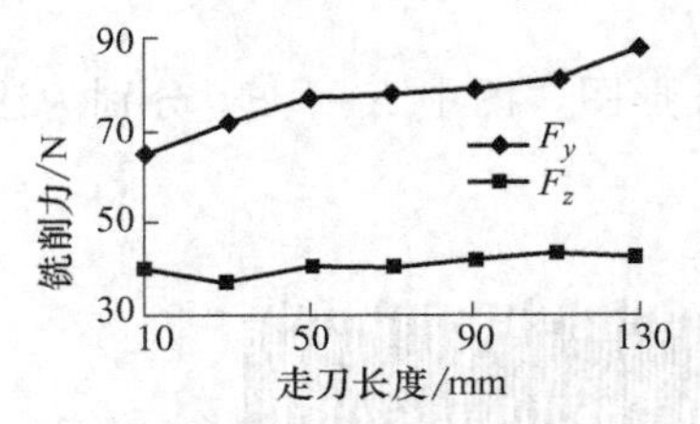

图 4.33 刀具磨损对铣削力的影响

4.5.1.3 已加工表面质量

(1) 加工表面形貌特征 图 4.34 所示为加工不同颗粒尺寸复合材料时的已加工表面形貌。由图 4.34 可以看到，在已加工表面上存在各种加工导致的缺陷：颗粒破碎和脱落而留下的不规则凹坑［图 4.34 (a)］，突出基体表面的增强颗粒［图 4.34 (b)］，切削时因刀具挤压、摩擦而形成的褶皱和基体软化熔融后涂覆的加工表面［图 4.34 (c)］。

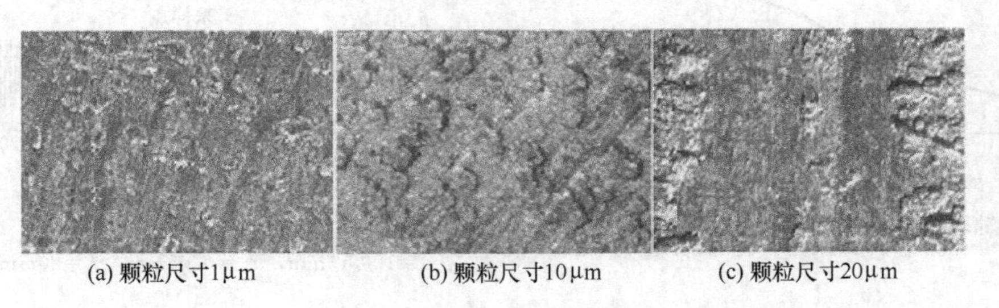

(a) 颗粒尺寸1μm (b) 颗粒尺寸10μm (c) 颗粒尺寸20μm

图 4.34 铣削加工表面形貌

(2) 加工表面粗糙度 图 4.35 所示为颗粒尺寸对表面粗糙度 Ra 的影响（进给速速 15mm/min，主轴转速 1000r/min，吃刀量 0.05mm）。随着增强颗粒尺寸的增大，粗糙度呈增大趋势。这是因为，一方面，随着颗粒尺寸的增大，加工表面上缺陷增多，引起表面粗糙度增大。另一方面，在颗粒增强复合材料中，基体与增强相的协同效应对其切削行为有很大的影响，材料中的增强体是基体塑性变形的阻碍，随着颗粒尺寸的增大，切削变形增大，从而加工表面粗糙度增大。

图 4.36 所示为主轴转速对表面粗糙度 Ra 的影响（进给速度 15mm/min，吃刀量 0.05mm，

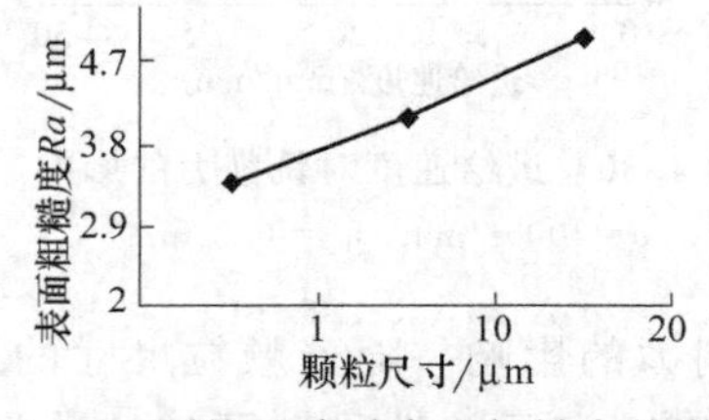

图 4.35 颗粒尺寸对表面粗糙度的影响

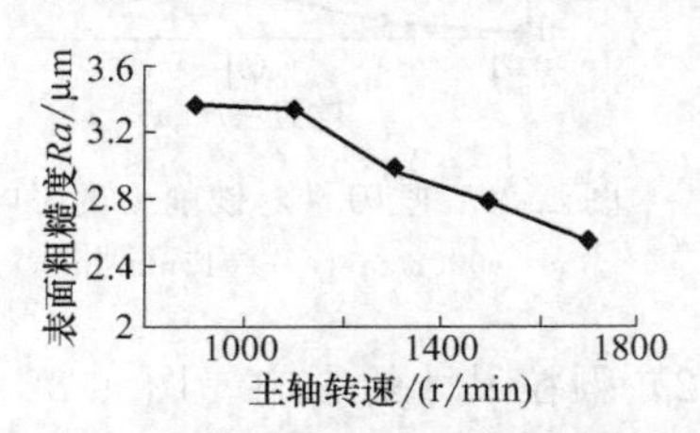

图 4.36 主轴转速对表面粗糙度的影响

颗粒尺寸1μm)。随着主轴转速的提高,表面粗糙度下降。这是因为,随着主轴转速的提高,切削变形减小,同时温度上升使切削时被压下的增强相颗粒的弹性恢复减小,从而使得粗糙度下降。

4.5.2 颗粒增强铝基复合材料的高速铣削

4.5.2.1 刀具的选择及其适应性

在颗粒增强铝基复合材料的切削加工中,由于增强相的硬度通常比高速钢高,甚至比硬质合金及一些陶瓷涂层刀具高,所以这些刀具在切削该材料时刀具磨损率极高。国内外学者使用各种材料刀具对颗粒增强铝基复合材料进行了大量的切削试验研究,结果表明,PCD刀具由于其高的硬度、耐磨性和低的化学亲和性等特点已经成为切铝基复合材料首选的刀具材料。硬质合金刀具在切削铝基复合材料过程中,其刀具磨损率较高,如在较高的切削速度($v>$350m/min)下切削铝基复合材料时,硬质合金刀具在几十秒内即宣告报废,一般认为该类刀具切削铝基复合材料时的切削速度应限制在300m/min以内。当选用细晶粒硬质合金、陶瓷、CBN和PCD四种切削性能优良的刀具对两种典型的铝基复合材料的切削加工性进行研究,发现加工混杂增强铝基复合材料时,细晶粒硬质合金刀具的磨损率低、工件表面完整性好且加工成本最低;同时给出了加工不同金属基复合材料的最佳刀具材料。利用化学气相沉积的方法制备的TiN、TiCN和Al_2O_3涂层刀具进行切削试验研究,研究表明,TiN涂层刀具具有最佳的刀具寿命。利用切削过程中形成的稳定积屑瘤保护刀具以提高硬质合金刀具的寿命。化学气相沉积(CVD)金刚石涂层刀具的后刀面磨损率高于PVD刀具,当增加CVD金刚石刀具的涂层厚度能改善其切削性能,涂层厚500μm的CVD金刚石刀具可以与PCD媲美。与高速钢、TiN涂层、硬质合金刀具相比,CBN和PCD刀具切削颗粒增强铝基复合材料时表现出更好的适应性,CBN在某些条件下可以作为PCD的替换刀具使用,但当切削碳化硅颗粒度为110μm的SiC_p/Al复合材料时,CBN刀具切削刃和刀尖出现严重破损,此条件下不适宜选用CBN刀具进行切削加工。通常条件下,PCD和PCBN具有更好的耐磨性、更高的断裂强度和更低的黏着性,从而比PCBN刀具表现出更好的切削性能。

为了改善表面粗糙度和减小亚表面损伤,在高速切削颗粒增强铝基复合材料的各种刀具材料中,PCD具有比较好的适用性,因而成为首选的刀具材料。

4.5.2.2 切削力和切削温度

用4种刀具材料切削铝基复合材料时,切削力都随切削速度的增加而增大。当使用未涂层硬质合金时,在切削速度v=20~225m/min范围内对15%SiC_p/Al进行干车削试验,结果表明,主切削力随切削速度的增大而减小(从125N变化到170N)。研究发现,切削力随切削速度和切深增大而减小,研究认为可能是因为工件材料的软化以及积屑瘤的存在改变了刀具几何角度造成的。使用PCD刀具在切削速度v=300m/min、v=500m/min、v=700m/min下对SiC_p/Al进行了车削试验。结果表明,随着刀具磨损量的增加,主切削力和进给抗力分别在185N和90N以内;相同切削速度条件下,切削力随着进给量的增加而增加;相同进给量条件下,切削力随着切削速度的增加变化很小。基于麦钱特模型建立了预测切削铝基复合材料的力学模型,认为切削加工中的力来自切削变形力、耕犁力、颗粒破碎力三个方面。建立一个实用的三维刀具模型,用于预测切削SiC_p/Al时刀具所受应力、温度和磨损;结果表明,最高切削温度位于切削刃上,并且沿前刀面向里温度逐渐降低;由于PCD有更高的导热性,PCD刀具的切削温度低于TiN、Al_2O_3刀具。用CVD金刚石涂层刀具切削SiC_p/Al,测量了不同切削条件下的切削温度,得出切削速度是影响切削温度的主要因素,并且用ANSYS进行仿真验证,和试验结果取得了较好的一致性。

采用嵌埋人工热电偶的方法对SiC_p/Al复合材料进行切削试验,研究各切削参数对前、后

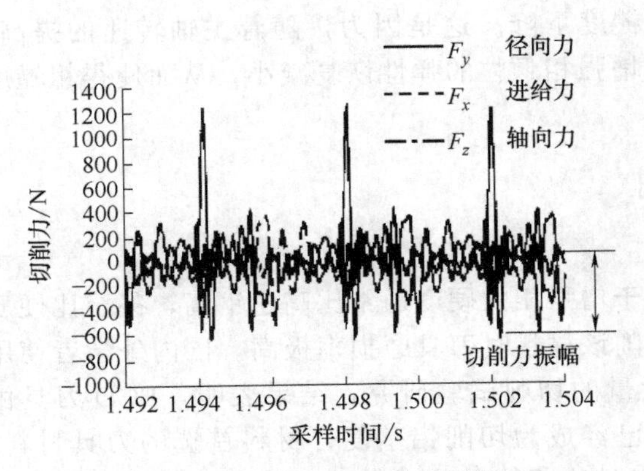

图 4.37 切削力原始信号图

刀面的影响，对比分析 4 种冷却条件（干式切削、压缩空气风冷、油液浇注和 MQL）下的切削温度。4 种条件下刀具温度由高到低依次为干切、风冷、油冷、MQL，干切条件下前刀面温度低于后刀面。采用 PCD 刀具高速铣削 SiC_p/2009Al 复合材料，图 4.37 为刀具磨损初期时的动态铣削力，径向力 F_y 的峰值已经超过 1300N，切削振动较剧烈。研究表明，切削力随着切削速度的增加而减小，切削力随着进给速度的增大或切深的减小而增大；高的增强相体积分数和小的增强相尺寸具有较大的切削力；T6 热处理可显著增加切削力；使用切削液可大大减小切削力。图 4.38 为高速铣削 SiC_p/Al 典型温度热电势信号曲线，曲线中所有波峰的包络线代表切削弧区（或参与切削的切削刃部分）的瞬时温度变化，选用切削弧区温度（即波峰的包络线）的最高值作为铣削温度，图 4.39 为 SiC_p/Al-康铜热电偶标定曲线及其拟合。研究表明，铣削温度可达 580℃以上，铣削参数、刀具材料、工件材料和刀具磨损状态对切削温度的有显著的影响，而刀具几何形状的影响较微小。切削参数对切削温度的影响程度由大到小依次是：切削速度、增强颗粒体积分数、径向切宽、每齿进给量。随着切削参数、增强颗粒体积分数/尺寸、PCD 颗粒度和刀具磨损的增加，切削温度显著升高。在切削参数相同的条件下，高速铣削 T6 热处理的铝基复合材料时，切削温度显著下降。

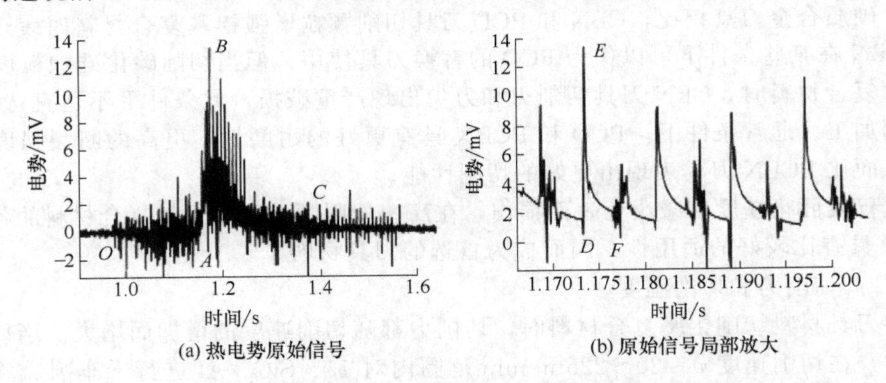

图 4.38 高速铣削 SiC_p/Al 典型温度热电势信号曲线

4.5.2.3 刀具磨损与刀具耐用度

使用 K10 硬质合金铣刀在干式条件下对 Al2024/SiC_p 复合材料进行中高速（1000～1800r/min）铣削，试验表明，加工过程中刀具的失效形式主要为后刀面磨损和崩刃两种形式，增强颗粒尺寸对刀具失效形式有重要影响。

使用 PCD 刀具对 SiC_p/Al 复合材料进行高速铣削，结果表明增强颗粒碳化硅的高频刻划和冲击是导致磨粒磨损［图 4.40（a）］、刀具颗粒脱落［图 4.40（b）］、崩刃［图 4.40（c）］、剥落［图 4.40（d）］的主要机制。

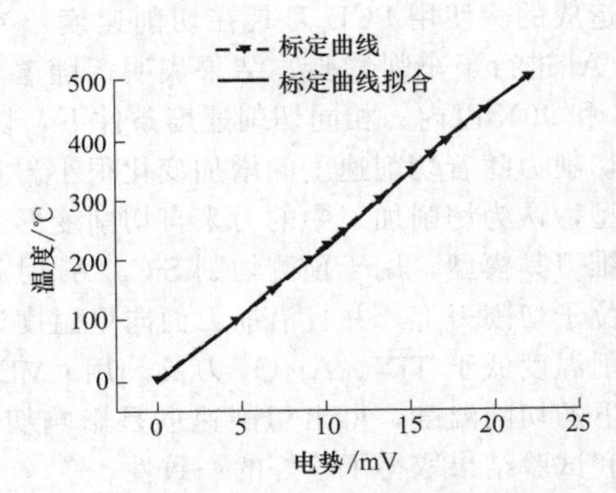

图 4.39 SiC_p/Al-康铜热电偶标定曲线及其拟合

PCD 刀具基体微裂纹［图 4.40（e）］的产生是由于切削高体积分数工件材料，经热处理复合材料或使用很高的切削速度时增强颗粒冲击的综合作用。干切削时积屑瘤的不断产生和脱落现象使刀具发生黏结磨损［图 4.40（f）、图 4.40（g）］，工件材料中的铝元素和铜元素向刀具中有一定程度的扩散，在铜元素的作用下，刀具发生了轻微的石墨化磨损［图 4.40（h）、图 4.40（i）］。增强颗粒体积分数是影响刀具磨损的显著因素，增强颗粒尺寸、工件材料热处理状态、刀具材料晶粒尺寸和冷却条件对刀具磨损有显著影响。在切削参数中切削速度对刀具耐用度的影响最显著，每齿进给量次之。加工表面的粗糙度和质量对刀具磨损有显著敏感性。

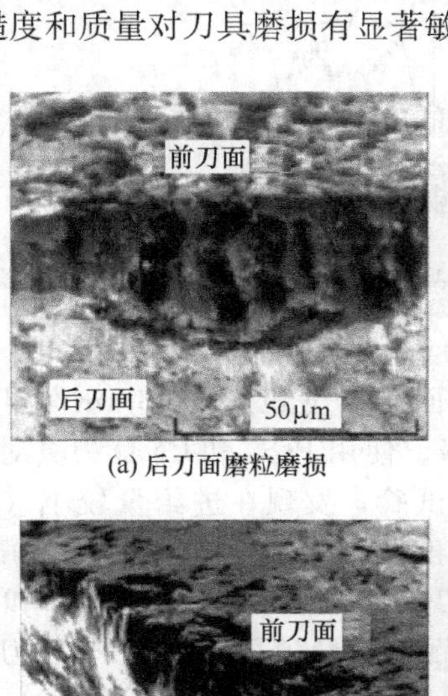

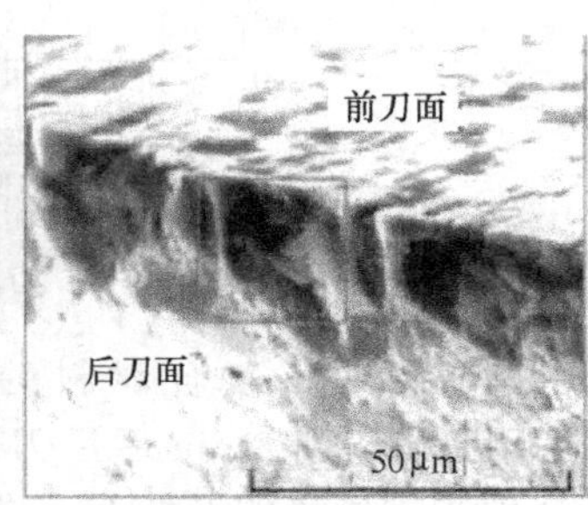

(a) 后刀面磨粒磨损　(b) 晶粒脱落

(c) 后刀面崩刃　(d) 修光刃处的剥落

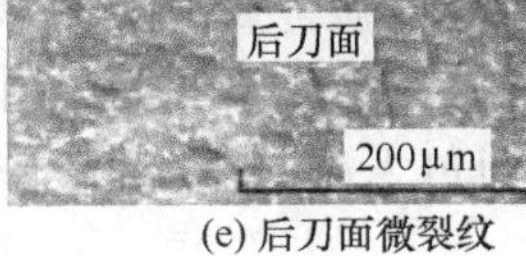

(e) 后刀面微裂纹　(f) 后刀面黏结磨损

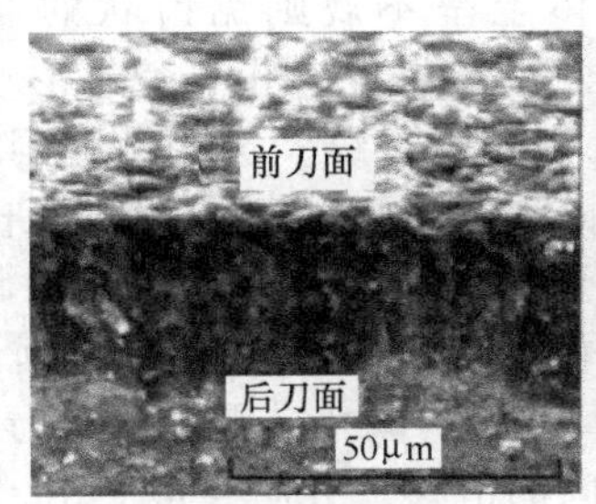

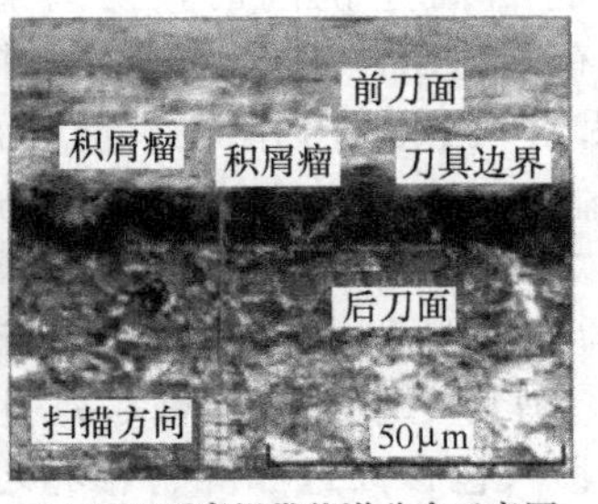

(g) 前刀面黏结磨损(腐蚀后)　(h) 后刀面磨损带能谱分布示意图

图 4.40

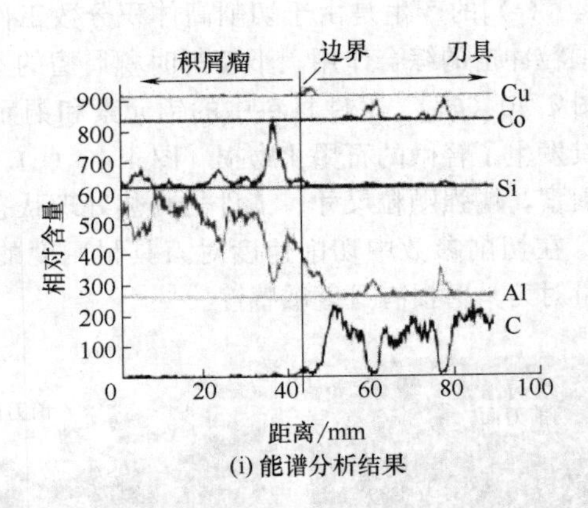

图 4.40 PCD 刀具主要磨损形式

PCD 刀具高速切削 SiC_p/Al 复合材料的刀具耐用度超过 150min（磨钝标准 VB=0.2mm），而硬质合金刀具在切削 3min 后后刀面磨损量超过 0.35mm（图 4.41）。PCD 刀具的刀具耐用度随切削速度和进给量的增加而下降。使用 PCD 和 CVD 刀具对 359/SiC/20p 复合材料在切削速度 v=500m/min 下进行车削对比试验，发现在进给量较小（0.1mm/r）时，厚膜 CVD（500μm）刀具与 PCD 刀具的刀具耐用度分别为 600min 和 950min，但在进给量增大到 0.4mm/r 时，厚膜（500μm）CVD 刀具的刀具耐用度分别为 32min 和 1080min，结果表明，随着进给量的增加，厚膜 CVD 刀具的刀具耐用度急速下降，而 PCD 刀具的刀具耐用度变化不大。

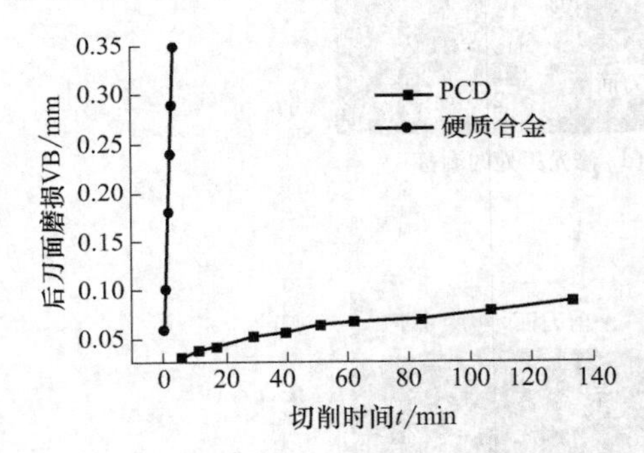

图 4.41 PCD 与硬质合金刀具的磨损曲线

4.5.2.4 高速切削切屑形成机制研究

SiC_p/Al 复合材料在进行切削速度 v=400m/min 的切削时，发现进给量为 0.025mm/r 时切屑短小且呈不规则形态，随着进给量的增加（0.05～0.1mm/r），切屑变长且呈螺旋状和直线状，进一步加大进给量（0.2～0.4mm/r），切屑变短且呈 C 形。但切削铝合金时，随着进给量或者切削速度的增加，切屑形状并未发生明显改变。节状和不连续切屑是切削铝基复合材料最常见的切屑形状。

对硬脆颗粒增强金属复合材料切削时，发现铝基体夹裹颗粒进入剪切变形区后有非定向连续滑移、沿剪切面剪断、基本稳定滑移 3 种变形形式。此外，剪切角无法通过解析法进行预算，只能通过试验取得经验值。

对 SiC_p/Al 复合材料高速铣削时，切屑总体上呈不规则锯齿状的非连续形［图 4.42 (a)］，切削自由表面有非周期性的剪切裂纹延伸至切屑内部［图 4.42 (b)］，第一剪切区［图 4.42 (c)］和切屑［图 4.42 (d)］中存在大量微孔洞和微裂纹。这些微孔洞和微裂纹大多在增强颗粒周围形成，它们的方向基本与材料变形方向一致［图 4.42 (d)］。研究表明，微孔洞和微裂纹的形成和扩展对 SiC_p/Al 复合材料的切屑形成过程具有重要影响。研究还表明，SiC_p/Al 复合材料在切屑的形成过程中剪切角不为定值，从而在形态上有呈锯齿状的趋势。切削 SiC_p/Al 复合材料时，剪切变形区基体总是夹裹着破碎的碳化硅颗粒在进行不均匀的协调变形（颗粒发生旋转），滑移（包含大量晶界、相界之间的滑移）方向经常变化。由于试验所使用的 SiC_p/Al 复合材料基体塑性好，碳化硅颗粒细小，并且体积分数不高，故铝基体在剪切变形区的滑移类似于非增强金属，可连续并比较稳定地定向滑移，但颗粒附近的基体仍有局部少量不均匀的变形，从而使得材料的变形流线不清晰［图 4.42（c）］。虽然如此，增强颗粒还是有沿材料剪切变形方向流动的趋势［图 4.42（c）］。研究表明，高速铣削切屑形态为不均匀锯齿状，增强颗粒体积分数、工件材料热处理状态等对切屑形成有显著影响；微孔洞与微裂纹的动态形成和扩展是切屑形成的主要机制，切屑形成过程还伴随一定程度的绝热剪切。

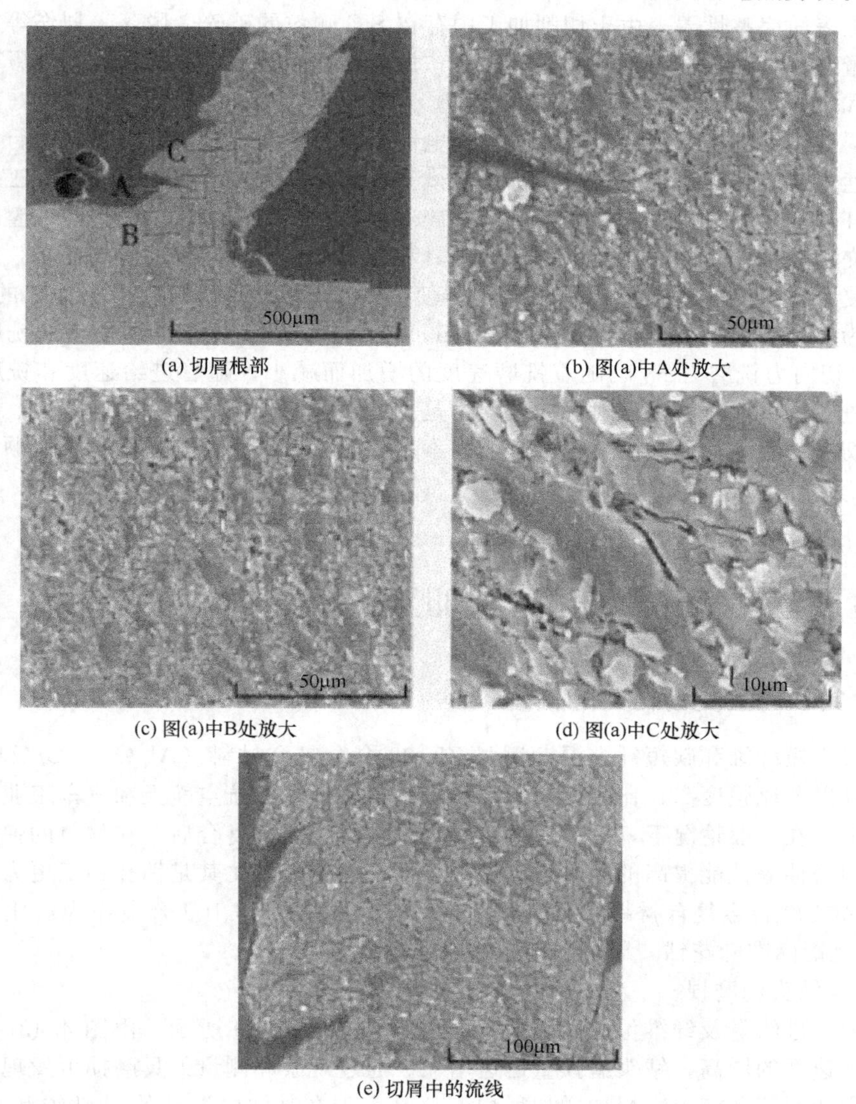

(a) 切屑根部　(b) 图(a)中A处放大

(c) 图(a)中B处放大　(d) 图(a)中C处放大

(e) 切屑中的流线

图 4.42　切屑根部形态（$v=120\text{m/min}$，$f=0.3\text{mm/r}$，$a_p=3\text{mm}$）

4.5.3　SiC_p/Al 复合材料的铣磨加工

对于颗粒增强 SiC_p/Al 复合材料，尽管目前国内外学者开发了不少新的加工方法，如电火花加工、激光加工和高压水射流加工等方法，但由于设备比较昂贵和加工质量不高等原因，所以传统的机械加工（包括车、钻、铣、冲、铰、镗和磨等）仍是当前加工的主要手段。切削加工是目前研究较多的方法，也是对颗粒增强铝基复合材料的主要加工方法，但增强颗粒的存在极大地增加了加工难度，加工中主要存在如下问题。

（1）采用普通的高速钢和硬质合金刀具切削该材料时刀具会剧烈磨损，并且很难得到较为理想的表面质量，加工效率低；由许多研究结果可知，PCD 刀具能够较好胜任 SiC_p/Al 复合材料的切削加工。但是，PCD 刀具的制造成本高，并且经常用于精加工场合。另外，有关学者采用 K10 硬质合金铣刀对 SiC_p/Al 复合材料进行逆铣加工时发现，经常有刀具的崩刃现象发生，并且随着增强颗粒尺寸增大，崩刃现象更严重。

(2) 加工表面完整性差。由于切削加工中存在 SiC 颗粒的破碎、脱落、划伤等原因，导致加工表面质量恶化，往往会出现犁沟或凹坑等；加工过程中甚至伴有高强度增强颗粒与界面的解离、破碎和脱落，导致工件表面粗糙度增大。

复合材料的铣磨加工是使用带有螺旋槽的电镀金刚石铣磨工具对复合材料进行的一种切削加工方法。通过对 SiC_p/Al 复合材料进行正交试验，表明该方法可以避免铣削加工颗粒含量较高的 SiC_p/Al 复合材料时零件的边棱产生的崩碎现象，加工后的零件表面形状完整。

采用正交试验设计，通过对不同的铣磨工具和加工参数对铣磨力的影响分析，得到铣磨加工 SiC_p/Al 复合材料时，最佳的参数组合，即使用螺旋角为 50°、螺旋槽数为 3 的铣磨工具，在加工参数为 $v=314m/min$、$f=100mm/min$、$a_p=0.01mm$ 下能得到较小的铣磨力；法向铣磨力 F_n 和切向力铣磨力 F_t 均随着铣磨速度的增加而减小，随着进给速度和铣磨深度的增加而增大；进给速度和铣磨深度对法向铣磨力是高度显著的影响因素，铣磨速度、进给速度和铣磨深度对切向铣磨力均是高度显著的影响因素，各因素对铣磨力的显著性影响顺序为 $a_p>f>v>$铣磨工具。

4.6 金属基复合材料的钻削加工

4.6.1 ZL109 合金复合材料的钻削

三氧化二铝短纤维和碳短纤维混杂增强 ZL109 合金复合材料（$Al_2O_{3f}+C_f/ZL109$）因耐磨减摩性优异以及比强度高、比刚度高和线膨胀系数较低，在航空航天和汽车工业领域具有重要的应用价值。在一般情况下，单一短纤维复合或短纤维混杂复合后，在材料的弹性模量、强度、硬度、耐磨性等性能提高的同时，其机加工性都会下降，尤其是钻孔加工更为困难。

为分析 ZL109 合金复合材料的钻削加工性，将基体材料 ZL109 合金作为对比材料。钻头为 $\phi 6mm$ 高速钢标准麻花钻，干式钻削，钻削深度均为 15mm。

4.6.1.1 钻头的磨损

切削速度、进给量及纤维位向对钻头磨损的影响如图 4.43 所示。由图 4.43 (a) 可以看出，随着切削速度的增高，钻头磨损量迅速增大。通过观察和测量刀具磨损可发现，当转速较高时，钻头主切削刃和横刃磨损均增加很快。这是由于在基体中混杂的 C 纤维和 Al_2O_3 纤维对钻头的摩擦磨损作用所导致的。当平行纤维方向钻削时，钻头磨损量小于垂直纤维方向钻削，这是由于垂直纤维方向钻削时，钻头切削刃切割硬质纤维的次数或钻头与硬质纤维接触的频率明显增加的缘故。

由图 4.43 (b) 可以看出，随着进给量的增加，钻头磨损量会减小。这是由于在钻削深度一定以及钻头转速相同的条件下，随着进给量的增加，钻削时间减少，钻头切削刃与硬质纤维的摩擦时间会减少，因而钻头磨损程度会减轻。平行纤维向钻削时的钻头磨损量明显小于垂直纤维向钻削。

以基体材料 ZL109 合金和 45 钢作为对比材料，得到钻削深度对钻头磨损的影响如图 4.44 所示。由图可见，钻削 $Al_2O_{3f}+C_f/ZL109$ 复合材料时，钻削深度超过 70mm 后，钻头磨损量已接近 1mm，这时轴向力和扭矩均明显增大，发热现象显著，钻头磨损量明显大于基体材料

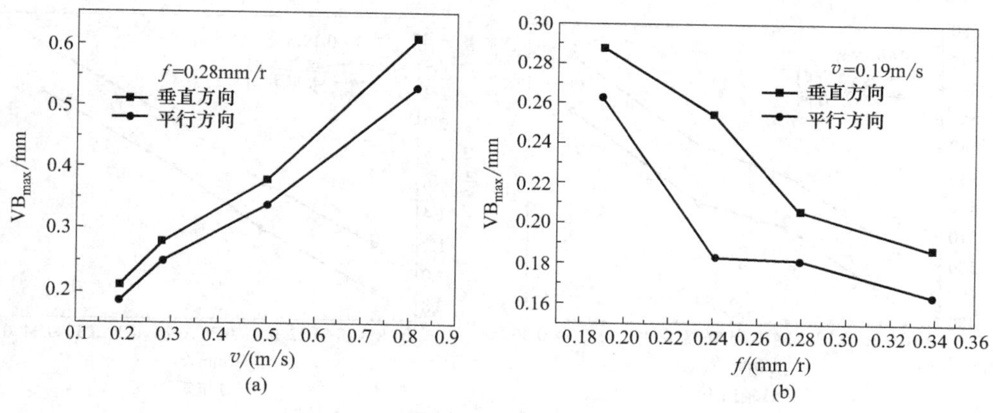

图 4.43 切削用量对钻头磨损的影响

ZL109 合金和 45 钢的。钻削 $Al_2O_{3f}+C_f/ZL109$ 复合材料时，钻头的寿命为钻削 45 钢的 1/5～1/3，为钻削 ZL109 的 1/7～1/5。

4.6.1.2 钻削力

首先分别考察了切削速度和进给量及纤维位向对钻削轴向力和扭矩的影响，结果如图 4.45 和图 4.46 所示。由图 4.45 可以看出，随着切削速度的增加，轴向力和扭矩均增加。这一点与切削金属材料时不同。因为切削 45 钢等金属材料时，是切削热对切削力的影响起主要作用，较高的切削速度使工件材料的强度和硬度下降，使切削力有所下降。而钻削 $Al_2O_{3f}+C_f/ZL109$ 复合材料时，钻头磨损对钻削力的影响占主导地位。一方面，随着切削速度的增高，刀具磨损量迅速增大；另一方面，单位时间内切割纤维的数量增大，所以会导致钻削力增大。

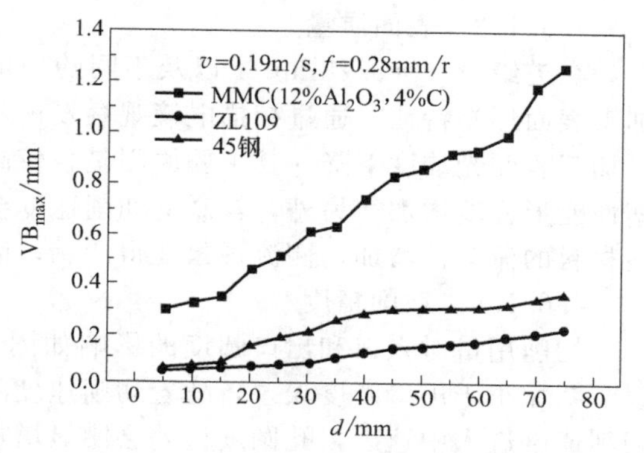

图 4.44 钻削深度对钻头磨损的影响

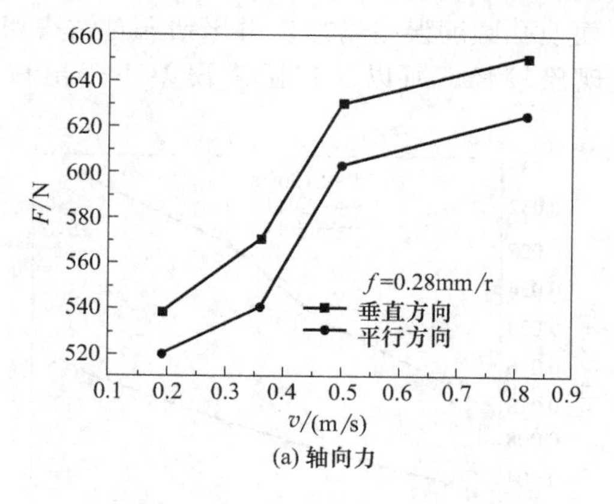

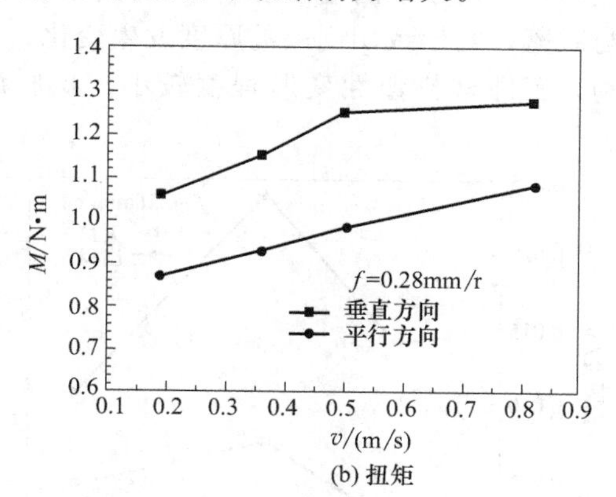

图 4.45 切削速度对钻削轴向力和扭矩的影响

由图 4.46 可以看出，随着进给量的增加，轴向力和扭矩均增大，这是由于随着进给量增加，切削层厚度增加，所以会使轴向力和扭矩增大。

由图 4.45 和图 4.46 还可看出，垂直纤维方向钻削时，轴向力和扭矩均大于平行纤维方向钻削。

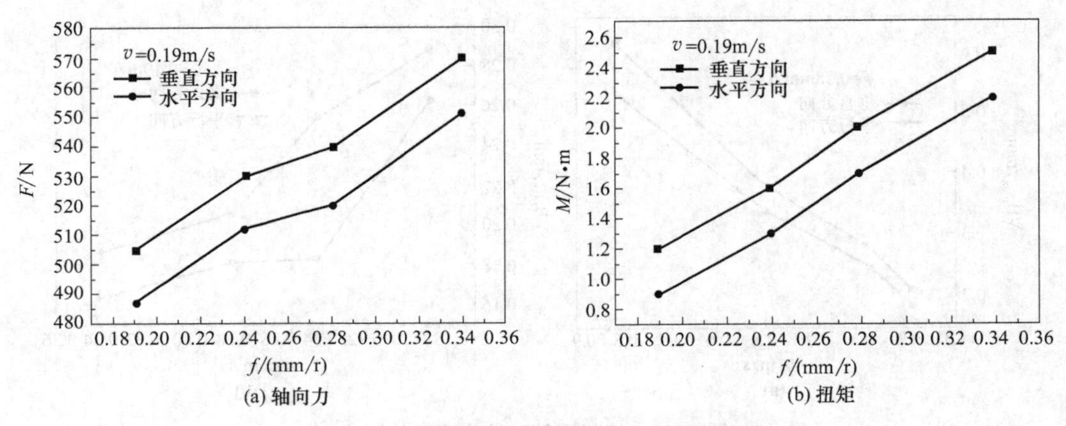

(a) 轴向力 (b) 扭矩

图 4.46 进给量对钻削轴向力的扭矩的影响

4.6.1.3 表面质量

在进给量 $f=0.28$mm/r 以及不同的切削速度下，获得 $Al_2O_{3f}+C_f$/ZL109 复合材料钻削加工表面形貌特征，通过扫描电镜观察发现，随着切削速度的提高，残余的切削层材料增多，已加工表面光洁度下降。其主要原因是，较高的切削速度引起钻头的迅速磨损，使切削层材料塑性变形程度增加。另外，较高的切削速度会导致切削区温度升高，使材料的塑性增加，从而使材料的流动性增加，侧流现象变得严重，因而导致残留的切削层材料增多。

4.6.1.4 钻削精度

切削用量对入口和出口圆度的影响如图 4.47 所示。由图 4.47（a）可以看出，入口圆度误差明显小于出口圆度误差，随着切削速度的提高，在低速区，孔圆度误差会有所减小，随着切削速度进入中速区，孔圆度误差会明显增加，随着切削速度进一步提高，孔圆度误差又有减小的趋势。这一现象正如积屑瘤与切削速度的关系一样，孔圆度误差与切削速度的关系也呈现出一定的驼峰性。分析认为，孔圆度误差受切削速度的影响是由于切削速度对积屑瘤的影响造成的。在测量钻头磨损时可看到，切削刃上包覆着具有一定强度的积屑瘤。在适合于积屑瘤成长的驼峰期，由于积屑瘤硬度高于工件材料，会代替刀刃进行切削。同时由于积屑瘤周期性的生长与脱落，会导致切削层的厚度发生变化，因而使孔圆度误差增加。由于钻入时钻头切削刃较锋利，工件材料塑性变形程度较小，积屑瘤现象较轻，所以入口圆度误差小于出口圆度误差。

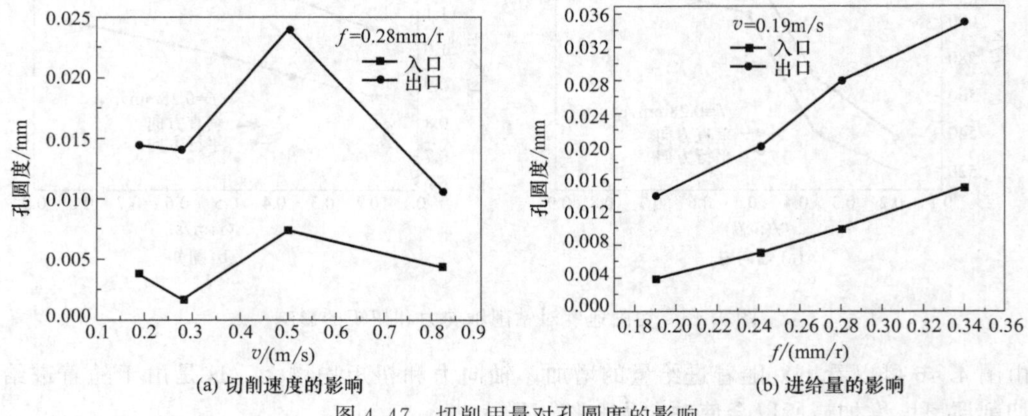

(a) 切削速度的影响 (b) 进给量的影响

图 4.47 切削用量对孔圆度的影响

由图 4.47（b）可以看出，随着进给量的增加，入口和出口圆度误差均有增加的趋势，而且出口的圆度误差增加程度高于入口圆度误差。分析认为，由于 C 纤维和 Al_2O_3 纤维的增强作用，使 $Al_2O_{3f}+C_f$/ZL109 复合材料具有较高的脆性。当进给量增加时，钻头对入口和出口处的挤压力过大，尤其是出口处的挤压力更大，会造成挤裂或掉渣现象，导致出口及入口处的孔圆度误差大幅度增加。

4.6.2 SiC_p/Al 复合材料的钻削仿真

4.6.2.1 有限元模型的建立

在模拟仿真中，刀具使用的是标准麻花钻，顶角 2ψ 为 118°，螺旋角为 30°，直径 d 为 45mm。利用 DEFORM-3D 软件中特有的涂层功能，直接在钻头表面建立 5μm 厚的金刚石涂层。工件直径 10mm，高 8mm，金刚石涂层钻头钻削工件的三维实体模型如图 4.48 所示。

在模拟过程中，采用四面体单元，工件的单元类型是绝对网格类型，最大网格单元尺寸和最小网格单元尺寸之比为 7。而钻头的网格类型则采用相对网格类型，其单元数为 20000。系统的自动网格划分程序能够防止单元网格的过度畸变，网格划分后的模型如图 4.49 所示。

图 4.48 钻削工件的三维实体模型

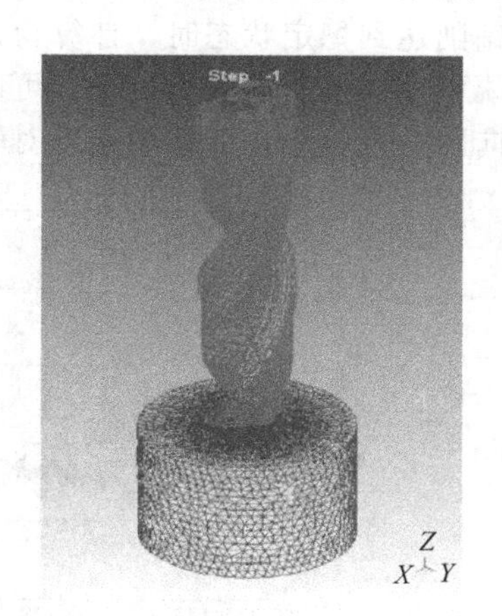

图 4.49 网络划分后的模型

为了研究钻削过程的宏观特性（如钻削力、扭矩等），将工件定义成各向同性的复合材料，钻头采用硬质合金材料，涂层材料为金刚石，三种材料的性能参数如表 4.11 所示。

表 4.11 三种材料的性能参数

材料	弹性模量 E/GPa	泊松比 ν	热导率/[W/(m·K)]	比热容 C/[J/(kg·K)]
SiC_p/Al 复合材料	213	0.23	235	850
硬质合金	542	0.23	82	386
金刚石	1147	0.07	2100	525

为了限制工件的运动，在设置模型的边界条件时，将工件的圆周面在 X、Y、Z 三个方向上的速度设为零。设置物体内部关系时，设钻头为主动件，工件为从动件，摩擦系数为 0.5，热导率为 45W/(m·K)，摩擦类型为剪切摩擦。

在有限元计算中，钻头的轴向载荷是通过施加向下的速度 v 来实现的，周向载荷是通过施加周向的转速 ω 来实现的。分为两种情况：第一种情况 v 分别为 0.83mm/s、4.17mm/s、1.67mm/s、3.33mm/s、2.50mm/s，ω 保持 52.358rad/s 不变；第二种情况 v 分别为 2.5mm/s、5mm/s、7.5mm/s、10mm/s、15mm/s，ω 分别为 52.358rad/s、104.720rad/s、157.075rad/s、209.430rad/s、314.150rad/s。

4.6.2.2 仿真结果

为了更好地了解金刚石涂层钻头钻 SiC_p/Al 复合材料的力学性能，分别分析钻削速度和进给量对钻削过程中钻头的轴向力和扭矩的影响。在模拟仿真中，参数的设置分为两种情况：第一种情况，钻头的进给量为 0.3mm/r，钻削速度分别为 500r/min、1000r/min、1500r/min、2000r/min、3000r/min；第二种情况，钻头的钻削速度为 500r/min，进给量分别为 0.1mm/r、0.2mm/r、0.3mm/r、0.4mm/r、0.5mm/r。

（1）钻削速度对钻削力、扭矩和温度的影响　图 4.50（a）、（b）为仿真中钻头在进给量 f=0.3mm/r、钻削速度分别为 500r/min、3000r/min 时轴向力随行程的变化趋势。从图中可以看出，起初轴向力逐渐上升，随着加工的进行，钻削过程趋于稳定，最后随着钻削深度的增加，钻削过程达到稳定状态。而从局部来看，中间出现了轴向力的波动，主要是由于仿真过程中进给量的设置较大和网格重划分来模拟切削的变形或者是切屑的断裂造成的，而且轴向力的波动与计算的精度和网格密度等也存在一定的关系。从图中还可以看出，随着转速的增加，轴向力波动的频率也随之提高，这主要是由于随着转速的提高，网格自动划分的速率小于工件的变形速率造成的。

当钻削达到稳定状态时，计算得出平均轴向力分别为 481N 和 482N，用稳态时的平均轴向力来说明钻头轴向的受力情况，可以看出两者数值相差很小，说明钻头在不同钻削速度下所受的轴向力变化很小，即钻削速度对轴向力的影响较小。

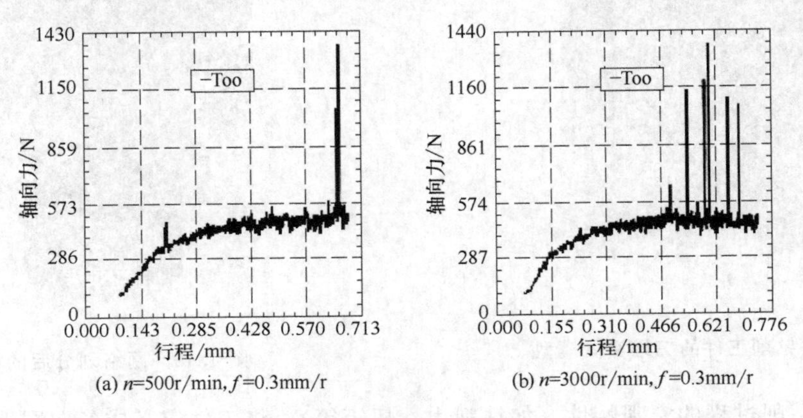

(a) n=500r/min, f=0.3mm/r　(b) n=3000r/min, f=0.3mm/r

图 4.50　钻削过程中钻头的轴向力

图 4.51（a）、（b）显示了钻头在不同钻削速度下钻头受到的扭矩变化情况。从图中可以看出，扭矩一直处于上升趋势，这是由于模拟过程中设定了钻头与工件之间的摩擦条件，钻头受到摩擦作用的影响，随着钻削深度的增加，扭矩也随之增加。局部的波动也是由于仿真过程中进给量的设置较大和网格重划分模拟切削的变形或者是切屑的断裂造成的。

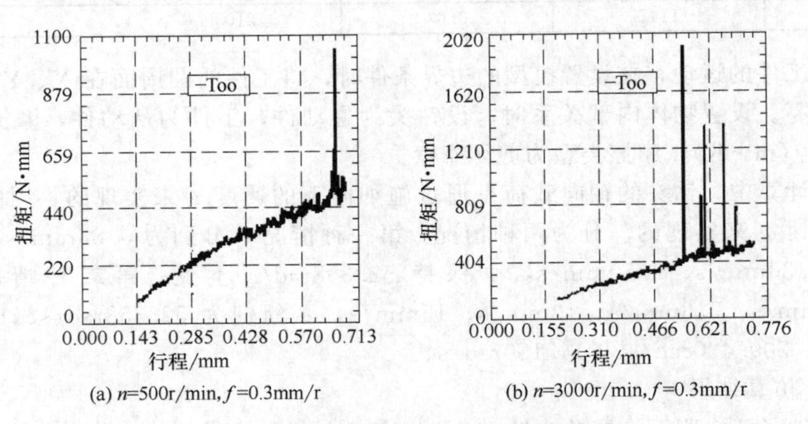

(a) n=500r/min, f=0.3mm/r　(b) n=3000r/min, f=0.3mm/r

图 4.51　钻削过程中钻头受到的扭矩

从图 4.51 中还可以看出，随着转速的增加，扭矩波动的频率也随之提高，这也是由于随着转速的提高，网格自动划分的速率小于工件的变形速率造成的。由于 DEFORM-3D 有限元分析软件对于新建材料进行仿真分析时，模拟结果与真实加工的结果存在一定的误差，但是仿真分析结果的变化趋势与实际加工的变化趋势比较接近，所以从定性角度分析，分析的结果具有一定的价值。

通过模拟仿真，得到钻削深度 $h=0.5$mm 附近的 30 个扭矩值，计算其平均值来说明钻头受到的扭矩情况。图 4.52、图 4.53 分别是进给量 $f=0.3$mm/r 时，轴向力和扭矩随钻削速度的变化曲线。从图中可以看出，随着钻削速度的增加，轴向力、扭矩都有所变化，但是变化的幅度并不是很明显，说明钻削速度对钻头的轴向力和扭矩的变化影响不大。

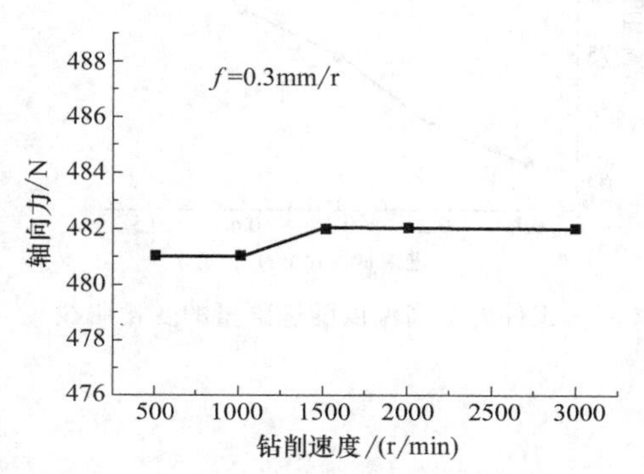

图 4.52 轴向力随钻削速度的变化曲线

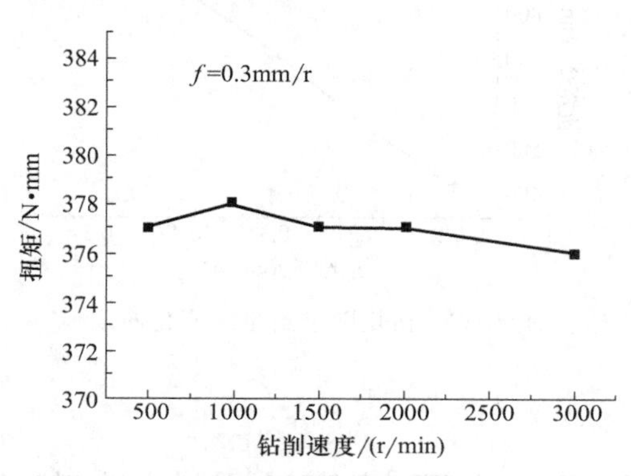

图 4.53 扭矩随钻削速度的变化曲线

取钻削深度 $h=0.5$mm、进给量 $f=0.3$mm/r、钻削速度分别为 500r/min 和 3000r/min，通过对工件的温度分布分析，发现当 $f=0.3$mm/r、$n=500$r/min 时，工件的最高温度为 63.5℃；当 $f=0.3$mm/r、$n=3000$r/min 时，工件的最高温度上升到 149℃。

图 4.54 是钻削深度 $h=0.5$mm、进给量 $f=0.3$mm/r、钻削速度分别为 500r/min、1000r/min、1500r/min、2000r/min、3000r/min 时，工件的最高温度随钻削速度的变化曲线。从图中可以看出，随着钻削速度的增加，工件的最高温度也随之升高。

(2) 进给量对钻削力、扭矩和温度的影响 通过模拟仿真计算不同进给量下的金刚石涂层钻头钻削 SiC_p/Al 复合材料的稳态轴向力，并且通过这些平均值来说明钻头受到的轴向力情况。图 4.55 是钻削速度为 500r/min 时，轴向力随进给量的变化曲线。从图中可以看出，进给量 $f=0.1$mm/r 时，轴向力为 260N，当进给量 $f=0.5$mm/r 时，轴向力增大到 780N。

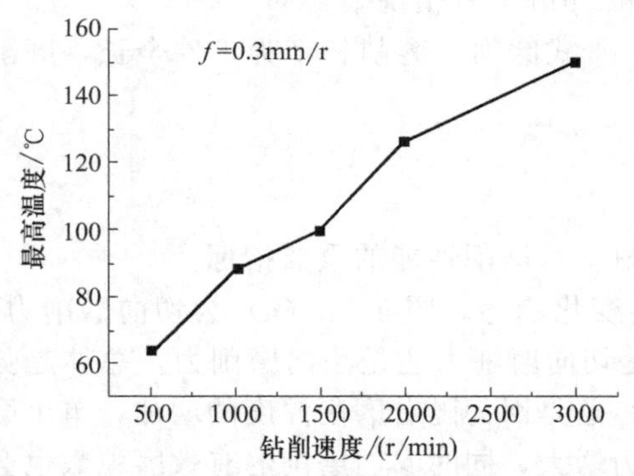

图 4.54 工件的最高温度随钻削速度的变化曲线

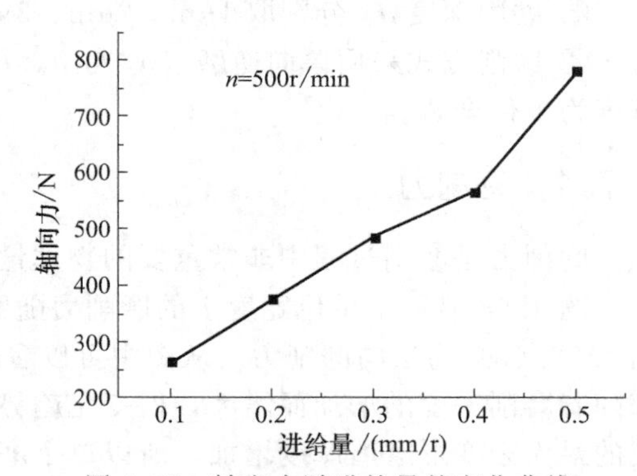

图 4.55 轴向力随进给量的变化曲线

通过模拟仿真得到钻削深度 $h=1$mm 附近的 30 个扭矩值，计算出平均值来说明钻头受到的扭矩情况。图 4.56 是钻削速度为 500r/min 时，扭矩随进给量的变化曲线。从图中可以看出，进给量 $f=0.1$mm/r 时，扭矩为 413N·mm，进给量 $f=0.5$mm/r 时，扭矩为 957N·mm。随着进给量的增加，钻头受到的轴向力和扭矩明显增大，说明进给量对轴向力和扭矩的影响较大，因此，试验中不宜选择过大的进给量。

图 4.57 是钻削深度 $h=1$mm、钻削速度为 500r/min、进给量分别为 0.1mm/r、0.2mm/r、0.3mm/r、0.4mm/r、0.5mm/r 时，工件的最高温度随进给量的变化曲线。从图中可知，随着进给量的增加，工件的最高温度也随之增加。

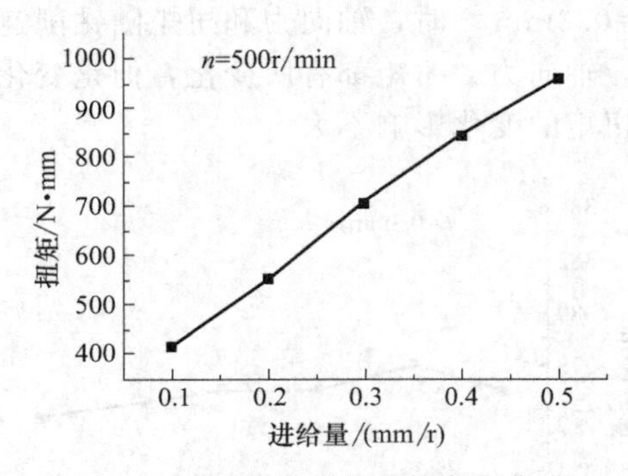

图 4.56 扭矩随进给量的变化曲线

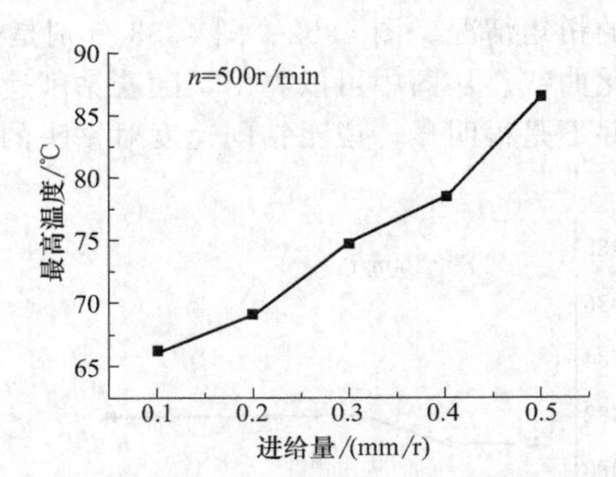

图 4.57 工件的最高温度随进给量的变化曲线

4.7 金属基复合材料的磨削加工

采用 MG7132 型高精度平面磨床精密磨床对 SiC_p/Al 复合材料进行磨削，试样材料的体积分数 V_f 为 56%，密度 ρ 为 2940kg/m^3，弹性模量 E 为 213GPa，弯曲强度 σ_f 为 410MPa，热导率 λ 为 W/(m·K)，比热容 C 为 850J/(kg·K)，泊松比 ν 为 0.23。

采用单因素方法，考虑两个磨削参数磨削深度 a_p 和工件移动速度 v_w 对磨削力、已加工表面粗糙度的影响，具体参数如下。

① 砂轮选择粒度为 W28 的金刚石砂轮，砂轮尺寸为 300mm×75mm×32mm（外径×内径×宽度），砂轮转速 $r=1500$r/min（砂轮线速度 $v_s=23.55$m/s）。

② 工件移动速度 v_w 分别取 0.6m/min、3.3m/min、7.5m/min、9.7m/min、10.9m/min 和 19m/min 六种情况。

③ 磨削深度 a_p 分别取 1μm、2μm、3μm、4μm 和 5μm 五种情况。

④ 磨削方式采用单向逆磨（v_s 与 v_w 方向相反），干式磨削。磨削长度为工件全长，磨削宽度为工件全宽。

4.7.1 磨削力

磨削力是磨削过程中非常重要的物理量，是评价材料可磨削性能的重要指标。

图 4.58 显示了单位宽度上的磨削力随磨削深度的变化趋势，图 4.58（a）为切向磨削力，图 4.58（b）为法向磨削力。从图中可以看出，无论是切向磨削力还是法向磨削力，总体趋势都随着磨削深度的增加而增大，但变化趋势相对较缓，这是因为随着磨削深度的增加，单个磨粒的最大未变形磨屑厚度增加，所以单个磨粒的磨削力增大，同时参与磨削的有效磨粒数也会增多，因此磨削力增大。

图 4.59 显示了单位宽度上的磨削力随工件移动速度的变化趋势，图 4.59（a）为切向磨削力，图 4.59（b）为法向磨削力。从图中可以看出，无论是切向磨削力还是法向磨削力，总

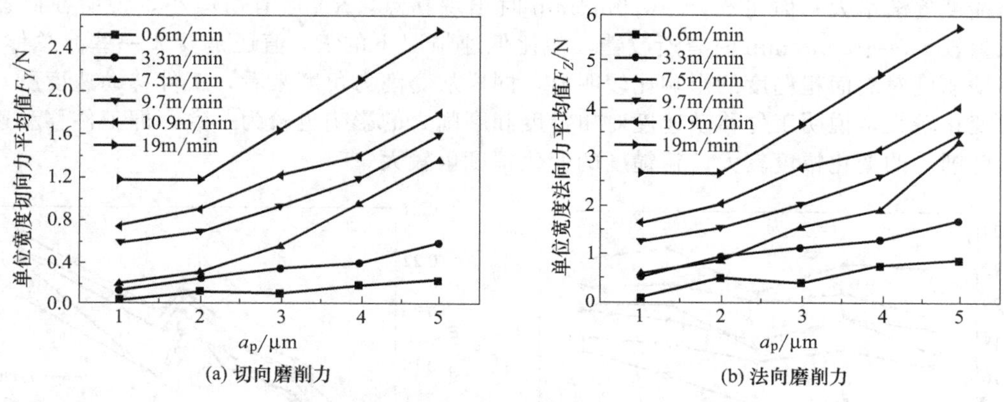

(a) 切向磨削力　(b) 法向磨削力

图 4.58　单位宽度磨削力平均值随磨削深度的变化

体趋势都随着工件移动速度的增加而增大，而且变化趋势非常明显，这是因为随着工件移动速度的增加，单位时间内磨粒与 SiC 颗粒碰撞的概率加大，同时磨削体积也加大，所以磨削力增大。

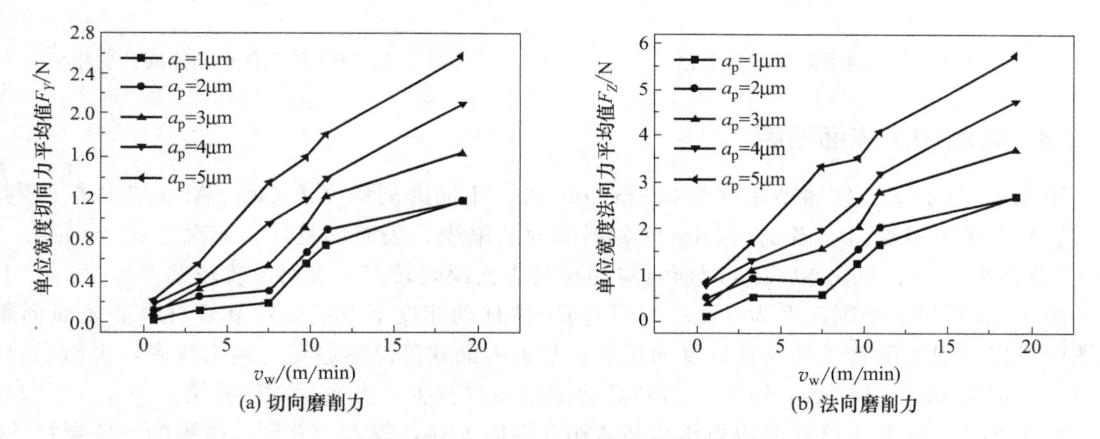

(a) 切向磨削力　(b) 法向磨削力

图 4.59　单位宽度磨削力平均值随工件移动速度的变化

从图 4.58 和图 4.59 中还可以看出，两种磨削参数条件下的法向磨削力都大于切向磨削力，这是由于磨粒具有较大的负前角所致，这与磨削理论非常吻合。综上所述，磨削深度对磨削力的变化影响较小，工件移动速度对磨削力的变化影响较大。

4.7.2　磨削表面粗糙度

图 4.60 显示了垂直于磨削纹理方向的粗糙度随磨削深度的变化规律。从图中可以看出，在六种工件移动速度下，粗糙度总体趋势较为平稳，只是随着磨削深度的增加而有微小的波动，但波动幅度较小，在 0.015～0.045μm 之间。这是因为磨削表面粗糙度与磨削深度关系不明显，表面粗糙度对其的敏感度小于工件移动速度，因此总体来说磨削深度对表面粗糙度的影响不是很明显。同时从磨削力角度来看，磨削深度所对应的磨削力变化相对较小，说明磨削深度对粗糙度和磨削力的影响比较一致，即磨削深度一定时，磨削力变化幅度较小，粗糙度的变化幅度也较小。

图 4.61 显示了垂直于磨削纹理方向的粗糙度随工件移动速度的变化规律。从图中可以看出，在五种磨削深度下，粗糙度总体趋势是随着工件移动速度的增加而增大。这是因为随着工件移动速度的提高，磨粒切削过程中 SiC 颗粒的解离、破碎和脱落增多，振动变大，从而导致

表面粗糙度逐渐增大。但在 $v_w=10.9\mathrm{m/min}$ 时出现拐点，Ra 值有所减小，说明在此速度下表面质量较 $v_w=9.7\mathrm{m/min}$ 时有所改善，但比低速情况下的 Ra 值还是要大一些。总体来说，工件移动速度对表面粗糙度的影响比较明显，同样从磨削力角度来看，工件移动速度所对应的磨削力变化较大，说明工件移动速度对粗糙度和磨削力的影响也较为一致，即工件移动速度一定时，磨削力的变化幅度较大，粗糙度的变化幅度也较大。

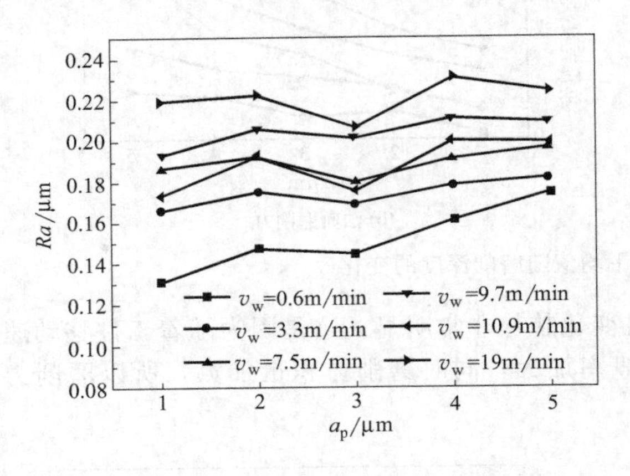

图 4.60 Ra 随磨削深度的变化

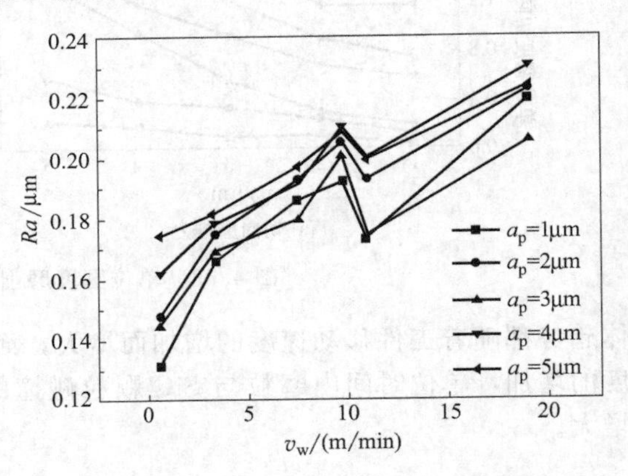

图 4.61 Ra 随工件移动速度的变化

4.7.3 磨削加工表面形貌

图 4.62 显示了工件移动速度为 3.3m/min 时，不同磨削深度下 SiC_p/Al 复合材料的表面形貌。从图中可以看出，当 $a_p=3\mu m$ 时材料表面缺陷少，表面形貌好，其次是 $a_p=1\mu m$。而当 a_p 分别为 $2\mu m$、$4\mu m$ 和 $5\mu m$ 时所对应的材料表面缺陷较多，表面形貌较差。

图 4.63 显示了磨削深度为 $3\mu m$ 时，不同工件移动速度下 SiC_p/Al 复合材料的表面形貌。从图中可以看出，随着工件移动速度的增加，材料表面缺陷总体趋势是越来越多，表面形貌越来越差。但当 $v_w=10.9\mathrm{m/min}$ 时，材料表面缺陷相对较少，表面相对较光滑。

由于 SiC_p/Al 复合材料的增强相和基体相在性能上存在较大的差别，硬脆的 SiC 颗粒一般只发生弹性变形、破碎和脱落。而较软的 Al 基体一般发生塑性变形，同时二者界面结合处情况也较复杂，这使得 SiC_p/Al 复合材料在磨削加工后表面出现其特有的形貌。

(a) a_p=1μm(放大200倍)

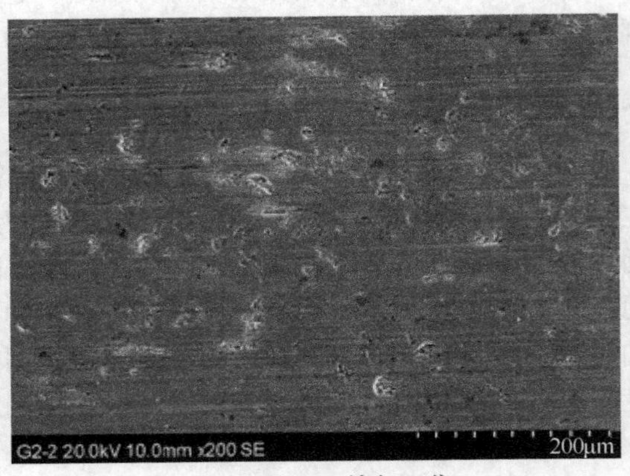

(b) a_p=2μm(放大200倍)

(c) a_p=3μm(放大200倍)

(d) a_p=4μm(放大200倍)

(e) a_p=5μm(放大200倍)

图 4.62　磨削深度对 SiC_p/Al 复合材料表面形貌的影响

图 4.64 为 SiC_p/Al 复合材料表面形貌形成过程，图 4.64 (a) 为砂轮金刚石磨粒犁耕材料表面，由于砂轮与工件的逐步接触，使得摩擦作用加剧温度升高，Al 基体随着温度的升高而变软，磨粒切削刃在法向力的作用下进入 Al 基体中。Al 基体经过塑性变形被磨粒推向两侧形成隆起，从图中可以清晰地看到沿磨削方向犁耕作用留下的犁沟。随着磨削过程的进一步进行，砂轮与材料表面的相互作用使得 SiC 颗粒出现破碎现象，如图 4.64 (b) 所示。部分脆性

(a) v_w=0.6m/min(放大200倍)

(b) v_w=3.3m/min(放大200倍)

图 4.63

(c) v_w=7.5m/min(放大200倍)

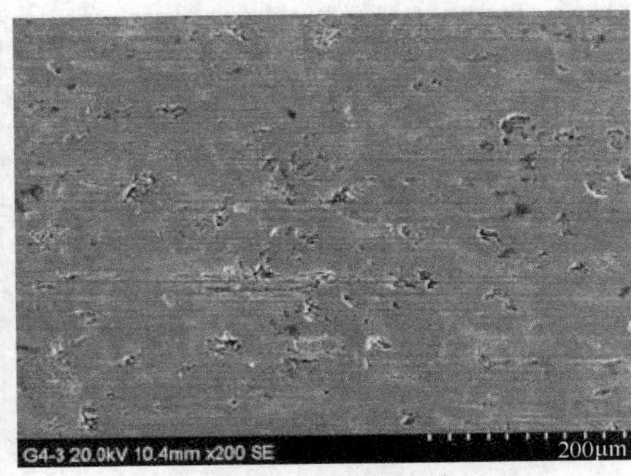

(d) v_w=9.7m/min(放大200倍)

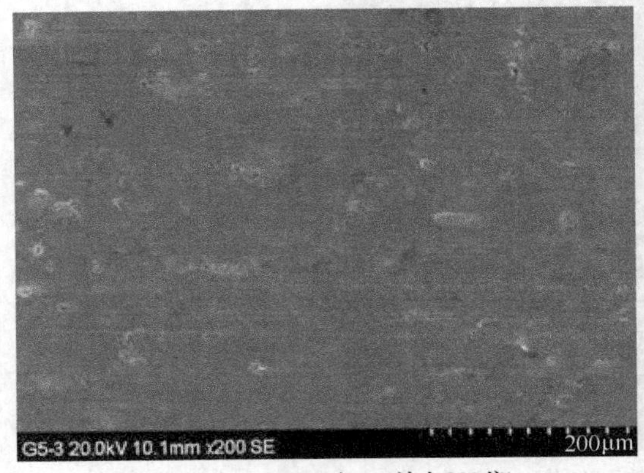

(e) v_w=10.9m/min(放大200倍)

(f) v_w=19m/min(放大200倍)

图 4.63　工件移动速度对 SiC_p/Al 复合材料表面形貌的影响

断裂的颗粒又被砂轮切削刃拔出而留下凹坑，如图 4.64（c）所示。图 4.64（d）显示了 Al 基体出现加工硬化现象后形成一定的硬化层，同时因为破碎的 SiC 颗粒发生脱落，在颗粒与基体界面结合力的作用下，使得 Al 基体硬化层出现微裂纹。

(a) 犁耕(放大3000倍)

(b) SiC 颗粒破碎(放大5000倍)

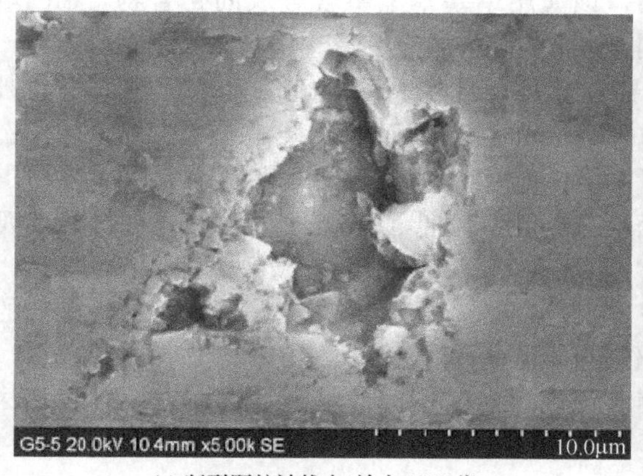

(c) 断裂颗粒被拔出(放大5000倍)

(d) 微裂纹和微孔洞(放大1000倍)

图 4.64 SiC_p/Al 复合材料表面形貌形成过程

4.8 金属基复合材料的特种加工

4.8.1 激光表面处理

对于金属基复合材料，由于增强体的加入使复合材料的性能得到大幅度提高，同时又降低了材料组织的均一性，从而导致金属基复合材料的耐腐蚀性下降。金属基复合材料的不断发展，必将应用于更加复杂苛刻的使用环境，因而对其耐腐蚀性能方面的要求也将越来越高。近年来，对金属基复合材料腐蚀机理及防腐蚀措施的研究较多，其中激光对金属基复合材料进行表面处理被认为是提高材料耐腐蚀性能的一种有效途径。

激光表面处理改善金属基复合材料是利用光子与金属中的自由电子相互碰撞时，金属导带电子能量提高并转化为晶格振动能即产生热量。由于光子穿透金属的能力极低，故能量集中在金属表面，表层温度会迅速升高，随后以 $1.0\times10^5\sim1.0\times10^8$℃/s 的冷却速度快速冷却，材料表面形成成分均匀的细晶结构，从而提高金属基复合材料的耐腐蚀性。根据表面有无涂覆合金元素以及合金元素的多少、合金元素的组成形式，激光处理技术可分为激光表面熔凝、激光表面合金化、激光表面熔覆三种。

4.8.1.1 激光表面熔凝

激光表面熔凝（LSM）技术是用高能量密度激光束扫过材料表面，使之发生局部熔化后急速冷却的技术。

利用激光熔凝技术改善复合材料耐腐蚀性的机理在于，利用激光对金属基复合材料进行表面照射，从而导致某些金属间化合物和部分增强体分解，减少在复合材料组织中形成原电池，从而加速材料的腐蚀。同时，在材料表面形成一个以基体为主要成分的组织均一的薄层，借助于基体材料优良的耐腐蚀性来提高金属基复合材料的抗腐蚀性能。又因激光处理后表面呈压应力状态，也会对提高复合材料的耐腐蚀性能有所帮助。

经激光熔凝后的表面熔化区还具有晶粒细化、能获得亚稳态组织甚至非晶、熔化层内气孔率较低、基体与表面结合状态好等优点。

利用 KrF 准分子激光对 SiC 晶须增强铝基复合材料进行表面改性，借助于显微镜及 X 射线衍射技术，对激光处理前后试件表层的显微组织及化学结构进行分析。结果表明，准分子激光处理后，试件表面形成了一个数微米厚的铝层，该薄层中基本上不含金属间化合物，SiC 增强相的数量也显著减少，材料的耐腐蚀性能得到显著提高。

利用 KrF 准分子激光对 SiC 颗粒增强 2124 铝合金进行激光表面处理后发现，在适当的激光参数下，MMC 经激光表面处理后形成组织均一的激光层，从而使腐蚀电位有较大的提高。当进一步提高能量密度时腐蚀电位提高幅度有所降低。这主要是由于能量密度增大使晶须周围金属首先熔化并沸腾，形成大量的空洞，使表面状态恶化，降低了激光处理后复合材料的耐腐蚀性。

对 Si/6061Al 复合材料表面进行激光处理时发现，在激光熔化层中形成了耐腐蚀性很低的针状 Al_4C_3 及 Al_4SiC 相，而使复合材料的耐腐蚀性降低。

可见利用激光表面熔凝来改善复合材料的耐腐蚀性，对于不同的复合材料，其效果也不尽相同。

4.8.1.2 激光表面合金化

激光表面合金化（LSA）是先在复合材料表面涂覆少量合金元素，再用激光使基体和合金元素达到熔化状态。由于温度不均匀而产生的湍流现象使合金元素与基体表层充分混合，在快冷后形成不同于基体的耐腐蚀性较高的合金化表面层。

对 SiC 颗粒增强 6061 铝复合材料以 Ni-Cr-B 粉末为原料进行激光表面合金化后发现，合金层中 SiC 颗粒已经完全溶解，在合金层中形成了比较复杂的新相，如 Al_3Ni_2、Cr_2B 和初生硅，这些新相的耐腐蚀性很好，由于是快速凝固，合金层组织非常细小均匀，从而使复合材料的耐腐蚀性有了显著提高。

为了提高 SiC 增强铝基复合材料的耐腐蚀性能，利用 KrF 准分子激光在高纯度氮气环境下对 SiC 晶须增强铝基复合材料进行气体合金化处理。处理后在试件表面形成了一个几微米厚的富含 AN 陶瓷相的表面改性层，其不再含有导致材料耐腐蚀性恶化的金属间化合物，SiC 增强相的数量也大幅度减少，从而使材料的耐腐蚀性得到显著提高。

4.8.1.3 激光表面熔覆

激光表面熔覆（LSC）技术是在基体表面涂覆一层较厚的合金元素，当激光束作用在涂层上时，涂覆的合金元素发生合金化反应，生成的合金层完全覆盖在基体上面，同时基体表层发生熔化，与合金层产生冶金结合。表面的合金层将基体与腐蚀介质隔绝开，材料的耐腐蚀性能由熔覆层的耐腐蚀性能来决定。

由于激光束能量密度高，凝固时冷却速度快，激光熔覆层凝固后可以获得细小的组织。可以在同一零件的不同部位根据需要进行不同的熔覆，基体和熔覆层的结合是冶金结合，熔覆层组织具有明显的梯度渐变特征，熔覆过程中垂直方向高的温度梯度可以抵消涂覆材料与基体由热膨胀系数的差异而带来的热应力，避免材料的严重变形甚至开裂，形成良好的结合。目前利用激光表面熔覆来改善复合材料的耐腐蚀性多用在耐腐蚀性比较差的镁基复合材料。

利用 YAG 激光器采用连续波对 SiC 增强 ZK60（Mg-6%Zn-0.5%Zr）镁基复合材料表面熔覆 Al-Si 合金，通过调整激光功率和扫描速度，使处理后的复合材料极化曲线出现明显的钝化，腐蚀电位有很大的提高，腐蚀电流密度明显降低。

利用 YAG 激光器采用喷涂铜合金的两步法工艺，用 2kW-Nd：YAG 激光对 Mg-SiC 复合材料进行激光熔覆，熔覆后表层 $Cu_{60}Zn_{40}$ 合金与 Mg-SiC 基体熔合良好。激光熔覆试样的腐蚀电位 E_{corr} 比未处理的提高 3.7 倍，其相对腐蚀电流密度 J_{corr} 降低至 1/22，激光熔覆 $Cu_{60}Zn_{40}$ 层可以显著提高 Mg-SiC 复合材料的耐腐蚀性。

4.8.2 电火花加工

电火花加工中材料的蚀除过程是火花放电时的电场力、磁力、热力、流体动力、电化学及胶体化学等综合作用的过程。这一过程大致可以分为以下五个连续的阶段：极间介质的电离、击穿；形成放电通道；介质热分解、电极材料熔化、气化热膨胀；电极材料的抛出；极间介质的消电离。但在实际加工过程中，由于加工形式、放电介质等的不同，工件材料的蚀除过程也不完全相同。对于碳化硅颗粒增强铝基复合材料，由于铝的熔点为660.4℃，沸点为2467℃，而碳化硅在2735℃的温度下就会分解，因此当放电区域的温度高于碳化硅高温分解的温度时，碳化硅增强颗粒和铝基体同时被气化去除，很多研究资料表明，电火花放电加工的温度场是呈梯度分布的，中心区域的温度最高，可达到上万摄氏度，远离放电中心区域，温度逐渐降低。

4.8.2.1　电火花成型加工

图4.62所示为在电火花成型机床上加工的深度为1mm的圆槽及其工件背面，采用正极性加工，工具电极为铜电极，直径为20mm，工件材料为体积分数45%的碳化硅颗粒增强铝基复合材料，加工时间约为75min。通过对该圆槽的底面形貌和元素成分进行分析，可以为碳化硅颗粒增强铝基复合材料电火花成型加工的加工机理分析提供依据。可以看到电火花成型加工的圆槽底面以及工件背面出现了比较明显的积炭。图4.65所示加工工件已经过超声清洗清除表面杂质以及少量的积炭，如图所示的局部区域的比较严重的积炭仍然存在，并非全部由工作介质煤油在高温下分解产生。碳化硅颗粒增强铝基复合材料中的碳化硅增强颗粒在高温下分解能够产生炭，用来解释图4.65所示的积炭现象是合理的。这说明在碳化硅颗粒增强铝基复合材料的电火花加工过程当中，碳化硅增强颗粒的高温分解是客观存在的。

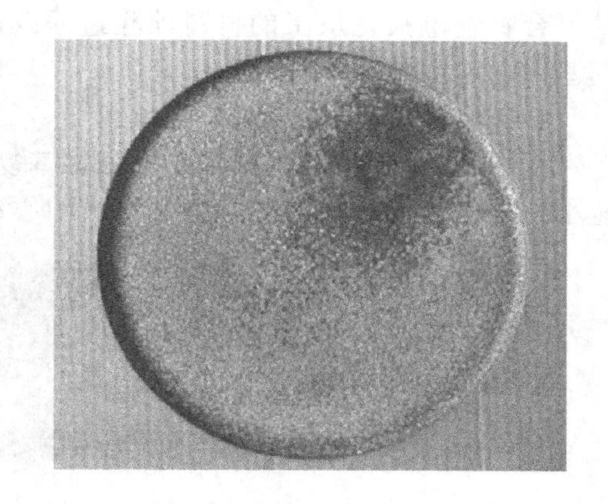

图4.65　电火花成型加工的圆槽

图4.66所示为碳化硅颗粒增强铝基复合材料电火花成型加工的圆槽底面的微观形貌以及能谱分析。

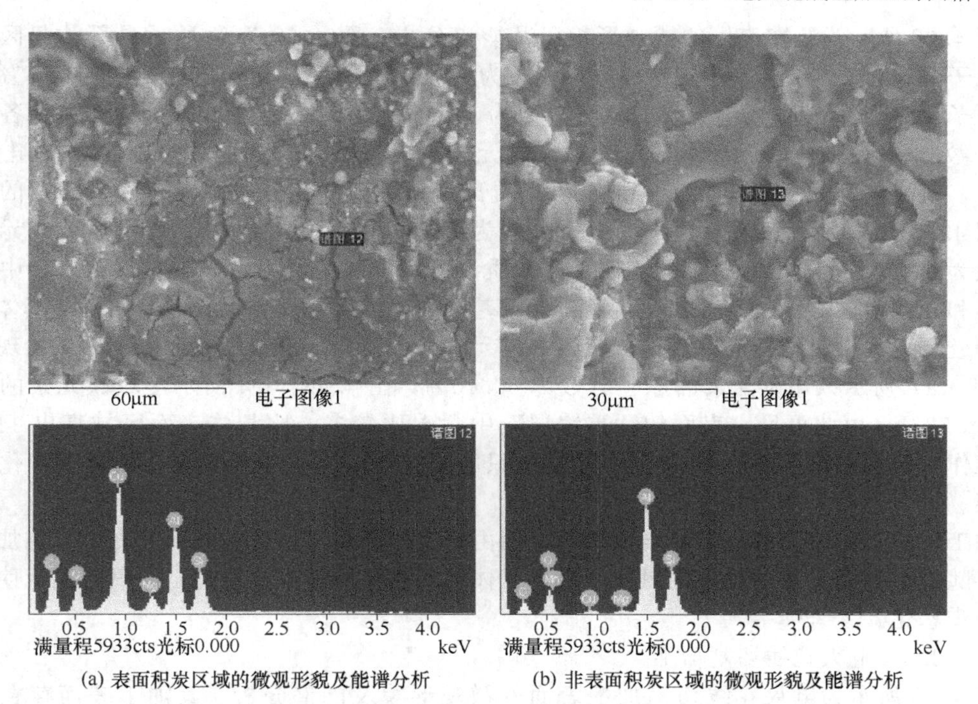

(a) 表面积炭区域的微观形貌及能谱分析　(b) 非表面积炭区域的微观形貌及能谱分析

图4.66　碳化硅颗粒增强铝基复合材料电火花成型加工表面的微观形貌及能谱分析

由碳化硅颗粒增强铝基复合材料电火花成型加工表面的微观形貌可以看到，加工表面的渗碳区域存在比较明显的裂纹，非渗碳区域存在“重铸层”。图 4.66（a）所示区域的能谱分析得出的数据，碳元素的原子分数为 62.80%，氧元素的原子分数为 20.48%，铝元素的原子分数为 6.56%，硅元素的原子分数为 3.13%。图 4.66（b）所示的区域，碳元素的原子分数为 47.99%，氧元素的原子分数为 31.53%，铝元素的原子分数为 12.64%，硅元素的原子分数为 6.44%。由加工表面的能谱分析也可以看出，图 4.66（a）所示区域的碳含量明显高于图 4.66（b）所示区域，均高于脆断面。积炭区域能谱分析得出的铜来自于铜电极。图 4.66（a）所示区域存在明显的微裂纹，由图 4.66（b）可以看出，碳化硅颗粒增强铝基复合材料成型加工表面存在明显的“重铸层”。图 4.66（a）表面平整度要好于图 4.66（b）所示的表面，看不到明显的“重铸层”，为工件材料在高温下气化分解去除得到的加工表面，包括铝基体在高温下的气化分解去除和碳化硅增强颗粒在高温下的气化分解去除，而该区域表面的积炭层的存在也印证了碳化硅增强颗粒在高温下的气化分解。从以上的实例和分析可以得出，碳化硅颗粒增强铝基复合材料电火花加工的材料蚀除过程以铝基体的熔融和增强颗粒的抛出为主，但同时也存在铝基体和增强颗粒的气化分解去除。

4.8.2.2 电火花高速小孔加工

图 4.67 所示为碳化硅颗粒增强铝基复合材料电火花高速小孔加工的孔壁表面。电火花高速小孔加工采用空心旋转电极、电极中心冲液的方式进行加工，工作介质为去离子水。

图 4.67 SiC_p/Al 复合材料电火花高速小孔加工的孔壁表面

图 4.68 所示为孔壁表面的微观形貌以及能谱分析。图 4.68（a）所示局部凸起区域碳元素的原子分数为 60.10%，氧元素的原子分数为 37.34%，铝元素的原子分数为 0.95%，硅元素的原子分数为 0.23%，铜元素的原子分数为 1.37%；图 4.68（b）所示基体表面各元素的原子分数如下所示：碳元素为 48.53%，氧元素为 42.54%，铝元素为 7.01%，硅元素为 1.47%，铜元素为 0.45%。由元素成分可以看出，孔壁表面成分中碳元素和氧元素的含量很高，图 4.68（b）所示区域氧元素的原子分数为 42.54%，图 4.68（a）所示区域氧元素的原子分数为 37.34%，低 5.2%，这说明工作介质为去离子水的情况下，放电加工过程中熔融态的金属和孔壁基体表面均存在氧化现象，孔壁基体表面的氧化现象更明显，而孔壁基体表面铝元素和硅元素的含量也更高，基体铝元素和硅元素会在高温下易被氧化也印证了试验现象。而图 4.68（a）所示区域碳元素的原子分数为 60.10%，图 4.68（b）所示区域碳元素的原子分数为 48.53%，由此可见，表面的“重铸层”中含碳比较多，比基体表面区域高出 11.57%。由于工作介质为去离子水，“重铸层”中的碳只能来自于碳化硅增强颗粒在高温下气化分解生成的碳。

加工后的孔壁表面氧元素的含量增加说明由于工作介质水中含有氧元素，电火花加工过程中还伴随着金属元素在高温下的氧化现象，基体铝的氧化能够生成难加工的氧化铝，使加工环境进一步恶化。

4.8.2.3 电火花线切割加工

图 4.69 所示为电火花线切割加工表面的微观形貌及能谱分析。其加工表面存在“重铸层”，并且存在由于增强颗粒被蚀除留下的凹坑，加工表面较为粗糙。图 4.69（a）所示加工

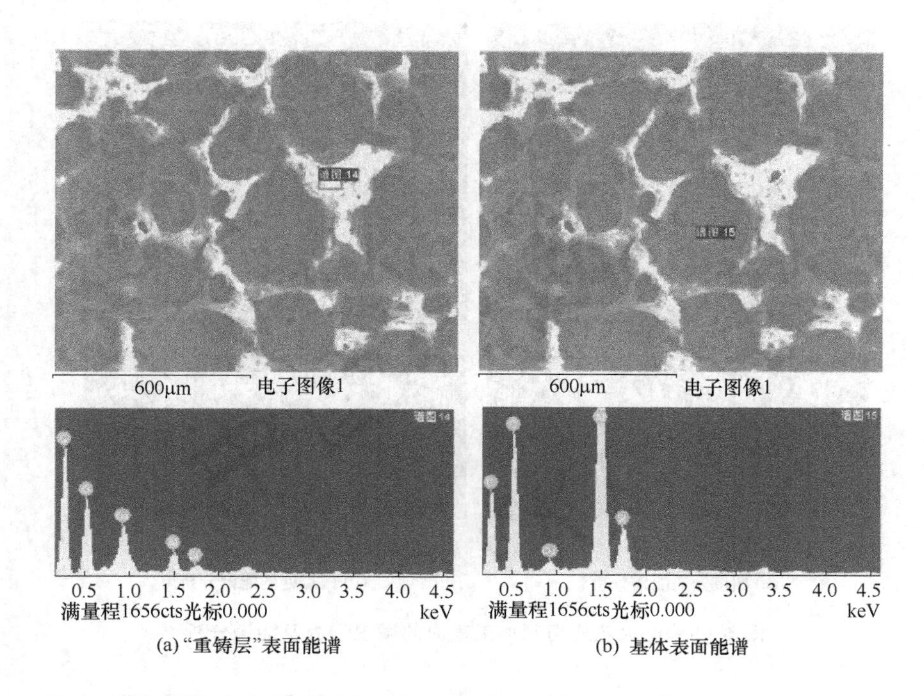

(a)“重铸层”表面能谱　　(b) 基体表面能谱

图 4.68 孔壁表面微观形貌及能谱分析

表面凹坑处的元素成分及其原子分数为：碳元素为 31.55%，氧元素为 28.94%，铝元素为 12.61%，硅元素为 26.78%；图 4.69（b）所示白点处的元素成分及其原子分数为：碳元素为 39.50%，氧元素为 33.34%，铝元素为 14.60%，硅元素为 12.40%。而脆断面中碳元素的原子分数占 37.88%，氧元素的原子分数占 32.57%，铝元素的原子分数占 18.09%，硅元素的原子分数占 11.46%。由此可见，图 4.69（a）加工表面凹坑处碳元素的原子分数相比脆断面减少 6.33%，硅元素的原子分数相比脆断面增加 15.32%，铝元素的原子分数相比脆断面减少 5.48%，氧元素的原子分数相比脆断面减少 3.63%。凹坑处铝的含量减少说明，碳化硅颗粒增强铝基复合材料的电火花加工过程中，铝基体首先从材料上蚀除，碳元素的原子分数相比脆断面减少，而硅元素的原子分数相比脆断面有增加，比较合理的解释就是部分碳化硅增强颗粒在高温下受热分解，碳首先挥发；图 4.69（b）加工表面白点处碳元素的原子分数增加 1.62%，铝元素的原子分数减少 3.49%，硅元素的原子分数增加 0.94%，氧元素的原子分数增加 0.77%。铝元素的原子分数减少最显著，再次说明了碳化硅颗粒增强铝基复合材料的电火花加工过程中，铝基体首先从材料上蚀除。

图 4.70 为在 CCD 相机上拍摄的部分电火花线切割加工表面的显微照片。可以看出，线切割加工后的边缘区域增强颗粒及其蚀坑的密度小于中心区域，原因是边缘区域的加工环境优于中间区域，蚀除的熔融态的铝以及增强颗粒更容易被蚀除加工表面和被工作介质带走。这也说明了，碳化硅颗粒增强铝基复合材料电火花线切割加工的材料蚀除以铝基体的熔融和碳化硅增强颗粒的抛出为主。

综合以上分析可以看出，对于不同的加工形式，碳化硅颗粒增强铝基复合材料电火花加工的材料蚀除机理并不完全相同，但加工过程中熔融态的铝基体首先从材料上蚀除，同时增强颗粒的整体抛出以及碳化硅颗粒的气化分解两种现象是同时存在的。同时，加工过程中金属基体的氧化与工作介质有关，若工作介质为煤油，则没有明显的氧化现象，当工作介质为去离子水时，碳化硅颗粒增强铝基复合材料的电火花加工过程还伴随着铝基体的氧化现象。

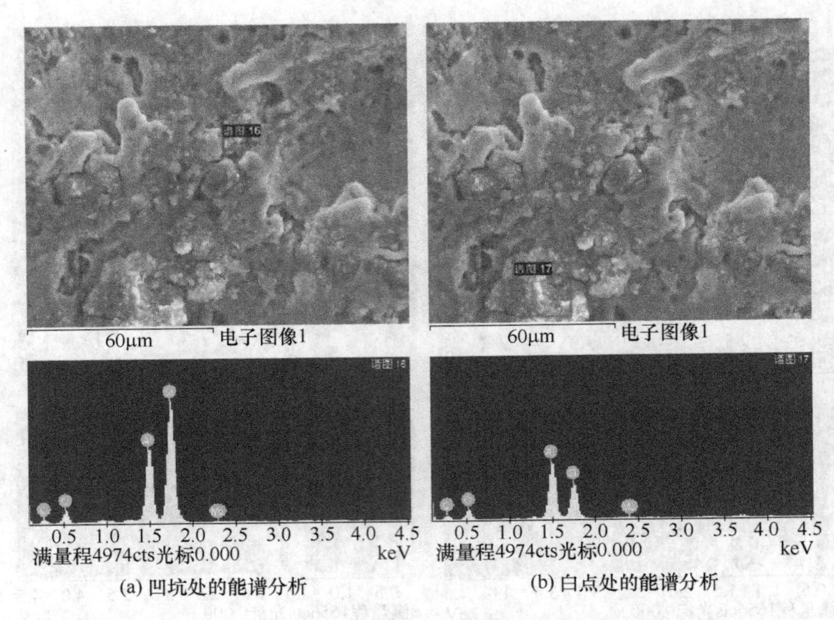

(a) 凹坑处的能谱分析　(b) 白点处的能谱分析

图 4.69　电火花线切割加工表面的微观形貌及能谱分析

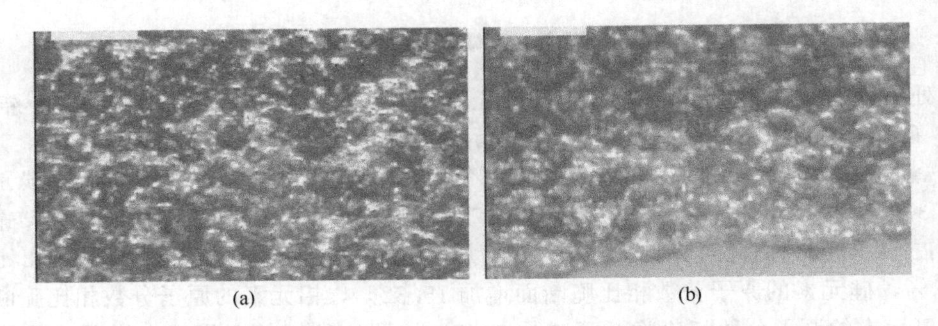
(a)　(b)

图 4.70　碳化硅颗粒增强铝基复合材料电火花线切割表面的显微照片

4.8.3 超声振动加工

4.8.3.1 超声振动车削 SiC_p/Al 复合材料

采用PCD刀具超声振动车削 SiC_p/Al 复合材料，其中，SiC_p 粒度为 W14，体积分数为12%；采用CQM6132精密车床；刀具为人造金刚石（PCD）车刀；切削条件为：转速 $n=90r/min$，切削速度 $v=11.87m/min$，进给量 $f=0.021mm/r$，切削深度 $a_p=0.1mm$。

(1) 切屑形态　图 4.71 为低速（$n=90r/min$，$v=11.87m/min$）下普通切削和振动切削SiC颗粒增强复合材料时的切屑显微电镜照片，图 4.71（a）为普通切削切屑的显微照片。从图中可见，采用普通切削工艺加工复合材料时得到的是卷曲半径较小的螺旋屑，切屑的两侧有锯齿状的边缘，切屑的正面呈现层片状的破碎（试件被加工表面也存在很多的片状破碎），表明金属基复合材料的切削过程不完全是塑性材料的切削过程，而是有些类似脆性材料的破坏形式。这是由于材料中夹杂的硬脆颗粒增强相降低了基体材料的塑性，颗粒和基体的结合界面可能存在微观缺陷和微观裂纹，这些都使得复合材料的切削变形机制有别于基体金属，切屑不连续，中间含有大量显微裂纹，因此得到塑性或半塑性的节状切屑。图 4-71（b）是振动切削复合材料时所产生切屑的显微照片。振动切削时（振幅 $A=10\mu m$，频率 $F=19.6kHz$），由于刀具与工件为高频断续接触，切屑在瞬间被切除，切削变形小，所以切屑呈现松螺卷形，切屑薄长，卷曲半径大，这和振动切削其他塑性材料时的规律相似。但由于复合材料本身的结构特点，振动切削形成的切屑也不完全是塑性的，仍然是塑性和半塑性的节状切屑。

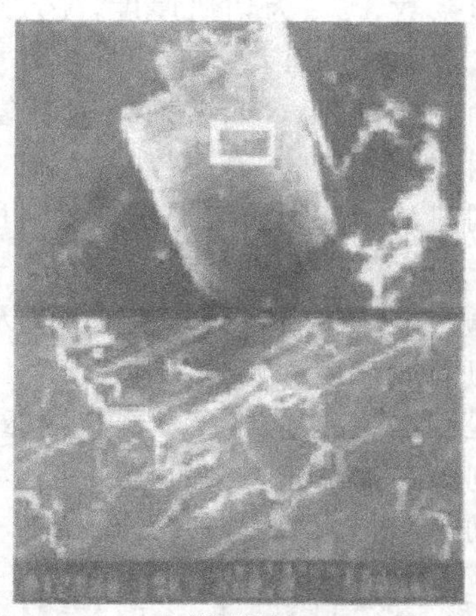

(a) 普通切削　　(b) 振动切削

图 4.71 低速下普通切削和振动切削切屑形态对比

当切削速度增大为 $v=62.8\text{m/min}$，接近刀具的临界速度（$A=10\mu\text{m}$，$F=19.6\text{kHz}$ 时的临界速度为 $v=72\text{m/min}$），其他切削条件不变。图 4.72（a）是该速度下普通切削的切屑显微照片，切屑更细小，卷曲半径更小，并且呈 C 形或紧螺卷形。说明随切削速度的提高，切屑形变率提高，卷曲半径减小。图 4.72（b）为接近临界转速时振动切削的切屑照片，切屑仍然呈松螺卷形，说明即使切削时刀具与工件大部分时间处于不分离状态，但振动切削的脉冲效应仍然起作用，同样减少了切屑的塑性变形。振动切削可始终得到松螺卷屑，说明在超声振动切削颗粒增强复合材料时，由于刀具是以脉冲形式向工件施力，切屑塑性变形小，切屑的连续性较好。

(a) 普通切削

(b) 振动切削

图 4.72 临界转速下普通切削和振动切削颗粒增强复合材料的切屑形态对比

（2）切屑变形系数与剪切角　相对于纯基体材料而言，由于颗粒的增强作用，复合材料的弹性模量高而塑性、韧性低，故其抗应变能力提高，剪切应变减小，刀刃前方和切屑底层有破碎颗粒聚集，刀与屑之间摩擦系数降低（峰点型接触面积增大，而紧密型接触面积减小），因而与纯基体材料相比，其切屑变形系数较小，而剪切角较大。而振动切削时，由于刀具与工件为断续接触，在脱离接触的瞬间，切屑底层会生成一层氧化层，阻止了切屑底层与刀具前刀面的黏结，从而减小了刀与屑之间的摩擦系数，剪切角增大，切屑变形系数也减小。

切屑变形系数 $\xi=\xi_n=a_{ch}/a_c$（ξ_n 为厚度变形系数，a_{ch}为切屑厚度，a_c 为切削层厚度），根据试验现场实际测量数据计算得到：$\xi_{振切}=1.0$，$\xi_{普切}=1.4$。

说明振动切削时复合材料几乎不变形，材料加工硬化小，而普通切削时复合材料变形较大。这也是振动切削的切削力小于普通切削的原因之一。

（3）加工表面微观结构与表面粗糙度　用不同刀具加工颗粒增强复合材料所获得的表面结构明显不同。通常，用硬质合金刀具加工的表面光亮整齐［图 4.73（a）］，表面缺陷较少，这是由于在切削中软的基体发生了流动，加工面被一层铝基体薄膜覆盖。而人造金刚石刀具（PCD）加工的表面无光泽［图 4.73（b）］，但切削加工表面轮廓清晰，其上可见微细沟槽、凹点和黑色的增强颗粒，没有明显的铝覆盖。这是因为人造金刚石刀具非常锋利，耐磨性高，故金属被切削时只有很小的变形。而硬质合金切削刃在加工过程中迅速圆钝化，刀具对工件的挤压作用很明显，刀具前方的铝基体容易发生流动。

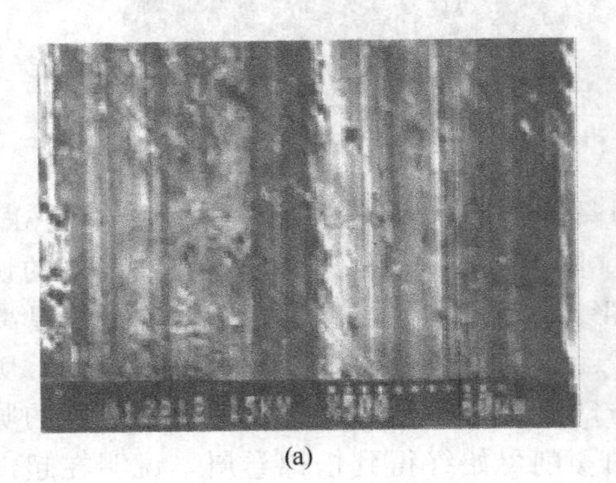

(a)

(b)

图 4.73　硬质合金刀具和金刚石刀具切削表面

采用锋利的金刚石刀具进行铝基复合材料的振动切削，可以有效降低摩擦撕裂、表面塑性变形等，形成有规律的进给痕迹，获得接近于理论粗糙度的表面。

切削参数对振动切削和普通切削下表面粗糙度的影响如图 4.74 所示。图 4.74（a）是在切削速度 $v=25.2$m/min、$a_p=0.15$mm、进给量 f 从 0.032mm/r 到 0.082mm/r 变化的条件下测得的加工表面粗糙度。由图 4.74（a）可知，随进给量的逐渐增大，普通切削时的表面粗糙度值几乎呈线性增大，而振动切削时则呈现出先减后增的趋势；振动切削时表面粗糙度最小值发生在进给量 $f=0.06$mm/r 时，此时的表面粗糙度值为 $Ra=0.66\mu$m，比普通切削时$Ra=1.22\mu$m。降低了 50%。振动切削时出现较小的进给量下粗糙度值反而增大的现象，可能是由材料本身的脆性所引起的。由于材料中夹杂的硬脆颗粒使材料的塑性下降，脆性增加，切削加工时过小的进给量不但不能减小切削残留面积，而且由于超声冲击的作用，反而使相邻两条刀痕的隆起部分发生破碎，导致粗糙度值增大。由此可见，振动切削加工金属基复合材料时表面粗糙度有个极限值，在机床等加工条件一定的情况下，在一定范围内单纯减小进给量并不能进一步降低加工表面粗糙度值。普通切削用的刀具前刀面上有明显的积屑瘤，随着切削距离的增大，积屑瘤高度增加，增加到一定高度后不再增加，积屑瘤结合牢固，必须用油石才能打掉。而超声切削时在任何速度下刀具前刀面均无积屑瘤生成。

图 4.74（b）为进给量 $f=0.06$mm/r、$a_p=0.15$mm、切削速度 v 在 11.8～62.8m/min 之间变化（切削临界速度约为 70m/min）时的表面粗糙度曲线，对于振动切削而言，随着切

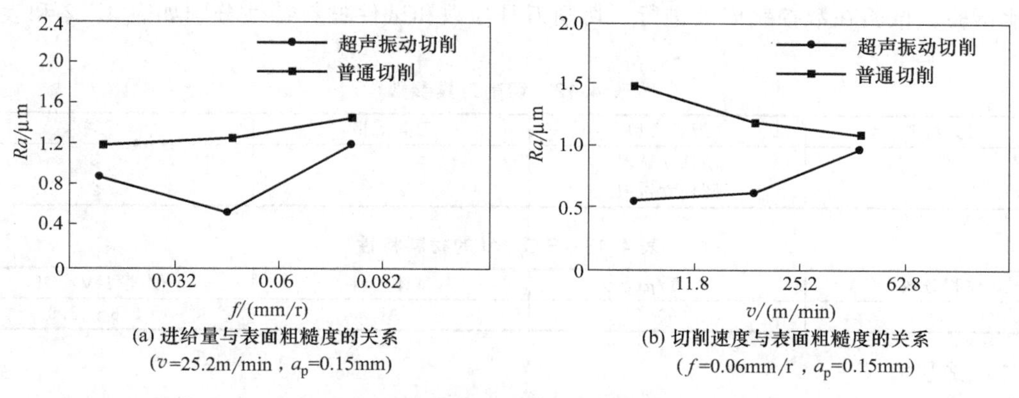

(a) 进给量与表面粗糙度的关系（v=25.2m/min，a_p=0.15mm）

(b) 切削速度与表面粗糙度的关系（f=0.06mm/r，a_p=0.15mm）

图 4.74 切削参数变化对表面粗糙度的影响

削速度逐渐增大至接近临界速度，加工表面粗糙度也逐渐增大；而普通切削时随切削速度的提高，表面粗糙度呈现降低趋势。但振动切削的表面粗糙度值始终小于普通切削时的表面粗糙度值。

（4）切削表面残余应力 振动切削时刀具后刀面对复合材料表面反复熨压，使已加工表面呈现较高的残余压应力，有益于提高零件的疲劳强度，延长零件使用寿命。残余应力分为切向残余应力和轴向残余应力，由于振动切削的方向在主切削力方向，采用 X-350A X 射线应力分析仪分析表层 10μm 下的切向残余应力 σ_1。图 4.75（a）显示了在不同速度下采用人造金刚石（PCD）刀具超声切削和普通切削金属基复合材料时的切向表面残余应力。由图中可见，振动切削和普通切削时加工表面的残余压应力都随切削速度的增加呈现减小的趋势，而且相同切削速度下振动切削的残余压应力明显大于普通切削。其原因是：随着切削速度的增大，刀具的熨压作用减弱，残余压应力也减小；而普通切削时随着切削速度的增大，切削温度提高，使得残余压应力也减小。图 4.75（b）显示了振动切削和普通切削金属基复合材料时切削深度的变化与切向残余应力的关系。从测量数据来看，随切削深度的增加，加工表面残余应力变化不大，基本保持在同一数量级。其原因是：切削金属基复合材料时切屑主要是由材料内部的微裂纹扩展产生的，切削深度对切削层金属变形影响不大，所以切削深度的变化对残余应力的影响不明显。

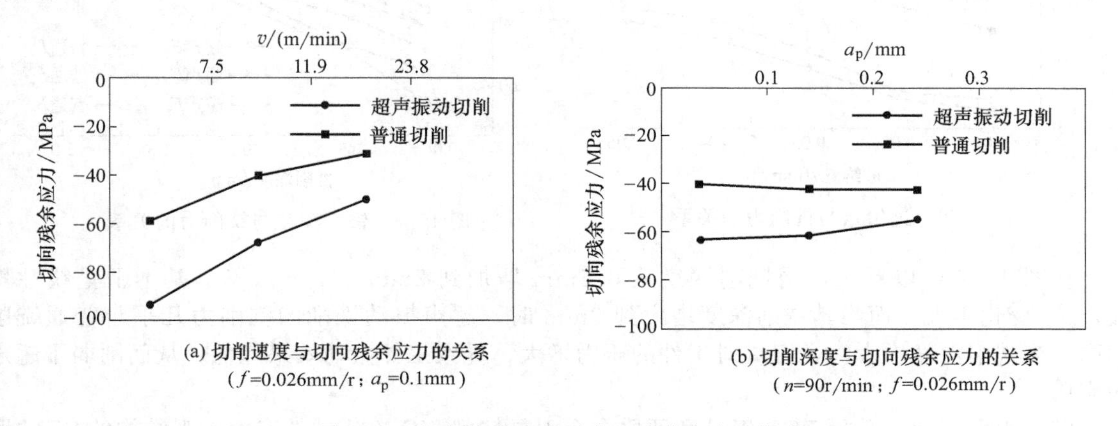

(a) 切削速度与切向残余应力的关系（f=0.026mm/r；a_p=0.1mm）

(b) 切削深度与切向残余应力的关系（n=90r/min；f=0.026mm/r）

图 4.75 切削参数变化对表面残余应力的影响

4.8.3.2 超声振动铣削 SiC_p/Al 复合材料

采用工件振动的方式进行 SiC_p/Al 复合材料的超声铣削工艺，工件振动方向与切削速度方向垂直，刀具选用耐磨性优良、耐热性较好、硬度和韧性较高的 PCD 刀具和硬质合金刀具进行对比试验。试验在数控铣床上进行，切削刀具参数和试件材料特性分别如表 4.12 和表 4.13 所示。

表 4.12　切削刀具参数

刀具材料	刀具类型	刀具规格	刃数
PCD	圆柱立铣刀	—	3
YG6	圆柱立铣刀	—	2

表 4.13　SiC_p/Al 的材料特性

SiC 体积分数/%	粒度/μm	基体材料	硬度(HV)/GPa
55	60	Al	2.6～11.9

(1) 铣削力

① 切削速度对铣削力的影响　铣削参数为：进给量 0.02mm/z，铣削深度 0.2mm，铣削宽度 6mm。通过试验得知在其他铣削参数不变的情况下，随着铣削速度的提高，普通铣削和超声铣削的铣削力 F_z、F_y、F_x 都呈现出整体增大的趋势。

② 进给量对铣削力的影响　铣削参数为：主轴转速 6000r/min，铣削深度 0.2mm，铣削宽度 6mm。进给量对铣削力的影响如图 4.76 所示。

从图 4.76 可以看出，随着进给量增加，超声铣削和普通铣削的切削力都随之上升。这是因为进给量增大，单位时间内进入刀具的金属切削量增多，铣削过程铣削阻力就增大，切削力上升。对铣削 SiC_p/Al 复合材料来说，当进给量增大时，SiC 颗粒直接被切断的机会减少，切削抗力大大提高，切削力增大。

③ 铣削深度对铣削力的影响　铣削参数为：主轴转速 6000r/min，进给量 0.02mm/z，铣削宽度 6mm。铣削深度对铣削力的影响如图 4.77 所示。

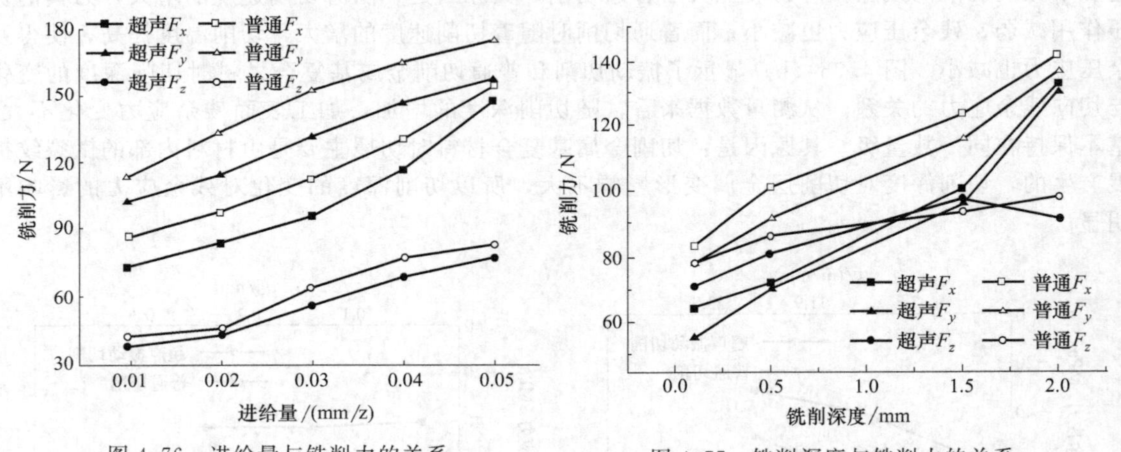

图 4.76　进给量与铣削力的关系

图 4.77　铣削深度与铣削力的关系

从图 4.77 可以看出，当铣削深度从 0.5mm 增加到 2mm 时，F_y、F_x 基本上呈线性增大，F_z 变化不大。而当其铣削深度增大到 2mm 时，超声振动铣削的铣削力几乎与普通铣削相同。当铣削深度增大时，刀具对工件的压力增大，导致工件振动效果降低，从而削弱了超声的作用。

(2) 表面形貌　采用 PCD 刀具和硬质合金刀具铣削 SiC_p/Al 试件表面微观结构的 SEM 照片如图 4.78、图 4.79 所示。

从图 4.78、图 4.79 中可以看出，超声铣削 SiC 颗粒主要以直接剪断型为主，而普通铣削 SiC 颗粒主要以拔出型和压入型为主。一方面，这是因为在超声振动切削过程中，由于附加了超声振动，在刀尖部位聚集了极大的能量，再加瞬时作用，对强度高的颗粒也能容易地切断，

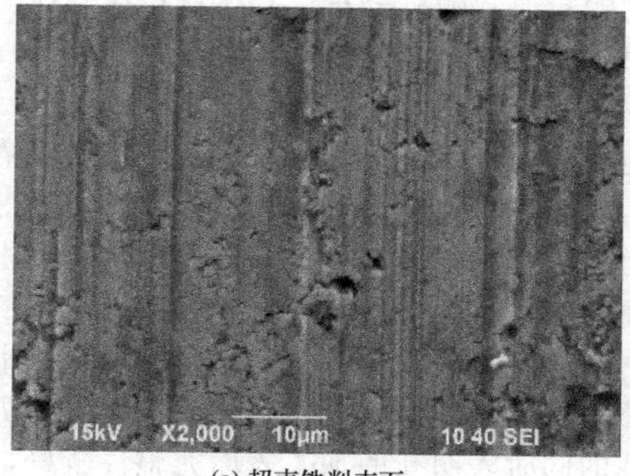

(a) 超声铣削表面

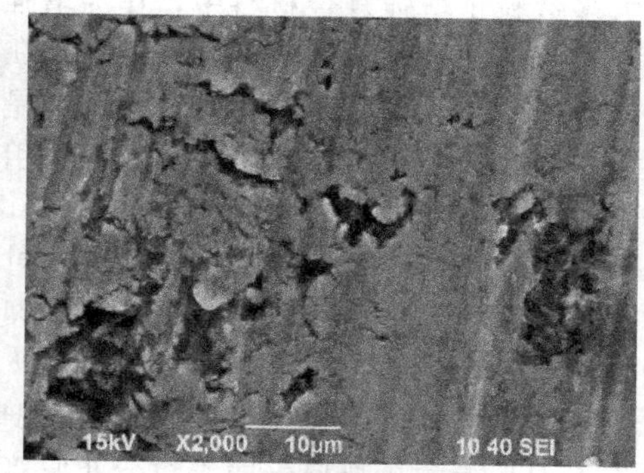

(b) 普通铣削表面

图 4.78 PCD 刀具超声铣削 SiC_p/Al 的表面微观结构

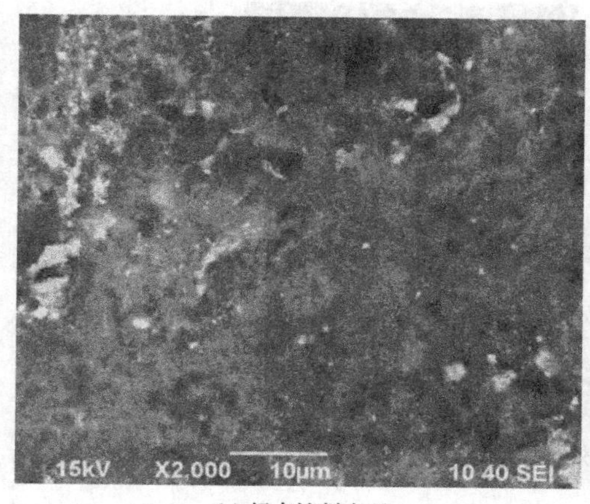

(a) 超声铣削表面

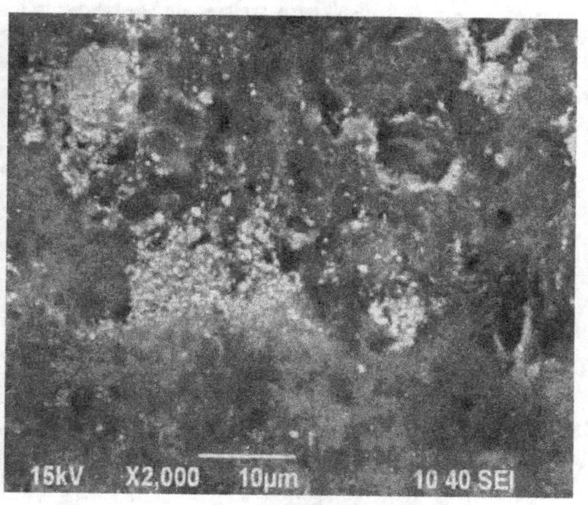

(b) 普通铣削表面

图 4.79 硬质合金刀具超声铣削 SiC_p/Al 的表面微观结构

因而有效地避免了拔出或挑起；另一方面，切削力很小，对加工表面的挤压力很小，使刀具能平稳地切削软的铝合金和硬的 SiC 颗粒。

另外，从图 4.78、图 4.79 还可以看出，用 PCD 铣削加工的已加工表面的刀具划痕非常清晰，而用 YG6 的已加工表面有明显的挤压痕迹，由于刀具与工具的挤压，大部分工件表面出现烧伤。这是因为 PCD 硬度较高，有比较锋利的切削刃，并且不易磨损；而 YG6 在切削 SiC_p 时极易磨损，在刀具的磨损过程中，SiC_p 的破坏方式多为压入型方式。

4.8.3.3 超声振动钻削 SiC_p/Al 复合材料

(1) 超声钻削对复合材料破坏形式的影响 复合材料内部裂纹的扩展形式有三种：颗粒的脆性破坏［图 4.80 (a)］、沿结合界面的开裂［图 4.80 (b)］、金属基体的韧性断裂［图 4.80 (c)］。一般认为，颗粒增强金属基复合材料细观断裂为以上三种机制混合作用的结果。增强颗粒若为高脆性材料，一般为脆性破坏，它与颗粒所受力的大小有关；当基体和颗粒界面结合强度低于基体晶内和晶界强度，而且颗粒几何尺寸较小时，裂纹则主要是沿颗粒与基体界面开裂；若基体韧性较好，并且颗粒与基体之间结合紧密，此时一般为韧性破坏。

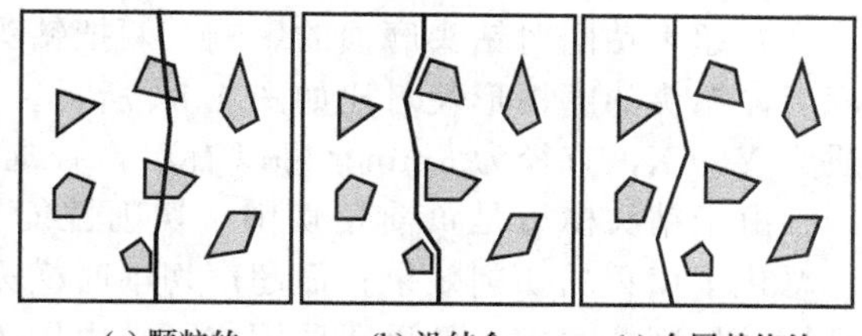

(a) 颗粒的脆性破坏　(b) 沿结合界面的开裂　(c) 金属基体的韧性断裂

图 4.80 复合材料内部裂纹的扩展形式

在大多数粒子增强复合材料中，作为增强相的颗粒通常随机分布，基体材料在宏观上呈各向同性。在普通钻削中，由于SiC颗粒的存在，而且各方向上裂纹扩展形式不完全相同，造成切削抗力也不平衡，而它对钻头的反作用就是使钻头让刀，导致钻头偏离其回转中心。此外，切削过程中SiC颗粒对刀刃有较强的磨损作用，使硬质合金刀具快速磨损，从而使加工精度无法有效保证。当SiC的质量分数为15%，麻花钻的材质为硬质合金YL10.2，直径为3mm，转速$n=630$r/min，进给量$f=0.04$mm/r时，切屑表面片状破碎造成的裂纹较多［图4.81(a)］，这些裂纹主要是脆性破坏、沿晶界开裂形成。而超声振动切削是脉冲式切削，SiC颗粒承受的是动态冲击力，在这种超声冲击作用下，切屑表面裂纹分布密度明显改善［图4.81(b)］，主要是沿晶界开裂、韧性断裂，有效地减少了让刀现象和刀刃的磨损，降低了切削抗力，延长了刀具寿命。切屑表面裂纹分布密度下降的同时表明孔的加工表面完整性较好，即改善了孔的表面加工质量。可见，超声振动钻削能够促成复合材料裂纹的扩展形式由脆性向韧性转化，进而改善表面加工质量。

(a) P=0

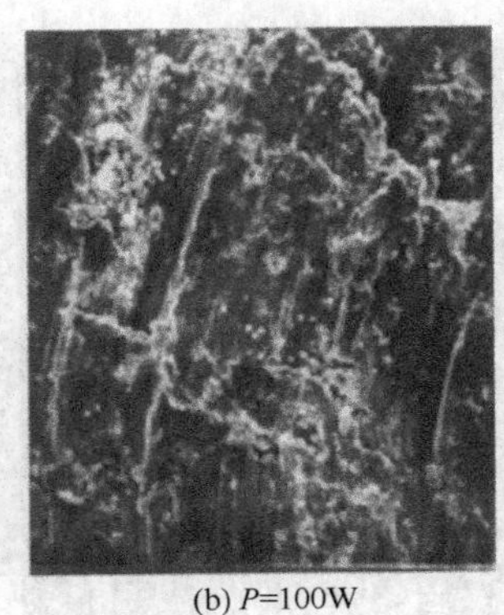

(b) P=100W

图4.81 切屑外表面形态

（2）超声钻削对钻削力的影响 进给量对扭矩的影响如图4.82所示。其中，SiC的质量分数为25%，麻花钻材质为YG6X，直径为3mm，转速$n=500$r/min。可以看出，扭矩随着进给量的增大而增大。当进给量$f=0.04$mm/r、分别采用两种不同的方法加工时，扭矩数值差别不大，但随着钻头的不断磨损，这种差别越来越明显。当f达到0.10mm/r时，麻花钻的磨损相当严重。用磨钝的钻头继续加工时，会产生过大的扭矩，钻头很容易被折断。

图4.83所示为钻削过程中切屑的内表面形态，可以看出：普通钻削中（$P=0$），切屑的内表面含有大量的密集褶皱［图4.83（a）］；而在相同的放大区域内，振动钻削中（$P=100$W），褶皱数量较少［图4.83（b）］，即振动钻削中切屑的变形程度较普通钻削小，这有利于切屑顺畅排出。同时，在振动切削时，在钻头切削主刃脱离切削区的瞬间，在切屑根部会生成一层氧化膜，这层氧化膜可以阻止切屑底部的新鲜表面与刀具前刀面发生黏结，从而减小了刀与屑之间的摩擦力，使得切屑更容易排出，降低了扭矩。因此，试验所测得的振动钻削扭矩，较普通钻削时降低了20%～30%。

（3）超声钻削对钻头磨损的影响 两把钻头在普通钻削和超声振动钻削方式下加工相同的长度后，钻头的磨损形貌对比如图4.84所示。其中，试件SiC的质量分数为15%，麻花钻的材质为YG6X，直径为6mm。可以看出，普通切削钻头主刃和横刃磨损比较严重［图4.84(a)］。由于钻头横刃是负前角切削，切削性能较差，可以观察到有大量的黏结物附着在横刃上，恶化了横刃的切削效果；而超声切削时横刃的黏结现象得到明显改善［图4.84（b)］，这正是振动切削抗力较小的重要原因之一。由图4.84可知，轴向超声振动钻削可以大大改善横刃的切削性能乃至寿命，而轴向振动钻削对切削主刃改善的效果不明显，造成这种差异的原因正是由于钻头切削刃上各点的切削速度方向不同。

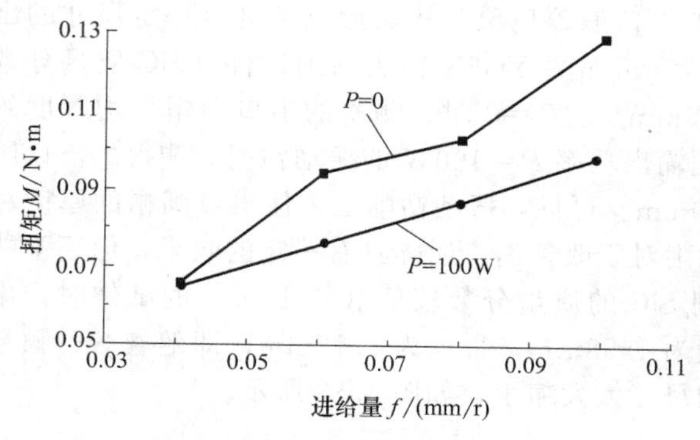

图 4.82 进给量对扭矩的影响

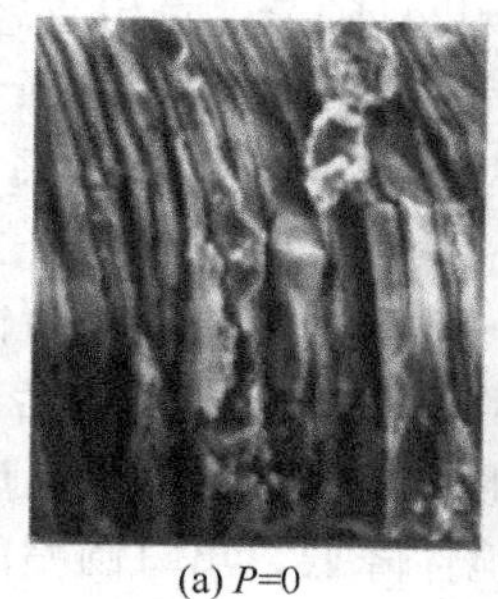

(a) $P=0$

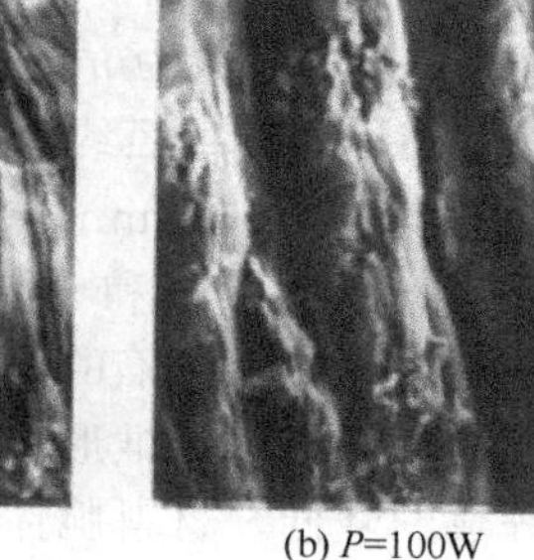

(b) $P=100W$

图 4.83 切屑的内表面形态

事实上，对于钻头横刃，其振动形式相当于沿其切削速度方向振动，如图 4.85 中“A”所示；对于钻头外缘的切削刃，其振动形式相当于沿其吃刀方向的振动，如图 4.85 中“B”所示；而在钻头其他位置上切削刃的振动形式则处于以上两者之间。因此，在振动切削中，沿切削速度方向振动的横刃的切削性能获得了较好的改善，而沿吃刀方向振动的外缘切削刃的改善效果则不明显。另外，沿进给方向振动可使螺旋形副刀刃对主刀刃已形成的加工表面进行再次切削或反复熨压，从而减小已加工表面残留面积的高度，进而降低了已加工表面的粗糙度。

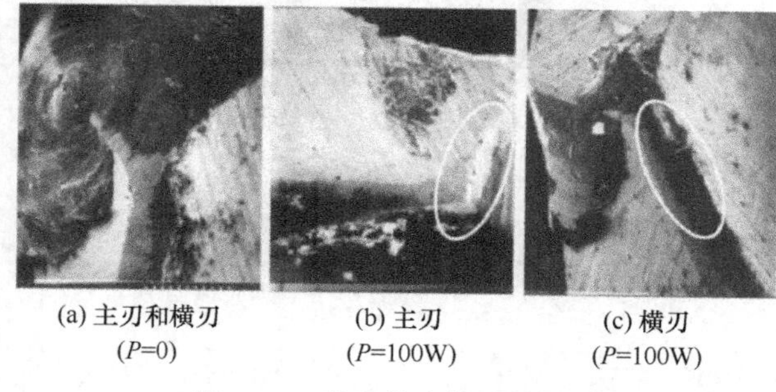

(a) 主刃和横刃 ($P=0$)　(b) 主刃 ($P=100W$)　(c) 横刃 ($P=100W$)

图 4.84 钻头的磨损形貌对比

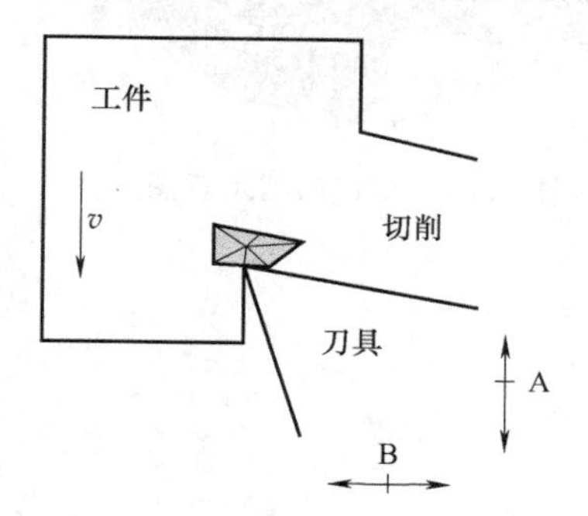

图 4.85 超声钻削工艺刀刃的振动形式

(4) 超声钻削对孔表面质量的影响　两种加工方法所获得的孔的表面形貌如图 4.86 所示。其中，进给量 $f=0.04$mm/r，转速 $n=630$r/min，试件 SiC 的质量分数为 15%，粒度为 W14，麻花钻的材质为 YG6X，直径 $d=6$mm。

由图 4.86 可见，普通钻削表面的痕迹很不均匀，沟槽之间的距离忽大忽小，比较紊乱，主要是由于主轴系统和工装系统的制造装配精度以及钻头的径向跳动等造成的，从而增大了表面粗糙度；而超声振动钻削所形成的沟槽比较规则、整齐，同时抑制了积屑瘤的产生，使得内孔表面没有刺生成的痕迹。另外，振动切削中已加工表面还要受到钻头外缘刃带的往复熨压作用，从而进一步提高了表面质量。如图 4.86 所示，对应两种加工方法，测得表面粗糙度 Ra 分别为 1.629μm 和 1.273μm。

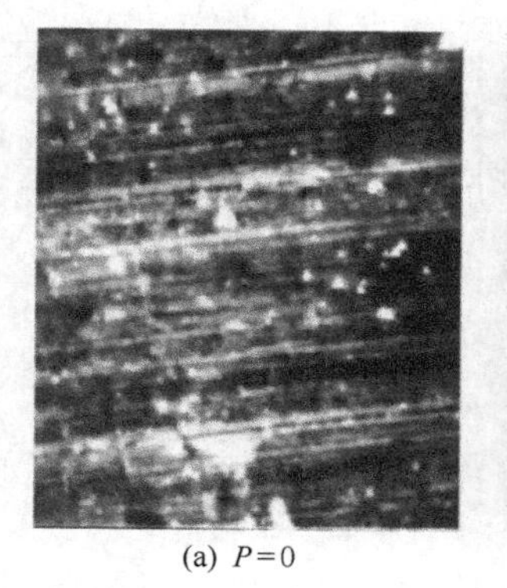

(a) $P=0$

(b) $P=100W$

图 4.86 孔的表面形貌

通常，通孔钻削时在出口和入口会产生毛刺现象，衡量毛刺的严重程度常采用毛刺的高度和厚度。试验发现：钻削 SiC 颗粒增强 Al 基复合材料时存在较严重的出口崩碎现象，从而形成了具有一定尺寸的出口圆帽，如图 4.87、图 4.88 所示。在用直径为 6mm 的 YG6X 钻头钻削试件（SiC 质量分数为 25%），切削参数为 $n=500\mathrm{r/min}$、$f=0.06\mathrm{mm/r}$、$P=0$ 时，测得的出口圆帽平均厚度约为 1.86mm，平均直径约为 10.08mm；若采用输出功率 $P=100\mathrm{W}$ 的振动钻削，测得的出口圆帽平均厚度约为 1.58mm，平均直径约为 9.10mm。可见，振动钻削工艺使出口圆帽的厚度和直径分别减小了 15%和 9.7%。因此，振动钻削对于改善出口崩碎具有一定的效果，但还不能完全避免这种加工缺陷的产生。此外，在钻削 SiC 的质量分数较低（如 15%）的试件时，出口圆帽的形态为扁圆锥形，其中圆锥体的高度为 1.58mm，直径为 6.72mm，即随着 SiC 颗粒质量分数的降低，材料脆性降低，出口圆帽的尺寸大大缩小，如图 4.88 所示。

图 4.87 出口圆帽示意图

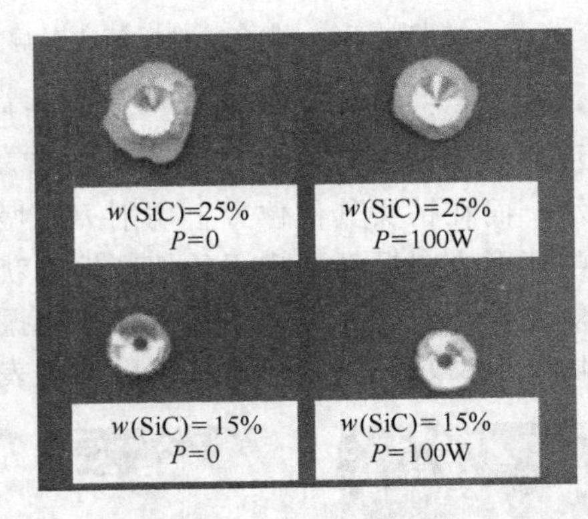

图 4.88 出口圆帽实物图

第5章 陶瓷基复合材料

5.1 陶瓷基复合材料的种类及性能特点

陶瓷基复合材料（ceramic matrix composite，CMC）是在陶瓷基体中引入第二相材料，使之增强、增韧的多相材料，又称为多相复合陶瓷（multiphase composite ceramic）或复合陶瓷。

陶瓷基复合材料包括以下种类。

（1）纤维（或晶须）增韧（或增强）陶瓷基复合材料　这类材料要求尽量满足纤维（或晶须）与基体陶瓷的化学相容性和物理相容性。化学相容性是指在制造和使用温度下纤维与基体两者不发生化学反应及不引起性能退化；物理相容性是指两者的热膨胀和弹性匹配，通常希望使纤维的热膨胀系数和弹性模量高于基体，使基体的制造残余应力为压缩应力。

（2）异相颗粒弥散强化复相陶瓷基复合材料　异相（即在主晶相-基体相中引入的第二相）颗粒有刚性（硬质）颗粒和延性颗粒两种，它们均匀弥散于陶瓷基体中，起到增加强度和韧性的作用。刚性颗粒又称为刚性颗粒增强体，它是高强度、高硬度、高热稳定性和化学稳定性的陶瓷颗粒。刚性颗粒弥散强化陶瓷的增韧机制有裂纹分叉、裂纹偏转和钉扎等，它可以有效提高断裂韧性。刚性颗粒增强的陶瓷基复合材料有很好的高温力学性能，是制造切削刀具、高速轴承和陶瓷发动机部件的理想材料。延性颗粒是金属颗粒，由于金属的高温性能低于陶瓷基体材料，因此延性颗粒增强的陶瓷基复合材料的高温力学性能不好，但可以显著改善中低温时的韧性。延性颗粒的增韧机制有裂纹桥联、颗粒塑性变形、颗粒拔出、裂纹偏转和裂纹在颗粒处终止等，其中桥联机制的增韧效果较显著。延性颗粒增韧陶瓷基复合材料可用于耐磨部件。

（3）原位生长陶瓷基复合材料（in situ growth ceramic matrix composite）　原位生长陶瓷基复合材料又称为自增强复相陶瓷。与前两种不同，此种陶瓷复合材料的第二相不是预先单独制备的，而是在原料中加入可生成第二相的元素（或化合物），控制其生成条件，使在陶瓷基体致密化过程中，直接通过高温化学反应或相变过程，在主晶相基体中同时原位生长出均匀分布的晶须或高长径比的晶粒或晶片，即增强相，形成陶瓷基复合材料。由于第二相是原位生成的，不存在与主晶相相容性不良的缺点，因此这种特殊结构的陶瓷复合材料的室温和高温力学性能均优于同组分的其他类型复合材料。

（4）梯度功能陶瓷基复合材料（functionally gradient ceramic composite）　梯度功能复合陶瓷又称为倾斜功能陶瓷。初期的这种材料不全部是陶瓷，而是陶瓷与金属材料的梯度复合，以后又发展了两类陶瓷梯度复合。梯度是指从材料的一侧至另一侧，一类组分的含量渐次由100%减少至零，而另一类则从零渐次增加至100%，以适应部件两侧的不同工作条件与环境要求，并且减少可能发生的热应力。通过控制构成材料的要素（组成、结构等）由一侧向另一侧基本上呈连续梯度变化，从而获得性质与功能相应于组成和结构的变化而呈现梯度变化的非均质材料，以减小和克服结合部位的性能不匹配。利用“梯度”概念，可以构思出一系列新材料。这类复合材料融合了材料-结构、细观-宏观及基体-第二相的界限，是传统复合材料概念的新推广。

(5) 纳米陶瓷基复合材料（nano-meter ceramic composite） 纳米陶瓷基复合材料是在陶瓷基体中含有纳米粒子第二相的复合材料，一般可分为以下三类。

① 基体晶粒内弥散纳米粒子第二相。

② 基体晶粒间弥散纳米粒子第二相。

③ 基体和第二相为纳米晶粒。

其中①、②不仅可改善室温力学性能，而且能改善高温力学性能；而③则可产生某些新功能，如可加工性和超塑性。

5.2 陶瓷基复合材料的制备

5.2.1 陶瓷基复合材料的制备方法

现代陶瓷材料具有耐高温、耐磨损、耐腐蚀及质量小等许多优良的性能。但是，陶瓷材料同时也具有致命的缺点，即脆性，这一弱点正是目前陶瓷材料的使用受到很大限制的主要原因。

因此，陶瓷材料的韧性化问题便成了近年来陶瓷工作者们研究的一个重点问题。现在这方面的研究已取得了初步进展，探索出了若干种韧化陶瓷的途径。其中，往陶瓷材料中加入起增韧作用的第二相而制成陶瓷基复合材料即是一种重要方法。陶瓷基复合材料的制备方法有如下几种。

(1) 粉末冶金法 粉末冶金法的制备过程如下：原料（陶瓷粉末、增强剂、黏结剂和助烧剂)→均匀混合（球磨、超声等)→冷压成型→热压烧结。该方法的关键是均匀混合和烧结过程防止体积收缩而产生裂纹。

(2) 浆体法（湿态法） 为了克服粉末冶金法中各组元混合不均匀的问题，采用了浆体（湿态）法制备陶瓷基复合材料，制备过程如图 5.1 所示。其混合体为浆体形式，混合体中各组元保持散凝状，即在浆体中呈弥散分布。这可通过调整水溶液的 pH 值来实现。对浆体进行超声波振动搅拌则可进一步改善弥散性。弥散的浆体可直接浇铸成型或热（冷）压后烧结成型。适用于颗粒、晶须和短纤维增韧陶瓷基复合材料。采用浆体浸渍法可制备连续纤维增韧陶瓷基复合材料。纤维分布均匀，气孔率低。

(3) 反应烧结法 反应烧结法制备陶瓷基复合材料制备过程如图 5.2 所示，用此方法制备陶瓷基复合材料，除基体材料几乎无收缩外，还具有以下优点。

① 增强剂的体积分数可以相当大。

② 可用多种连续纤维预制体。

③ 大多数陶瓷基复合材料的反应烧结温度低于陶瓷的烧结温度，因此可避免纤维的损伤。

此方法的最大缺点是高气孔率难以避免。

(4) 液态浸渍法 液态浸渍法制备陶瓷基复合材料制备过程如图 5.3 所示，用此方法制备陶瓷基复合材料，化学反应、熔体黏度、熔体对增强材料的浸润性是首要考虑的问题，这些因素直接影响材料的性能。陶瓷熔体可通过毛细作用渗入增强剂预制体的孔隙。施加压力或抽真空将有利于浸渍过程。假如预制体中的孔隙呈一束束有规则间隔的平行通道，则可用 Poisseuiue 方程计算出浸渍高度 h：

$$h=\sqrt{(\gamma r t\cos\theta)/2\eta} \tag{5.1}$$

式中 r——圆柱形孔隙管道半径；

t——时间；

γ——浸渍剂的表面能；

θ——接触角；

η——黏度。

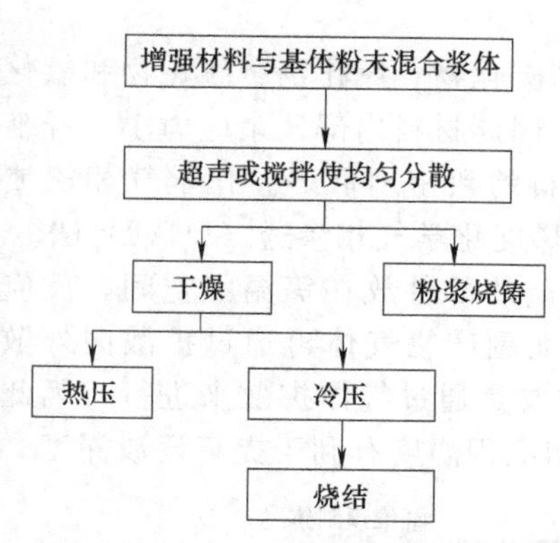

图 5.1 浆体法制备陶瓷基复合材料制备过程示意图

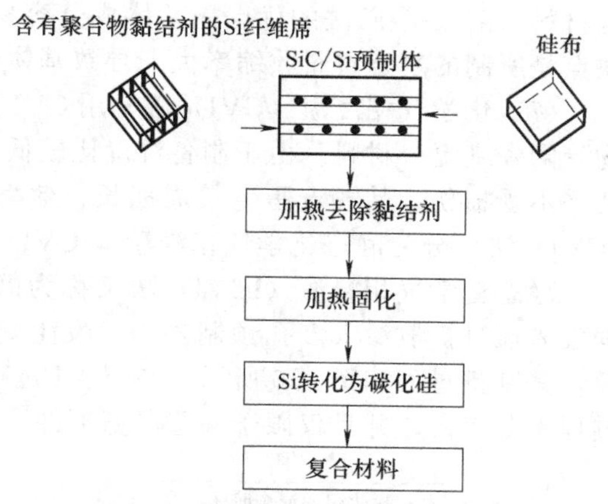

图 5.2 反应烧结法制备陶瓷基复合材料制备过程示意图

(5) 直接氧化法 直接氧化法制备陶瓷基复合材料制备过程如图 5.4 所示。按部件形状制备增强剂预制体，将隔板放在其表面上以阻止基体材料的生长。熔化的金属在氧气的作用下发生直接氧化反应形成所需的反应产物。由于在氧化产物中的空隙管道的液吸作用，熔化金属会连续不断地供给到生长前沿。制备原理如式 (5.2)、式 (5.3) 所示。

$$Al + 空气 \longrightarrow Al_2O_3 \quad (5.2)$$

$$Al + 氮气 \longrightarrow AlN \quad (5.3)$$

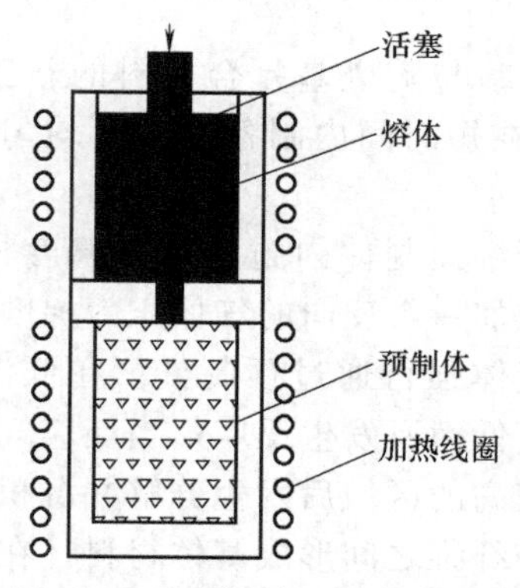

图 5.3 液态浸渍法制备陶瓷基复合材料制备过程示意图

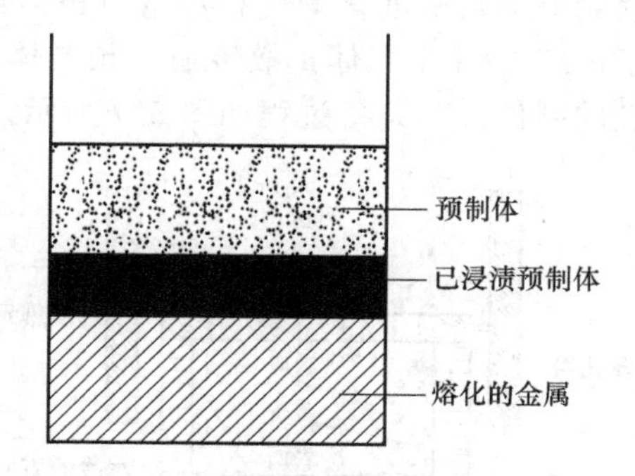

图 5.4 直接氧化法制备陶瓷基复合材料制备过程示意图

(6) 溶胶-凝胶 (sol-gel) 法 溶胶-凝胶 (sol-gel) 法制备陶瓷基复合材料制备过程如图 5.5 所示。溶胶 (sol) 是由于化学反应沉积而产生的微小颗粒 (直径$<$100nm) 的悬浮液；凝胶 (gel) 是水分减少的溶胶，即比溶胶黏度大的胶体。

sol-gel 法是指金属有机或无机化合物经溶液、溶胶、凝胶等过程而固化，再经热处理生成氧化物或其他化合物固体的方法。该方法可控制材料的微观结构，使均匀性达到微米、纳米甚至分子量级水平。

sol-gel 法制备陶瓷基复合材料原理如式（5.4）、式（5.5）所示。

$$Si(OR)_4 + 4H_2O \longrightarrow Si(OH)_4 + 4ROH \tag{5.4}$$

$$Si(OH)_4 \longrightarrow SiO_2 + 2H_2O \tag{5.5}$$

使用这种方法，可将各种增强剂加入基体溶胶中搅拌均匀，当基体溶胶形成凝胶后，这些增强组元稳定、均匀分布在基体中，经过干燥或一定温度热处理，然后压制烧结形成相应的复合材料。溶胶-凝胶法的优点是基体成分容易控制，复合材料的均匀性好，加工温度较低。其缺点是所制的复合材料收缩率大，导致基体经常发生开裂。

（7）化学气相浸渍（CVI）法　用CVI法可制备硅化物、碳化物、氮化物、硼化物和氧化物等陶瓷基复合材料。由于制备温度比较低，不需外加压力，因此材料内部残余应力小，纤维几乎不受损伤。其缺点是生长周期长、效率低、成本高、材料的致密度低等。化学气相浸渍（CVI）法可分为静态化学气相浸渍（ICVI）法和强制流动热梯度化学气相渗透（FCVI）法。

静态化学气相浸渍（ICVI）法又称为静态法，是将被浸渍的部件放在等温的空间，反应物气体通过扩散渗入多孔预制件内，发生化学反应并沉积，而副产物气体再通过扩散向外散逸，其制备过程如图 5.6 所示。在 ICVI 过程中，传质过程主要是通过气体扩散来进行，因此过程十分缓慢，并且仅限于一些薄壁部件。降低气体的压力和沉积温度有利于提高浸渍深度。

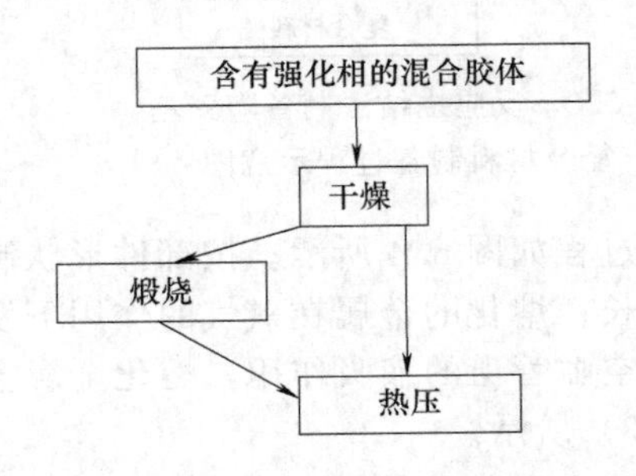

图 5.5　溶胶-凝胶（sol-gel）法制备陶瓷基复合材料制备过程示意图

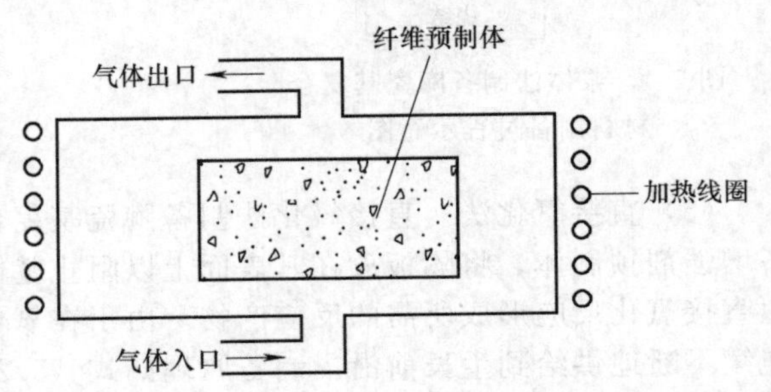

图 5.6　化学气相浸渍（CVI）法制备陶瓷基复合材料制备过程示意图

强制流动热梯度化学气相渗透（FCVI）作为一种制备碳基与陶瓷基复合材料的新工艺，克服了传统 CVI 中气体扩散传输与预制体渗透性的限制，可在短时间内制备出密度均匀、性能优良的制件。其制备过程如图 5.7 所示。

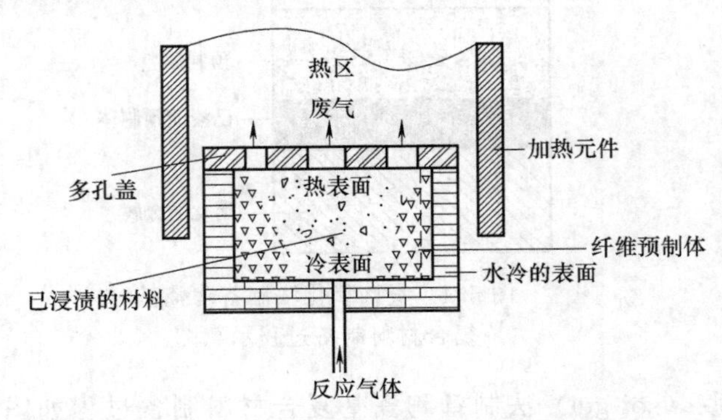

图 5.7　强制流动热梯度化学气相渗透（FCVI）法制备陶瓷基复合材料制备过程示意图

在纤维预制件内施加一个温度梯度，同时还施加一个反向的气体压力梯度，迫使反应气体强行通过预制件。在低温区，由于温度低而不发生反应，当反应气体到达温度较高的区域后发生分解并沉积，在纤维上和纤维之间形成基体材料。在此过程中，沉积界面不断由预制件的顶部高温区向低温区推移。由于温度梯度和压力梯度的存在，避免了沉积物将空隙过早地封闭，提高了沉积速率。

FCVI 的传质过程是通过对流来实现，可用来制备厚壁部件。但不适于制作形状复杂的部件。此外，在 FCVI 过程中，基体沉积是在一个温度范围内，必然会导致基体中不同晶体结构的物质共存，从而产生内应力并影响材料的热稳定性。

(8) 聚合物先驱体热解法　聚合物先驱体热解法是以高分子聚合物为先驱体，成型后使高分子先驱体发生热解反应转化为无机物质，然后再经高温烧结制备成陶瓷基复合材料。此方法可精确控制产品的化学组成、纯度以及形状。最常用的高聚物是有机硅（聚碳硅烷等）。该方法一般有两种制备过程。

① 制备增强剂预制体→浸渍聚合物先驱体→热解→再浸渍→再热解。

② 陶瓷粉＋聚合物先驱体→均匀混合→模压成型→热解。

(9) 原位复合法　利用化学反应生成增强组元——晶须或高长径比晶体来增强陶瓷基体的工艺称为原位复合法。该方法的关键是在陶瓷基体中均匀加入可生成晶须的单质或化合物，控制其生长条件使在基体致密化过程中在原位同时生长出晶须；或控制烧结工艺，在陶瓷液相烧结时生长高长径比的晶相，最终形成陶瓷基复合材料。

陶瓷基复合材料的界面一方面应强到足以传递轴向载荷并具有高的横向强度；另一方面要弱到足以沿界面发生横向裂纹及裂纹偏转直到纤维的拔出。因此，陶瓷基复合材料界面要有一个最佳的界面强度。强的界面黏结往往导致脆性破坏，裂纹在复合材料的任一部位形成并迅速扩展至复合材料的横截面，导致平面断裂。这是由于纤维的弹性模量不是大大高于基体，因此在断裂过程中，强界面结合不产生额外的能量消耗。若界面结合较弱，当基体中的裂纹扩展至纤维时，将导致界面脱黏，发生裂纹偏转、裂纹搭桥、纤维断裂以至于最后纤维拔出。

纤维增强陶瓷基复合材料的性能取决于多种因素，如基体致密程度、纤维的氧化损伤以及界面结合效果等，都与其制备和加工工艺有关。目前采用的纤维增强陶瓷基复合材料的制备工艺有热压烧结法和浸渍法。热压烧结法是将长纤维切短至3mm，然后分散并与基体粉末混合，再用热压烧结的方法就可制备高性能的复合材料。这种方法纤维与基体之间的结合较好，是目前采用较多的方法。浸渍法适用于长纤维，首先把纤维编织成所需形状，然后用陶瓷泥浆浸渍，干燥后进行烧结。这种方法的优点是纤维取向可自由调节，可对纤维进行单向排布及多向排布等；缺点则是不能制造大尺寸的制品，所得制品的致密度较低。

5.2.2 陶瓷基复合材料的成型工艺

陶瓷基复合材料的成型工艺大致分为以下几个步骤：配料→成型→烧结→精加工，这一过程看似简单，实则包含着相当复杂的内容。即使坯体由超细粉（微米级）原料组成，其产品质量也不易控制，所以随着现代科技对材料提出的要求的不断提高，这方面的研究还必须进一步深入。

(1) 配料　高性能的陶瓷基复合材料应具有均质、孔隙少的微观组织。为了得到这样品质的材料，必须首先严格挑选原料。

把几种原料粉末混合配成坯料的方法可分为干法和湿法两种。现今新型陶瓷领域混合处理加工的微米级、超微米级粉末方法由于效率和可靠性的原因大多采用湿法。

湿法主要采用水作为溶剂，但在氮化硅、碳化硅等非氧化物系的原料混合时，为防止原料的氧化，则使用有机溶剂。

原料混合时的装置一般为专用球磨机。为了防止球磨机运行过程中因球和内衬砖磨损下来而作为杂质混入原料中，最好采用与加工原料材质相同的陶瓷球和内衬。

(2) 成型　混好后的料浆在成型时有三种不同的情况。

① 经一次干燥制成粉末坯料后供给成型工序。

② 把结合剂添加于料浆中，不干燥坯料，保持浆状供给成型工序。

③ 用压滤机将料浆状的粉脱水后成为坯料供给成型工序。

把上述的干燥粉料充入模型内，加压后即可成型。通常有金属模成型法、橡胶模成型法、注浆成型法和挤压成型法。

金属模成型法具有装置简单、成型成本低廉的优点，但它的加压方向是单向的。粉末与金属模壁的摩擦力大，粉末间传递压力不太均匀。故易造成烧成后的生坯变形或开裂，只能适用于形状比较简单的制件。

采用橡胶模成型法是用静水压从各个方向均匀加压于橡胶模来成型，故不会发生生坯密度不均匀和具有方向性之类的问题。由于在成型过程中毛坯与橡胶模接触而压成生坯，故难以制成精密形状，通常还要用刚玉对细节部分进行修整。

注浆成型法是具有十分悠久历史的陶瓷成型方法。它是将料浆浇入石膏模内，静置片刻，料浆中的水分被石膏模吸收。然后除去多余的料浆，将生坯和石膏模一起干燥，生坯干燥后保持一定的强度，并且从石膏中取出。这种方法可成型壁薄且形状复杂的制品。

挤压成型法是把料浆放入压滤机内挤出水分，形成块状后，从安装各种挤形口的真空挤出成型机挤出成型的方法，它适用于断面形状简单的长条形坯件的成型。

（3）烧结　从生坯中除去黏合剂组分后的陶瓷素坯烧固成致密制品的过程称为烧结。

为了烧结，必须有专门的窑炉。窑炉的种类繁多，按其功能进行划分可分为间歇式和连续式。

间歇式窑炉是放入窑炉内生坯的硬化、烧结、冷却及制品的取出等工序是间歇地进行的。间歇式窑炉不适合于大规模生产，但具有适合处理特殊大型制品或长尺寸制品的优点，而且烧结条件灵活，筑炉价格也比较便宜。

连续式窑炉适合于大批量制品的烧结，由预热、烧结和冷却三个部分组成。把装生坯的窑车从窑的一端以一定时间间歇推进，窑车沿导轨前进，沿着窑内设定的温度分布经预热、烧结、冷却过程后，从窑的另一端取出成品。

（4）精加工　由于高精度制品的需求不断增多，因此在烧结后的许多制品还需进行精加工。精加工的目的是为了提高烧成品的尺寸精度和表面平滑性，前者主要用金刚石砂轮进行磨削加工，后者则用磨料进行研磨加工。

以上是陶瓷基复合材料制备工艺的几个主要步骤，但实际情况则是相当复杂的。陶瓷与金属的一个重要区别也在于它对制造工艺中的微小变化特别敏感，而这些微小的变化在最终烧成产品前是很难察觉的。陶瓷制品一旦烧结结束，发现产品的质量有问题时则为时已晚。而且，由于工艺路线很长，要查找原因十分困难。这就使得实际经验的积累变得越发重要。

陶瓷的制备质量与其制备工艺有很大的关系。在实验室规模下能够稳定重复制造的材料，在扩大的生产规模下常常难于重现。在生产规模下可能重复再现的陶瓷材料，常常在原材料波动和工艺装备有所变化的条件下难于实现。这是陶瓷制备中的关键问题之一。先进陶瓷制品的一致性，则是它能否大规模推广应用的最关键问题之一。

现今的先进陶瓷制备技术可以做到成批地生产出性能很好的产品，但却不容易保证所有制品品质的一致。

5.3 陶瓷基复合材料的应用

5.3.1 应用领域及现状

科学技术的发展对材料的要求日益苛刻。先进复合材料已成为现代科学技术发展的关键。其发展水平是衡量一个国家科学技术水平的一个重要指标。复合材料的可设计性大，能满足某些对材料的特殊要求。陶瓷复合材料的研究，其根本目的在于提高陶瓷材料的韧性和可靠性，发挥陶瓷材料的优势，扩大应用领域，因此世界各国都高度重视其研究和发展。随着现代科学技术快速发展，新型陶瓷材料的开发与应用异常迅速。新理论、新工艺、新技术和新装备不断涌现。

陶瓷材料具有耐高温、高强度、高硬度及耐腐蚀性好等特点，但其脆性大的弱点限制了它的广泛应用。随着现代高科技的迅猛发展，要求材料能在更高的温度下保持优良的综合性能。陶瓷基复合材料可较好地满足这一要求。

陶瓷基复合材料已实用化或即将实用化的领域包括刀具、滑动构件、航空航天构件、发动机制件、能源构件等。法国已将长纤维增强氮化硅复合材料应用于制作超高速列车的制动件，而且取得了传统的制动件所无法比拟的优异的摩擦磨损特性，取得了令人满意的应用效果。在航空航天领域，用陶瓷基复合材料制作的导弹的头锥、火箭的喷管、航天飞机的结构件等也收到了良好的效果。

热机的循环压力和循环气体的温度越高，其热效率也就越高。现在普遍使用的燃气轮机高温部件还是镍基合金或钴基合金，它可使汽轮机的进口温度高达1400℃，但这些合金的耐高温极限受到了其熔点的限制，因此采用陶瓷材料来代替高温合金已成了目前研究的一个重点内容。为此，美国能源部和宇航局开展了AGT（先进的燃气轮机）100、101、CATE（陶瓷在涡轮发动机中的应用）等计划。德国、瑞典等国家也进行了研究开发。这个取代现用耐热合金的应用技术是难度很高的陶瓷应用技术，也可以说是这方面的最终目标。目前看来，要实现这一目标还有相当大的难度。

对于陶瓷材料的应用来说，虽然人们已开始对陶瓷基复合材料的结构、性能及制造技术等问题进行科学系统的研究，但这其中还有许多尚未研究清楚的问题，还需要陶瓷专家们对理论问题进一步研究。此外，陶瓷的制备过程是一个十分复杂的工艺过程，其品质影响因素众多，如何进一步稳定陶瓷的制造工艺，提高产品的可靠性与一致性，则是进一步扩大陶瓷应用范围所面临的问题。

至今，陶瓷基复合材料的研究还处于初级阶段。新型材料的开发与应用已成为当今科技进步的一个重要标志。陶瓷基复合材料正以其优良的性能引起人们的重视。可以预见，随着对其理论问题的不断深入研究和制备技术的不断开发与完善，它的应用前景是十分光明的。

5.3.2 发展方向及趋势

陶瓷基复合材料是特殊陶瓷的一种，陶瓷基复合材料是以陶瓷为基体与各种纤维复合的一类复合材料。陶瓷基体可为氮化硅、碳化硅等高温结构陶瓷。这些先进陶瓷具有耐高温、高强度和刚度、相对质量较小、抗腐蚀等优异性能。而其致命的弱点是具有脆性，处于应力状态时，会产生裂纹，甚至断裂导致材料失效。而采用高强度、高弹性的纤维与基体复合，则是提高陶瓷韧性和可靠性的一个有效的办法。纤维能阻止裂纹的扩展，从而得到有优良韧性的纤维增强陶瓷基复合材料。

在高技术领域内，对结构材料要求具有轻质、耐高温、抗氧化、耐腐蚀和高韧性的特点。陶瓷具有优良的综合力学性能，例如耐磨性好、硬度高以及耐热性和耐腐蚀性好等特点，但是它的最大缺点是脆性大。近年来，通过往陶瓷中加入或生成颗粒、晶须、纤维等增强材料，使陶瓷的韧性大大改善，而且强度及模量也有一定提高，因此引起业内人士的普遍重视。

工程中陶瓷以特种陶瓷应用为主。特种陶瓷由于具有优良的综合力学性能、耐磨性好、硬度高以及耐腐蚀性好等特点，已广泛用于工业上的切削刀具、耐磨件、发动机部件、热交换器、轴承等。纤维增强陶瓷基复合材料已应用的领域和即将应用的领域包括刀具、滑动构件、航空航天构件、发动机制件、能源构件等。陶瓷基复合材料应用于发动机的主要障碍来自价格和可靠性方面。目前，陶瓷基复合材料零件的价格远比金属零件价格高，制造时可能产生内部裂纹，而且陶瓷零件的强度波动较大，高温时有所下降。但由于陶瓷材料具有优良的力学性能和低密度特点，世界各国都在大力发展，努力改善其基本性能和工艺技术，以求降低成本，提高可靠性。

连续纤维补强陶瓷基复合材料（简称 CFCC），是将耐高温的纤维植入陶瓷基体中形成的一种高性能复合材料。由于其具有高强度和高韧性，特别是具有与普通陶瓷不同的非失效性断裂方式，使其受到世界各国的极大关注。连续纤维增强陶瓷基复合材料已经开始在航空航天、国防等领域得到广泛应用。20 世纪 70 年代初，Aveston 在连续纤维增强聚合物基复合材料和纤维增强金属基复合材料研究基础上，首次提出纤维增强陶瓷基复合材料的概念，为高性能陶瓷材料的研究与开发开辟了一个方向。随着纤维制备技术和其他相关技术的进步，人们逐步开发出制备这类材料的有效方法，使得纤维增强陶瓷基复合材料的制备技术日渐成熟。20 多年来，世界各国特别是欧美以及日本等对纤维增强陶瓷基复合材料的制备工艺和增强理论进行了大量的研究，取得了许多重要的成果，有的已经达到实用化水平。如法国生产的“Cerasep”可作为“Rafale”战斗机的喷气发动机以及“Hermes”航天飞机的部件和内燃机的部件；SiO_2 纤维增强陶瓷基复合材料已用于“哥伦比亚号”和“挑战者号”航天飞机的隔热瓦。由于纤维增强陶瓷基复合材料有着优异的高温性能、高韧性、高比强度、高比模量以及热稳定性好等优点，能有效地克服对裂纹和热震的敏感性。经过纤维增强的陶瓷，无论在抗机械冲击性，还是在抗热冲击性等方面，都有了极大的提高。这在很大程度上克服了陶瓷的脆性，同时又保持了陶瓷原有的许多优异性能。

近年来出现的一种具有全新复合类型的陶瓷/金属复合材料——C4 材料（连续陶瓷基复合材料），与传统复合材料（颗粒增强复合材料、纤维增强复合材料、片状增强复合材料等）不同，这种复合材料中陶瓷相和金属相都具有三维连通的内部结构，因此不仅具有陶瓷相和金属相的性能特点，而且由于互锁作用，在某些方面还表现出比单一组分更优异的性能特性。在这类新型材料中，各组分相在细观尺度上形成各自的三维空间连续网络结构，互相交织缠绕在一起。即使将材料中任意的组分相去掉，剩下的组分相仍能构成一个可承受外载的孔隙结构。网络交叉复合材料在生物体中比较常见，如哺乳动物的骨骼、植物的树干和树枝，但在合成材料领域中却不多见。自从 C4 材料出现以来，其内部三维空间上两种材料相均连续分布的特点引起了国内外学者的广泛关注，SiC-Al 连续陶瓷基复合材料形貌如图 5.8 所示。

图 5.8 SiC-Al 连续陶瓷基复合材料形貌

网络结构陶瓷增强金属基复合材料中，基体陶瓷增强相具有三维连通的内部结构，因而起增韧作用的金属填充在陶瓷骨架的空隙中，其在空间上也是三维连通的。陶瓷相在三维空间连续分布，使得这类复合材料可以容纳更高体积分数的陶瓷相，从而可以提高材料的耐磨性、耐热性、耐腐蚀性和强度，并且可以降低热膨胀系数和复合材料的密度；而高韧性的金属相在三维空间连续分布，除了可改进材料的韧性和导电性等之外，还可将集中在点或面上的应力在三维空间范围内分散和传递，陶瓷相在失效前提供较高的弹性刚度，金属相具有较高的失效应变，因此这种复合材料具有更高的承载能力或抗冲击能力，材料失效的危险性大大降低，从而充分发挥陶瓷和金属两类材料的优点。此外，C4 材料这类三维双连续相的结构还可能引起结构互锁效应，陶瓷相和金属相的结合力不仅可以得到大幅度改善，而且由于陶瓷/金属界面的表面曲率处处接近于零而具有最小的表面积（处于一种具有最低能量面的形状），由于没有纯弯曲的驱动力来驱动界面迁移，金属相晶粒难以粗化和长大，因而可以最大限度地发挥其性能。同时，材料的各向同性也可避免传统复合材料存在的各向异性的弊端，将陶瓷和金属各自的性能优点更多地保留在最终获得的复合材料中。C4 材料模型的建立、材料体系及性能成为近年来人们研究的热点。

5.4 陶瓷基复合材料的切削加工性

陶瓷基复合材料一般都具有比强度高、比模量高、耐腐蚀、热稳定性好等一系列优良性能，因此，在航空航天、军事、汽车等领域得到广泛的使用。但是，这类材料的加工性能都比较差。

目前，国内外对颗粒增强型陶瓷基复合材料的切削加工，尤其在铣削和车削加工方面的试验研究是比较多的，它们都充分证明了陶瓷基复合材料切削加工的困难性以及刀具磨损的严重性，在试验中采用普通的刀具是不能达到加工效果的，大多数的试验都采用超硬材料刀具。而钻削加工由于其加工的特殊性和复杂性，使得切削加工性更差，刀具的磨损也更加严重。随着现代科技的迅猛发展，复合材料越来越多地被使用于各行各业，其加工质量和加工效率也必须得到一定的提高，因此，有必要对陶瓷基复合材料的切削机理进行研究，这对解决陶瓷基复合材料的切削加工中的问题，提高切削效率是很有帮助的，这将使陶瓷基复合材料的应用更加广泛。

5.5 陶瓷基复合材料的车削加工

以碳纤维增强碳化硅陶瓷基复合材料（C_f/SiC）为例，介绍陶瓷基复合材料的车削加工技术。碳纤维增强碳化硅陶瓷基复合材料（C_f/SiC）具有耐高温、抗氧化、密度低、耐腐蚀、抗热震及抗烧蚀等优异的性能，用 C_f/SiC 陶瓷基复合材料替代金属材料能够提高液体火箭发动机身部温度，降低发动机结构质量。国外已用于液体火箭大发动机喷管延伸段和姿控轨控发动机身部。法国 SEP 研制的 C/C、C/SiC 和 SiC/SiC 复合材料在 5N、25N、200N、6000N 等多种推力室上进行了成功的点火试验，并且在小型卫星和航天飞行器上得到应用，逐渐取代 Nb、Mo、Hf 等高温合金。其优点在于以下几点。

① 质量小，比金属喷管质量减小 50%以上。

② 使用温度提高，达 1800℃，而且无须冷却。

③ 烧蚀率小，可重复使用。

欧洲阿里安第三级液氢液氧推力室喷管是由 SEP 公司制造。美国道康宁公司研制的 3D C/SiC 复合材料已在姿控轨控发动机推力室和航天飞机防热瓦等部件上得到应用。日本试验空间飞机 HOPE-X 的第二代热结构材料使用了碳纤维增强 SiC 作为前部外板、上部及下部面板等。为满足高性能、轻质化的设计要求，国内液体火箭发动机已开始 C_f/SiC 陶瓷基复合材料制造喷管的应用研究。

在液体火箭发动机推力室应用中需要身部与金属材料进行连接，为适应连接部位尺寸、表面质量的要求，需要对 C_f/SiC 陶瓷基复合材料喷管连接部位进行机械加工。复合材料推力室的应用很大程度上取决于连接技术的发展，归结起来是复合材料和金属材料的连接，连接部位的表面加工质量关系到能否满足性能要求。

C_f/SiC 陶瓷基复合材料的机械加工工艺有车削加工、磨削加工、铣削加工及钻削加工等方法，车削加工与磨削加工相比较，具有简单高效、加工成本低及生产周期短的优点，在工厂

图 5.9 C_f/SiC 陶瓷基复合材料喷管模拟件外观形貌

可以推广使用。但由于 C_f/SiC 陶瓷基复合材料延性和冲击韧性低、加工性能差，需要解决其加工过程中易出现的分层、撕裂、毛刺、拉丝、崩块、表面光洁度差等缺陷。

C_f/SiC 陶瓷基复合材料喷管模拟件外观形貌如图 5.9 所示，在与金属连接之前，需采用车削、磨削机械加工方法加工待连接表面，先将待连接的 C/SiC 陶瓷基复合材料喷管连接面加工平整光滑，最终保证装配的要求。

陶瓷基复合材料喷管预制体成型采用编织方法，编织制品的特点是结构整体性能好，抗烧蚀、抗冲击及抗损伤性能好。用 3D 编织方式的陶瓷基复合材料喷管，晶间呈菱形网格排列，因编织纤维走向的异向性，其加工过程中易产生分层、撕裂、毛刺、拉丝及崩块等缺陷。C_f/SiC 陶瓷基复合材料是典型的难加工材料，具有硬度高、导热性差等切削难点，极易造成刀具缺损、崩刃及磨损，尺寸精度及形状精度控制比较困难，加工时刀尖部位温度很高，极易产生发热堵塞，从而导致碳纤维复合材料基体表面产生炭化现象，影响表面质量。因此，寻求合适的加工工具和加工方法是解决 C_f/SiC 陶瓷基复合材料喷管待连接表面切削加工问题的关键。

C_f/SiC 陶瓷基复合材料喷管待连接表面车削加工过程中，切屑是外力作用在刀具上挤压工件形成的，C_f/SiC 陶瓷基复合材料喷管待连接表面的车削加工经过挤压、滑移、挤裂及分离四个阶段。在相同条件下，C_f/SiC 陶瓷基复合材料喷管的切削力比金属材料要大得多。要保证 C_f/SiC 陶瓷基复合材料喷管待连接表面的表面加工质量和尺寸精度、形状精度，除选择合适的刀具参数外，还应选择合理的切削用量，切削用量的大小是影响切削力大小的重要因素。

在某种 C_f/SiC 陶瓷基复合材料推力室喷管-金属连接工艺试验中，对该材料机械加工工艺方案进行试验。从图 5.9 可看到，陶瓷基复合材料喷管是薄壁件回转体，并且圆柱度、同心度及垂直度等形状精度基础不好，壁厚不均匀，表面编织纹路清晰可见，不宜直接进行磨削加工。与磨削加工相比较，车削加工更简便，能够有效去除余量。所以喷管机械加工工艺方案采取先车削后磨削加工的工艺方法。

C_f/SiC 陶瓷基复合材料喷管硬而脆，而且喷管的壁较薄，车削加工中必须控制装夹力不能过大，否则会将 C_f/SiC 陶瓷基复合材料喷管夹裂。车削加工中采用了自行设计制造的工装进行装夹，在装夹找正和切削加工过程中都要避免冲击、碰撞，做到轻拿轻放，设计的装夹工装设法增大装夹部位的接触面积，避免夹紧部位点接触、线接触，能够有效地解决 C_f/SiC 陶瓷基复合材料喷管的夹裂问题。

在 C_f/SiC 陶瓷基复合材料喷管加工试验中，选用了 YG6X、YA6、YG8、YW1、YT15 硬质合金刀及高速钢车刀、人造金刚石聚晶车刀进行 C_f/SiC 陶瓷基复合材料喷管待连接表面的加工。

选用高速钢车刀做车削加工试验，起初分析认为 C_f/SiC 陶瓷基复合材料是非金属材料，密度低，编织制品纤维走向具有异向性，晶间结合力小，因此车削加工过程中易产生分层、撕裂等缺陷，晶粒细化的高速钢车刀更为锋利，避免车削加工过程中发热堵塞，从而避免碳纤维材料基体表面产生炭化现象，可能会适合于车加工非金属的碳纤维类复合材料，但经过做车加工对比试验证明，高速钢车刀的耐磨性最差，刀尖、刀刃的磨损速度很快，加工后工件的外圆锥度、椭圆度较大，不能保证工件的精度要求。

选用硬质合金车刀做车削加工试验，当用主偏角为90°的硬质合金车刀加工C_f/SiC陶瓷基复合材料喷管待连接表面时，发现牌号为YG6X的硬质合金刀头使用寿命相对较长，针对C_f/SiC陶瓷基复合材料喷管硬而耐磨的特性采取了一些改进措施，将转速限制在160r/min左右，吃刀深度小于0.3 mm，走刀量$S=0.05\sim0.25$mm/r，不加注冷却润滑液，改用猪油冷却润滑，用耐磨性较好的硬质合金YG6X车刀，刃倾角不倒棱保持刀刃的锋利，刀尖$r\approx$0.4mm，刀尖和刀刃用油石砺光提高强度和耐磨性，前角为3°～5°，主后角为5°～7°，副后角为5°～8°，主偏角为90°，采用此切削参数能够有效延长车刀的使用寿命，可以完成对C_f/SiC陶瓷基复合材料喷管的外圆及端面、锥面的加工，但是车加工锥面的形状精度（椭圆度和直线度）、表面粗糙度仍较毛糙。车加工ϕ78mm、长度18 mm的外圆之后，测量上下两段共8个点的直径发现圆柱度为ϕ0.08 mm。

选用人造金刚石聚晶车刀做车削加工试验，考虑到人造金刚石聚晶车刀具有高强度和更好的耐磨性，刀具红硬性好，使用寿命长，所以试用人造金刚石聚晶刀具做车加工对比试验，发现转速可提高到200r/min以上，涂抹四氯化碳猪油冷却润滑，人造金刚石聚晶刀具车削加工C_f/SiC陶瓷基复合材料喷管时更耐用，刀尖和刀刃保持锋利的时间比硬质合金YG6X车刀成倍延长，消除了工件的圆柱度偏差较大的问题，选用不同刀具切削时间与刀尖磨损的关系如图5.10所示。

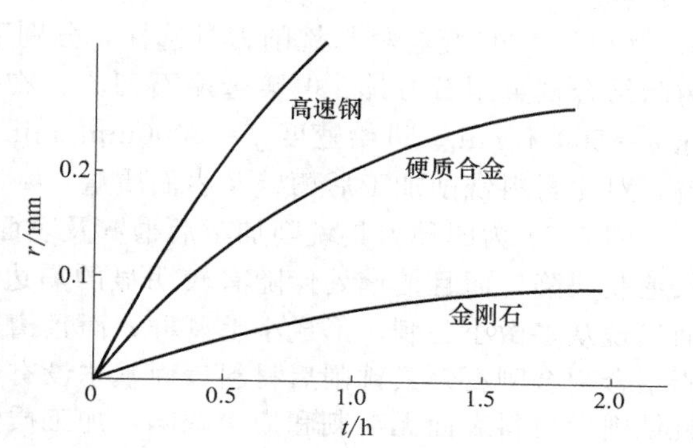

图5.10 不同刀具切削时间与刀尖磨损的关系

车加工ϕ78mm、长度18mm的外圆之后，测量上下两段共8个点的直径发现圆柱度为ϕ0.03mm。表面粗糙度能够达到Ra6.3μm以上，能够达到尺寸精度的要求。

用人造金刚石车刀车削C_f/SiC陶瓷基复合材料喷管时，采用表5.1所列的切削用量。用人造金刚石聚晶车刀加工C_f/SiC陶瓷基复合材料喷管时适宜采用低转速、中走刀量、大吃刀深度。

表5.1 人造金刚石车刀车削C_f/SiC陶瓷基复合材料喷管切削用量

项目	切削用量
切削速度/(m/min)	60～110
走刀量/(mm/r)	0.6～1.0
吃刀深度/mm	1～2

用人造金刚石聚晶车刀加工C_f/SiC陶瓷基复合材料喷管，使C_f/SiC陶瓷基复合材料喷管连接部位的形状精度、尺寸精度、表面粗糙度质量大幅度提高，以车代磨逐步成为可能。通过提高陶瓷基复合材料喷管连接部位的形状精度、尺寸精度、表面粗糙度，可以有效提高产品性能，满足工艺要求。

通过以上的理论分析和试验验证表明，通过选择合理的机械加工方法、刀具，采用合适的切削用量、刀具几何参数、冷却润滑方法，能够实现陶瓷基复合材料喷管连接部位的车削加工，保证C_f/SiC陶瓷基复合材料喷管连接部位表面质量。

按照分析探讨的工艺方法加工出的产品已经完成C_f/SiC陶瓷基复合材料喷管加工，已通过推力室热试车考验。但车削加工喷管连接部位的形状精度、尺寸精度及表面粗糙度仍然不是最理想的状态，并且对于车床性能精度和工人的技术水平有一定的依赖，以后还将不断完善机械加工工艺，探索磨削加工的工艺方法，进一步提高形状精度、尺寸精度和降低表面粗糙度。

5.6 陶瓷基复合材料的铣削加工

碳纤维增强碳化硅（简称 C/SiC）复合材料属于连续纤维增强陶瓷基复合材料的一种，除具备高比强度、高比模量及低热膨胀系数等优良性能外，还具备耐高温、密度低、不易磨损和优良的高温化学稳定性，而且具备对裂纹不敏感性、不易发生大面积断裂的特性，在诸如航天飞行器热防护构件、涡轮发动机喷管、热核聚变防护罩和高速刹车系统等领域得到越来越广泛的应用。C/SiC 复合材料加工时极易产生毛刺、撕裂、崩边、分层等加工缺陷，是典型的难加工材料。

（1）C/SiC 复合材料铣削刀具选择　分别采用传统硬质合金铣刀、钎焊 PCD 复合片铣刀、树脂结合剂金刚石刀具、电镀金刚石刀具，在表层碳纤维无纬布纤维方向角 $\theta=90°$、主轴转速 $n=5000\mathrm{r/min}$、进给速度 $f=2000\mathrm{mm/min}$、切削深度 $a_p=0.4\mathrm{mm}$ 时，铣削 C/SiC 复合材料，对比材料铣削加工后槽壁及表面质量。

图 5.11 为四种刀具铣削加工后槽壁及表面质量。硬质合金铣刀铣削后材料表面有大量的长毛刺缺陷，而且槽壁处伴随有较明显的崩边缺陷，加工质量最差；PCD 铣刀铣削后材料表面出现众多微小毛刺，形成小毛刺群，而且槽壁处伴随有轻微的崩边缺陷，加工质量较好；树脂结合剂金刚石刀具铣削后材料表面基本没有毛刺和崩边缺陷，加工质量良好；电镀金刚石刀具铣削后材料表面无毛刺和崩边缺陷，加工质量良好。

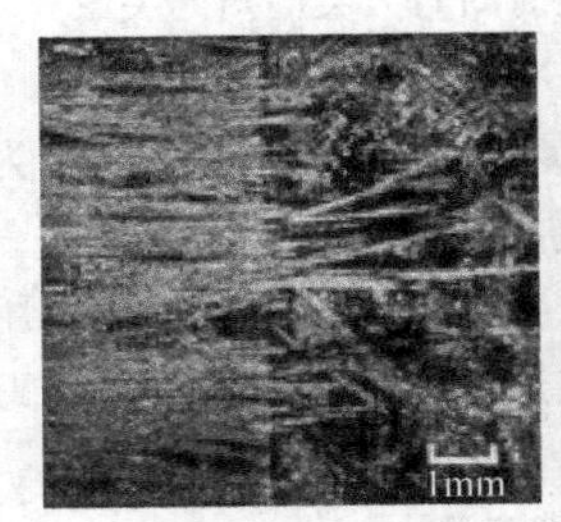

(a) 硬质合金铣刀

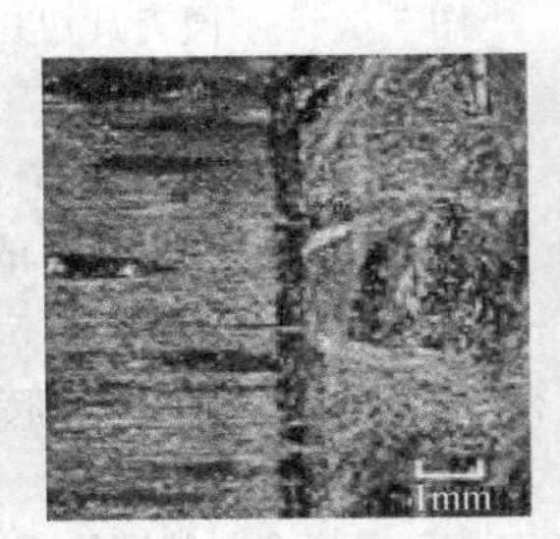

(b) PCD 铣刀

(c) 树脂结合剂金刚石刀具

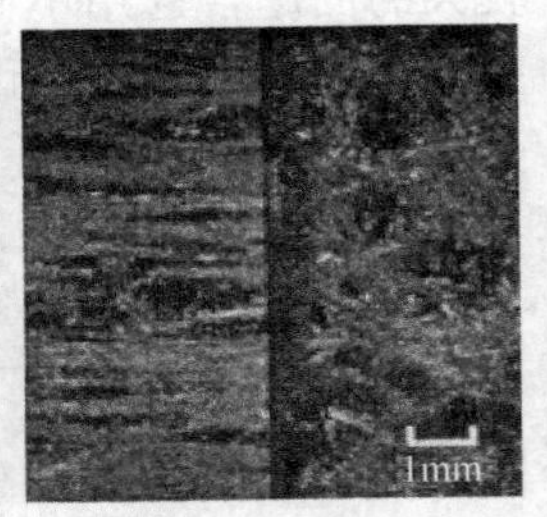

(d) 电镀金刚石刀具

图 5.11　四种刀具铣削加工后槽壁及表面质量

由上述四种刀具铣削 C/SiC 复合材料试验结果可知，传统硬质合金铣刀加工后有严重的加工缺陷，无法胜任 C/SiC 复合材料的铣削加工；而钎焊 PCD 复合片铣刀加工后材料有一定的毛边缺陷，对实际使用效果有一定的影响；树脂结合剂金刚石刀具和电镀金刚石刀具加工后无明显缺陷，材料表面和槽壁光洁度最高，加工质量最好。然而，后续 C/SiC 复合材料铣削试验中选用刀具只有金属结合剂的电镀金刚石刀具，有如下几点原因。

① 硬质合金铣刀虽然价格便宜，但加工时极易出现严重的表面毛刺和崩边缺陷。因此，不予选用。

② PCD 铣刀加工时会出现较轻微的毛刺和崩边缺陷，而且由于 PCD 金刚石复合片价格昂贵和复杂的钎焊工艺，使加工成本急剧增加。因此，不予选用。

③ 树脂结合剂金刚石刀具价格适中，而且铣削 C/SiC 复合材料也可达到很好的加工效果，但由于刀具本身特性，作为结合剂的树脂致密化程度较高，作为产生切削作用的磨粒金刚石颗粒被紧密包裹在树脂中，其容屑空间小，导致刀具连续加工时极容易出现切屑黏附刀具，致使刀具堵塞、糊刀，使刀具丧失切削能力。刀具堵塞的同时，切削温度急剧上升产生烧刀现象，因此实际加工时树脂结合剂金刚石刀具不适用，或加工过程及时清除刀具堵塞切屑并使用冷却

方法。

④ 电镀金刚石刀具制备工艺成熟、价格较便宜、铣削质量优良，而且金刚石颗粒半掩埋在金属结合剂中，大部分裸露在外部，有足够的容屑空间，不易发生刀具堵塞现象。同时，结合剂和基体都为金属，能够及时将切削时产生的切削热带离切削区域，降低切削区域温度，可实现刀具的长时、高效、高质量的连续加工。

(2) 加工参数对铣削质量的影响　铣削加工如图 5.12 所示，工件竖直放置，用台钳夹紧，电镀金刚石刀具顺时针旋转，水平方向为刀具进给方向，垂直于刀具底面的方向为铣削深度方向，刀具的侧面为主铣削平面，底面为辅助铣削平面，加工过程中无切削液。试验中以毛刺、撕裂和崩边缺陷的有无和大小为评价标准确定主轴转速、进给速度和铣削深度的允许范围，当加工后的孔出现明显的崩边或撕裂等缺陷时，则认为所使用的参数超出了 C/SiC 复合材料的铣削加工范围。

图 5.12　铣削加工

首先，试验在进给速度 $f=20\text{mm/min}$、切削深度 $a_p=0.2\text{mm}$ 的条件下，研究了主轴转速 n 在 1000～9000r/min 范围内变化时，工件的铣削质量随主轴转速改变的变化规律。最终确定当主轴转速在 1000～9000r/min 范围时，铣削加工后工件无明显缺陷，均没有毛刺、撕裂和崩边现象，加工质量良好。

其次，试验在主轴转速 $n=7000\text{r/min}$、切削深度 $a_p=0.2\text{mm}$ 的条件下，研究了进给速度 f 在 20～320mm/min 范围内变化时，工件的铣削质量随进给速度改变的变化规律。最终确定当进给速度在 20～320mm/min 范围时，铣削加工后工件无明显缺陷，而且随着进给速度的提高，工件铣削后的质量无明显变化，均没有毛刺、撕裂和崩边现象。说明在所试验的进给速度范围（20～320mm/min）内，进给速度对铣削表面质量影响较小，均可得到较理想的加工结果。

最后，试验在主轴转速 $n=7000\text{r/min}$、进给速度 $f=200\text{mm/min}$ 的条件下，研究了切削深度 a_p 在 0.2～1.6mm 范围内变化时，工件的铣削质量随切削深度改变的变化规律。最终得到当切削深度为 0.2mm 时加工质量较好，无明显缺陷。随着切削深度的增加，工件铣削后的质量无明显变化，均没有毛刺和崩边现象；但当切削深度增加到 1.0mm 时，铣削切出端出现少量未切断的碳纤维束形成的毛刺；当切削深度继续增加达到 1.6mm 时，铣削切入端出现较多未切断的碳纤维束形成的毛刺，甚至出现撕裂现象。因此，可确定切削深度不能超过 0.8mm。

(3) 铣削力结果及分析　加工过程中工件所受到的切削力大小对加工质量和刀具磨损有直接影响，在分析了加工参数与加工质量的关系，归纳出能够获得良好加工质量条件下加工参数范围的基础上，为了进一步优化工艺参数，监测了不同加工参数下电镀金刚石刀具铣削 C/SiC 复合材料的法向力和轴向力。

图 5.13 为固定进给速度 $f=20\text{mm/min}$、切削深度 $a_p=0.2\text{mm}$ 时，切削力随主轴转速变化的特征曲线。从图中可知，法向切削力和轴向切削力均随主轴转速的增大而减小，而且切削力在主轴转速为 3000～5000r/min 范围时急剧下降，在主轴转速为 7000～9000r/min 范围时趋于平缓。说明主轴转速较低时切削力较大，较大的切削力的作用更易产生加工缺陷和加快刀具磨损，提高主轴转速有利于降低铣削加工中的切削力大小。而主轴转速在 7000～9000r/min 范

围时，切削力最小且切削力随主轴转速改变的变化程度也最小，因此最佳的主轴转速范围为7000～9000r/min。

图5.14为固定进给速度 $f=20$mm/min、切削深度 $a_p=0.2$mm 时，铣削表面粗糙度随主轴转速变化的特征曲线。从图中可知，铣削后的表面粗糙度值随着主轴转速的增大而减小，而且呈线性递减的趋势。说明主轴转速对铣削表面粗糙度影响较大，高的主轴转速可得到更好的铣削表面质量，加工时应根据实际条件选择较大的主轴转速。

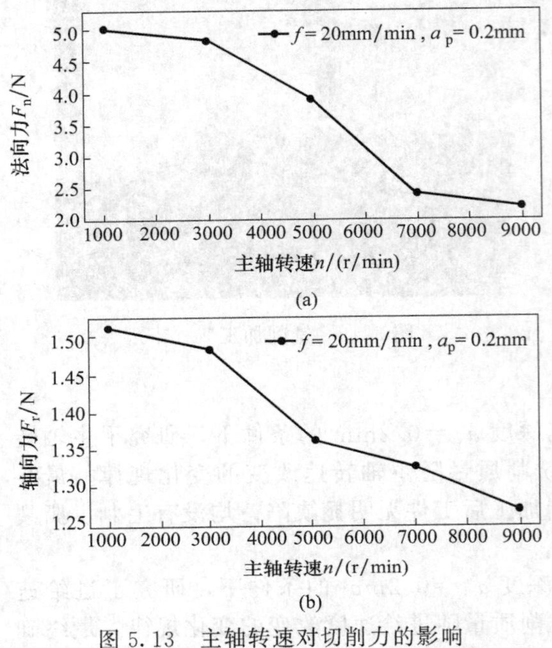

图5.13 主轴转速对切削力的影响

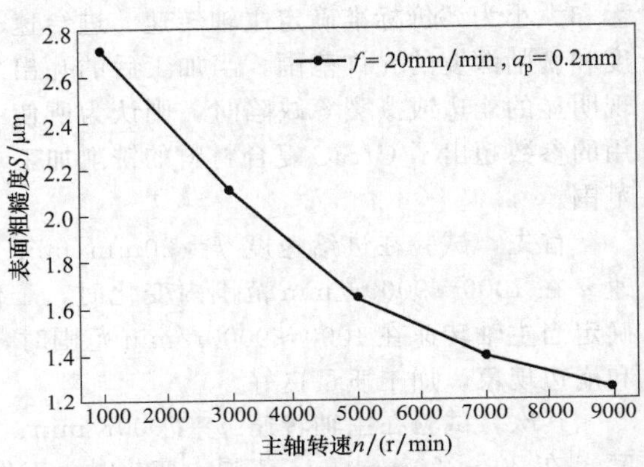

图5.14 主轴转速对表面粗糙度的影响

图5.15为固定主轴转速 $n=7000$r/min、铣削深度 $a_p=0.2$mm 时，切削力随进给速度 f 变化的特征曲线。从图中可知，法向切削力和轴向切削力均随进给速度 f 的增加而增大，而且在进给速度为120～260mm/min范围时变化较为平缓，在进给速度为260～320mm/min范围时增长速度变快。因此，最佳进给速度范围为120～260mm/min。

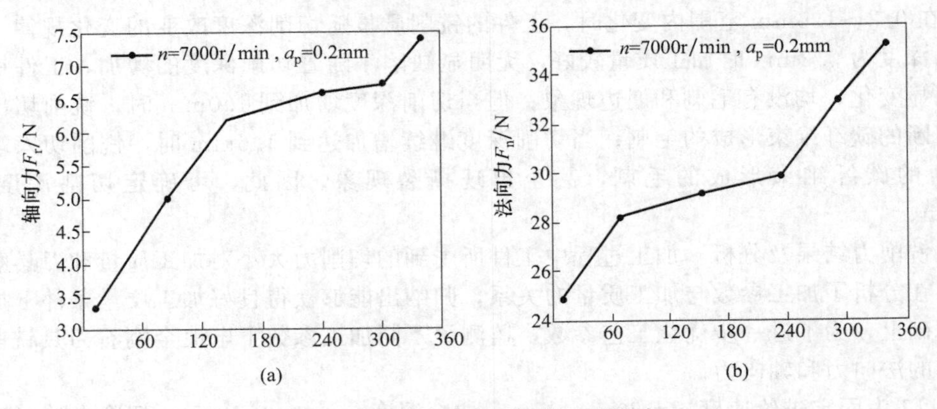

图5.15 进给速度对切削力的影响

图5.16为固定进给速度 $f=20$mm/min、主轴转速 $n=7000$r/min时，切削力随铣削深度的变化特征。从图中可知，随铣削深度的增加法向切削力增大，而且呈线性增大的趋势；而轴向切削力保持在30N左右变化不大。说明试验中采用的电镀金刚石铣削刀具铣削C/SiC复合

材料，其铣削深度的变化对铣削表面质量影响较小，而对侧壁质量和铣削的切入端、切出端质量有直接影响，过大的铣削深度会使侧壁质量和铣削的切入端、切出端产生撕裂和毛刺等缺陷。

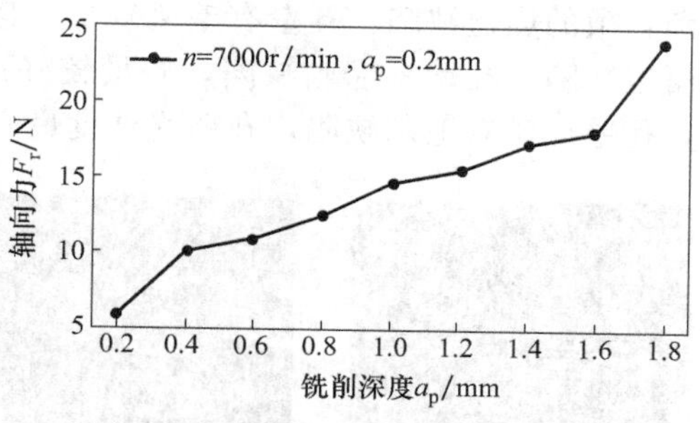

图 5.16 铣削深度对切削力的影响

（4）铣削正交试验分析 铣削正交试验是在铣削单因素试验已确定 C/SiC 复合材料合理的铣削加工参数范围的基础上，主轴转速 n、进给速度 f、铣削深度 a_p 分别选取 3 个水平，组成 3 因素 3 水平 9 组具有代表性的参数进行试验。其目的是在以上三组单因素试验分别得到铣削参数范围的基础上进一步分析得到三个参数对铣削质量影响大小的主次顺序，以得到铣削最佳的参数。

图 5.17 铣削加工现场

实际加工如图 5.17 所示，工件水平放置，用台钳夹紧，金刚石铣削刀具顺时针旋转，水平方向为刀具进给方向，垂直于刀具底面的方向为铣削厚度方向，刀具的侧面为主磨削平面，底面为辅助磨削平面，加工过程中无切削液。

通过分析得到以下结论。

① 铣削加工的三个参数中，主轴转速的变化对应的轴向力和法向力的变化幅度最大，说明主轴转速为主要因素，其对加工质量影响最大。

② 进给速度和铣削深度的变化对应的轴向力和法向力的变化幅度相差不大，但考虑到单因素试验中进给速度对切削力和切削质量的影响较小，所以铣削深度对加工质量的影响要大于进给速度。

综上所述，铣削参数对 C/SiC 复合材料切削力的影响从大到小依次为：$n>a_p>f$，正交试验中最佳铣削参数组合为 $n_3a_{p2}f_1$，即 $n=8000$r/min，$f=200$mm/min，$a_p=0.8$mm。

5.7 陶瓷基复合材料的钻削加工

C/SiC 复合材料作为热防护部件或热结构构件在航空航天等领域应用时，需要与其他部件相连接，最常见的连接结构是铆接固定方式，这样便确定了 C/SiC 复合材料制孔技术是其二次加工中非常重要的一项。然而 C/SiC 复合材料制孔时极易出现面毛刺、撕裂、崩边和孔壁毛刺等加工缺陷，而且传统高速钢刀具、硬质合金刀具钻削 C/SiC 复合材料时存在加工质量差、刀具磨损严重以及大尺寸孔（孔径大于 10mm）的加工经济效益差等问题。

（1）C/SiC 复合材料制孔刀具选择 分别采用高速钢钻头、硬质合金钻头、PCD 钻头和电镀金刚石刀具，在主轴转速 $n=9000$r/min、进给速度 $f=20$mm/min 时，钻削 C/SiC 复合材料，对比加工后孔的质量和加工时的轴向力。

图 5.18、图 5.19 分别为四种刀具加工后孔的入口和出口质量。高速钢钻头钻削后孔出口出现了较明显的崩边缺陷，而且有出口不圆现象；硬质合金钻头钻削后出口有较明显的毛刺缺

陷和轻微的崩边缺陷，孔壁有毛刺现象；PCD钻头钻削后的孔出口基本无毛刺缺陷、有轻微的崩边缺陷，孔壁有毛刺缺陷，质量较好；电镀金刚石刀具钻削后的孔出口无毛刺和崩边缺陷，孔壁也没有毛刺缺陷，孔壁光洁度最高，质量最好。

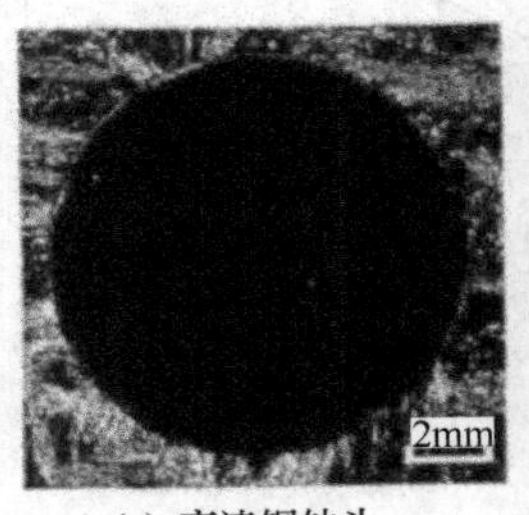

(a) 高速钢钻头

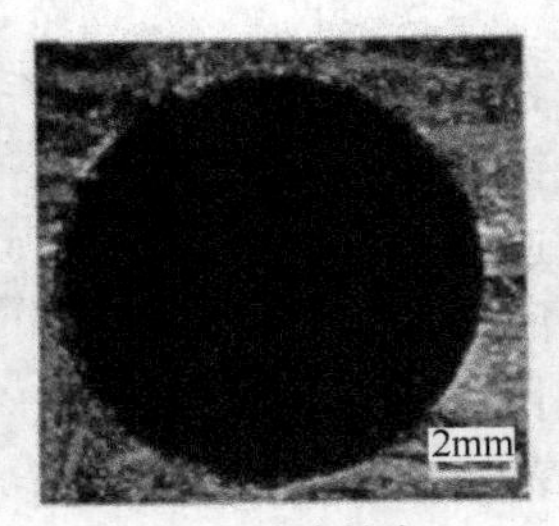

(b) 硬质合金钻头

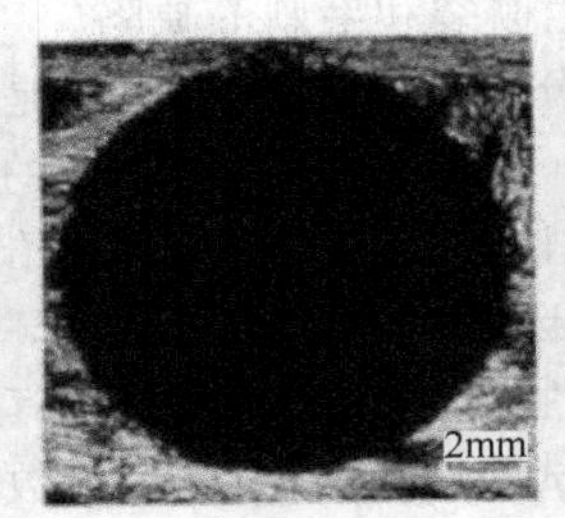

(c) PCD钻头

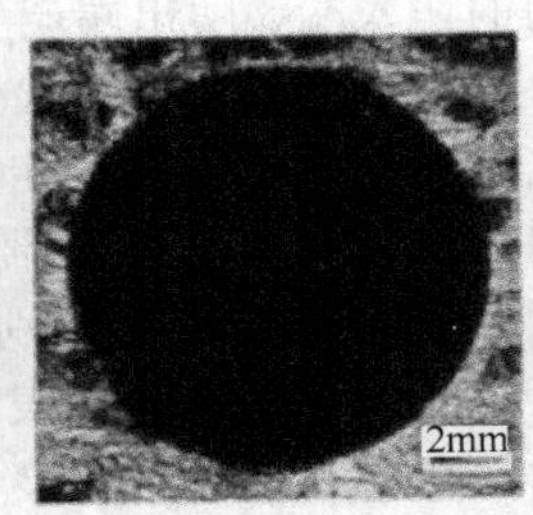

(d) 电镀金刚石刀具

图 5.18 钻削入口

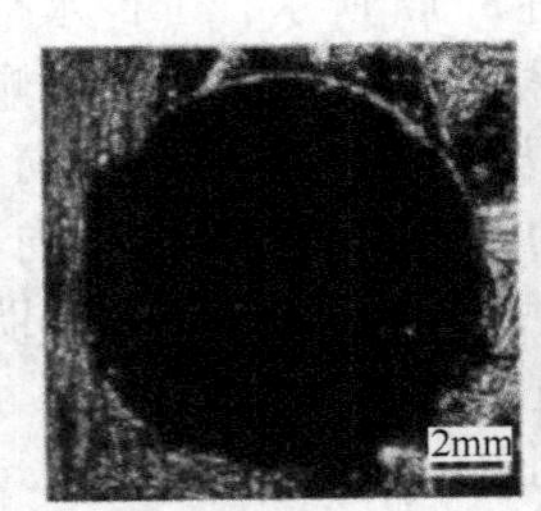

(a) 高速钢钻头

(b) 硬质合金钻头

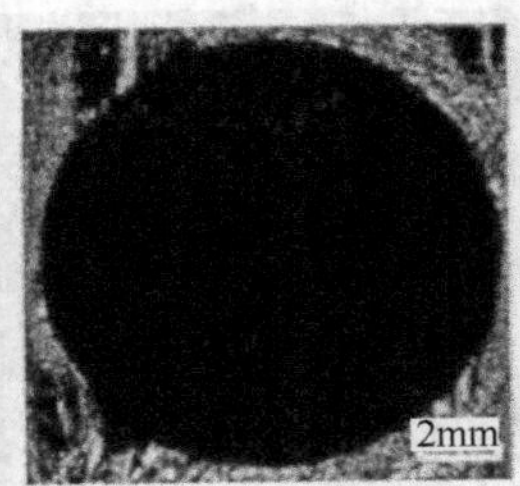

(c) PCD钻头

(d) 电镀金刚石刀具

图 5.19 钻削出口

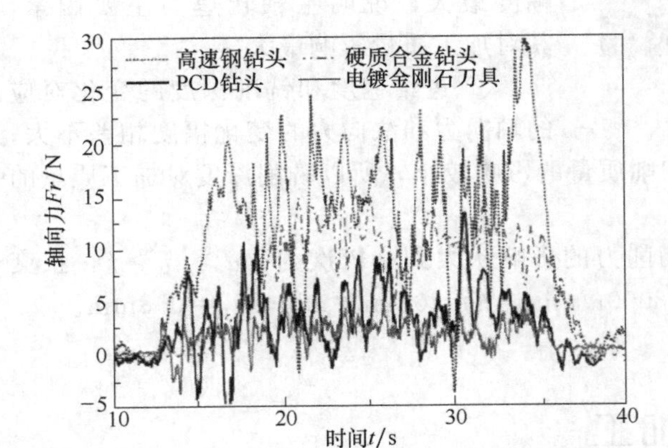

图 5.20 不同刀具钻削 C/SiC 复合材料轴向力对比

为了深入分析出现这种现象的原因，监测了高速钢钻头、硬质合金钻头、PCD钻头和电镀金刚石刀具钻削 C/SiC 材料的钻削轴向力大小。钻削轴向力的大小与钻削出口毛刺有直接关系，同时也是衡量刀具锋利程度的重要指标，轴向力越小，则刀具越锋利。图 5.20 所示为四种刀具的钻削轴向力曲线，从图中可以看出，钻削过程中高速钢钻头的轴向力最大，而 PCD 钻头的轴向力最小，平均轴向力比高速钢钻头低 60%，比硬质合金钻头低 46%，这说明 PCD 钻头的锋利度要远好于高速钢钻头和硬质合金钻头，这也解释了 PCD 钻头加工出的孔质量较好的原因。

通过对钻削质量和钻削轴向力分析可以看出，电镀金刚石刀具和 PCD 钻头钻削 C/SiC 复合材料的质量明显优于高速钢钻头和硬质合金钻头，因此选用 PCD 钻头进行钻孔加工。

（2）PCD 刀具钻削质量分析　试验中以缺陷的多少和大小为评价标准，当加工后的孔出现崩边或撕裂缺陷时，则认为所使用的参数超出了 C/SiC 复合材料的可加工范围，研究工艺参数对钻孔质量的影响规律、工艺参数对切削力的影响规律以及切削力对钻孔质量的影响。

① 主轴转速对钻削质量的影响　试验时固定钻头进给速度 $f=100$mm/min，采用的最高转速为 9000r/min，然后依次降低寻找 C/SiC 复合材料可加工的最低转速。当主轴转速在 5000～9000r/min 范围内变化时，孔的出口和入口基本无毛刺、撕裂缺陷，有轻微的崩边缺

陷；当主轴转速在 3000～5000r/min 范围内变化时，孔的出口处开始出现少量毛刺缺陷；当转速低于 3000r/min 时，孔的出口毛刺开始增多，并且伴随有明显的撕裂现象。图 5.21 所示为不同转速下孔出口的加工质量，从不同转速下钻削质量的变化可以看出，当主轴转速在3000～5000r/min 范围内变化时，随着转速的降低孔周围的毛刺逐渐增多，当转速降到 300r/min 时，孔出口处不仅有较大的毛刺，而且出现了严重的撕裂、崩边缺陷，超出了 C/SiC 复合材料允许的加工要求。通过以上分析认为，适合 PCD 钻头钻削 C/SiC 复合材料的可用主轴转速为 3000～9000r/min（对应线速度为 18.84～56.52m/min）。

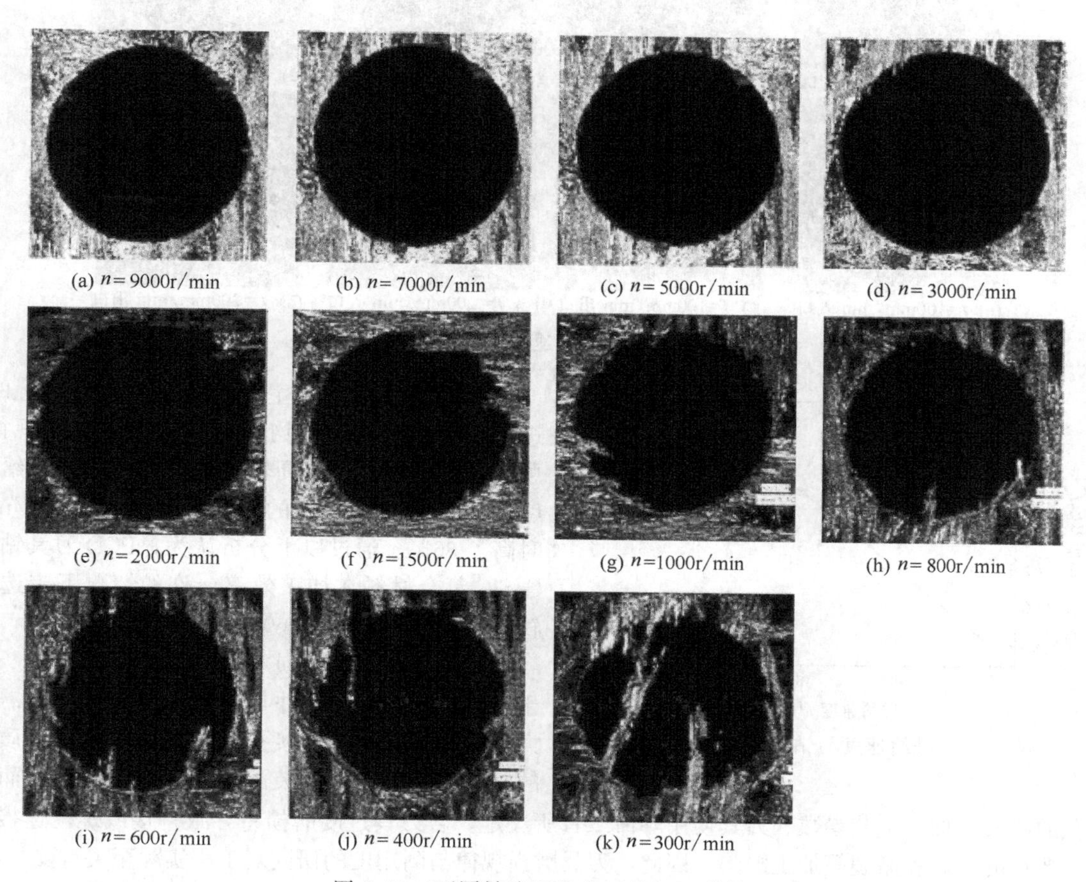
(a) n=9000r/min (b) n=7000r/min (c) n=5000r/min (d) n=3000r/min
(e) n=2000r/min (f) n=1500r/min (g) n=1000r/min (h) n=800r/min
(i) n=600r/min (j) n=400r/min (k) n=300r/min

图 5.21 不同转速下孔出口的加工质量

在上述试验结果的基础之上，为了进一步优化 PCD 钻头钻削 C/SiC 复合材料的转速，监测了进给速度 f=60mm/min、主轴转速 n=3000～9000r/min 时的平均钻削轴向力，监测结果如图 5.22 所示。图中可以看出，随着转速的增大轴向力逐渐降低，当主轴转速为 n=9000r/min 时的轴向力比 n=3000r/min 时低 11%，这也说明了高转速时更有利于钻削 C/SiC 复合材料。

② 进给速度对钻削质量的影响 试验在主轴转速 n=5000r/min 时，对可允许的最大进给速度进行了探索。试验中令进给速度从 f=20mm/min 开始，然后以步距 20mm/min 逐渐增加。图 5.23 选取了试验过程中的四组不同进给速度下孔的入口和出口的加工质量。从图上可知，在进给速度增加的过程中孔入口的加工

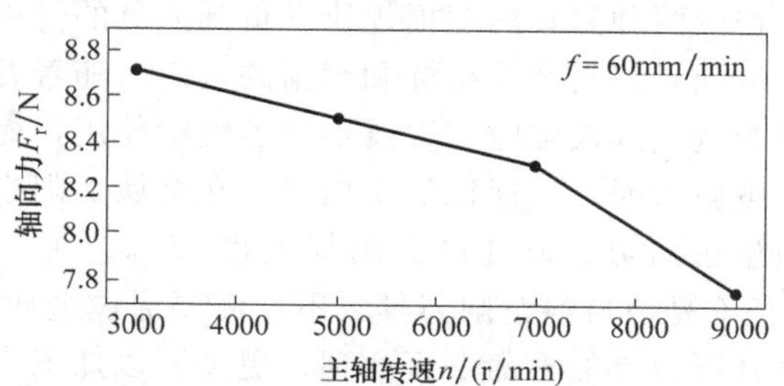

图 5.22 主轴转速与钻削轴向力的关系

质量一直较好，基本无毛刺、撕裂和崩边缺陷；而当孔的出口在进给速度达到 100mm/min 以上时出现了未能切除掉的毛刺，影响加工质量。通过以上分析认为，适合 PCD 钻头钻削C/SiC 复合材料的可用进给速度范围为 20～100mm/min。

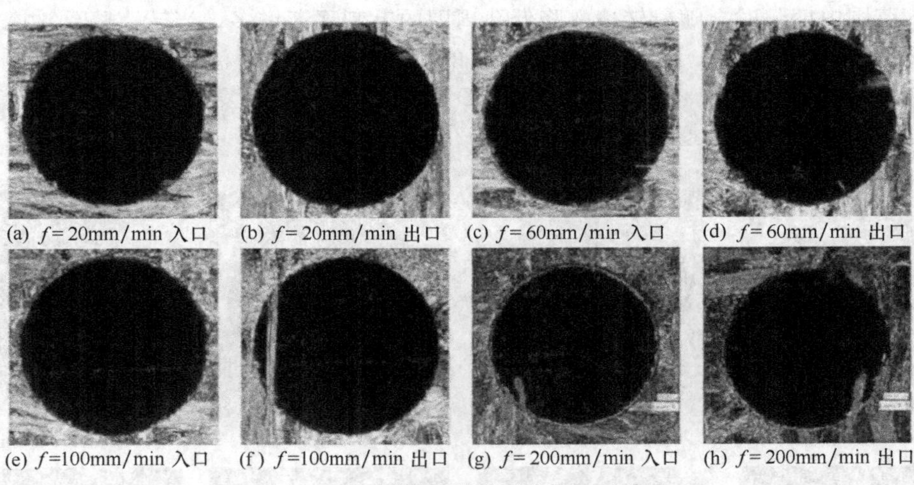

图 5.23 不同进给速度下孔的加工质量

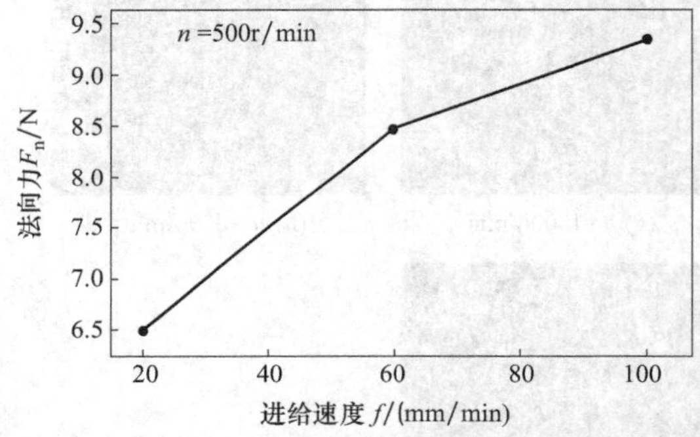

图 5-24 进给速度与钻削轴向力的关系

图 5.24 所示为当主轴转速 n=5000r/min 时，进给速度与钻头的平均钻削轴向力的变化规律，可以看出进给速度提高轴向力增加明显，进给速度 f=100mm/min 时的轴向力比 f=20mm/min 时高了 36%。通过以上分析认为，PCD 刀具钻削 C/SiC 复合材料在加工效率允许的情况下应选择较低的进给速度（$f \leqslant$60mm/min）。

（3）钻削刀具磨损规律与耐用度的分析　由于 C/SiC 复合材料部件与相邻部件连接时，需要大量的铆接或螺栓连接孔，因此钻削孔加工质量的好坏将会直接影响装配效率及装配质量。而钻削孔的质量由加工工艺参数和刀具使用寿命二者所决定，若刀具过度磨损将导致铆接或螺栓连接孔产生严重的毛刺和撕裂等加工缺陷。因此，刀具磨损规律与耐用度的研究对工程实际至关重要。

试验工件为 C/SiC 复合材料板，厚度为 5mm，所使用的刀具皆为全新直径 5mm 的普通硬质合金刀具和钎焊 PCD 复合片刀具，如图 5.25 所示。采用刀具在最佳切削参数条件下连续钻削某典型 C/SiC 复合材料，即主轴转速 n=9000r/min、进给速度 f=20mm/min，同时采用 Kistler 9271 A 型测力仪监测钻削轴向力变化，并且利用超景深三维显微镜 KEYENCE VHX-600E 观察两种刀具的后刀面切削刃磨损情况。因此，可以得到在钻削 C/SiC 复合材料过程中两种刀具的磨损规律，得到刀具的耐用度。

（4）刀具磨损指标和判据的确定　随着刀具切削距离的不断增加刀具磨损越来越严重，当磨损量达到极限时，刀具不能够继续使用，而必须更换新的刀具或对已达到磨损极限的刀具进行重新刃磨，以保证加工质量。在金属切削中，对于刀具磨钝标准业内有统一规定为当刀具磨损量达到切削刃处最大磨损宽度 VB_{max} 0.1～0.3mm 时，即为达到刀具的使用寿命。针对 C/SiC复合材料钻削刀具，不仅需要通过金属切削中常用的刀具磨钝标准 VB_{max} 0.1～0.3mm 来判断刀具的寿命是否达到，更需要以加工表面毛刺、撕裂及崩边等缺陷的严重程度来作为刀具磨损程度的判据。

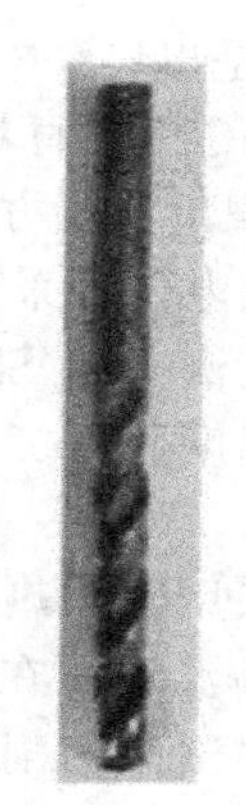
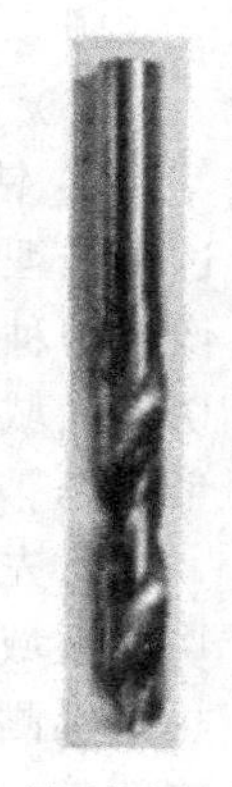

(a) 高速钢钻头 (b) 硬质合金钻头 (c) PCD钻头 (d) 电镀金刚石刀具

图 5.25 加工使用的刀具

（5）刀具寿命分析 图 5.26 是主轴转速 $n=9000\mathrm{r/min}$、进给速度 $f=20\mathrm{mm/min}$ 时，普通硬质合金钻头和 PCD 钻头钻削 C/SiC 复合材料钻孔个数与钻削轴向力的关系曲线。从图中可知，PCD 钻头随着钻孔个数的增加钻削轴向力的变化较为平缓，而普通硬质合金钻头随着钻孔个数的增加钻削轴向力急剧增加，这说明普通硬质合金钻头钻削 C/SiC 复合材料时的磨损速度要远高于 PCD 钻头。此外，从制孔数量来看，在同一参数条件下，普通硬质合金钻头在钻削到第 9 个孔时，出现严重的撕裂和毛刺现象，而 PCD 钻头在钻削到第 35 个孔时，才出现较轻微的毛刺现象，因此可以初步判断 PCD 钻头的使用寿命在相同切削参数条件下明显高于普通硬质合金钻头的使用寿命，制孔个数至少是普通硬质合金钻头的 4 倍。因此，从钻头的使用寿命角度看，加工一个孔的平均成本要低于传统的普通硬质合金钻头，而且钻孔质量更优。

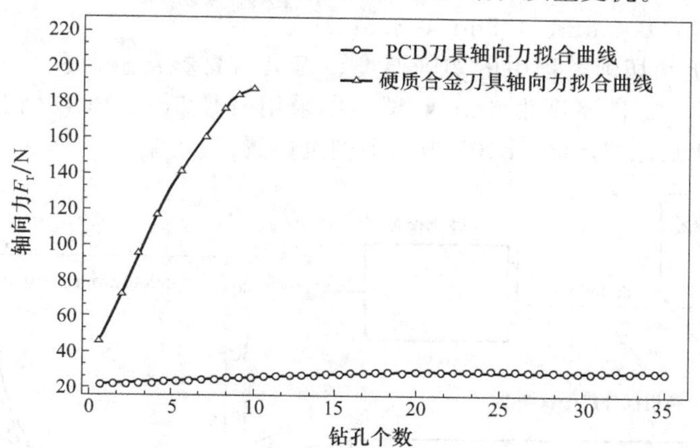

图 5.26 硬质合金和 PCD 刀具钻孔个数与钻削轴向力的比较

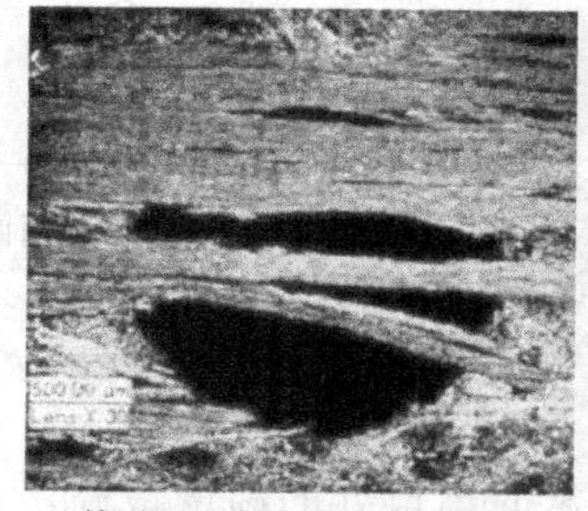

(a) 普通硬质合金刀具钻削到第9个孔时孔出口的缺陷情况

(b) PCD刀具钻削到第35个孔时孔出口的缺陷情况

图 5.27 钻削出口质量对比

图 5.28 温度场加工测量现场

图 5.27 是出口缺陷比较。

(6) C/SiC 复合材料钻削温度分析

① 钻削温度测量方法 试验过程中通过预先埋设热电偶和采用 A40M 型红外热像仪两种方式测量 C/SiC 复合材料加工时切削区域的温度，图 5.28 为温度场加工测量现场。

首先，采用红外热像仪确定钻削时一切削区域最高温度所在的位置，然后采用热电偶测量钻削时切削区域最高温度的准确数值，并且比较不同切削参数下切削区域最高温度的变化情况。

试验利用红外热像仪测温如图 5.29 (a) 所示，红外热像仪的镜头平面与样品被测侧壁平面平行。为较准确地反映切削区域的温度，被加工孔的孔壁与侧壁之间的最小距离 a [图 5.29 (a)]应较小。但当 a 过小时，即孔壁距离材料外壁过近时，靠材料外一侧孔壁由于无法得到周围材料的良好支撑，孔的出入口处容易产生撕裂、毛刺、崩边等缺陷，而且材料越少则其热容量越小，从而造成局部区域温度过高。因此，试验中取 $a=2$mm，同时红外测温仪距离样品侧壁为 800mm。

为准确地反映钻削制孔过程中产生的切削热，在样品侧壁上选取三个位置不同的点进行温度的对比，取点的位置如图 5.29 (b) 所示。三个位置分别在材料的中间、靠近出口处及出口处，对应的 b 值分别为 0.5mm、1.5mm、3.5mm。

② 钻削温度分析 切削过程中的切削厚度、刀具与材料接触面积、刀具磨损是决定钻削温度高低的主要因素。工件厚度为 6mm，试验中采用直径 5mm PCD 钻头的钻削温度特征曲线如图 5.30 所示，L103、L102、L101 为三个测量位置。

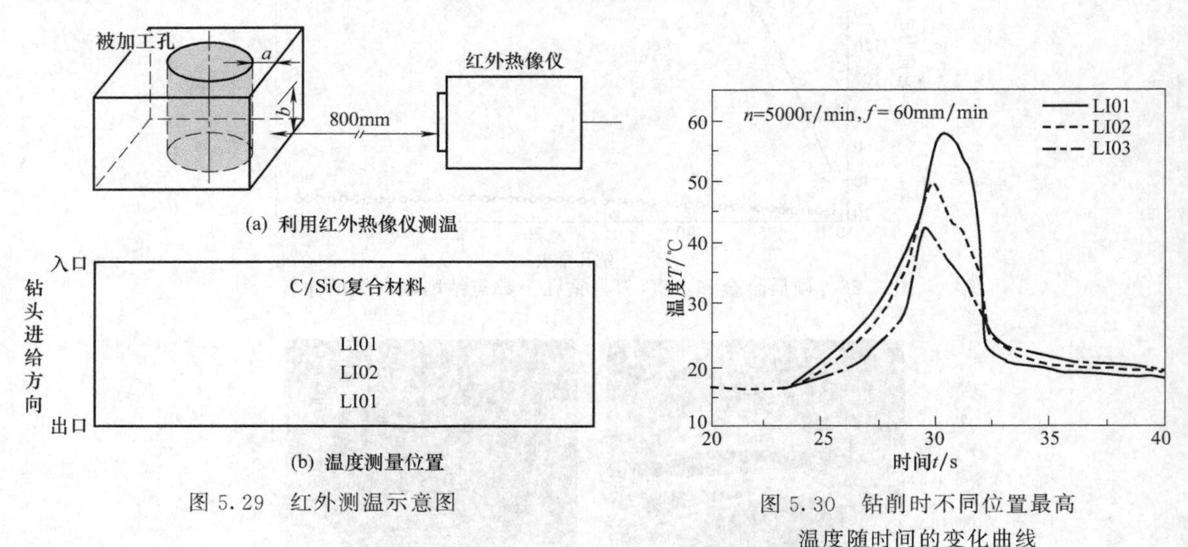

图 5.29 红外测温示意图

图 5.30 钻削时不同位置最高温度随时间的变化曲线

从图 5.30 中可以看出，钻削 C/SiC 复合材料时出口处的温度最高。这是由于 C/SiC 复合材料的导热性能较差，当刀具加工至材料内部时，加工过程中产生的切削热与外界的热交换效率降低，因此材料内部的热积聚现象越来越明显，从而温度不断增高，在出口处达到最大值。

切削时加工区域的最高温度对刀具寿命有较大影响，因此研究切削热对 C/SiC 复合材料钻削的质量及刀具寿命的影响以钻削出口处的温度为研究对象。

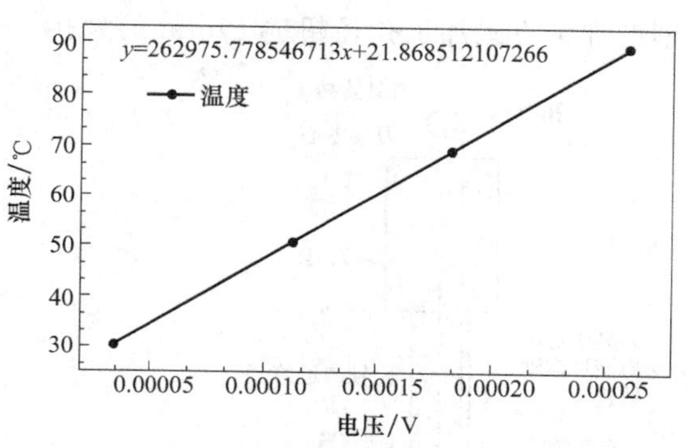

图 5.31　热电偶温度-电压标定曲线

在试验过程中，热电偶埋于孔轴线距工件下表面 1.5mm 处，使热电偶处于钻削加工过程中切削温度最高处，以便测出不同参数下切削区域所能达到的最高温度并分析切削热对刀具磨损和加工质量的影响。图 5.31 为试验中所用热电偶的标定曲线。

切削参数对钻削温度有着重要的影响作用，切削参数对钻削温度的影响趋势研究，可以通过在相同主轴转速参数下改变进给速度得到的钻削温度的曲线分析来实现。采用钻头直径为 5mm，进给速度为 20mm/min、40mm/min、60mm/min、80mm/min 和 100mm/min，钻削温度变化曲线如图 5.32 所示。

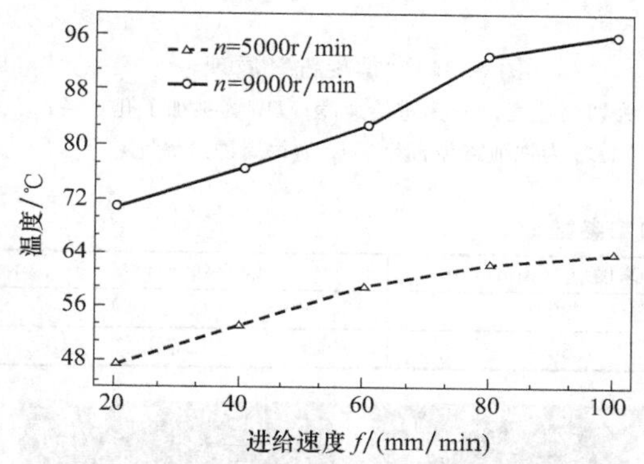

图 5.32　加工参数对钻削温度的影响

在同一种进给速度 f 参数下，主轴转速 n 越大则钻削温度越高。这是由于切削速度的增加，使得刀具切削刃在相同时间内与工件的切削作用次数增加，同时也增加了刀具后刀面与工件已加工表面及切屑的摩擦次数，这些因素都使得切削温度变高。因此，在进给速度 f 不变时，主轴转速 n 增大，加工效率不变，但是钻削产生的钻削温度变高。而在同一种主轴转速 n 参数下，进给速度 f 越大则钻削温度越高。这是由于随着进给速度的增加轴向力也变大，切削刃作用在工件加工表面上的剪切力变大，摩擦力和由刀具动能转化为切削热的热能也相应增加，使得切削区域温度变高。

由试验结果可知，PCD 刀具钻削 C/SiC 复合材料时切削区域最高温度均低于 100℃，远低于 PCD 复合片和硬质合金基体的烧伤温度，对 C/SiC 复合材料的加工质量和刀具的磨损影响有限。因此，在选择钻削参数时，以钻削温度对钻削参数的影响作为次要参考因素。

(7) 大尺寸孔的“螺旋铣”加工工艺　由于工程实际中有孔径超过 10mm 的大孔的加工需求，然而若采用相应尺寸钻头钻削加工的方法会使得加工成本过高且难以保证加工质量。针对此问题，采用“螺旋铣”制孔的方法。

“螺旋铣”制孔是一种通过铣刀进行螺旋轨迹铣削来制孔的方法，加工时刀具在自转的同时围绕孔的中心沿螺旋轨迹运动并沿轴向做向下的进给运动。图 5.33 为“螺旋铣”制孔过程，图 5.34 为“螺旋铣”原理。

根据钻削工艺试验结果得到的适合切削线速度和进给速度范围换算，选取了两个参数对 C/SiC 复合材料进行螺旋铣削制孔试验。试验所用刀具为直径为 4mm 的电镀金刚石刀具，加工后的孔径为 5mm。表 5.2 为加工参数，图 5.35 为加工质量。

从图 5.35 可以看出，所选取的两个参数下“螺旋铣”加工后的孔的入口、出口基本无毛刺、崩边等缺陷，孔壁也没有毛刺缺陷，加工质量良好；而且当需要加工不同孔径的孔时，不需要更换刀具或改变刀具的直径，只需改变加工时所采用的偏心距 e 的值，即可加工出不同大小孔径的孔。因此，认为在工程实际 C/SiC 复合材料加工中可以采用电镀金刚石刀具以螺旋铣削的加工方式加工孔径超过 10mm 的大孔。

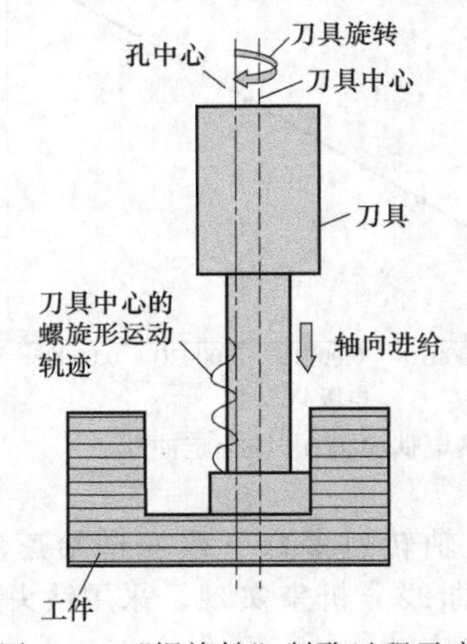

图 5.33 “螺旋铣”制孔过程示意图

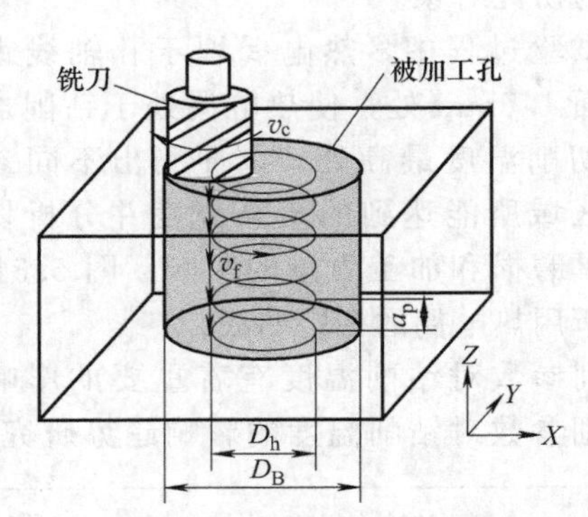

图 5.34 “螺旋铣”原理

（v_c 为切削速度；v_f 为进给速度；D_B 为被加工孔直径；D_h 为铣削路径直径；a_p 为每周进给深度）

表 5.2 螺旋铣加工参数

主轴转速 n/(r/min)	螺距 p/mm	进给速度 f/(mm/min)	偏心量 e/mm
5000	30	30	0.5
5000	30	60	0.5

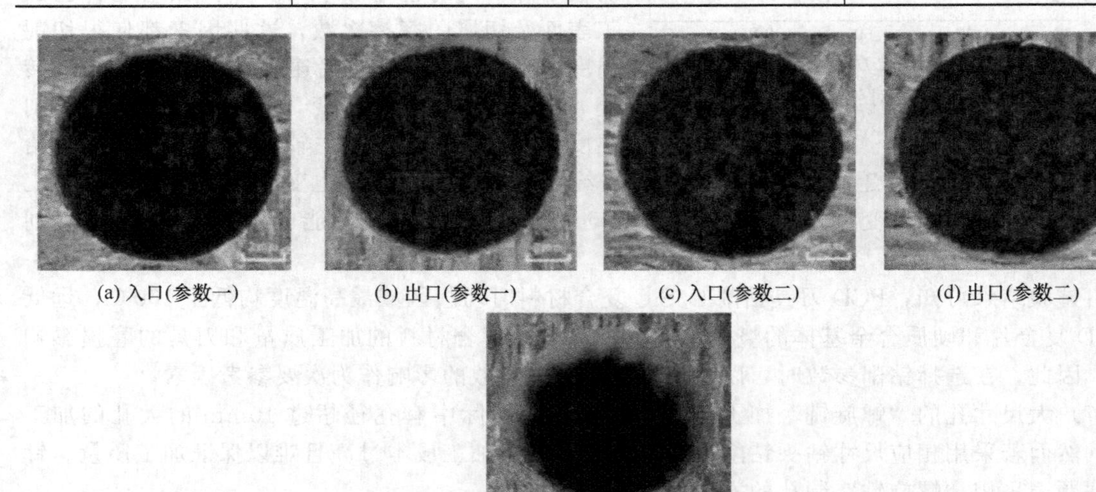

(a) 入口(参数一) (b) 出口(参数一) (c) 入口(参数二) (d) 出口(参数二)

(e) 孔壁

图 5.35 螺旋铣削加工质量

5.8 陶瓷基复合材料的磨削加工

5.8.1 纤维增强陶瓷基复合材料磨削机理研究

磨削过程是大量磨粒切削刃进行统计切削的过程，因而加工过程中同一束纤维可能受到多颗磨粒的切削作用而断裂。在磨削过程中材料不断受到磨粒挤压、拉伸、弯曲、剪切的综合作用，切屑的形成为基体破坏和纤维断裂的结果。由于纤维增强陶瓷基复合材料是由两种不同的成分材料组成的，物理、力学性能相差较大，其磨削过程中的各种问题如纤维拔出、折断等在很大程度上取决于磨削方向与纤维方向之间的关系。

（1）磨削方向垂直于纤维方向　图 5.36 为磨粒垂直于纤维方向磨削。首先磨粒会接触到复合材料表面的基体，基体首先发生弹性退让，然后基体承受磨粒的挤压作用而产生径向裂纹，由于纤维的阻碍作用，裂纹主要沿着基体与纤维的界面进行扩展，造成了磨痕附近的基体脆断、剥落较严重。磨粒切开基体接触到纤维，纤维在磨粒的挤压下，发生弯曲变形，但是受到周围材料的限制。在磨粒磨削区域内，靠近磨粒切削刃刀尖处的纤维，受力最大，当剪切应力达到纤维的剪切强度极限时，纤维被剪断，端口一般呈平直状。在磨粒磨削区外两侧，由于受到磨粒切入使纤维受到压迫作用而产生弯曲，当弯曲应力达到纤维的抗弯强度极限时，纤维受到弯曲作用而发生断裂，断口一般呈斜面状。此时，当纤维与基体界面结合较弱时，纤维被从基体中拔出。

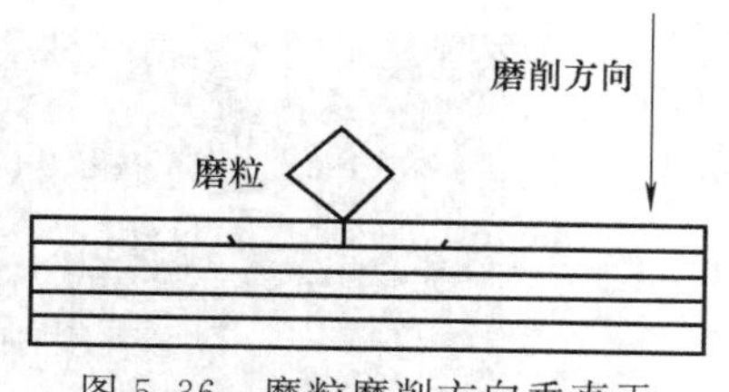

图 5.36　磨粒磨削方向垂直于纤维方向磨削示意图

（2）磨削方向平行于纤维方向　图 5.37 为磨粒磨削方向平行于纤维方向磨削。磨削过程是磨粒不断地将磨削层的纤维与基体分离而实现的，沿纤维方向产生剥层破坏。随着磨粒的前进，处于磨削部分的基体不断承受磨粒的挤压，基体由于承受磨粒的挤压作用产生裂纹，裂纹沿着纤维与基体的界面进行扩展，由于基体裂纹扩展方向与磨削方向一致，故基体裂纹更易扩展，从而形成了很长的基体裂纹，进而造成纤维与基体界面脱黏。纤维被掀开，然后纤维沿着磨粒运动方向产生了一种类似于悬臂梁的弯曲变形，产生弯曲应力，随着磨粒的运动弯曲应力逐渐增大，当达到纤维的抗弯强度时，纤维断裂。

（3）磨削方向垂直于纤维端面　图 5.38 为磨粒磨削方向垂直于纤维端面磨削。首先磨粒接触到基体，基体受到磨粒的挤压和剪切，当压缩应力超过基体的抗压强度时，基体发生破坏。此时，沿着受力方向产生裂纹并扩展到纤维。当磨粒接触到纤维时，由于受到磨粒的挤压与剪切作用，在纤维内部产生垂直于纤维轴线的应力。随着磨粒的向前推移，剪切应力逐渐增大，当剪切应力超过纤维的抗剪强度时，纤维被切断。被切断纤维在磨粒先前推移的过程中被压缩，与基体产生滑移，最终与基体分离。

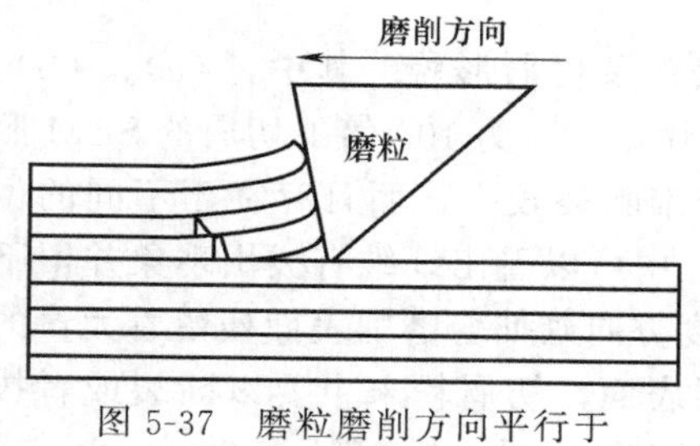

图 5-37　磨粒磨削方向平行于纤维端面磨削示意图

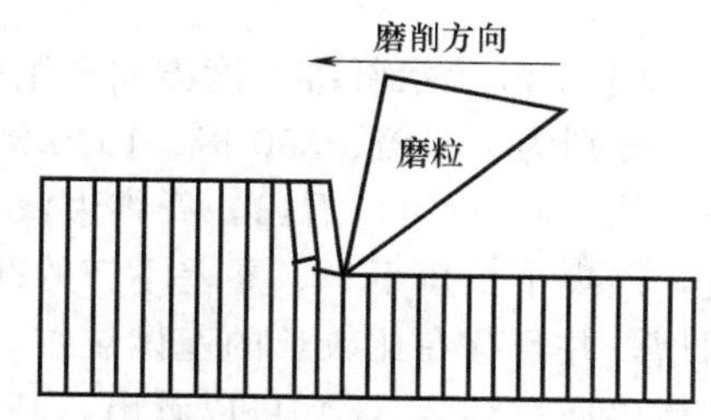

图 5.38　磨粒磨削方向垂直于纤维端面磨削示意图

5.8.2 纤维增强陶瓷基复合材料磨削表面形貌与磨屑分析

图 5.39 为垂直于纤维长度方向磨削时纤维复合陶瓷磨削表面及切屑形貌。其中，(a)、(b)、(c) 分别为 100 倍、350 倍、1000 倍下的磨削表面 SEM 照片，(d) 为 100 倍下切屑的 SEM 照片。从 (a) 中可以看出，垂直于纤维方向进行磨削，纤维束出现成束断裂，在磨削表面留下了明显的磨痕；从 (b) 中可以看出，磨削表面存在很多的基体碎屑，并且存在大量的基体裂纹，纤维

束断口附近，纤维表面的基体脱落较为严重，出现了基体与纤维的分离，而远离断口的地方，基体与纤维的界面黏结较好；同时结合（c）可以看出，纤维断口呈现出不同的断口形貌，有平直的，也有呈斜面状的；观察（d），切屑中存在大量的长纤维断头，最长的约为 600μm，而且有大块的基体碎屑，最大的直径约为 200μm，这是由于垂直于纤维方向进行磨削，基体裂纹主要沿着基体与纤维的界面进行扩展，造成了磨痕附近的基体脆断、剥落较严重，同时纤维和基体出现了分离；纤维束主要承受来自磨粒的剪切和弯曲的复合作用，断口呈平直状的为剪切应力所致，断口呈斜面状的为弯曲应力所致；在切屑中的大量纤维断头正是由于纤维断裂所致。垂直纤维磨削时，磨削表面损伤主要以纤维断裂为主，同时伴随大量的基体破碎。

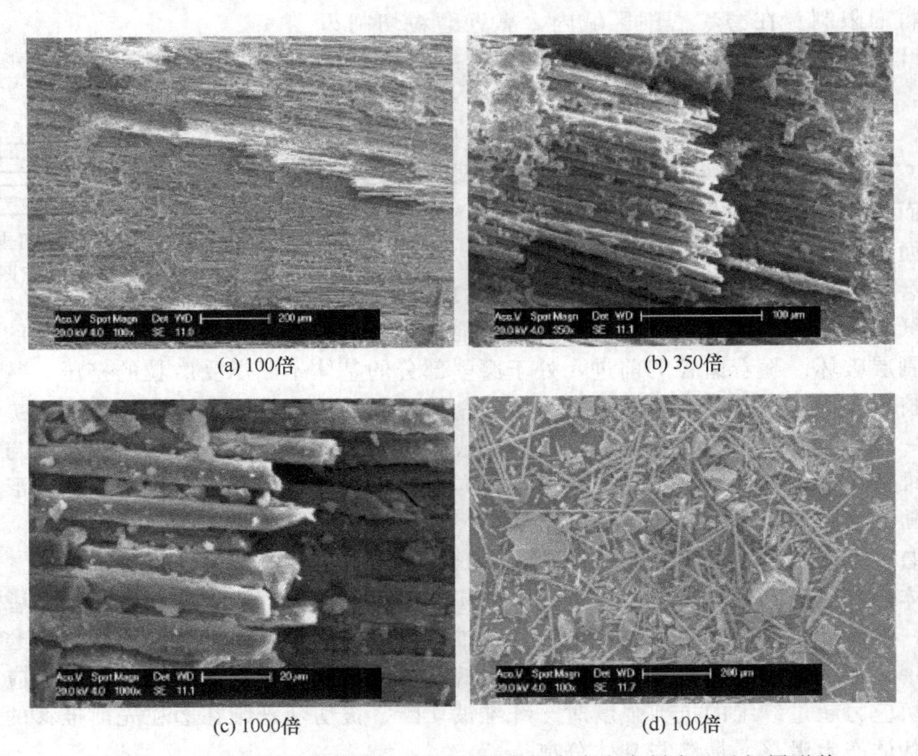

(a) 100倍 (b) 350倍 (c) 1000倍 (d) 100倍

图 5.39 垂直于纤维长度方向磨削时纤维复合陶瓷磨削表面及切屑形貌

图 5.40 为沿纤维长度方向磨削时纤维复合陶瓷磨削表面及切屑形貌。其中，（a）、（b）、（c）分别为 100 倍、350 倍、1000 倍下的磨削表面 SEM 照片，（d）为 100 倍下切屑的 SEM 照片。从（a）中可以看出，纤维束没有呈现成束的断裂，纤维断裂较少，而且存在于不同的位置，出现了长短不一、参差不齐的纤维断头；从（b）、（c）中可以看出纤维有拔出现象并留下凹槽，并且存在比较长的基体裂纹，而且裂纹沿着纤维长度方向延伸，磨削表面残留着大量的基体碎屑；结合（d）可以看出，基体碎屑主要残留于磨削表面，切屑粉末主要以断裂或者拔出的纤维断头为主，长度约为 600μm，其中的一些基体碎屑很少且小，直径约为 50μm。

这是由于沿纤维长度方向进行磨削，裂纹沿着纤维与基体的界面进行扩展，由于基体裂纹扩展方向与磨削方向一致，故基体裂纹更易扩展，从而形成了很长的基体裂纹，进而造成纤维与基体界面脱黏，甚至造成了有些纤维拔出，并且在纤维束内部纤维之间的基体更易破碎。同时由于纤维受到磨粒的挤压、弯曲的复合作用，纤维断口随机分布。因此沿着纤维方向磨削时，磨削表面损伤主要以纤维的少量断裂、拔出以及大量的基体破碎和裂纹为主，表面质量较好。

图 5.41 为磨削纤维束端面时纤维复合陶瓷磨削表面及切屑形貌。其中，（a）、（b）、（c）分别为 100 倍、350 倍、1000 倍下磨削表面的 SEM 照片，（d）为 100 倍下切屑的 SEM 照片。

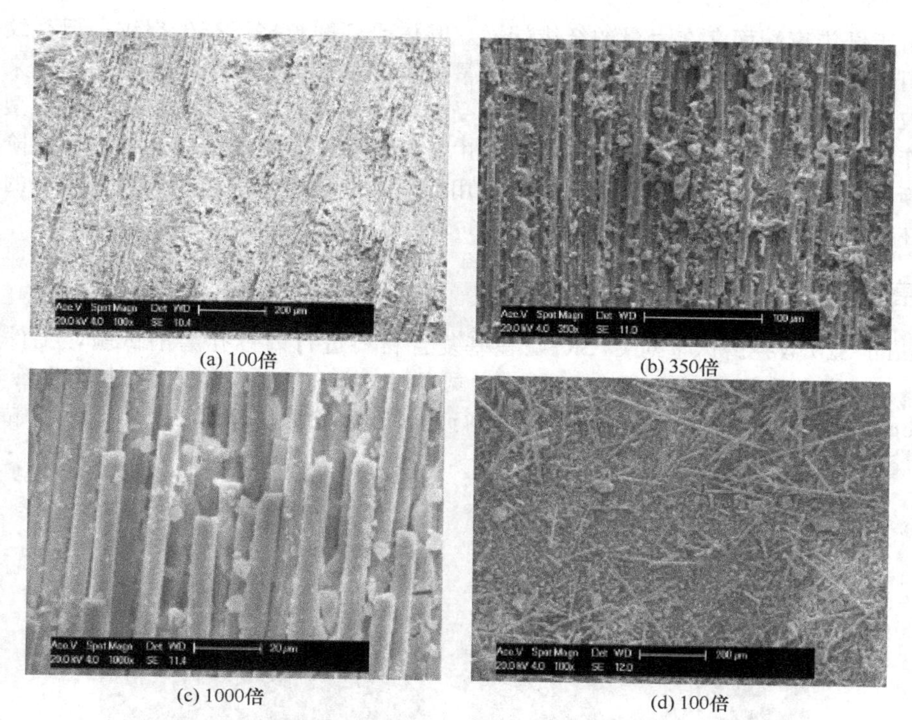
(a) 100倍 (b) 350倍
(c) 1000倍 (d) 100倍

图 5.40 沿纤维长度方向磨削时纤维复合陶瓷磨削表面及切屑形貌

从（a）中可以看出，磨削纤维束端面，可以看到明显的磨痕，但磨削表面较为平整，没有大量纤维断裂；（b）中可以看到小的基体碎屑和凹坑，而在（c）中就可以看到大量的纤维断头和基体碎屑，以及一些纤维断头拔出留下的圆形凹坑，纤维端面呈平整型、阶梯型，而且纤维断头高低不平；结合（d）可以看出，切屑主要以短的纤维断头为主，最长纤维断头长度约为150μm，基体碎屑也较小，最大直径约为50μm。

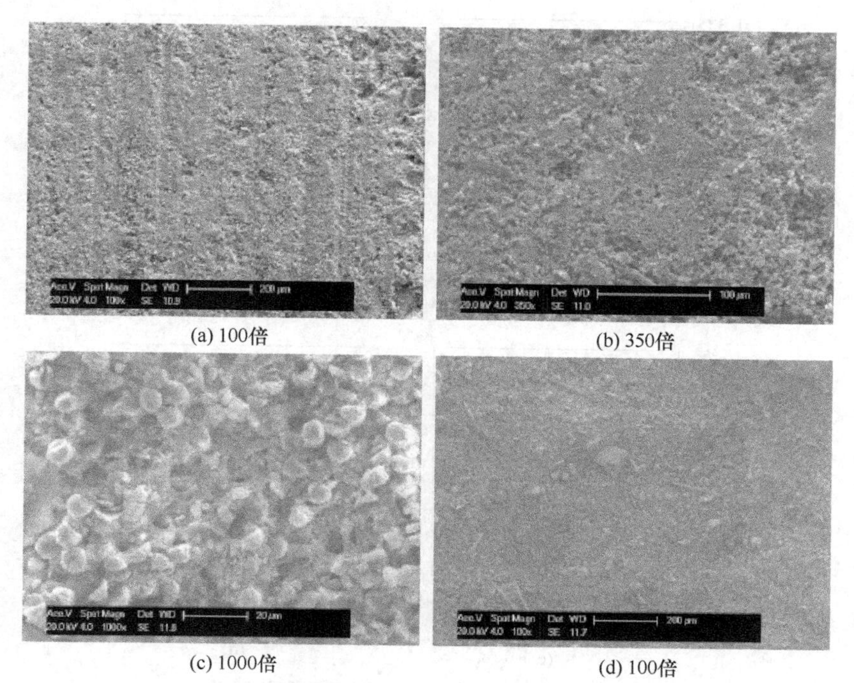
(a) 100倍 (b) 350倍
(c) 1000倍 (d) 100倍

图 5.41 磨削纤维束端面时纤维复合陶瓷磨削表面及切屑形貌

这是由于纤维束端面存在大量的纤维端面，基体受到磨粒挤压产生裂纹，但裂纹受到各方的纤维的阻碍作用而难以扩展，因而产生了大量的小的基体碎屑；而纤维断头受到来自砂轮不同部位磨粒的剪切作用或者挤压、弯曲作用，受剪切作用而断裂的断头端面呈平整型，而受挤压、弯曲作用而破坏的断头呈阶梯型，或者是由于纤维端面受剪切从中间劈裂而呈阶梯型，大量的纤维断头受到剪切、弯曲、挤压的复合作用而断裂、拔出，因此切屑中有大量的短纤维断头，并且在磨削表面留下了一些圆形凹坑。

5.8.3 磨削参数对表面粗糙度的影响

在 Studer S20 数控磨床上对 C/SiC 陶瓷基复合材料进行内锥孔磨削试验，工件形状如图 5.42 所示。磨削液采用瑞士 MOTOREX 公司的 SWISSCOOL 型水溶性乳化冷却液，用 MAHR Perthometer M1 表面粗糙度测量仪进行测量。砂轮为单晶刚玉磨料，陶瓷黏结剂，粒度 80 号，直径为 8mm。

图 5.42 C/SiC 陶瓷基复合材料内锥体

影响砂轮加工质量的磨削参数主要是砂轮线速度 v_s、工件转速 v_w、单位进给量 a_p、工作台速度 v_z 共 4 个变量。各因素对表面粗糙度的影响情况如图 5.43 所示。

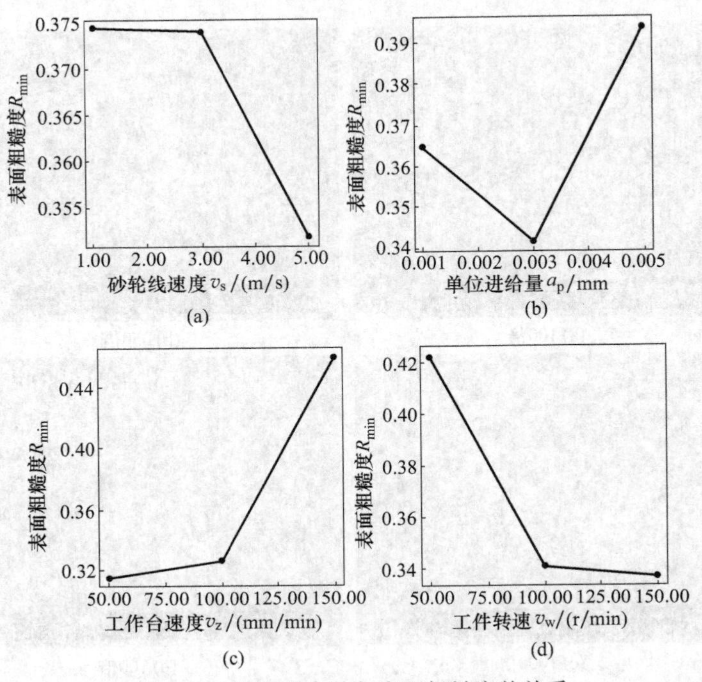

图 5.43 各磨削参数与表面粗糙度的关系

通过分析可得出以下结论。

① 各磨削参数对表面粗糙度影响的主次地位为：工作台速度（纵向移动速度）v_z＞工件转速 v_w＞单位进给量 a_p＞砂轮线速度 v_s。

② 4个磨削参数对磨削表面质量的影响规律为：工作台速度（纵向移动速度）是对磨削工件表面粗糙度影响最大的因素，而砂轮线速度和径向进给量的影响最小。

③ 磨削参数优化原则为：磨削参数的优化改进应主要集中在如何改善纵向移动速度（工作台速度）v_z 上。

④ 优化的磨削参数为：v_z=50mm/min，v_w=150r/min，a_p=0.003mm，v_s=5m/s。

5.9　陶瓷基复合材料的特种加工

（1）激光切割　陶瓷基复合材料正越来越多地作为电子器件、滑动构件、发动机制件、能源构件等应用材料，在机械、化工、电子以及航空航天等一些尖端科技领域中显示出巨大的应用需求和优势潜力。但其硬度高、脆性大、抗热震性与重现性差等致命弱点严重阻碍了该类材料工程化的推广应用。目前虽然陶瓷基复合材料具有一定的可加工性，但还远远不能满足实际陶瓷零构件的使用需求，在多数情况下仍需要进行修整加工，以提高陶瓷零构件的形状和尺寸精度，满足机械结构相互灵活配合的目的。其中，切割即是陶瓷零构件加工中一个必不可少的基本手段。激光切割技术因其具有非接触性、柔性化、效率高及易实现数字化控制等特点，一直以来颇受青睐。

以激光作为加工能源，在硬脆性陶瓷加工方面的发展潜力已见端倪：它可以实现无接触式加工，减少了因接触应力对陶瓷带来的损伤；陶瓷对激光具有较高的吸收率（氧化物陶瓷对10.6μm波长激光的最高吸收率可达80%以上），聚焦的高能激光束作用于陶瓷局部区域的能量可超过10^8J/cm^2，瞬间就可使材料熔化蒸发，实现高效率加工；由于聚焦光斑小，产生的热影响区小，可以达到精密加工的要求；激光的低电磁干扰以及易于导向聚焦的特点，方便实现三维及异形面的特殊加工要求。激光器的种类很多，以激光光束质量、材料对热源的高吸收效率以及适应产业化发展需求的标准来衡量，CO_2 激光热加工仍为陶瓷切割的主要手段。激光切割的难易程度由材料的热物理性质决定，由于陶瓷是由共价键、离子键或两者混合化学键结合的物质，晶体间化学键方向性强，因而具有高硬度和高脆性的本征特性。相对于金属材料，即使是高精密陶瓷，其显微结构均匀度亦较差，严重降低了材料的抗热震性，在常温下对剪切应力的变形阻力很大，极易形成裂纹、崩豁甚至于材料碎裂。

对于陶瓷基复合材料脉冲激光切割方式是较好的选择，连续激光切割方式一般更适用于其中的薄片状玻璃切割。提高脉冲激光输出的峰值功率、降低脉宽至纳秒量级、减少重复频率、降低切割速度是该类方法有效减少激光输入对材料产生的过热影响，抑制裂纹产生的基本工艺规律。

多道切割法是采用激光多次扫描同一切割轨迹以达到去除材料的目的，一般先以较低功率激光多次扫描同一加工路径，以不断推进加工深度，至一定厚度后，转而以高功率激光完成切割。该方法工艺最为简单，但可靠性差。其优点在于每道切割时单位长度输入的能量小，可以降低热载荷，抑制裂纹产生与扩展。但是此法在提出之际就已被明确指出，这是一种牺牲加工时间和效率的切割方法。

在激光扫描切割玻璃板的瞬态温度场和应力场的有限元分析中，研究人员发现位于光斑前后以及冷却点附近存在一个拉应力区，可以促使材料加工处形成裂纹并扩展以完成切割过程，这种方法很快应用于实际生产中，目前已成为研究最为广泛、前景也极为看好的激光切割陶瓷方法之一。该方法通过激光辐照在陶瓷表面的切割方向产生拉应力，但并不将工件熔化或气化，完全依靠应力使材料断裂而完成切割。

激光复合切割技术是将激光技术与一些传统切割技术相结合，既有以激光为主的方法，亦有以激光为辅助工具的方法。总体而言，还未能充分发挥激光技术的独有优势，理论创新也因工艺上的多学科交叉特色而有所束缚。水是液体辅助激光加工方法中最常见的辅助介质，水中激光加工可以避免空气中加工的污染，抑制飞溅物的产生和再沉积。由于水对红光的吸收率较高，水中加工的激光波长以蓝绿光为佳，实际应用中，考虑到加工效率，则常以近红外波长的Nd：YAG激光为主要切割热源。水辅助切割既可将工件浸于其中进行激光加工，亦可利用与光束同轴水流的水导激光切割方法。

从加工工艺而言，陶瓷加工的第一步必须确定合理的激光输出方式。激光激励的基本方式有两种：连续输出和脉冲输出。两种输出方式针对不同类型的陶瓷各有发挥所长之处，需要综合考虑切割质量和切割速度。通常连续输出适用于玻璃、有机玻璃等非晶态非金属材料。脉冲输出方式则多适用于陶瓷等多晶或单晶材料。此外，厚度、密度等无疑也是需要考虑的重要影响因素。无损切割是陶瓷加工的首要目标，针对材料的不同特征，侧重点各有不同。

（2）放电加工　放电加工（EDM）是一种无接触式精细热加工技术，当单相或陶瓷/陶瓷、陶瓷/金属复合材料的电阻率小于100Ω·m时，陶瓷材料可以进行放电加工。首先将形模（刻丝）和加工元件分别作为电路的阴、阳极，液态绝缘电介质将两极分开，通过悬浮于电介质中的高能等离子体的刻蚀作用，表层材料发生熔化、蒸发或热剥离而达到加工材料的目的。由于加工过程模具未与工件直接接触，故无机械应力作用于材料表面，因此放电加工是理想的加工高脆、超硬陶瓷材料的方法。试验表明，陶瓷元件加工后表面粗糙度可控制在$Ra<0.3\mu m$。放电加工包括两种类型：刻模加工（die-sinking EDM）和线切割加工（wire-cutting EDM）。刻模加工的模具材料一般为铜、钢、优质合金和专用石墨，绝缘电介质为煤油和大分子量的碳氢化合物。该方法可对陶瓷材料进行螺纹加工和钻孔加工。放电加工是制备高尺寸精度、低表面粗糙度、复杂形状高性能陶瓷元件很有应用前景的加工技术，深入研究放电加工工艺控制步骤，设计和制备导电性能和力学性能俱佳的复相陶瓷材料是该方法未来发展的关键。

（3）超声波加工　工件材料为SiO_2纤维增韧的SiO_2陶瓷基复合材料，所用机床为德国DMG公司生产的Ultrasonic20五轴数控超声波振动加工中心。该加工中心可以在一台机床上同时进行超声铣削和传统铣削加工，首先，由于被加工零件的特殊要求，使用的冷却液为纯水，不允许冷却液中带有离子；其次，在整个加工过程中不允许有金属粉末与工件接触。采用金刚石刀具进行加工。切削深度取0.1～0.3mm；试验中选择的刀具线速度取10m/s以下；进给速度取300～1000mm/min；刀具选取直径为$\phi30$mm的平头金刚石刀具进行粗加工，$\phi10$mm球头刀具进行工件曲面的精加工，超声振动振幅$A=0.05\sim0.1$mm，频率$f=17.5\sim30$kHz；加工工作区采用浸水式冷却方式。

固定转速（1000r/min）、分层厚度（0.1mm）、X-Y轴的进给速度（100mm/s）通过材料单位时间切削深度来衡量刀具振动频率对材料去除率的影响，如图5.44所示。

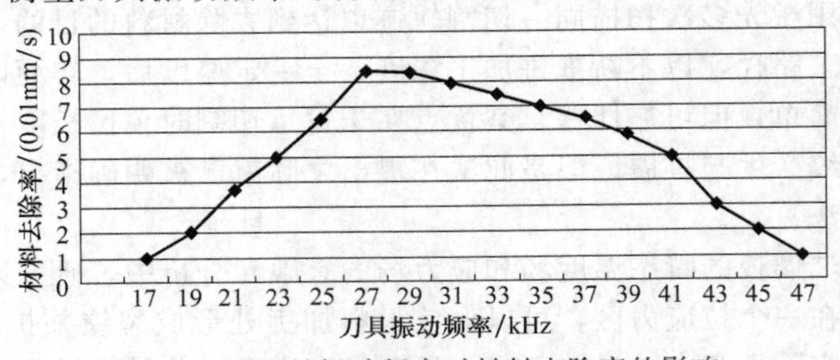

图5.44　刀具振动频率对材料去除率的影响

由图 5.44 可知，刀具振动频率与材料的去除率并不成线性关系，而是在某一振动频率值时材料去除率达到最大。这是因为对于不同的刀具、不同的材料所用的振动频率是不一样的。这一数值调整的原则是，让超声波发生器功率最大程度转化为超声振动的振幅，尽可能少地转化为热能。由图可知，对于 ϕ30mm 平头碗状金刚石粗加工刀具最优化的振动频率为 27000Hz，这时在控制机上显示的振幅也是最大的。

通过切削力试验，得到如下结论。

① 当主轴刀具在 500r/min 以上运行时，在其他各个因素不变的情况下，主轴转速的变化对切削力的影响较小。

② 工件所受切削力的大小随每层的切削深度变化而变化，其他因素不变时，切削力与切削深度成正比变化。

③ 当其他各个因素都确定后，工件所受的切削力随机床进给速度的增大而增大。

④ 试验证明，刀具的振动频率和振幅是影响切削力的主要因素，当刀具的振动频率与振幅都维持在较高水平时切削力最小，但是当功率为额定时频率与振幅之间是成反比的。

第6章 聚合物基复合材料

6.1 聚合物基复合材料的种类及性能特点

聚合物基复合材料是指以有机聚合物（主要为热固性树脂、热塑性树脂及橡胶）为基体制成的复合材料。其增强体包括碳纤维、硼纤维、Kevlar 纤维以及玻璃纤维等；聚合物基体包括热固性树脂（环氧树脂、酚醛树脂、聚酯树脂等）、热塑性树脂（聚苯硫醚、聚醚醚酮等）、橡胶等。

聚合物基复合材料的性能特点如下。

（1）比强度、比模量高　聚合物基复合材料的突出优点是比强度及比模量高。比强度是材料的强度与密度之比值，比模量是材料的模量与密度之比值，其量纲均为长度。在质量相等前提下，它是衡量材料承载能力和刚度特性的指标，对于在空中或太空中工作的航空航天材料来讲无疑是非常重要的力学性能。碳纤维树脂基复合材料表现了较高的比模量和比强度。复合材料的高比强度和高比模量来源于增强纤维的高性能和低密度。玻璃纤维由于模量相对较低、密度较高，其玻璃纤维树脂基复合材料的比模量略低于金属材料。

（2）耐疲劳性能好，破损安全性能高　金属材料的疲劳破坏常常是没有明显征兆的突发性破坏。复合材料中纤维与基体的界面能阻止裂纹的扩展，其疲劳破坏总是从纤维的薄弱环节开始，裂纹扩展或损伤逐步进行，时间长，破坏前有明显预兆。大多数金属材料的疲劳强度极限是其拉伸强度的 30%～50%，而碳纤维/聚酯复合材料的疲劳强度极限是其拉伸强度的 70%～80%。

复合材料的破坏不像传统材料由于主裂纹的失稳扩展而突然发生，而是经历基体开裂、界面脱黏、纤维拔出、断裂等一系列损伤的发展过程。基体中有大量独立的纤维，是力学上典型的静不定体系。当少数纤维发生断裂时，其失去部分载荷又会通过基体的传递而迅速分散到其他完好的纤维上去，复合材料在短期内不会因此而丧失承载能力。内部有缺陷、裂纹时，也不会突然发展而断裂。

（3）阻尼减振性好　受力结构的自振频率除了与结构本身形状有关以外，还同结构材料的比模量平方根成正比。所以复合材料有较高的自振频率，其结构一般不易产生共振。同时，复合材料基体与纤维的界面有较大吸收振动能量的能力，致使材料的振动阻尼很高，即使振动起来，在较短时间内也可停下来。

（4）具有多种功能性

① 瞬时耐高温、耐烧蚀性好。玻璃钢的热导率只有金属材料的1%，同时可制成具有较高比热容、熔融热和气化热的材料，可用于导弹头锥的耐烧蚀防护材料。

② 优异的电绝缘性能和高频介电性能。玻璃钢是性能优异的工频绝缘材料，同时具有良好的高频介电性能，可用于雷达罩的高频透波材料。

③ 良好的摩擦性能。碳纤维具有低摩擦因数和自润滑性，其复合材料具有良好的摩阻特性和减摩特性。

④ 优良的耐腐蚀性。

⑤ 特殊的光学、电学、磁学的特性。

(5) 良好的加工工艺性

① 可以根据制品的使用条件、性能要求选择纤维、基体等原材料，即材料具有可设计性。

② 可以根据制品的形状、大小、数量选择加工成型方法。

③ 可整体成型，减少装配零件的数量，节省工时，节省材料，减小质量。

(6) 各向异性和性能的可设计性　纤维复合材料一个突出的特点是各向异性，与之相关的是性能的可设计性。纤维复合材料的力学、物理性能除了由纤维、树脂的种类和体积含量而定外，还与纤维的排列方向、铺层次序和层数密切相关。因此，可以根据工程结构的载荷分布及使用条件的不同，选取相应的材料及铺层设计来满足既定的要求。利用这一特点，可以实现制件的优化设计，做到安全可靠、经济合理。

聚合物基复合材料也存在一些缺点和问题，如工艺方法的自动化，机械化程度低，材料性能的一致性和产品质量的稳定性差，质量检测方法不完善，长期耐高温和环境老化性能不好等。这些问题也正是需要研究解决的，从而推动复合材料的发展，使之日臻成熟。

6.2 聚合物基复合材料的制备

聚合物材料又称为高分子材料，是以高分子化合物为主要成分，与各种添加剂配合，经加工而合成的有机合成材料。高分子化合物是因其分子量大而得名，材料的许多优良性能是因其分子量大而得来的。高分子基复合材料的制造与传统的金属材料的制造是完全不同的。除少数产品以外，金属材料的制造基本上可以说是原材料的制造。各种产品是利用原材料的金属材料经过加工而制成的。与此相比，大部分高分子基复合材料的制造，实际上是把复合材料的制造和产品的制造融合为一体。高分子基复合材料的原材料是纤维等增强体和高分子基体材料。高分子基复合材料的制造主要涉及怎样把纤维等增强体均匀地分布在基体的树脂中，怎样按产品设计的要求实现成型、固化等。因此，与金属材料的制造相比，高分子基复合材料的制造有很大的灵活性。根据增强体和基体材料种类的不同，需要应用不同的制造工艺和方法。

高分子基复合材料的制造方法有很多，常见的主要制造方法可以按基体材料的不同分为两类：一类是热固性复合材料的制造方法，其中主要有手工成型法、喷涂成型法、压缩成型法、注射成型法、SMC压缩成型法、RTM成型法、真空热压成型法、连续缠绕成型法、连续拉挤成型法；另一类是热塑性复合材料的制造方法，类似于热固性复合材料的制造方法，其中主要有压缩成型法、注射成型法、RTM成型法、真空热压成型法、连续缠绕成型法等。由此可见，两类复合材料的制造方法有很多是类似的。各种成型法有各自的特点，采用时可根据产品的质量、成本、纤维和树脂的种类来选择适当的成型法。当然根据基体材料的不同，即使成型方法一样，相应的加压、加热的条件和过程也会有些不同。

(1) 手糊成型　手糊成型是树脂基复合材料生产中最早使用和最简单的一种工艺方法。此法在涂好脱模剂的模具上，手工一面铺设增强材料一面涂刷树脂，直到所需厚度为止，然后经过固化、脱模而得到制品。用手糊成型可生产风机叶片、汽车壳体、大型雷达天线罩、设备防护罩、飞机蒙布、机翼、火箭外壳等大中型零件。目前，世界各国的树脂基复合材料成型工艺中手糊成型工艺仍占相当重要的比例。复合材料制品产量居世界第二位的日本，手糊成型制品占50%以上。

固化成型手糊成型制品通常是采用无压常温固化，制品从凝胶到具备一定硬度和定型，一般需要较长的固化时间，成型后达到脱模强度通常要用24h，若需达到更高的使用强度，固化时间要长达一个月之久。当制品固化到脱模强度时便可进行脱模。脱模后的制品要进行机械加工，去除飞边、毛刺，修补表面和内部缺陷。机械加工尽量采用玻璃纤维增强砂轮片或金刚砂轮片进行切割。同时可以用水喷淋冷却，防止粉尘飞扬。加工尺寸要求不太高的制品可以在树脂还未完全硬透时，用锋利的铲刀把多余的边料毛刺铲除。制品如须涂漆，应在树脂充分固化后进行。涂漆之前要将脱模剂去除干净，然后按涂漆工艺施工。

手糊成型热固性树脂基复合材料制品的厚度是影响制品性能的主要参数。制品壁厚太大会引起制品超重，若是手糊汽车车体或船体，会严重影响其机动性，满足不了设计和实际使用要求；如果壁厚太小，制品的力学性能很难满足其实际使用性能，甚至造成制品报废。因此对热固性树脂基复合材料制品壁厚的控制十分重要。正确控制制品壁厚的方法或公式为：

厚度工艺系数=实际厚度/设计厚度

当厚度工艺系数大于1时称为超厚；当厚度工艺系数小于1时则称为厚度不足。制品的设计厚度准确与否是控制厚度的前提条件，设计厚度应与实际工艺水平相适应。

(2) 模压成型　模压成型又称为压制成型，它是将模塑料（粉料、粒料、碎屑或纤维预浸料等）置于阴模型腔内，合上阳模，借助压力和热量作用，使物料熔化充满型腔，形成与型腔形状相同的制品。再经过加热使其固化，冷却后脱模，便制得模压产品。

模压成型技术是热固性树脂基复合材料和某些热塑性树脂基复合材料品种主要的成型加工法。与其他成型工艺相比，模压成型设备和模具较为简单，投资相对偏低，空间、面积占有量少，工艺技术十分成熟且积累了丰富的实践经验；制品致密，质量高，收缩率低，精度高，几何性能匀称，尺寸稳定性较好。然而，模压成型工艺生产周期长、效率低，劳动强度大，不易实现机械化或自动化生产，而且制品质量重复性差，难以成型厚壁制品、装有细小而薄嵌件的制品、具有深孔的制品以及结构和形状复杂的制品等。模压成型工艺适用于热固性树脂，如酚醛、环氧、氨基、不饱和聚酯和聚酰亚胺等树脂，以及某些热塑性树脂制品的加工生产。

模压成型使用的主要设备是压机和模具。压机最常用的是自给式液压机，其压力从几十吨到几百吨不等，有上压式压机、下压式压机和转盘式压机等。其模具分为三种：溢料式模具、半溢料式模具和不溢料式模具。

(3) 缠绕成型　缠绕成型是把连续的纤维经浸渍树脂胶液后，在一定的张力作用下，按照一定的规律缠绕到芯模上，然后通过加热或常温固化成型，制成具有一定形状制品的工艺技术。在缠绕过程中，经对芯模（又称为模具）旋转速度与输送纤维运动之间的相互关系进行调节，可制得各种缠绕形式的制品。纤维缠绕成型通常适用于制造圆柱体、圆筒体、球体和某些正曲率回转体制品。在国防工业中，可用于制造导弹壳体、火箭发动机壳体、枪炮管等。这些制品大都以高性能纤维为增强材料，树脂基体以环氧树脂居多。根据缠绕时树脂所具备的物理、化学状态不同，在生产上将缠绕成型又分为干法、湿法和半干法三种缠绕形式。

(4) 喷射成型　喷射成型是把短切纤维增强材料与树脂体系同时喷涂到型腔内，然后固化成热固性复合材料制品的一种成型工艺。喷涂成型是将含有固化剂的树脂体系和含有引发剂的树脂体系分别从喷枪的两个喷嘴中喷涂到型腔内，与此同时，也运用喷枪上的切割器将连续纤维切成短纤维（约25mm长），待喷涂到规定的厚度，便可利用辊筒滚压，将其压实，固化成型制品，其中制品纤维质量分数控制在30%～40%为宜。

喷射成型多采用不饱和聚酯树脂系统，环境温度以25℃±5℃为宜。温度过高树脂固化加快，容易引起管道堵塞；温度过低树脂黏度大，不易混合均匀且制品的固化速度慢。喷射成型时，先开树脂开关，在模具上喷上一层树脂，然后开动切割器，开始喷射纤维和树脂的混合物。喷一层纤维和树脂后需立即用辊子滚压，使之压实、浸渍并排出气泡。滚压时要注意棱角和凸凹表面，必要时可用热辊滚压，但温度不能太高。喷枪喷射时，移动速度要均匀，注意喷满模具的整个工作面，不漏喷。每喷一层（指未压实的）厚度应小于10mm。喷射第一层、第二层和最后一层时，应喷得薄一些，以便使制品获得较光滑的内外表面。喷射完毕，所用容器、管道、喷枪、压辊要彻底清洗干净，以免残存的树脂固化损坏设备和工具。

(5) 树脂传递模塑及树脂膜熔渗　树脂传递模塑（resin transfer moulding，RTM）是从湿法铺层和注塑工艺中演变而来的一种新的复合材料成型工艺。它是一种适宜多品种、中批量、高品质复合材料制品的低成本技术。由于不采用预浸料，从而大大降低了复合材料的制造成本。制备预浸料需要昂贵的设备投资，操作的技术含量又相当高，为防止树脂的反应又常常需要将预浸料存放于低温条件，因此成本相当高。采用树脂传递模塑工艺时，只需要将形成结构件的相应纤维按一定的取向排列成预成型体，然后向毛坯引入树脂，随着树脂固化，最终制成复合材料结构件。树脂传递模塑也称为压注成型，是通过压力将树脂注入密闭的模腔，浸润其中的纤维织物坯件，然后固化成型的方法。

树脂膜熔渗工艺（resin film infusion，RFI）是将树脂膜熔渗与纤维预制体相结合的一种树脂浸渍技术。它与RTM工艺一样，为液体模塑工艺，也是一种不采用预浸料制造先进复合材料结构件的低成本技术。其成型过程是将树脂制成树脂膜或稠状树脂块，安放于模具的底部，其上层覆以缝合或三维编织等方法制成的纤维预制体，依据真空成型工艺的要点将模腔封装，随着温度的升高，在一定的压力（真空或压力）下，树脂软化（熔融）并由下向上爬升（流动），浸渍预成型体，并且填满整个预制体的每一个空间，达到树脂均匀分布，最后按固化工艺固化成型。

RFI与RTM技术相比，RTM可在无压力下固化成型，而RFI通常需要在能产生自上而下的压力的环境下完成。RFI技术不需要像RTM工艺那样的专用设备；RFI工艺所用的模具不必像RTM模具那么复杂，可以使用热压罐成型所用的模具；RFI将RTM的树脂的横向流动变成了纵向（厚度方向）的流动，缩短了树脂流动浸渍纤维的路径，使纤维更容易被树脂所浸润；RFI工艺不要求树脂有足够低的黏度，RFI树脂可以是高黏度树脂，或半固体、固体或粉末树脂，只要在一定温度下能流动浸润纤维即可，因此普通预浸料的树脂即可满足RFI工艺的要求。与热压罐技术相比，RFI技术不需要制备预浸料，缩短了工艺流程，并且提高了原材料的利用率，从而降低了复合材料的成本。但是，对于同一个树脂体系，RFI技术需要比热压罐成型更高的成型压力。

(6) 注射成型　与压缩成型法不同，注射成型法是先将底模固定、预热，然后利用注射机在一定的压力条件下，通过一个注入口将增强材料的纤维和树脂等一起挤压入模型内使之成型。因此，也称其为挤压成型法。在实际制造中还需要考虑到模型的空气出口，也有采用抽真空的方式来排除空气。注射成型法不需要预成型，需要的基本设备是一台注射机，可用于制造短纤维增强的热固性复合材料和热塑性复合材料，特别是热塑性复合材料的产品多采用此成型法。注射成型法的特点是易于实现自动化，易于实现大批量生产，因此，汽车用短玻璃纤维增强复合材料产品多采用此成型法生产。注射成型法制造的产品的纤维含量不高，一般体积分数为20%～50%，多数在20%～40%。此外，由于纤维和树脂的混合物在模型内的流动引起纤维的排列，产品的强度分布不均匀。注射机的注射口由于和纤维的摩擦而易于磨损。

(7) 拉挤成型　拉挤成型是一种连续生产固定截面型材的成型方法。其主要过程是将浸有树脂的纤维连续通过一定型面的加热口模，挤出多余树脂，在牵引条件下进行固化。拉挤成型机由纱架、集纱器、浸胶装置、成型模腔、牵引机构、切割机构和操作控制系统组成。典型的拉挤成型工艺由送纱、浸胶、预成型、固化成型、牵引和切割工序组成。连续纤维或织物浸渍树脂后，经牵引通过成型模腔，被挤压和加温固化形成型材，然后将型材按长度要求进行切割。

(8) 真空压力成型　真空热压成型是一种用于先进长纤维复合材料的成型方法。它使用未固化的碳纤维/树脂等预制片作为原材料，然后经过铺层、真空包袋、抽真空、加热、加压等过程使产品固化成型。由此可见，与以上的成型法不同，真空热压成型法是一种将纤维的树脂浸渍过程和复合材料的成型完全分开的一种成型法。

6.3 聚合物基复合材料的力学性能

以碳纤维、芳香族聚酰胺合成纤维、高性能玻璃纤维等为增强材料的先进聚合物基复合材料，通常按其基体材料的不同而分成两类，即热固性复合材料和热塑性复合材料。一般来说，热固性树脂基体材料的黏性小，在成型过程中树脂与纤维束的浸渍性能好，因此在先进复合材料中，热固性复合材料占有大部分市场。相比之下，热塑性高分子基体材料的黏性大，一般需要加温才能达到较好的浸渍性能。但是，热塑性高分子基体材料耐冲击，断裂韧性高，可以再加热成型，因此也具有一定的吸引力。

6.3.1 热固性复合材料

由于热固性树脂基体材料的综合性能较好以及易于成型，因此，以热固性树脂作为基体材料的热固性复合材料在全部高分子基复合材料中占大部分。例如，玻璃纤维增强复合材料中，63%使用热固性树脂基体材料。碳纤维增强复合材料中，热固性复合材料的比例更大。热固性复合材料的纤维增强方式很多，例如，单方向增强，以单向层板为基本的多层、多方向增强，以二维编织（类似于纺纱或毛衣的编织，有很多种类）为基本的多层、多方向增强，多层板加板厚方向的缝合，三维编织等。

玻璃纤维/聚酯树脂、玻璃纤维/环氧树脂、碳纤维/环氧树脂、碳纤维/BMI 树脂、碳纤维/聚酰亚胺树脂、芳香族聚酰胺合成纤维/聚酯树脂、芳香族聚酰胺合成纤维/环氧树脂等是市场上常见的热固性复合材料。其中，玻璃纤维/聚酯树脂、玻璃纤维/环氧树脂的使用量最大，多应用于运输车辆（列车、汽车等）、土木建筑、船舶、海洋构造物、电器产品、航空航天结构等方面。少量的先进的 S 玻璃纤维/环氧树脂复合材料主要用于航空航天结构和军事装备。碳纤维/环氧树脂是航空航天结构、军事装备、体育器材等中常见的热固性复合材料。而且，随着碳纤维的生产量上升和价格下降，其他工业的应用也逐渐增加。特别是近几年，土木建筑、运输车辆等方面的应用增加很快。碳纤维/BMI 树脂和碳纤维/聚酰亚胺树脂是耐高温的热固性复合材料。

高分子基体复合材料的耐热性能基本由其基体材料而定，聚酯树脂基的复合材料使用温度一般在 80℃以下，环氧树脂基的复合材料使用温度在 150～200℃以下（环氧树脂基体材料的种类很多，与初期的环氧树脂相比已有了很多改进）。相比之下，碳纤维/BMI 树脂的使用温度可到 200～250℃，树脂和碳纤维/聚酰亚胺树脂的使用温度可到 300℃。这些耐高温的热固性复合材料主要用于航空航天和军事装备。特别是在超声速客机的开发中，耐高温高分子基复合材料的开发是重要的课题之一。美国、日本以及欧洲都在这方面投入了很多人力和财力。芳香族聚酰胺合成纤维/聚酯树脂、芳香族聚酰胺合成纤维/环氧树脂多应用于小型船舶、航空航天结构以及军事装备（防弹衣、防弹头盔等）。

表 6.1～表 6.5 给出部分室温下常见的热固性复合材料单方向层合板的面内力学性能。其中，x 方向指纤维的纵轴，y 方向指与纤维垂直的方向。表 6.1 的纤维体积分数是 59%，表 6.2 的纤维体积分数是 65%，表 6.3 的纤维体积分数是 65%，表 6.4 的纤维体积分数是 54%，表 6.5 的纤维体积分数是 58%。由于数据的来源不同，各表中的数据不统一，也有不全的，

仅供参考。综合表中的数据，与常见的金属相比（例如，304 不锈钢的密度是 $7.87g/cm^3$，弹性模量是 193GPa，抗拉强度是 580MPa)，可以认识到高分子复合材料的高比刚度和高比强度的特点。此外，热固性复合材料层合板也有其弱点，韧性低是其弱点之一。因此，在热固性复合材料层合板的研究中，改善韧性是一项重要的研究课题，特别是层间断裂韧性的改善研究引起许多注意。高分子基体材料的改进（例如，在环氧树脂中添加韧性高的热塑性材料等）是一个主要方面。此外，还有用层厚方向的缝合、在层间加一薄层的热塑性膜及在层间添加晶须等方法来提高层间强度或断裂韧性。

表 6.1 E 型玻璃纤维/环氧树脂单方向层合板的面内力学性能

密度/(g/cm^3)	拉伸模量/GPa		压缩模量/GPa		剪切模量/GPa	泊松比	
	E_{xx}	E_{yy}	E_{xx}	E_{yy}	G_{xy}	ν_{xy}	ν_{yx}
1.9	47.0	16.4	45.4	15.9	6.0	0.28	0.08

拉伸强度/MPa		压缩强度/MPa		剪切强度/MPa
σ_{xxT}	σ_{yyT}	σ_{xxC}	σ_{yyC}	τ_{xy}
1139	63	759	213	107

表 6.2 Ce3K/5208 碳纤维/环氧树脂单方向层合板的面内力学性能

密度/(g/cm^3)	拉伸模量/GPa		压缩模量/GPa		剪切模量/GPa	泊松比	
	E_{xx}	E_{yy}	E_{xx}	E_{yy}	G_{xy}	ν_{xy}	ν_{yx}
1.65	149	9	146	9	5.1	0.25	

拉伸强度/MPa		压缩强度/MPa		剪切强度/MPa
σ_{xxT}	σ_{yyT}	σ_{xxC}	σ_{yyC}	τ_{xy}
1629	54	1564	—	90

表 6.3 T-800/Rigidite5245C 碳纤维/环氧树脂单方向层合板的面内力学性能

密度/(g/cm^3)	拉伸模量/GPa		压缩模量/GPa		剪切模量/GPa	泊松比	
	E_{xx}	E_{yy}	E_{xx}	E_{yy}	G_{xy}	ν_{xy}	ν_{yx}
1.6	165	9	147		4.8	0.3	

拉伸强度/MPa		压缩强度/MPa		剪切强度/MPa
σ_{xxT}	σ_{yyT}	σ_{xxC}	σ_{yyC}	τ_{xy}
3034		1413	—	96

表 6.4 Ce6K/PMR15 碳纤维/聚酰亚胺树脂单方向层合板的面内力学性能

密度/(g/cm^3)	拉伸模量/GPa		拉伸强度/MPa		压缩强度/MPa	剪切强度/MPa
	E_{xx}	E_{yy}	σ_{xxT}	σ_{yyT}	σ_{xyC}	τ_{xy}
1.55	127	8.3	1570	52	1270	103

表 6.5 Kevlar49/F-934 芳香族聚酰胺合成纤维/环氧树脂单方向层合板的面内力学性能

密度/(g/cm^3)	拉伸模量/GPa		压缩模量/GPa		剪切模量/GPa	泊松比	
	E_{xx}	E_{yy}	E_{xx}	E_{yy}	G_{xy}	ν_{xy}	ν_{yx}
1.38	72.4	4.8	64.1	—	2.1	0.41	

拉伸强度/MPa		压缩强度/MPa		剪切强度/MPa
σ_{xxT}	σ_{yyT}	σ_{xxC}	σ_{yyC}	τ_{xy}
1150	11.7	281	134	43.4

6.3.2 热塑性复合材料

热塑性复合材料是 1956 年在美国（Fiberfil 公司）以玻璃纤维/尼龙复合材料问世的。自此以后，以玻璃纤维、碳纤维等为增强体的各种热塑性复合材料相继问世。

与热固性复合材料相比，热塑性复合材料的特点是耐冲击、断裂韧性高。但是，大多数的热塑性高分子材料属低强度、低刚度、耐热性差，而且大多数的热塑性复合材料是短纤维（不连续）增强方式的热塑性复合材料。高性能复合材料中，热塑性复合材料仍然占小部分。近三十几年来，随着高性能热塑性高分子材料的发展，连续纤维增强热塑性复合材料的开发也引起市场的关注。碳纤维/聚醚乙醚酮树脂（polyether ether ketone，PEEK）以及碳纤维/聚醚亚胺树脂（polyether imide，PEI）等的连续纤维增强热塑性复合材料的开发和在航空航天结构的应用推动了高性能连续纤维增强热塑性复合材料发展。碳纤维/聚醚乙醚酮树脂的刚度、强度以及耐热性能与碳纤维/环氧树脂相近，但是，耐冲击性和断裂韧性相对来说要好得多。例如，碳纤维/环氧树脂的层间Ⅰ型断裂韧性值一般为 100～150J/m^2，而碳纤维/聚醚乙醚酮树脂的层间Ⅰ型断裂韧性值一般为 1500J/m^2，即断裂韧性高近 10 倍。此外，在受低速冲击后，碳纤维/聚醚乙醚酮树脂也比碳纤维/环氧树脂显示更高的残余压缩强度。低速冲击后的残余压缩强度是飞机结构设计的一项重要参数。

因此，近年来，发展高性能热塑性复合材料仍引起世界各国研究人员和公司的很大注意。短纤维（不连续）增强的热塑性复合材料多应用于运输车辆（列车、汽车等）、土木建筑、船舶、海洋构造物、电器产品等，高性能的连续纤维增强热塑性复合材料多应用于航空航天结构及军事装备等。与热固性复合材料相比，热塑性复合材料的历史相对短些，各种性能的数据也不多见。表 6.6 和表 6.7 给出部分热塑性复合材料单方向层合板在室温条件下的面内力学性能。其中，x 方向指纤维的纵轴，y 方向指与纤维垂直的方向。表 6.6 的纤维体积分数是 31%，表 6.7 的纤维体积分数是 62%。

表 6.6 E 型玻璃纤维/聚丙烯树脂单方向层合板的面内力学性能

密度/(g/cm^3)	拉伸模量/GPa		压缩模量/GPa		剪切模量/GPa	泊松比	
	E_{xx}	E_{yy}	E_{xx}	E_{yy}	G_{xy}	ν_{xy}	ν_{yx}
1.4	21.2	3.6	26.5	4.3	1.34	0.31	0.05

拉伸强度/MPa		压缩强度/MPa		剪切强度/MPa
σ_{xxT}	σ_{yyT}	σ_{xxC}	σ_{yyC}	τ_{xy}
425	11.0	272	53	50

表 6.7 碳纤维/聚醚乙醚酮树脂（PEEK）单方向层合板的面内力学性能

密度/(g/cm^3)	拉伸模量/GPa		拉伸强度/MPa		压缩强度/GPa	剪切模量/GPa	剪切强度/MPa
	E_{xx}	E_{yy}	σ_{xxT}	τ_{xy}	σ_{xyC}	G_{xy}	τ_{xy}
1.60	134	8.9	2310	80	1100	5.1	105

综上所述，热固性复合材料和热塑性复合材料都有其长处和短处，只有在熟悉其各自的特点、性能以后，才能有效地利用或者去开发更好的新型复合材料。此外，复合材料的成型技术（包括编织技术）的研究和开发也是复合材料发展的一个重要方面。特别是近年来，高性能复合材料在运输车辆、土木建筑等民用工业方面的应用不断增多，低成本成型技术的开发引起很大注意。因此，在开发更好的新的复合材料时，除了要有好的性能以外，最好能达到低成本。

6.4 聚合物基复合材料的应用

高分子基复合材料自 20 世纪 40 年代诞生以来，已有 70 多年的历史，由于它特有的高比刚度、高比强度、耐腐蚀、耐疲劳等各种力学性能，在与传统的金属材料竞争中，高分子基复合材料的应用范围不断扩大。从民用到军用，从地下、水中、地上到空中都有应用。据不完全统计，复合材料的产量年年有所增加，2000 年的高分子基复合材料的总产量已超过 50 万吨。全世界的玻璃纤维的年产量约为 180 万吨，其中 80%用于复合材料生产，碳纤维的年产量约为 1.8 万吨，芳香族聚酰胺合成纤维的年产量约为 1.2 万吨，其中大部分用于复合材料。预计

21 世纪中期，复合材料的产量将会继续增加，复合材料的研究、开发、生产仍然会继续引起科学工作者和生产厂家的注意。

6.4.1 聚合物基复合材料在航空航天工业上的应用

以碳纤维、芳香族聚酰胺合成纤维（简称为芳纶纤维）、玻璃纤维、硼纤维等为增强材料的先进高分子基复合材料在航空航天工业上有广泛应用。例如大型民用飞机中高分子基复合材料的使用从主要结构的尾翼垂直稳定板、尾翼水平稳定板、地板梁等到二次结构的活动翼、地板等，波音 777 中以碳纤维、芳纶纤维、玻璃纤维等为增强材料的高分子基复合材料结构的质量已超过结构总质量的 10%，据估计，近几年内在大型民用飞机中复合材料的使用量将达到总的结构材料的 20%～30%。世界上两大大型民用飞机生产厂家——波音公司和空中客车公司都积极地利用复合材料以减小质量、降低成本、提高飞行性能等。空中客车公司的 A3XX 系列客机中高分子基复合材料结构的质量已占结构总质量的 15%～20%。此外，在各种不同类型的战斗机上复合材料的应用更多一些，包括以碳纤维等为增强材料的高分子基复合材料的主翼、尾翼、水平翼，以及以玻璃纤维为增强材料的高分子基复合材料的机体外板等。直升机中复合材料的应用也很多，如以碳纤维等为增强材料的高分子基复合材料的旋转翼、尾翼、机体结构，以玻璃纤维为增强材料的高分子基复合材料的外板等，高分子基复合材料结构质量高的已达到结构总质量的 40%以上。在航空航天产品中，多段火箭的连接结构和固体火箭壳体、卫星的主结构、太阳能板结构部分、宇宙卫星用广播电视天线、宇宙电波望远镜反射板等都是由碳纤维增强高分子基复合材料等制作的。

由此可见，由于航空航天结构对材料的质量、刚度、强度的要求很高，聚合物基复合材料在航空航天工业上是很有竞争力的。尽管复合材料仍存在成本高、产品成型自动化程度低等问题，但是，随着复合材料研究、成型技术研究的发展，以及人类社会对航空航天通信等要求的增加，相信未来复合材料在航空航天工业上的应用将会有更大的发展。

6.4.2 聚合物基复合材料在其他工业产品上的应用

先进高分子基复合材料在航空航天工业上的应用虽然很突出，但在所有的高分子基复合材料的应用中它占的比例却很小，仅在 5%左右。可是由此而来的研究成果却大力促进了高分子基复合材料在其他工业产品上的应用。例如在汽车工业上，短玻璃纤维增强高分子基复合材料在汽车的各种外板、车体、碳纤维增强高分子基复合材料的板簧等上使用很多。由于汽车的产量大，因此，高分子基复合材料在汽车产品上的使用量也是很大的。除了汽车以外，高分子基复合材料在其他交通车辆上也有广泛的应用，如高速列车的车头部分、车内底板、顶板以及各种结构、设施等都是由碳纤维增强高分子基复合材料或玻璃纤维增强高分子基复合材料制作的。

此外，由玻璃纤维增强高分子基复合材料建造的大型鱼雷快艇，制造的游览小船、客船、渔船、游览船以及各种海岸结构、海洋结构等均有应用。玻璃纤维增强高分子基复合材料在船舶工业、海洋工业上的应用也有很多。在日本，使用在上述汽车、列车、船舶等交通工具上的高分子基复合材料占整个高分子基复合材料总产量的 20%左右。高分子基复合材料使用量中最大的一个部分是各种基础建设，包括建筑、土木工程、桥梁建设等。在日本，此方面的高分子基复合材料使用量约占高分子基复合材料总产量的 40%。例如由玻璃纤维增强高分子基复合材料建造的人行天桥，在桥梁结构中使用的由碳纤维增强高分子基复合材料制作的桥梁用缆绳。除此以外，在高速公路的钢筋混凝土支柱表面缠绕碳纤维增强高分子基复合材料以提高支柱的耐振性能也引起注目。由此，近年来以碳纤维增强高分子基复合材料代替钢筋混凝土结构材料等高分子基复合材料在各种基础建设上的应用增加很快。此外，聚合物基复合材料在其他的民用产品中应用也是不能忽视的。在电气、电子工业上，印制电路的基板、许多电器产品的外板及外壳、各种天线设施、埋设在地下的电缆管、风力发电机的叶片及支柱等都以高分子基复合材料为其主要材料。在化工方面，各种化工用液体的容器、输送管道等许多也是由玻璃纤维增强高分子基复合材料制作的。在体育用品方面，高分子基复合材料的应用也是很广泛的，如赛车，其中碳纤维、芳纶纤维增强高分子基复合材料占总质量的20%。此外，如由碳纤维增强高分子基复合材料制作的自行车车身、滑雪板、网球拍、羽毛球拍、高尔夫球棍、钓鱼竿等，都有高分子基复合材料的产品。

由于其具有高比刚度、比强度以及耐冲击等优秀的力学性能，高分子基复合材料在各个工业方面已有广泛的应用。原则上说，只要使用温度在高分子基体材料的使用温度范围内，所有的结构物都可能使用高分子基复合材料作为其主要结构材料。当然，以碳纤维、芳纶纤维、玻璃纤维、硼纤维与先进的高分子基体材料组成的先进高分子基复合材料，还存在原材料成本高、自动化成型程度低等缺点，因此无论是对原材料或是成型技术等进行继续、不断的研究是必要的。事实上，除高分子基复合材料外，金属基复合材料、陶瓷基复合材料、碳纤维增强碳素复合材料以及最新引人注目的纳米复合材料等的研究也都是复合材料研究的热门课题。

6.5 聚合物基复合材料的切削加工

6.5.1 聚合物基复合材料的常规机械加工方法

（1）锯切　玻璃纤维增强热固性基体层压板，采用手锯或圆锯切割。热塑性树脂基复合材料采用带锯和圆锯等常用工具时要加冷却剂。石墨/环氧复合材料最好用镶有硬质合金的刀具切割。锯切时控制锯子力度对保证锯面质量至关重要。虽然锯切温度也是一种要控制的因素，但一般影响不大，因锯切时碰到的最高温度一般不会超过环氧树脂的软化温度（182℃）。

（2）钻孔和仿形铣　在树脂基复合材料上钻孔或作仿形铣时，一般采用干切法。大多数热固性树脂基复合材料层合板经钻孔和仿形铣后会产生收缩，因此精加工时要考虑一定的余量，即钻头或仿形铣刀尺寸要略大于孔径尺寸，并且用碳化钨或金刚石钻头或仿形铣刀。钻孔时最好用垫板垫好，以免边缘分层和外层撕裂。另外，钻头必须保持锋利，必须采用快速除去钻屑和使工件温升最小的工艺。热塑性树脂基复合材料钻孔时，更要避免过热和钻屑的堆积，为此钻头应有特定的螺旋角，有宽而光滑的退屑槽，钻头锥尖要用特殊材料制造。一般钻头刃磨后的螺旋角为10°～15°，后角为9°～20°，钻头锥角为60°～120°。采用的钻速不仅与被钻材料有关，而且还与钻孔大小和钻孔深度有关。一般手电钻转速为900r/min时效果最佳，而固定式风钻则在转速为2100r/min和进给量为1.3mm/s时效果最佳。

（3）铣削、切割、车削和磨削　聚合物树脂基复合材料用常规普通车床或台式车床就可方便地进行车削、镗削和切割。目前加工刀具常用高速钢、碳化钨和金刚石刀头。采用砂磨或磨削可加工出高精度的聚合物基复合材料零部件。最常用的是粒度为30～240号的砂带或鼓式砂轮机。大多数市售商用磨料均可使用，但最好采用合成树脂粘接的碳化硅磨料。热塑性聚合物树脂基复合材料用常规机械打磨时，要加冷却剂，以防磨料阻塞。磨削有两种机械可用：一种是湿法砂带磨床；另一种是干法或湿法研磨盘。使用碳化硅或氧化铝砂轮研磨时不要用流动冷却剂，以防工件变软。复合材料层合板采用一般工艺就能在标准机床上铣削。高速钢铣刀、碳化钨铣刀和金刚石铣刀均可使用。铣刀后角必须磨成7°～12°，铣削刃要锋利。高速钢铣刀的铣削速度建议采用180～300m/min，进刀量采用0.05～0.13mm/r，采用风冷。热塑性树脂基复合材料可以用金属加工车床和铣床加工。高速钢刀具只要保持锋利，就能有效使用，采用碳化钨或金刚石刀具效果更好。

6.5.2 聚合物基复合材料的特种加工方法

目前已有许多特种加工方法可用于树脂基复合材料的加工。常规机械加工方法简单、方便、工艺较为成熟，但加工质量不高，易损坏加工件，刀具磨损快，而且难以加工形状复杂的工件。树脂基复合材料特种加工方法各有特色。激光束加工的特点是切缝小、速度快、能大量节省原材料和可以加工形状复杂的工件。高压水切割的特点是切口质量高、结构完整性好、速度快，特别适宜金属基复合材料的切割。电火花加工的优点是切口质量高、不会产生微裂纹，唯一不足是工具磨损太快。超声波加工的特点是加工精度高，适宜在硬而脆的材料上打孔和开槽。电子束加工属微量切削加工，其特点是加工精度极高，没有热影响区，适宜在大多数复合材料上打孔、切割和开槽，它的不足是会产生裂纹和界面脱黏开裂。电化学加工的优点是不会损伤工件，适宜于大多数具有均匀导电性复合材料（前提是不吸湿）的开槽、钻孔、切削和复杂孔腔的加工。

树脂基复合材料特种加工方法具有的优点包括刀具磨损小、加工质量高、能加工复杂形状的工件、容易监控和经济效益高等，恰恰是常规机械加工方法的弊病，因此可以认为树脂基复合材料特种加工方法是未来树脂基复合材料加工的发展方向。

6.5.3 聚合物基碳纤维复合材料的切削加工

碳纤维复合材料由脆性的碳纤维和韧性的树脂基体组成，两者强度极限相差很大，前者是后者的若干倍，所以在切削过程中可以简化地看成只是对碳纤维的切削，而将对树脂基体的切削忽略。总的来说，碳纤维复合材料的切削过程是由一系列脆性断裂所组成的。其切削变形的基本特点与其他脆性材料基本相同。不过，在将碳纤维复合材料作为脆性材料考虑的同时，还须注意到它的特别之处，即各向异性。

碳纤维复合材料的纤维方向与切削方向间的角度关系如图 6.1 所示，其中，θ 为纤维方向角，γ_0 为刀具前角，α_0 为刀具后角。为了使研究结果具有普遍性，研究对象应针对任意的 θ 角。从理论上讲，纤维方向与切削方向两者间可以成任何角度，但实际纤维铺层方向一般取一些典型值，所以如果切削方向平行于 0°纤维方向，那么纤维方向与切削方向间的夹角一般为 0°、45°、90°、135°等角度。

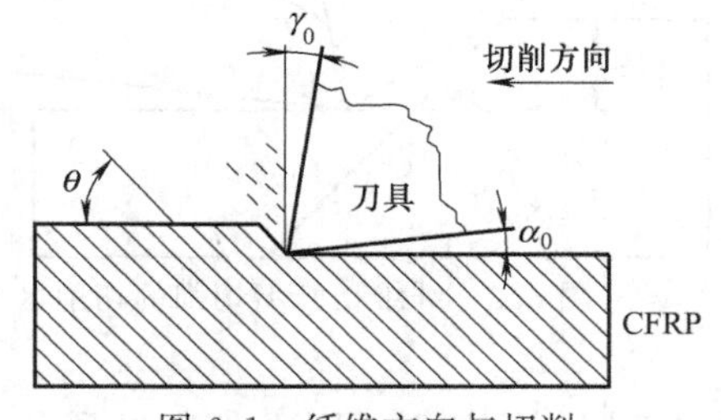

图 6.1 纤维方向与切削方向间的角度关系

对具有正前角（$+\gamma_0$）的刀具来讲，纤维方向角 θ 不同，会有不同的切削变形和切屑形成形式（图 6.2）。

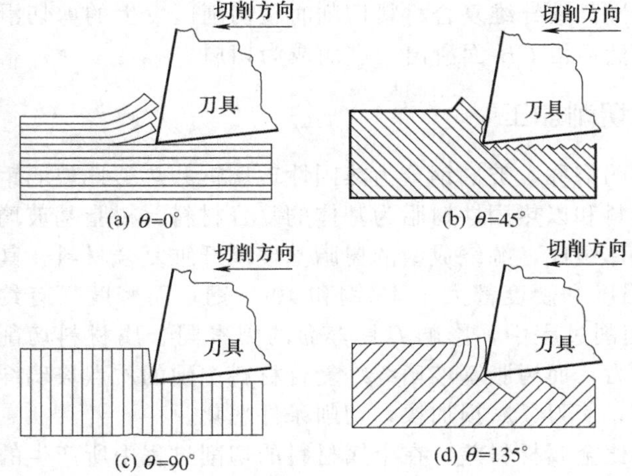

图 6.2 不同纤维方向角 θ 下的切削

在 θ=0°情况下，切屑的形成是刀具通过不断地将切削层材料与基体材料分离开实现的。这种切削变形形式称为层间分离型。随着刀具的前进，处于被切削部分的材料层不断被挤压，因基体树脂的拉伸强度（约 50MPa）比纤维的压缩强度（约 1200MPa）小得多，所以当挤压到一定程度时，被切削部分的最下层面会发生层间分离，被切削部分被掀起。掀起的部分在刀具作用下产生弯曲应力。刀具继续前进，弯曲应力增大，当弯曲应力增大到超过 CFRP（碳纤维复合材料）自身弯曲强度极限时，分离部分折断，成为切屑。

在 0°<θ≤90°时，以图 6.2 中 θ=45°、θ=90°为代表，刀具切削刃对碳纤维复合材料的推挤作用在纤维内部形成垂直于纤维自身轴线的剪切应力。当剪切应力超过纤维剪切强度极限时，纤维被切断。切断后的纤维在刀具前刀面的推挤作用下，沿纤维方向产生滑移。当滑移引起的纤维界面间的剪切应力超过基体树脂材料的剪切强度极限时，被切断纤维与其他纤维分离，形成切屑。这种切削变形形式称为纤维切断型。

在 90°<θ<180°时，以图 6.2 中 θ=135°为代表，刀具对前端材料的推挤作用导致复合材料间的层间分离。刀具前端材料在刀具作用下发生弯曲，当弯曲应力超过碳纤维复合材料的弯曲强度极限时，底部发生断裂。断裂点发生在最大弯曲应力处，所以断裂点往往不在刀刃处，而是在刀刃的下方。刀具继续前进，刀具对其前端材料推挤作用加强，当前端材料底部断裂点处的剪切应力超过材料剪切强度极限时，发生剪切断裂，形成切屑。这种切削变形形式称为弯曲剪切型。

在 θ=0°情况下，刀具前进方向与纤维方向平行，切削变形发生在通过刀刃点的水平面以上的部位，所以形成的已加工表面平整光滑。在 0°<θ≤90°情况下，纤维在刀刃切断作用下断开，由于下侧纤维的支持作用，切断断面的深度会很浅，所以形成的已加工表面质量也较好。在 90°<θ<180°情况下，切削变形的弯曲断裂点发生在刀刃下方，所以形成的已加工表面最粗糙。也就是说，在以上 3 种切削形式中，以最后一种形式形成的已加工表面的粗糙度值最大。

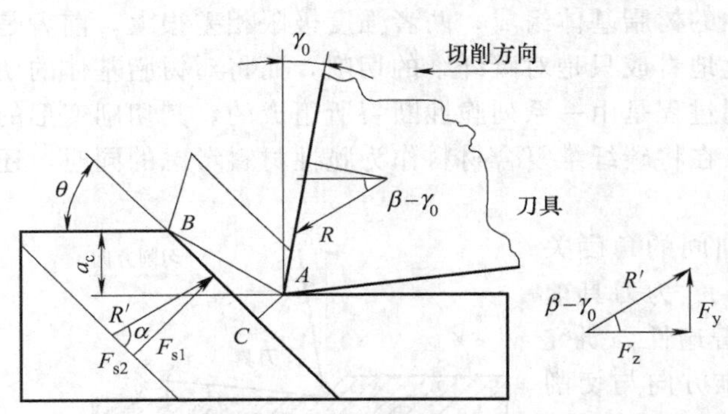

图 6.3 纤维切断型切削的切削区力的分布

图 6.3 为 0°<θ≤90°情况下纤维切断型切削的切削区力的作用情况。刀具对切削区的作用力 R 与被加工材料对切削区的作用力 R' 大小相等，方向相反。

图 6.3 中 AB 面为理论剪切面，如果被切削材料为金属材料，则 AB 面就是实际剪切面。对碳纤维复合材料而言，由于其各向异性，情况与金属材料不同。通过有限元方法对 CFRP 切削机理分析得到在任何纤维方向角下，碳纤维在刀具切削刃作用下发生的断裂都是由于纤维所受垂直于自身轴线方向的剪切应力超过剪切强度造成的，所以碳纤维复合材料在切削时的实际剪切面有两个：一个垂直于纤维方向，即图中的 AC 面；另一个平行于纤维方向，即图中的 CB 面。也就是说，碳纤维复合材料切削时在切削区发生的剪切滑移变形是这样的：纤维首先沿 AC 面剪断，然后沿 CB 面滑出，进而成为切屑。

6.5.4 聚合物基玻璃纤维复合材料的切削加工

玻璃钢是玻璃纤维增强树脂基复合材料的俗称，玻璃钢分为热固性玻璃钢和热塑性玻璃钢两类。热固性玻璃钢是以玻璃纤维为增强材料和以热固性树脂为基体的复合材料。树脂基玻璃纤维复合材料由硬的玻璃纤维和软的树脂基体组成，缠绕成型的树脂基玻璃纤维复合材料，其玻璃纤维的含量达 80%左右，这种材料的强度和硬度都大于 45 钢和 40Cr 钢，而密度只有约 $2.2g/cm^3$。在树脂基玻璃纤维复合材料的切削过程中，影响刀具寿命的因素同金属材料切削一样，主要有切削热、摩擦和刃口的切削压力，而树脂基玻璃纤维复合材料中硬的质点玻璃纤维，类似于砂轮中的磨料，对刀具进行研磨，使刀具磨损加快，切削条件恶化。

树脂基玻璃纤维复合材料的切削加工性比金属材料差，在金属材料的切削过程中所产生的切削热 80%左右随切屑排走，10%左右传给切削工件，只有 10%左右传给刀具本身。而在树脂基玻璃纤维复合材料切削加工中，玻璃纤维复合材料硬度高且是热的不良导体，切削过程中产生的热量难以在加工中随切屑排除，大部分传给了刀具本身，使切削区温度迅速上升，加速刀具的磨损。刀具磨损后，切削力增大使切削热迅速增大，由于树脂基玻璃纤维复合材料纤维的各向异性及层间剪切强度低的特性，使材料在切削力的作用下容易产生分层、毛刺、撕裂、烧伤等缺陷，加工质量难以保证。因此，根据树脂增强玻璃纤维复合材料的特点，为达到良好的切削效果，选择理想的刀具、确定合理的工艺参数是至关重要的。

(1) 树脂基玻璃纤维复合材料切削刀具的选择　某玻璃纤维缠绕管类零件长1300mm，外圆为ϕ130mm，为满足与其他零件的配合要求，需要对外圆进行切削加工，由于该零件的特殊要求，切削加工中不能使用冷却液，这就给切削加工带来了难度。

根据该零件的特点，最初从耐热性和耐磨性考虑选用可转位硬质合金刀具，刀尖角为80°的等边不等角六边形、0°后角、6°前角、单面C形断屑槽，型号为WNUM130716RC5刀片，材质为YT758，这种刀具的特点是耐热性和抗氧化性好，高温硬度高，耐磨性好，适用于加工高硬度材质的零件。在用这种刀片切削该玻璃纤维复合材料零件的外圆时，刀具磨损严重、零件外表面粗糙并有撕裂痕迹。切削过程中需将刀头拆下磨刀才能继续切削，刀具手工刃磨一次只能车削一刀，这样每切削一个零件需要磨刀、对刀2～3次，如果刀具不锋利时进行切削，则会造成工件外表面有撕裂痕迹（图6.4），甚至产生过多热量烧伤工件，致使工件报废。根据这种情况，在切削时分成粗、精两次加工，分别由粗、精两把刀两次装夹对刀加工而成，在粗加工时切削参数采用切深a_p=0.8mm，v_c=130m/min，f=0.61mm/r，快速去除余量；在精加工时切削参数采用切深a_p=0.3mm，v_c=130m/min，f=0.3mm/r，精加工后用150号细砂布抛光到尺寸。用这种刀具切削生产效率低，每班加工7～8件，操作者的劳动强度大，对操作者的要求高，质量也不稳定，不能满足产品的批量生产要求。

图6.4　切削撕裂的照片

针对上述情况，经过对比分析，选用山特维克公司生产的刀尖角为60°的等边三角形、0°后角、刀具型号为TNMX 160408-WM的刀片，材质为GC4015，这种刀具表面为金黄色TiN涂层的硬质合金，可以降低刀片表面的摩擦系数，增加刀具的耐磨性。在以相同的切削参数进行加工时，加工完一刀后发现刀片涂层已严重磨损（图6.5），零件外表面粗糙并有撕裂痕迹，显然这种刀具不能满足树脂基玻璃纤维复合材料的切削要求。

图6.5　刀片涂层磨损照片

采用高硬度刀具试验证明，用高速工具钢、普通硬质合金刀具加工树脂基玻璃纤维复合材料时，刀具磨损极为严重，加工效率低下，因而必须选用更高硬度的刀具。聚晶金刚石(PCD)是在高温高压下由一层人造的金刚石微粉加溶剂和催化剂聚合而成的多晶体材料。以硬质合金为基体结合的镶尖刀片具有良好的抗冲强度、抗弯强度和抗振性能。与硬质合金相比，其硬度高3～4倍，耐磨性和寿命提高100余倍，同时刀具的刃口非常锋利，摩擦系数小，适合有色金属和非金属材料的加工。结合以上特点，选用了山特维克公司生产的刀尖角为60°的等边三角形、7°后角、刀具型号为TCMW16T308-FP、材质为CD10的聚晶金刚石刀片。

(2) 切削工艺参数的选定　聚晶金刚石刀片是一种新型高效刀具，在使用参数推荐手册中，列出有色金属的推荐切削参数，对于树脂基玻璃纤维复合材料的切削，手册中没有提及，其他切削手册中也没有涉及此类材料加工切削参数，所以在实际的加工过程中，根据加工经验，结合硬质合金时切削参数，在进行一系列的工艺试验后，确定了工艺参数为切深 a_p = 1.1mm，v_c = 110～130m/min，f = 0.25～0.35mm/r。实行切削余量一次去除，减少一次走刀。经过多次切削试验表明，刀具十分稳定，平均每个刀尖可加工 150 件零件，连续加工 150 件零件没有磨刀，刀尖略有磨损，所加工的零件表面光洁度良好（图 6.6），加工后的零件光洁度不用砂布抛光就能达到要求，大大减轻了操作者的劳动强度，同时刃磨刀具、抛光等辅助时间也大大减少，降低了加工成本。用该刀具每班可加工零件 20 件，生产效率提高 1 倍多，所加工的零件质量大大提高，稳定了切削工艺。

图 6.6 金刚石刀具切削效果

所以在树脂基玻璃纤维复合材料的切削过程中，使用聚晶金刚石刀片，并且按合理的切削工艺参数进行加工，可以稳定树脂基玻璃纤维复合材料的切削工艺，提高加工效率，降低加工成本，提高零件的加工质量。

6.5.5 聚合物基复合材料的钻削分层对策及钻削优化试验

6.5.5.1 复合材料的钻削分层对策

在纤维增强复合材料（FRP）的钻削过程中，由于 FRP 具有各向相异性和异质性，常常出现一些其他材料不会出现的问题，例如分层、毛刺、吸水膨胀、分解和纤维拔出等问题。而且，最重要的阶段发生在钻孔入口和出口附近，由于存在的剥离和推出效应，在这两个位置容易发生分层，导致大范围损伤。其中，由于钻头推力造成的分层损伤是钻削过程最主要的难题之一。通常认为存在一个“临界推力”，当钻削推力值小于临界推力时，不会发生分层损伤。

影响钻削推力的主要因素包括以下几个方面。

（1）钻头几何形状的影响　在钻削过程中，钻头的旋转和进给运动，使切削刃与工件之间产生相对运动而形成切屑，常用的麻花钻切削刃上各点的几何角度和切削速度不是恒定的，各点的切削速度与离旋转中心轴的距离成正比例关系。切削刃上各个点的切削效率不同，钻头外缘处的切削效率最高，中心处的切削效率最低，钻尖中心的切削速度为零，并没有发生切削行为。横刃会随着钻尖钻穿工件，将工件材料从中心向两边推开。通过改变钻头的几何形状，可以设计出适合加工复合材料的各种钻头，以有效地改变钻削推力的大小和作用位置，减小分层损伤，例如锯钻、烛芯钻、套料钻和阶梯钻等。

（2）导向孔的影响　研究表明，在有预钻导向孔的情况下，可以有效获得一个较大的分层开始时的临界推力，从而有效地抑制裂纹的扩展，减小分层损伤。

（3）钻头磨损的影响　钻头磨损是影响推力大小的主要因素，因此，使用锋利且耐磨的钻头可以有效减少分层现象。

（4）支撑垫板的影响　通过在工件背面加支撑可以减少分层，这是工业中普遍采用的做法。当分层半径超过了钻头半径时，相对于无支撑垫板的钻头，有支撑垫板的钻头能够维持更大的轴向推力，因此，可采用更高的进给率加工而不产生分层。

（5）材料各向异性的影响　钻削试验表明，对于多向复合材料层压板，分层形状呈椭圆形，其长轴平行于纤维轴。原因是由于各向异性材料的刚度特性和层间断裂能影响临界推力，从而影响分层及椭圆形状的椭圆率。

6.5.5.2 复合材料的钻削优化试验

复合材料钻削试验的目的是为了获得一个既能减少分层损伤，同时又具有较高制孔效率的钻头。考虑到钻削推力与分层之间的关系，试验过程中特别考虑了切削参数和刀具几何参数对钻削推力的影响。

试验所用的复合材料为聚合物基碳纤维复合材料，厚度8mm；酚醛环氧树脂：10%～30%；碳纤维：7782-42-5；人造纤维：26125-61-1；丙酮：<2%；苯胺：5026-74-4，10%～30%；苯胺衍生物：10%～30%。

钻削试验在一个以直线电机驱动的三轴数控卧式高速加工中心上完成，机床主轴转速24000r/min，进给率120m/min，加速度2g，额定功率27kW，额定扭矩16.97N·m。钻削试验中将对进给力和扭矩进行测量记录，刀具磨损和钻孔损伤将采用Motic SMZ-140 Series显微镜测量。

（1）钻头几何参数评价　钻头几何参数评价试验的目的在于，评估刀具几何参数对于工艺性能的影响。该试验在不同刀具生产商推荐的复合材料专用钻头中选取了具有五种不同几何参数的六支钻头，分别为：第一支具有两个顶角的八面钻；第二支具有锐利顶角的匕首钻，它需要在钻孔出口侧留有足够的空间；第三支具有四个直槽的钻铰复合刀具，直槽可以保证快速排屑；第四支具有金刚石涂层的直槽钻铰复合刀具；第五支半球面球头钻；第六支聚晶金刚石（PCD）麻花钻。前五支钻头的材质均为硬质合金。表6.8列出了试验用钻头及相关结构参数。

表6.8　试验用钻头及相关结构参数

钻头编号	钻头类型	直径/mm	刃数	顶角/(°)	前角/(°)	材料	涂层
1	八面钻	6	2	118/40	30	硬质合金	—
2	匕首钻		2	30	0		—
3	钻铰复合		4	120	0		—
4	钻铰复合		4	120	0		金刚石
5	球头钻		2	—	25		—
6	麻花钻		2	120	25	PCD	—

为了评估切削速度和进给率对钻削推力、扭矩以及钻孔周围分层损伤的影响，根据钻头制造商提供的技术建议，将切削条件分为慢速、匀速和快速。表6.9给出了钻削参数的选择范围，从表中可以看出，金刚石钻头的钻削速度较高。

表6.9　钻削加工条件

刀具材料	进给率/(mm/r)	切削速度/(m/min)
硬质合金	0.02～0.1	30～125
聚晶金刚石	0.025～0.045	200～300

基于刀具参数和加工条件，制定了试验设计表，见表6.10。

表6.10　试验设计表

试验编号	钻头编号	进给率/(mm/r)	切削速度/(m/min)
1	1	0.04	80
2	1	0.05	80
3	1	0.06	100
4	1	0.08	125
5	2	0.02	40
6	2	0.04	50
7	2	0.06	80
8	2	0.1	100
9	3	0.03	50
10	3	0.03	80
11	3	0.06	80
12	4	0.03	50

续表

试验编号	钻头编号	进给率/(mm/r)	切削速度/(m/min)
13	4	0.05	50
14	4	0.06	80
15	4	0.06	100
16	4	0.02	50
17	5	0.04	30
18	5	0.06	50
19	5	0.1	70
20	5	0.025	225
21	6	0.035	200
22	6	0.035	283
23	6	0.045	200

通过钻削几何参数试验研究表明，八面钻加工效果较好，不仅没有产生分层现象，而且钻削推力值较小。

(2) 钻削参数评价试验　钻削参数评价试验主要用于评估钻削参数（钻削速度、进给率）对钻削推力、扭矩以及钻孔周围损伤的影响。切削参数试验中采用直径为 8.5mm 的八面钻，这样选择是因为大直径钻头可以提供较大的钻削推力，更容易出现分层现象。

切削参数评价试验采用四种不同的切削速度和四种不同的进给率，共需要进行 16 次不同的钻削试验，见表 6.11。

表 6.11　直径 8.5mm 八面钻的钻削参数

试验编号	钻头编号	进给率/(mm/r)	切削速度/(m/min)
1	1	0.04	60
2	1	0.06	80
3	1	0.08	100
4	1	0.1	125

(3) 刀具寿命评价试验　该试验采用八面钻钻削参数评价试验中获得的最佳切削参数进行刀具寿命评价。试验中采用直径 8.5mm 的八面钻，在切削速度 80m/min、进给率 0.04mm/r 的切削条件下，连续钻削 36 个孔。试验目的是为了获得刀具磨损与工艺性能之间的变化规律。试验结果表明，刀具磨损对于钻削推力、扭矩和分层均有一定的影响。

(4) 结果与分析　通过钻头几何参数评价试验，研究了钻削推力、扭矩和钻孔分层现象。在不考虑钻头几何参数和切削速度影响的情况下，较低的进给率能够很好地满足低钻削推力和无分层的要求。当进给率在 0.02mm/r 左右时，硬质合金钻头和金刚石钻头都可产生较小的分层。然而，在钻削过程中，较低的进给率会使得加工孔壁的温度升高，同时钻头自身温度也会升高，这会导致复合材料基体烧伤并加速钻头的磨损。相对进给率来说，切削速度对钻削推力和分层的影响较弱。尽管如此，通过确定切削速度的范围也可以使得钻削推力和分层达到最小化。根据加工需要，大多数钻头在切削速度为 50～80m/min 时表现良好，对于直径 6mm 的钻头来说，对应转速为 2653～4244r/min。

关于扭矩与分层之间的关系还不能够确定。但扭矩和钻削推力具有相似的变化趋势，例如钻孔推力减小则扭矩变小。

通过研究钻尖钻穿工件材料产生的分层与钻削推力之间的关系可知，在钻孔过程中未分层相对于分层需要更小的钻削推力，在相同的切削条件下，刀具几何参数会影响钻削推力的大小，进而影响分层损伤的产生。试验中发生分层的临界钻削推力值约为 100N，小于该值则不发生分层。值得注意的是，分层和临界钻削推力值的大小也取决于待加工材料的特性和厚度。八面钻和 PCD 钻头在钻孔过程中需要的钻削推力较小，产生的分层也较少。相比较而言，球头钻需要两倍于八面钻的推力，并且在孔周围产生较多分层。

在相同切削条件下（切削速度 80m/min，进给率 0.06mm/r），相对于涂层刀具，无涂层刀具产生额外 30%的钻削推力。此外，无涂层刀具也会产生更严重的分层现象。

表 6.12 为采用直径为 8mm 的八面钻进行钻削时的钻削推力值。

表 6.12 直径为 8mm 的八面钻钻削推力值

切削速度 /(m/min)	钻削推力/N			
	进给率 0.04mm/r	进给率 0.06mm/r	进给率 0.08mm/r	进给率 0.1mm/r
60	122	135	155	158
80	140	147	156	163
100	155	155	159	161
125	153	152	158	164

从表 6.12 中可以发现，当钻削速度为 60m/min、进给率分别为 0.04mm/r 和 0.06mm/r 时，钻削推力值达到最小，但是此时孔周围有分层产生。当切削速度和进给率分别为 80m/min 和 0.04mm/r 时，分层损伤最小。因此，在刀具寿命评价试验中，选取切削速度为 80m/min，进给率为 0.04mm/r。

刀具寿命评价试验表明，随着钻削孔数的增加，钻削需要的推力和扭矩也逐渐增大，如图 6.7 所示。

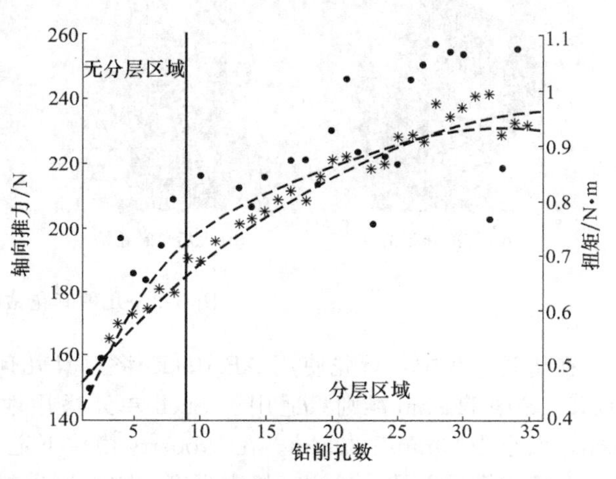

图 6.7 钻削孔数与轴向推力和扭矩的关系

从第九个孔开始，钻孔周围开始出现分层损伤。复合材料钻削的切屑是一种具

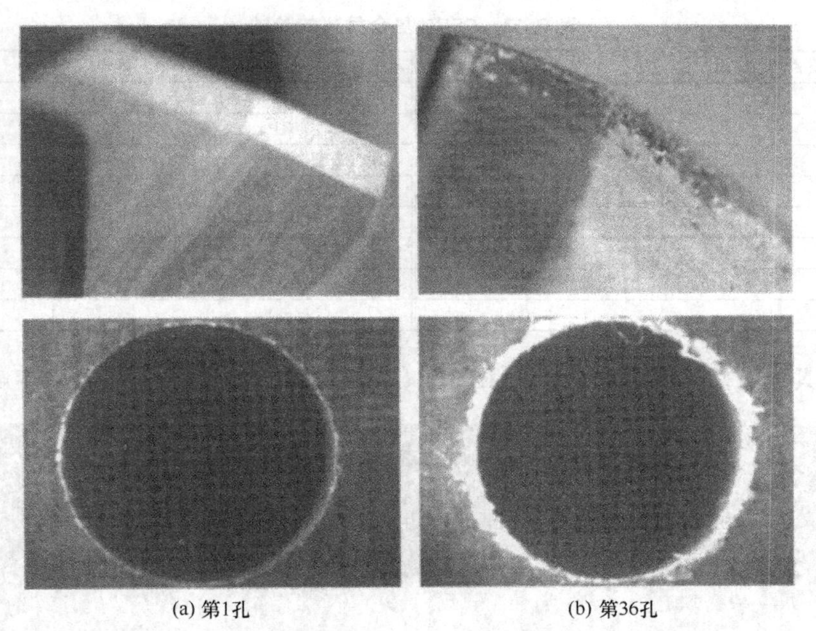

图 6.8 钻削第 1 孔和第 36 孔后的钻尖切削刃和孔出口处形貌

有研磨作用的粉尘，这是导致较高刀具磨损率的主要原因。由于刀具磨损会导致切削复合材料时的推力和扭矩增大，因而容易产生分层。

图 6.8 为钻削第 1 孔和第 36 孔后的钻尖切削刃和孔出口处形貌，从图中可以发现，试验结束后的钻头磨损以及分层损伤均很严重。

6.5.6 CFRP 复合材料制孔过程仿真与试验分析

6.5.6.1 CFRP 复合材料制孔过程仿真

首先建立四种不同形式的麻花钻三维实体模型，分别为标准麻花钻、大后角麻花钻、台阶麻花钻、烛芯钻，如图 6.9 所示。

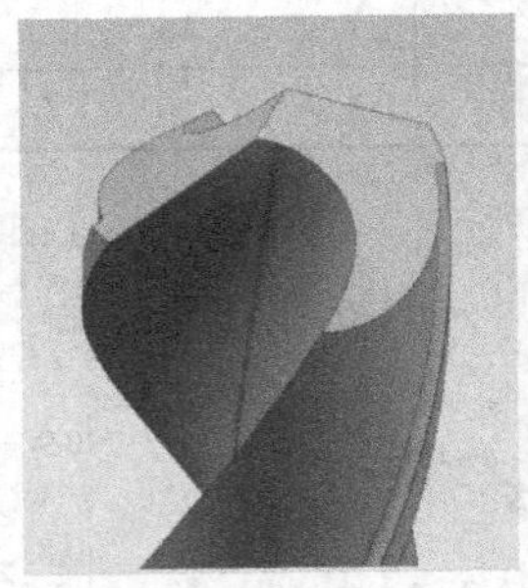
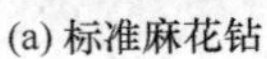
(a) 标准麻花钻

(b) 大后角麻花钻

(c) 台阶麻花钻

(d) 烛芯钻

图 6.9 几种麻花钻的三维模型

在仿真过程中，首先使用 ABAQUS 将刀具几何模型导入，选择刀具为刚体壳单元。由于 ABAQUS 中 Hashin 准则只适用于 Shell 单元适用性，因此设置工件几何模型为 3D-deformable-Shell，大小为 30mm×30mm。在 Property 模块下定义复合材料单层板的材料属性，材料的杨氏模量、剪切模量以及泊松比、极限强度、刚度退化参数，在 Damage Stabilization 中设置黏度系数均为 0.01，增加计算收敛性。其参数根据相关研究文献选取，如表 6.13 所示。

表 6.13 CFRP 复合材料的参数

项目	指标	项目	指标
E_1/GPa	112	$\sigma_{22}^{f,t}$、$\sigma_{33}^{f,t}$/MPa	84
E_2、E_3/GPa	8.2	$\sigma_{22}^{f,c}$、$\sigma_{33}^{f,c}$/MPa	250
G_{12}、C_{13}/GPa	4.5	τ_{12}^{f}/MPa	60
G_{23}/GPa	3	τ_{13}^{f}、τ_{23}^{f}/MPa	110
ν_{12}、ν_{12}	0.3	G_{2+}/(N/m)	0.23
ν_{23}	0.4	G_{2-}/(N/m)	0.76
$\sigma_{11}^{f,t}$/MPa	1900	G_{1+}/(N/m)	89.83
$\sigma_{11}^{f,c}$/MPa	1000	G_{1-}/(N/m)	78.27

考虑到刀具和工件之间的摩擦，在 Interaction 模块中，设定刀具表面为接触对主面，摩

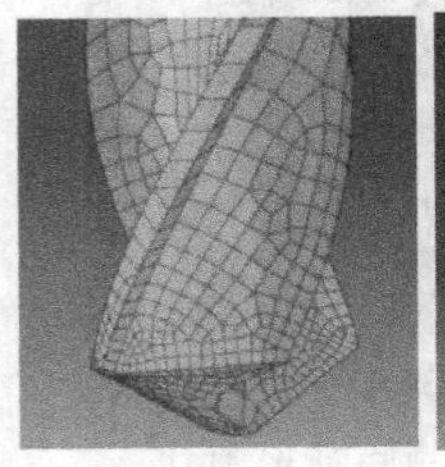
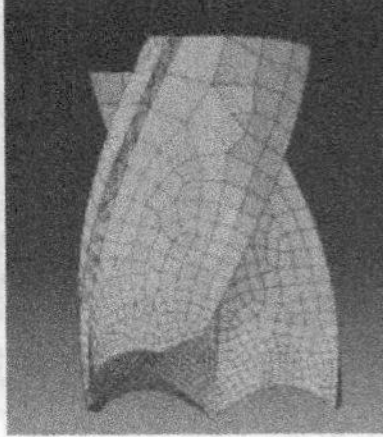

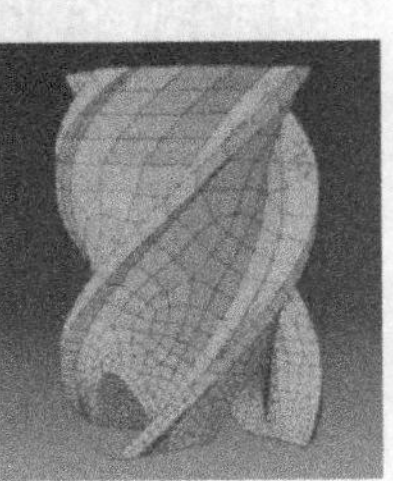

图 6.10 刀具有限元网格划分

擦系数为 0.15。在 Load 模块中定义边界条件。设置工件的四条边完全固定，分别定义钻头参考点绕 Z 轴的旋转速度和向下的进给速度，转速为 3000 r/min，进给量为 250mm/min。

在 Mesh 模块中对刀具和工件分别划分网格。刀具的单元类型为三节点三维刚性三角切面单元（R3D3），工件单元类型为四节点曲壳单元（S4R）。刀具有限元网格划分如图 6.10 所示。

不同刀具的轴向力如图 6.11 所示，为了对比分析，图中添加了普通立铣刀进行螺旋铣削制孔的轴向力。由图 6.11 可知，使用不同的刀具，在制孔过程中产生的轴向力，随刀具的位移产生不同的变化趋势。

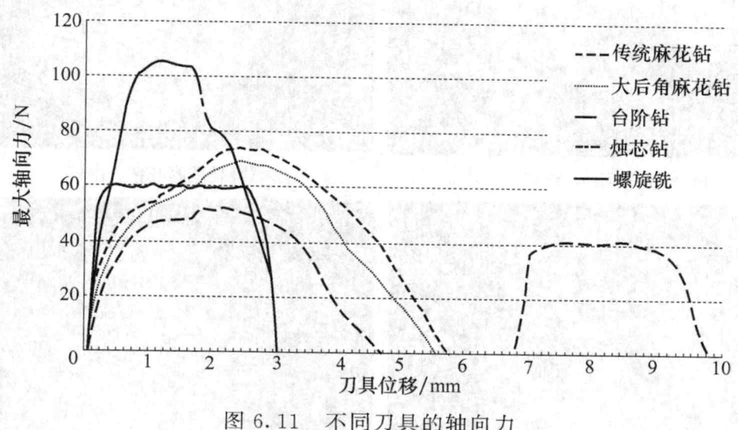

图 6.11　不同刀具的轴向力

6.5.6.2　CFRP 材料制孔试验分析

试验材料使用厚度为 3mm 的 CFRP 铺层结构板，其成型工艺为铺层-注胶热压成型，每个单层铺层厚度约为 0.25mm，铺层纤维方向均为单向（unidirectional, UD），铺层叠压形式为“0°/45°/90°/−45°…”。

分别用普通麻花钻、大后角麻花钻、台阶钻、烛芯钻及普通立铣刀（图 6.12），进行制孔试验。

图 6.12　试验用刀具

试验使用的机床为国内汉川机床集团有限公司产的 HCZK134 型立式数控铣床，为了便于观察复合材料孔加工的进出口毛边和分层以及刀具磨损，试验中使用日本基恩士 KEYENCE 公司的 VHX-600E 型超景深三维数码显微镜，如图 6.13 所示。使用 SJ-310 表面粗糙度测量仪测量孔壁表面质量，如图 6.14 所示。

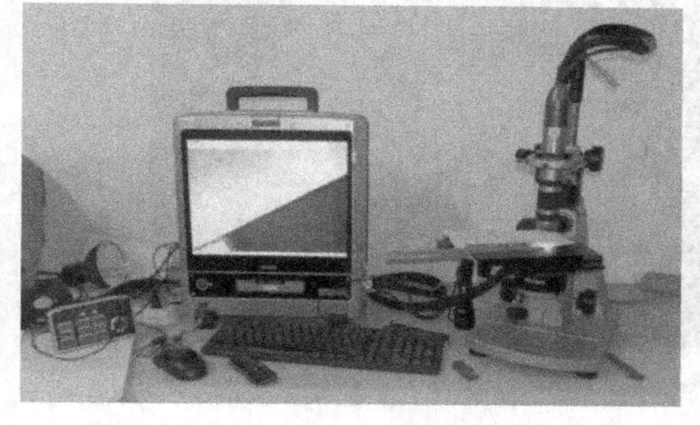

图 6.13　超景深三维数码显微镜

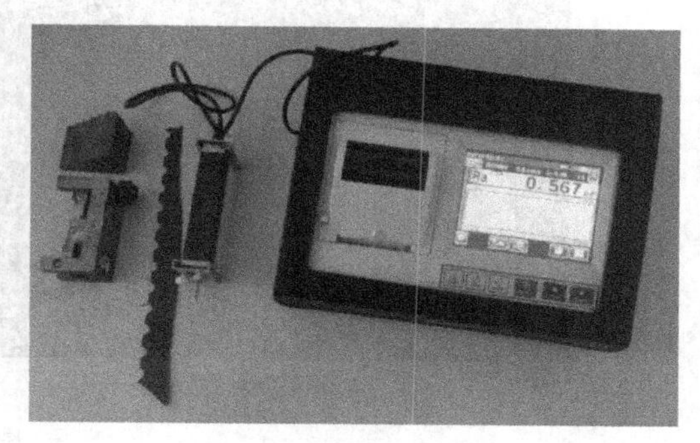

图 6.14　表面粗糙度测量仪

（1）进、出口缺陷　采用 5 种不同的制孔工艺加工的碳纤维复合材料孔的进、出口缺陷如图 6.15 所示。

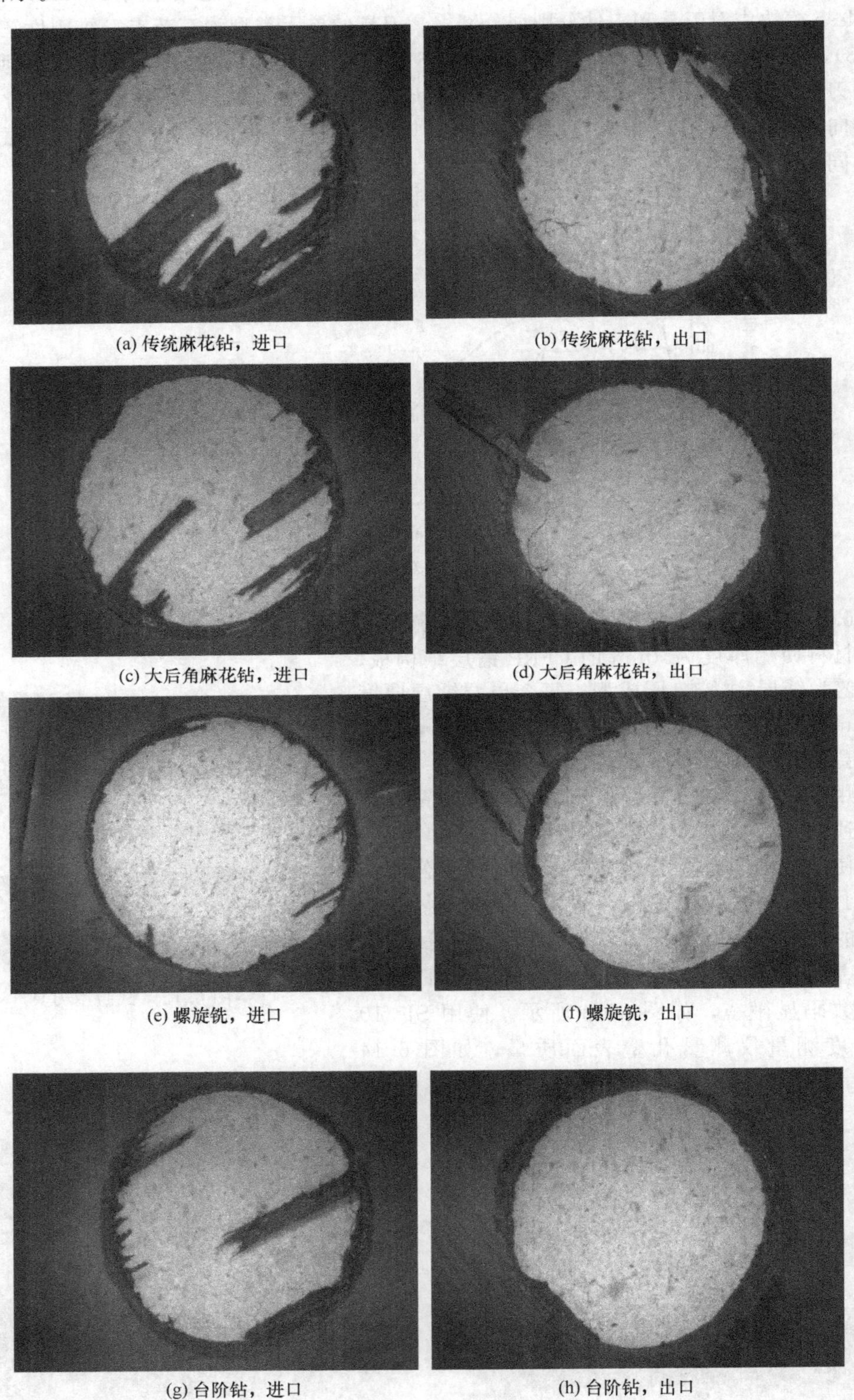

(a) 传统麻花钻，进口　(b) 传统麻花钻，出口

(c) 大后角麻花钻，进口　(d) 大后角麻花钻，出口

(e) 螺旋铣，进口　(f) 螺旋铣，出口

(g) 台阶钻，进口　(h) 台阶钻，出口

图 6.15

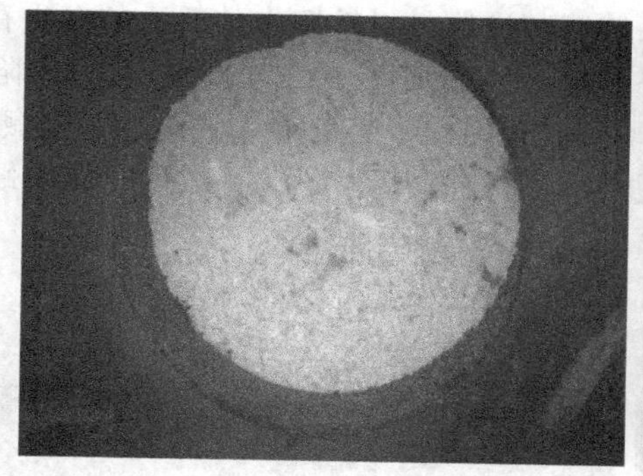

(i) 烛芯钻，进口

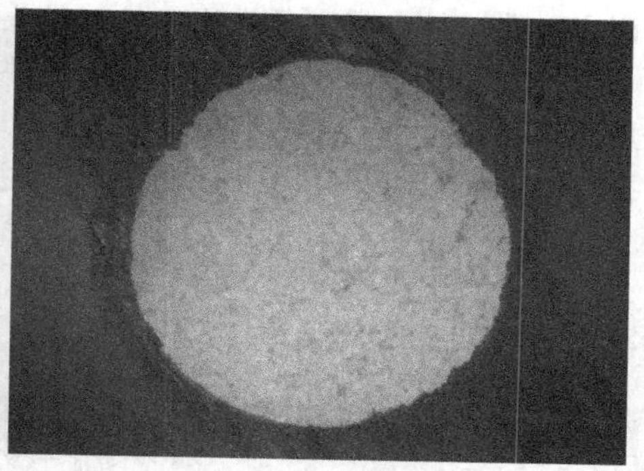

(j) 烛芯钻，出口

图 6.15　进、出口撕裂、毛边缺陷

与入口处的剥离缺陷相比，孔加工在出口处的顶出分层缺陷和孔壁的裂纹、纤维拔出缺陷更为显著，对产品产生危害也更大。图 6.16 所示为不同切削参数下的孔加工出口缺陷，刀具为台阶钻。

由图 6.16 可知，CFRP 制孔在进、出口处出现了毛边现象和分层现象，并且在不同切削参数下，缺陷的严重程度也不同。

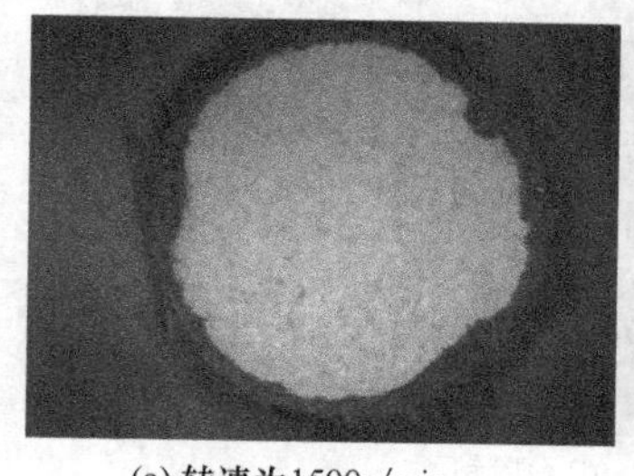

(a) 转速为1500r/min，进给量为100mm/min

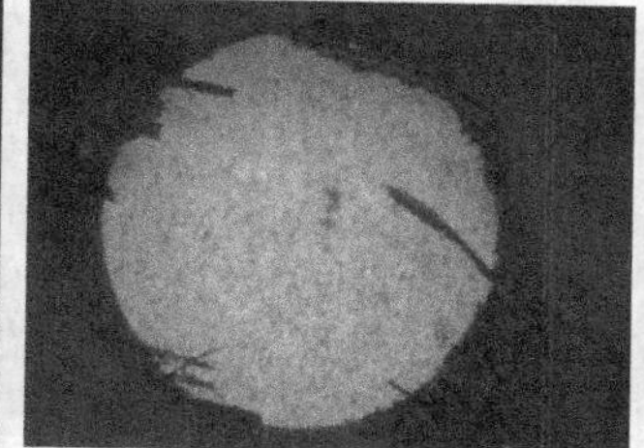

(b) 转速为1500r/min，进给量为175mm/min

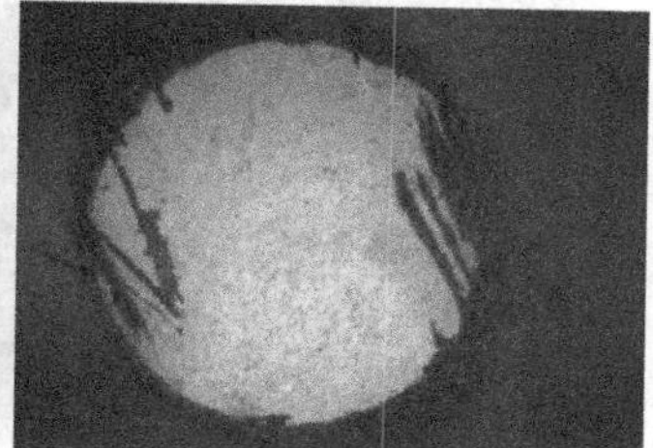

(c) 转速为1500r/min，进给量为250mm/min

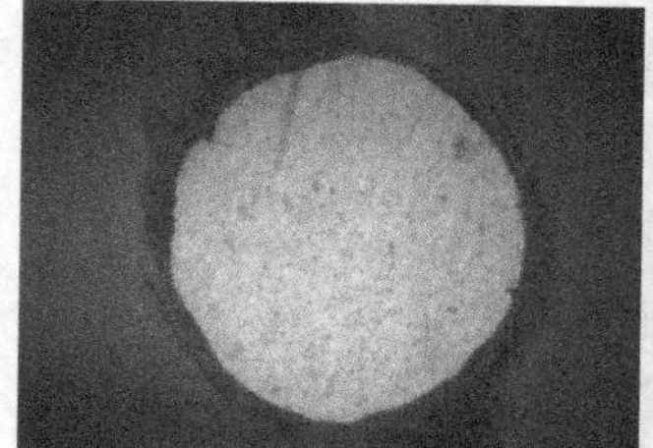

(d) 转速为2000r/min，进给量为100mm/min

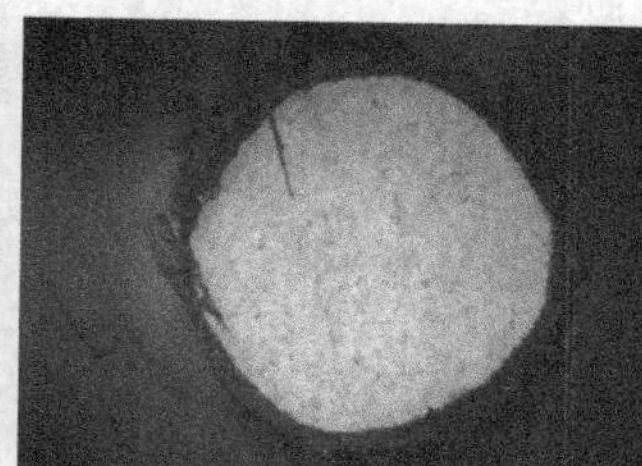

(e) 转速为2000r/min，进给量为175mm/min

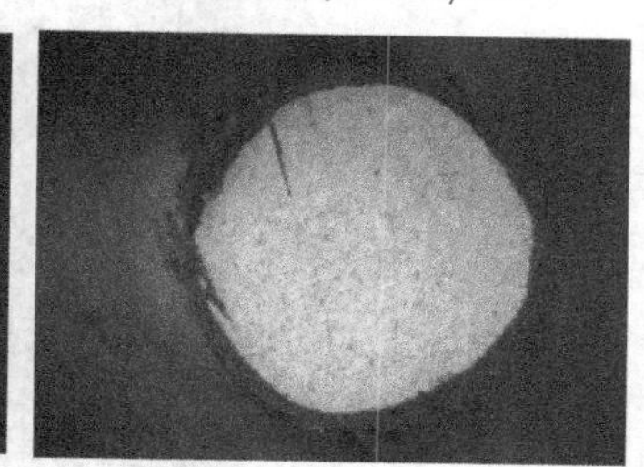

(f) 转速为2000r/min，进给量为250mm/min

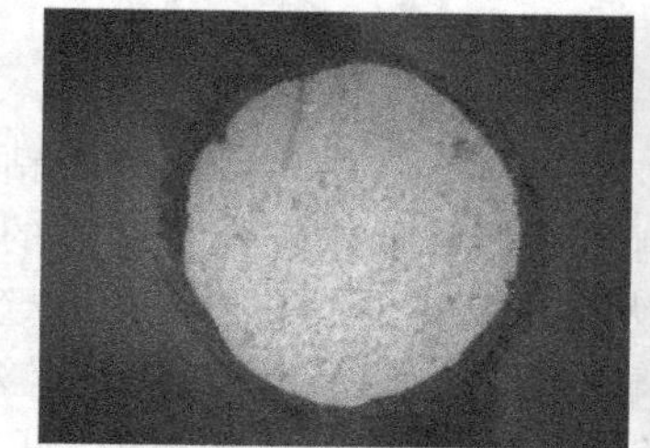

(g) 转速为3000r/min，进给量为100mm/min

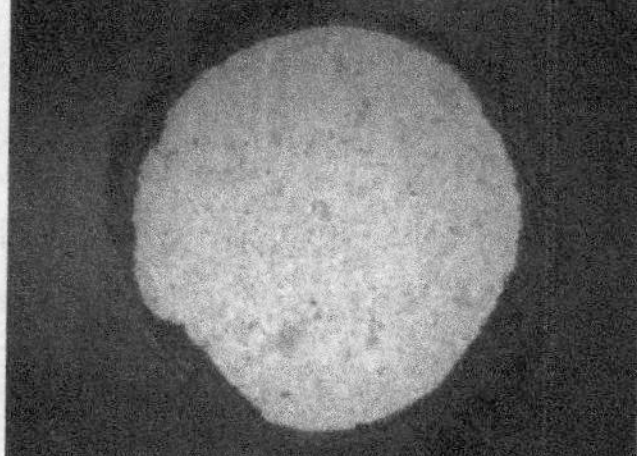

(h) 转速为3000r/min，进给量为175mm/min

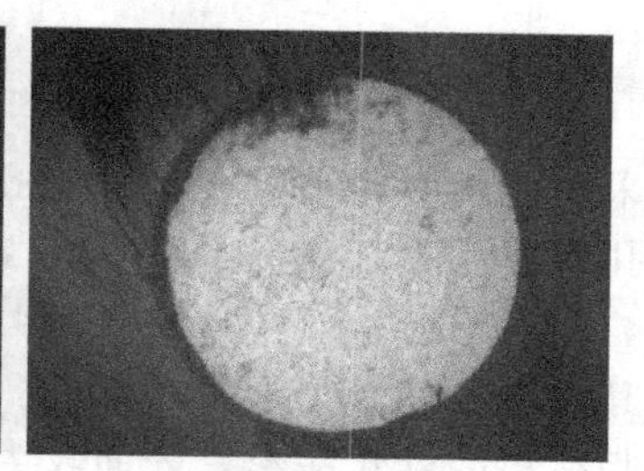

(i) 转速为3000r/min，进给量为250mm/min

图 6.16　不同切削参数下的台阶钻出口缺陷

具体而言，孔口处，特别是在出口处，钻头转速和进给量对缺陷中的毛边的发生存在影响程度相当，但是规律相反。从图 6.16 可知，进给量 f 越大，孔的出口处的毛边缺陷也越严重；然而从图 6.16 还可知，随着钻头的转速的增大，孔的出口处的毛边缺陷则逐渐减少。

(2) 孔壁表面质量　采用 5 种不同的刀具进行制孔的碳纤维复合材料孔的孔壁缺陷如图 6.17 所示。

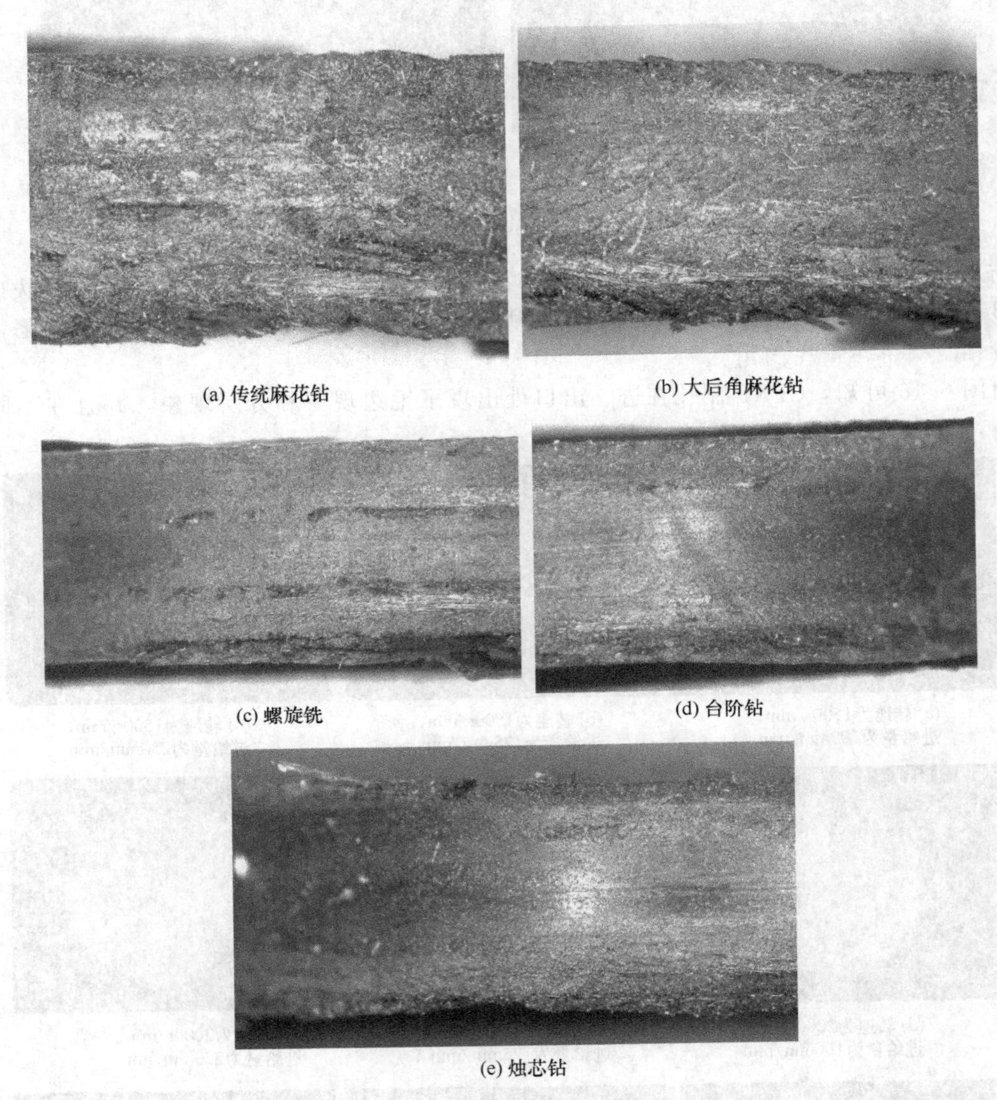

(a) 传统麻花钻　(b) 大后角麻花钻　(c) 螺旋铣　(d) 台阶钻　(e) 烛芯钻

图 6.17　孔壁缺陷对比

采用传统麻花钻对 CFRP 制孔的表面粗糙度较高，为 5.892μm，使用大后角麻花钻和螺旋制孔有所改善，在 4.1μm 左右，而采用台阶钻和烛芯钻制孔则能够形成较低粗糙度的孔壁表面，Ra 分别为 1.734μm 和 2.425μm。使用传统麻花钻和大后角麻花钻制孔形成的孔壁相类似，其纤维断口较为密集，与进、出口处的分层现象没有明显的分界，只有部分区域能够观察到树脂材料的软化涂覆，表面较为粗糙；使用台阶钻和烛芯钻形成的孔壁特征相类似，孔壁上进、出口分层和未分层区域交界明显，在孔壁轴向的中间部分，树脂基体软化涂覆在孔壁上形成质量较好的表面，只存在少量的纤维毛刺。

这主要是刀具在结构上的差异导致。使用麻花钻钻削时，两条主切削刃成一定的角度，因此碳纤维的切断是随着刀具的进给，先由钻头的横刃切断，进而被两条主切削刃逐渐将碳纤维由长剪短，当某一层 CFRP 材料被主切削刃在圆周上的刀刃切断时，最终形成孔壁所呈现的纤维断口，因此形成的表面较为粗糙。而台阶钻是第一切削部分形成底孔，第二部分切削刃和最外缘切削刃一次性将剩余的待切削层与工件切离；烛芯钻在结构上使其切削性能更加优异，因为随着钻头的进给，孔壁纤维断口只存在一次切削形成。

而采用螺旋铣削时，与其他刀具相比，树脂材料的涂覆区域更为广阔，形成的孔壁表面更为均匀，孔壁表面整体质量也更好。在入口处几乎不存在孔壁分层现象，在出口处分层与未分层之间界限明显，而且发生分层现象的厚度要明显小于其他刀具。这是由于，铣刀底部逐渐接触并切削 CFRP 材料时，几乎不存在类似于麻花钻横刃引起的撕裂，刀具进给切削较为平稳，入口处分层现象较不明显。在刀具到达孔底部之前，刀具的轴向力主要表现为由进给产生的轴向力，而不是由于切削产生的轴向分力，因此轴向力要小于其他钻头刀具。该切削过程较为平稳，因此树脂基体材料在孔壁表面的软化涂覆较为均匀。而刀具即将到达孔底时，当轴向力大于 CFRP 层间结合强度就会导致突然分层。由于轴向力较小，因此轴向分层区域较小；由于刀具进给产生的轴向力几乎为恒力，占据了刀具轴向力的绝大部分，而切削产生的轴向分力比例很小，所以分层区域和未分层区域界限明显。

图 6.18 为不同切削参数下的孔壁形貌，图 6.19 和图 6.20 为切削参数对孔壁表面粗糙度的影响。

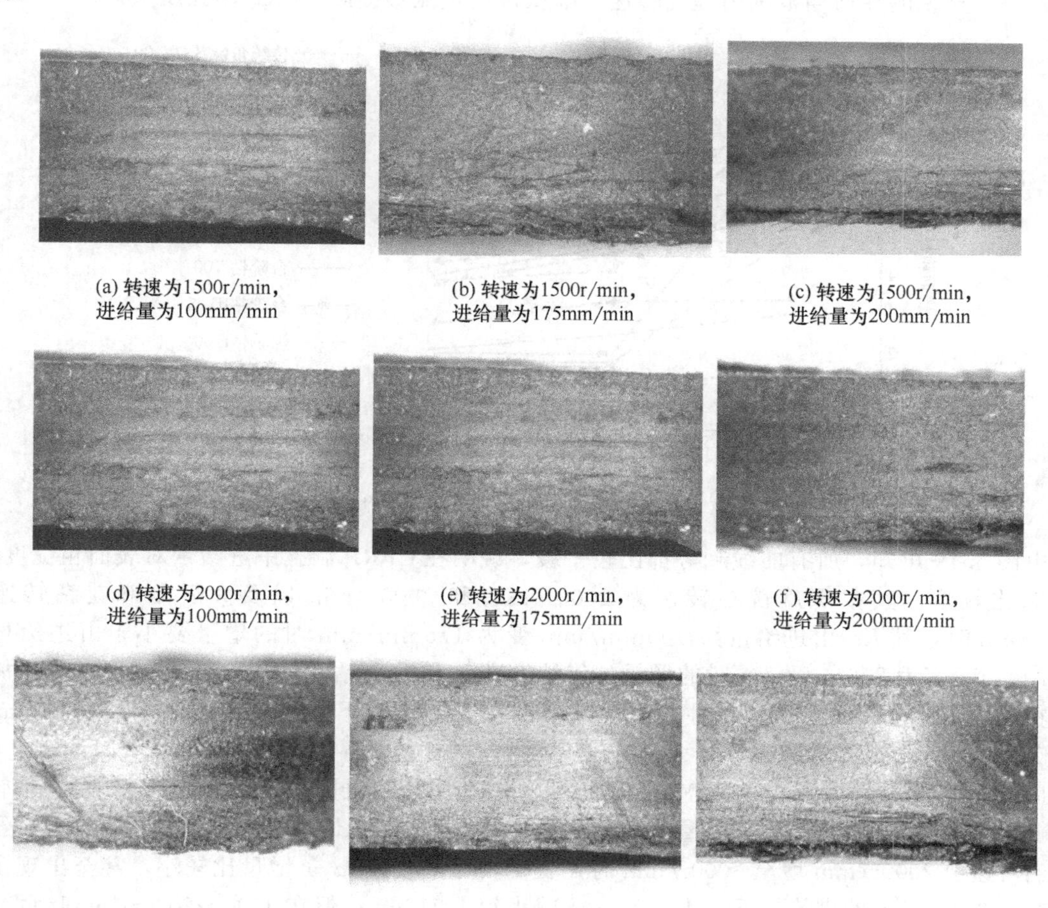

图 6.18　不同切削参数下的孔壁形貌

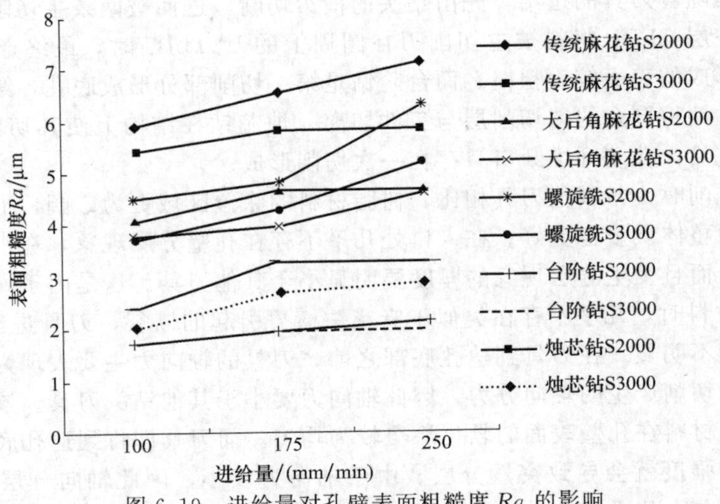

图 6.19　进给量对孔壁表面粗糙度 Ra 的影响

将图 6.19 和图 6.20 中的试验数据分别进行对比分析，可以得知 CFRP 制孔孔壁表面粗糙度 Ra 随着进给量 f 的增加呈上升趋势。并且除了螺旋铣之外，Ra 均随着主轴转速的提高呈下降趋势。这说明在适当范围内提高转速、降低进给量能够提高 CFRP 制孔质量。

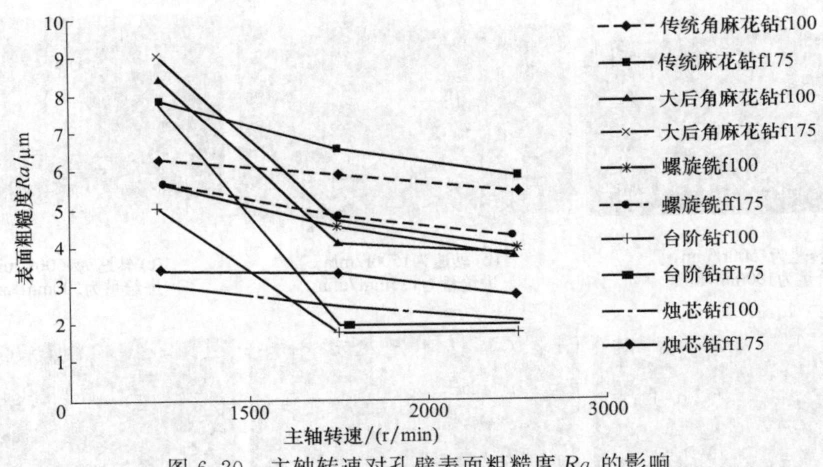

图 6.20　主轴转速对孔壁表面粗糙度 Ra 的影响

由图 6.19 可知，所有曲线趋势都比较平缓，说明在 CFRP 制孔中进给量对表面粗糙度 Ra 的影响比较小。其中螺旋铣在转速为 2000r/min 和 3000r/min 以及大后角麻花钻转速为 2000r/min 时，其 Ra 由进给量为 100mm/min 变为 175mm/min 时的增量要小于由进给量为 175mm/min 变为 250mm/min 时的增量；传统麻花钻和烛芯钻在转速 2000r/min 时，孔加工表面粗糙度 Ra 和机理几乎呈线性相关；其他制孔工艺参数下则表现出由进给量为 100mm/min 变为 175mm/min 时的增量要大于由进给量为 175mm/min 变为 250mm/min 时的增量。

由图 6.20 可知，所有曲线趋势都比较曲折，说明在 CFRP 制孔中表面粗糙度 Ra 受主轴转速 S 的影响比较大，远远超过了进给量 f。分析图中曲线可知，无论采取哪种刀具，在哪种进给量下，当转速由 2000r/min 增至 3000r/min 时，变化较为平缓，Ra 负增量比较小，甚至出现了台阶钻在 100mm/min 的进给量下，从 1.734μm 减小到 1.716μm；但在 1500～2000r/min 区间，表面粗糙度 Ra 的变化则层次不一。具体而言，烛芯钻在 $f=175$mm/min 时，Ra 的负增量为 0.110μm，小于在 2000～3000r/min 的 0.576μm；传统麻花钻和螺旋铣在 $f=100$mm/min、

175mm/min 以及烛芯钻取 $f=175$mm/min 时，Ra 负增量与 2000～3000r/min 区间持平；而选取其余的刀具和进给量时，Ra 负增量变化较大，从 5.737μm 到 3.277μm 不等。以上分析结果说明，CFRP 制孔中，转速在 2000r/min 以上时有较好的稳定性。

（3）刀具磨损　碳纤维力学性能极佳，具有高强度和高硬度，因此在 CFRP 加工过程中，碳纤维对刀具而言，会起到切削硬质点研磨的效果，对刀具的表面进行磨削。而且在 CFRP 切削过程中会在切削刃周围产生大量的切削热，加之 CFRP 的树脂基体材料的导热性很差，也就对切削刀具提出了苛刻的要求。碳纤维复合材料广泛应用于航空航天、汽车等领域的大型构件材料构成，由于构件之间需要连接，钻孔成为主要的机加工种之一。例如在航空工业中，制孔加工占所有材料取出加工的 40%以上。而钻削工艺中很严重的问题之一就是刀具的磨损。刀具的磨损会带来孔加工质量下降、切削环境恶化、加工效率降低等一系列问题。

在通常切削条件下，刀具的磨损失效分为正常磨损与非正常磨损。其中刀具的正常磨损主要包括前刀面磨损、后刀面磨损、刀尖钝化等；非正常磨损主要包括刀具的破损、塑性变形等。CFRP 切削制孔刀具的磨损形态主要包括后刀面磨损和崩刃，如图 6.21 所示。

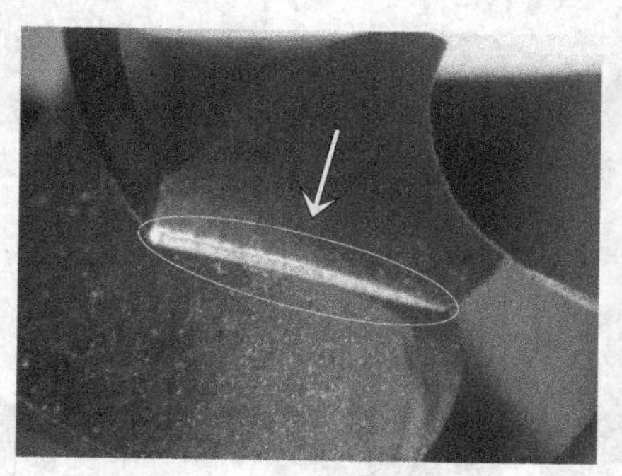

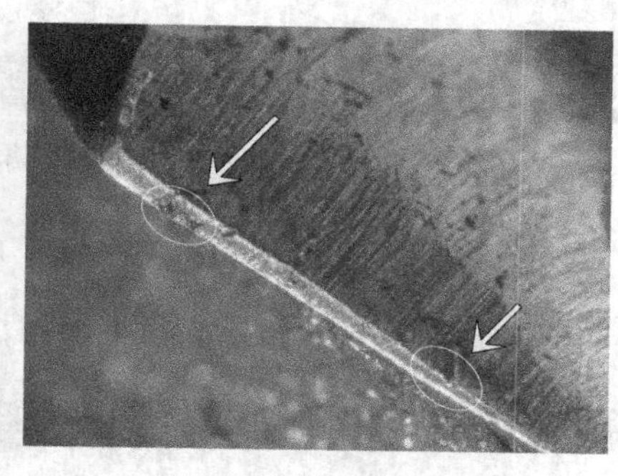

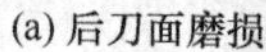

(a) 后刀面磨损　　(b) 崩刃

图 6.21　CFRP 切削制孔刀具磨损形貌

（4）失效分析　试验中使用 VHX-600E 型超景深三维数码显微镜对制孔刀具进行 SEM 分析，试验结果显示，刀具的磨损形式主要为磨粒磨损、黏结磨损、崩刃。其中，崩刃磨损属于非正常磨损，偶尔发生在刀具的主切削刃上；黏结磨损主要发生在刀具主切削刃线速度较大的区域；磨粒磨损是主要的磨损形式，发生在刀具的后刀面上，而且磨损量从刀具中心向圆周方向呈增大趋势。

磨粒磨损是由于工件硬质点对刀具表面进行研磨，导致刀具表面被划伤甚至脱落，外观上就是在刀具的表面在切削方向上出现沟痕，如图 6.22 所示。

碳纤维复合材料中的碳纤维属于脆性材料，硬度很高，在硬质合金切削 CFRP 时属于硬质点。就刀具的磨损机理而言，碳纤维磨粒磨损就是切削 CFRP 刀具的最主要磨损机理。在切削过程中，合金碳化物本身也属于脆硬材料，在遇到硬度比自身更高的碳纤维磨粒时，刀具表面的碳化物以及碳化物与基体之间就会产生裂纹，进而引起材料的断裂，直至脱落，从而引起刀具表面的损坏。此外，碳纤维在切断之前会发生拉伸变形，在被切削刃切断之后发生弹性恢复，进而在刀具的后刀面上产生很大压力，使刀具和工件材料之间产生几乎是磨削的为切削，因此在刀具的后刀面沿着切削速度方向产生划痕。

崩刃是指刀具切削刃上有区域发生崩碎脱落而产生的缺口，通常发生在连续、高速加工过程中。在图 6.23 中能够明显看到在主切削刃上发生了崩刃缺陷。这是因为在 CFRP 切削过程中，碳纤维的去除主要是崩碎切削。CFRP 中的碳纤维为离散分布，而且直径为 6～11μm，因而材料的去除不是一个连续的过程，而且是集中在刀具切削刃很小面积上的不连续切削，切削过程产生的切削力也是不稳定的。由于硬质合金材料本身的脆硬性，在交变载荷下，加上机床

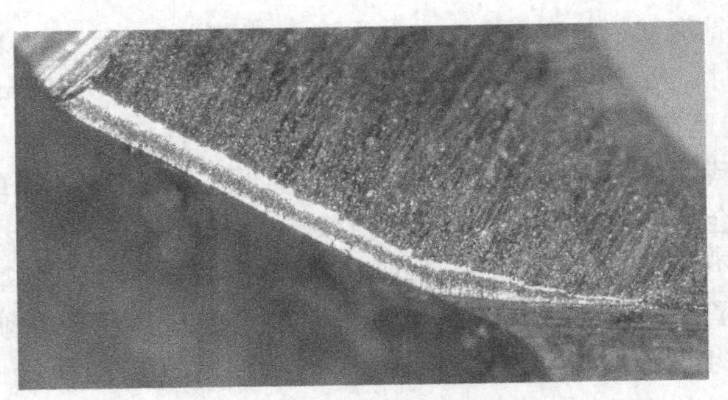

(a) 麻花钻后刀面磨损

(b) 台阶钻的横刃磨损

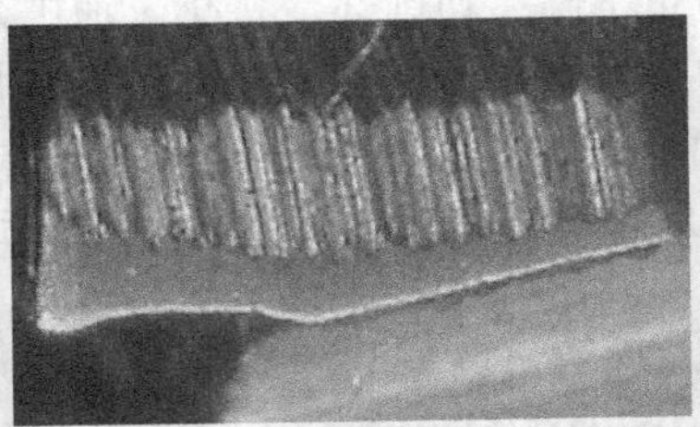

(c) 螺旋铣用硬质合金铣刀端刃磨损

(d) 烛芯钻圆周上的刀尖，已被磨损出现圆角

图 6.22 后刀面磨损

振颤等因素的影响，就容易在主切削刃上产生崩刃缺陷。

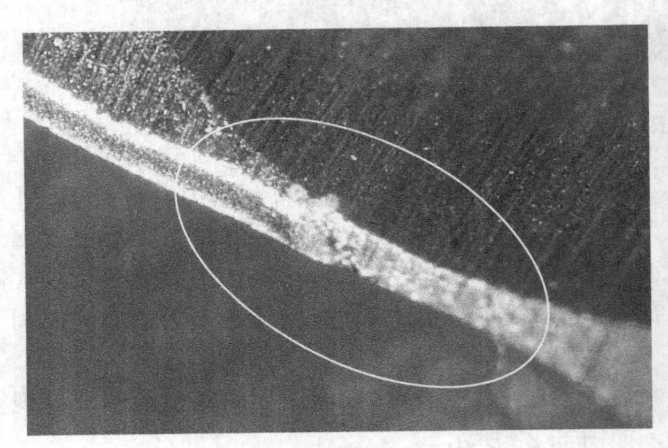

图 6.23 崩刃磨损形貌

图 6.24 黏结磨损形貌

试验结果显示，使用硬质合金钻头钻削 CFRP 时存在黏着磨损，比切削传统金属材料时产生的黏着磨损要小很多，但是在刀具表面却发生了切屑黏附，形态上与金属切削中产生的积屑瘤相似，如图 6.24 所示。在制孔过程中，刀具和工件摩擦产生大量的切削热，使复合材料的树脂材料软化，从而增加切削阻力。被切除的短而碎的碳纤维在树脂材料的包裹下，并且周围环境的接触压力足够高时，使其与刀具材料表面的距离达到分子尺度时，就会在接触区域形成黏着点。随着温度的不断变化，部分切屑会牢牢固结在刀具表面。与积屑瘤不同的是，这种固结不会发生周期性的脱落与再生。这种固结会对刀具后期的切削性能产生很大影响，当发生固结的切削刃在接触区域发生断裂，刀具便发生磨损。

第7章 碳/碳复合材料

7.1 碳/碳复合材料概述

碳/碳复合材料，也称为碳纤维增强碳复合材料，是由碳纤维（或石墨纤维）为增强体、以碳（或石墨）为基体的复合材料，是具有特殊性能的新型工程材料。碳/碳复合材料完全由碳元素组成，能够承受极高的温度和极大的加热速度，具有高的烧蚀热和低烧蚀率，抗热冲击和在超热环境下具有高强度，被认为是超热环境中高性能的烧蚀材料。在机械加载时，碳/碳复合材料的变形与延伸都呈现出假塑性性质，最后以非脆性方式断裂。碳/碳复合材料最突出的优点是耐高温，热稳定性好，在2000℃下能继续使用，不发生任何性能变化；其次是轻质、高强度高模量、热膨胀系数小、抗腐蚀、抗热冲击、耐摩擦、化学性能稳定等。碳/碳复合材料的缺点是非轴向力学性能差，破坏应变低，空洞含量高，纤维与基体结合差，抗氧化性能差，制造加工周期长，设计方法复杂，缺乏破坏准则。

1958年，科学工作者在偶然的实验中发现了碳/碳复合材料，立刻引起了材料科学与工程研究人员的普遍重视。尽管碳/碳复合材料具有许多其他复合材料不具备的优异性能，但作为工程材料在最初的10年间的发展却比较缓慢，这主要是由于碳/碳复合材料的性能在很大程度上取决于碳纤维的性能和碳基体的致密化程度。当时，各种类型的高性能碳纤维正处于研究与开发阶段，碳/碳复合材料制备工艺也处于实验研究阶段，同时其高温氧化防护技术也未得到很好的解决。

在20世纪60年代中期到70年代末期，由于现代空间技术的发展，对空间运载火箭发动机喷管及喉衬材料的高温强度提出了更高要求，以及载人宇宙飞船开发等都对碳/碳复合材料技术的发展起到了有力的推动作用。由于20世纪70年代碳/碳复合材料研究开发工作的迅速发展，从而带动了80年代中期碳/碳复合材料在制备工艺、复合材料的结构设计，以及力学性能、热性能和抗氧化性能等方面基础理论及方法的研究，进一步促进和扩大了碳/碳复合材料在航空航天、军事以及民用领域的推广应用。尤其是预成型体的结构设计和多向编织加工技术日趋发展，复合材料的高温抗氧化性能已达1700℃，复合材料的致密化工艺逐渐完善，并且在快速致密化工艺方面取得了显著进展，为进一步提高复合材料的性能、降低成本和扩大应用领域奠定了基础。

目前人们正在设法更有效地利用碳和石墨的特性，因为无论在低温或很高的温度下，它们都有良好的物理和化学性能。碳/碳复合材料的发展主要是受宇航工业发展的影响，例如，碳/碳复合材料制作导弹的鼻锥时，烧蚀率低且烧蚀均匀，从而可提高导弹的突防能力和命中率。它们作为宇宙飞行器部件的结构材料和热防护材料，不仅可满足苛刻环境的要求，而且还可以大大减小部件的质量，提高有效载荷、航程和射程。碳/碳复合材料还具有优异的耐摩擦性能和高的热导率，使其在飞机、汽车刹车片和轴承等方面得到了应用。碳与生物体之间的相容性极好，再加上碳/碳复合材料的优异力学性能，使之适宜制成生物构件插入活的生物机体内作整形材料，例如人造骨骼、人工心脏瓣膜等。

随着生产技术的革新，产量的进一步扩大，廉价沥青基碳纤维的开发及复合工艺的改进，使碳/碳复合材料将会有更大的发展。

7.2 碳/碳复合材料的制造工艺

由于碳/碳复合材料制备工艺周期长，工序多，成本高，因此，开发新型高效的制备技术、降低成本是碳/碳复合材料今后重要的研究内容之一。

最早的碳/碳复合材料是由碳纤维织物两向增强的，基体由碳收率高的热固性树脂（如酚醛树脂）热解获得。采用增强塑料的模压技术，将两向织物与树脂制成层压体，然后将层压体进行热处理，使树脂转变成炭或石墨。这种碳/碳复合材料在织物平面内的强度较高，在其他方向上的性能很差，但因其抗热应力性能和韧性有所改善，并且可以制造尺寸大、形状复杂的零部件，因此，仍有一定用途。

为了克服两向增强的碳/碳复合材料的缺点，研究开发了多向增强的碳/碳复合材料，这种复合材料可以根据需要进行材料设计，以满足某一方向上对性能的最终要求。控制纤维的方向、某一方向上的体积含量、纤维间距和基体密度，选择不同类型的纤维、基体和工艺参数，可以得到具有需要的力学、物理及热性能的碳/碳复合材料。

碳/碳复合材料的制备原理是：先将增强纤维制成预制体，再用树脂或沥青等有机物对预制体进行浸渍和填充得到坯件，再将坯件用热处理方法在惰性气氛中将有机物转化为炭而得到碳/碳复合材料。

制备碳/碳复合材料的主要步骤为：预制体制备→致密化处理→最终高温热处理。

7.2.1 预制件的制造

7.2.1.1 碳纤维的选择

碳/碳复合材料的质量首先取决于碳纤维的质量，碳纤维的级别列于表 7.1 中。

表 7.1 碳纤维的级别

项目	低	中	高	超过
拉伸强度/GPa	≤2.1	2.0～3.0	≥3.0	>4.5
拉伸弹性模量/GPa	≤100	<320	≥350	≥450

可选用的碳纤维种类有黏胶基碳纤维、聚丙烯腈（PAN）基碳纤维和沥青基碳纤维。目前最常用的 PAN 基高强度碳纤维（如 T300）具有所需的强度、模量和适中的价格。如果要求碳/碳复合材料产品强度与模量高，热稳定性好，则选用高模量、高强度的碳纤维；如果要求热导率低，则选用低模量碳纤维如黏胶基碳纤维。目前，黏胶基碳纤维应用较少，而低成本的高模量沥青基碳纤维正得到发展。

对于大多数应用的碳/碳复合材料来说，在满足其他要求的同时，希望强度和断裂应变越高越好，因此往往选用高强度碳纤维。但是，要注意碳纤维的表面活化处理和上胶问题。采用表面处理后活性过高的碳纤维会使得纤维和基体的界面结合过好，反而使碳/碳复合材料呈现脆性断裂，使强度降低。所以，要注意选择合适的上胶胶料和纤维织物的预处理制度，以保证碳纤维表面具有合适的活性。

碳纤维的选择是制造碳/碳复合材料的基础，可以根据材料的用途、使用的环境以及为得到易于渗碳的预制件来选择碳纤维。通过合理选择纤维种类和织物的编织参数（如纱束的排列取向、纱束间距、纱束体积含量等），可以改变碳/碳复合材料的力学性能和热物理性能，满足产品性能方向设计的要求，通常使用加捻、有涂层的连续碳纤维纱。在碳纤维纱上涂覆薄涂层的目的是为编织方便，改善纤维与基体的相容性。用于结构材料时，选择高强度和高模量的纤维，纤维的模量越高，复合材料的导热性越好；密度越大，膨胀系数越低；要求热导率低时，则选择低模量的碳纤维。一束纤维中通常含有1000～10000根单丝，纱的粗细决定着基体结构的精细性。有时为了满足某种编织结构的需要，可将同类型的纱合在一起。另外，还应从价格、纺织形态、性能及制造过程中的稳定性等多方面的因素来选用碳纤维。

可供选用的碳纤维种类有黏胶基碳纤维、聚丙烯腈（PAN）基碳纤维和沥青基碳纤维。

目前，最常用的PAN基高强度碳纤维（如T300）具有所需的强度、模量和适中的价格。如果要求碳/碳复合材料产品的强度与模量高及热稳定性好，则应选用高模量、高强度的碳纤维；如果要求热导率低，则选用低模量碳纤维（如黏胶基碳纤维）。在选用高强度碳纤维时，要注意碳纤维的表面活化处理和上胶问题。采用表面处理后活性过高的碳纤维，使纤维和基体的界面结合过好，反而使碳/碳复合材料呈现脆性断裂，导致强度降低。因此，要注意选择合适的上胶胶料和纤维织物的预处理制度，以保证碳纤维表面具有合适的活性。

7.2.1.2 编织结构的设计

预制体是指按产品的形状和性能要求先把碳纤维成型为所需结构形状的毛坯，以便进一步进行碳/碳复合材料致密化工艺。预制体按照增强方式，可分为单向（1D）纤维增强、双向（2D）织物和多向织物增强，其均采用近年得到迅速发展的多向编织技术，如三维（3D）编织、4D编织、5D编织、6D编织、7D编织，乃至11D编织、极向编织等。编织技术可分为单向编织和多向编织，还可以分为机器编织和手工编织，机器编织又细分为径向编织和纬向编织。机器编织技术因其产品易起毛或断裂而未能得到广泛的应用；手工编织技术因其产品不存在机器编织的确定性而得到广泛发展应用。目前，使用较多的是手工编织和交叉编织，比较先进的是穿刺编织技术。机器编织技术也在得到不断的改进和优化。多向编织也是常用的预制体编织方法，细编和超细编则可制得优质的碳/碳复合材料。

（1）两向织物　常用的两向织物常常采用正交平纹碳布和八枚缎纹碳布。平纹结构性能再现性好，缎纹结构拉伸强度高，斜纹结构比平纹容易成型。由于双向织物生产成本较低，双向碳/碳在平行于布层的方向拉伸强度比多晶石墨高，并且提高了抗热应力性能和断裂韧性，容易制造大尺寸形状复杂的部件，使得双向碳/碳继续得到发展。双向碳/碳的主要缺点是：垂直布层方向的拉伸强度较低，层间剪切强度较低，因而易产生分层。

（2）三向织物　纤维按三维直角坐标轴X、Y、Z排列，形成直角块状预制件。纱的特性、每一点上纱的数量以及点与点的间距决定着预制件的密度、纤维的体积含量及分布。表7.2列出了典型的纱束间距、预制件的密度和三个方向上纤维含量的分配。在X、Y、Z三轴的每一点上，各有一束纱的结构的充填效率最高，可达75%，其余25%为孔隙。由于纱不可能充填成理想的正方形以及纱中的纤维间有孔隙，因而实际的纤维体积含量总是低于75%。在复合材料制造过程中，多向预制件中纤维的体积含量及分布不会发生明显变化，在树脂或沥青热解过程中，纤维束和孔隙内的基体将发生收缩，不会明显改变预制件的总体尺寸。三向织物研究的重点在细编织及其工艺、各向纤维的排列对材料的影响等方面。三向织物的细编程度越高，碳/碳复合材料的性能越好，尤其是作为耐烧蚀材料更是如此。

（3）多向编织　为了形成更高各向同性的结构，在两向纺织的基础上，已经发展了很多种多向编织，可将三向正交设计改型，编织成四向、五向、七向和十一向增强的预制件。五向结构是在三向正交结构的基础上，在XY平面内补充两个45°的方向。在三向正交结构中，如果按上下面的四条对角线或上下面各边中点的四条连线补充纤维纱，则得七向预制件。在这两种七向预制件中去掉三个正交方向上的纱，便得四向结构。在三向正交结构中的四条对角线上和四条中点连线上同时补充纤维纱，可得非常接近各向同性结构的十一向预制件。将纱按轴向、径向和环向排列，可得圆筒和回转体的预制件。为了保持圆筒形编织结构的均匀性，轴向纱的直径应由里向外逐步增加，或者在正规结构中增加径向纱。在编织截头圆锥形结构时，为了保持纱距不变和密度均匀，轴向纱应是锥形的。根据需要可将圆筒形和截头圆锥形结构变形，编织成带半球形帽的圆筒和尖形穹窿的预制件。

表 7.2 三向编织结构编织物的特性

纤维类型	预制件密度/(g/cm³)	约束数量			约束间距/mm		纤维体积含量		
		X	Y	Z	X、Y	Z	$V_{F,X}$	$V_{F,Y}$	$V_{F,Z}$
Thornel150	0.64	1	1	1	0.56	0.58	0.14	0.14	0.13
	0.75	1	1	2	0.71	0.58	0.11	0.11	0.23
	0.68	2	2	1	1.02	0.58	0.14	0.14	0.12
	0.80	2	2	6	0.69	1.02	0.12	0.12	0.24
Thornel175	0.70	1	1	2	0.56	0.58	0.09	0.09	0.17
	0.65	2	2	1	0.84	0.58	0.12	0.12	0.09
	0.72	2	2	2	1.07	0.58	0.09	0.09	0.18

7.2.1.3 多向预制件的制造

制造多向预制件的方法有干纱编织、织物缝制、预固化纱的编排、纤维缠绕以及上述各种方法的组合。

(1) 干纱编织 干纱编织是制造碳/碳复合材料最常用的一种方法。按需要的间距先编织好 X 和 Y 方向的非交织直线纱，X、Y 层中相邻的纱用薄壁铜管隔开，预制件织到需要尺寸时，去掉这些管子，用垂直（Z 向）的碳纤维纱代替。预制件的尺寸决定于编织设备的大小。用圆筒形编织机能使纤维按环向、轴向、径向排列，因而能制得回转体预制件。先按设计做好孔板，再将金属杆插入孔板，编织机自动地织好环向和径向纱，最后编织机自动取出金属杆以碳纤维纱代替。

(2) 穿刺织物结构 如果用两向织物代替三向干纱编织预制件中 X、Y 方向上的纱，就得到穿刺织物结构。具体制法是：将两向织物层按设计穿在垂直（Z 向）的金属杆上，再用未浸过或浸过树脂的碳纤维纱并经固化的碳纤维-树脂杆换下金属杆即得最终预制件。在 X、Y 方向可用不同的织物，在 Z 向也可用各种类型的纱。同种石墨纱用不同方法制得的预制件的特性差别显著，穿刺织物预制件的纤维总含量和密度都较高，有更大的通用性。表 7.3～表 7.6 给出了 X-Y 向的织物、Z 向的纤维形式、穿刺织物预制件的特性及三向正交干纱编织预制件的比较。

表 7.3 三种 X-Y 向织物的比较

项目		Thornel 50 缎纹	WCA 平纹	GSGC-2 平纹
纱数/(根/cm)	经	11.8	10.6	10.2
	纬	13.4	8.3	9.5
断裂强度/MPa	经	1.4	0.6	0.7
	纬	1.4	0.3	0.6
纤维的面密度/(g/m²)		190	255	255
纱中纤维数		1440	1440	1440
单丝直径/μm		6.6	9.1	9.4
纤维密度/(g/cm³)		1.6	1.4	1.5
单丝拉伸强度/MPa		1470	490	490
单丝模量/GPa		379	41	41

表 7.4　穿刺织物 Z 向的纤维

Z 向单元体组成	单元体中纤维的总截面积/μm^2	Z 向单元体组成	单元体中纤维的总截面积/μm^2
8 根石墨纱	0.39	20 根石墨纱	0.98
10 根石墨纱	0.49	1 束固化棒	0.46
13 根石墨纱	0.63	2 束固化棒	0.92
13 根石墨纱固化棒	0.63		

表 7.5　穿刺织物预制件的特性与 X-Y 向织物的关系

X-Y 织物	预制件密度/(g/cm^3)	纤维体积含量/%	
GSGC-2	0.85	47.2	9.3
Thornel 50 缎纹	0.92	50.8	8.9
WCA 旋转 45°	0.83	48.6	9.3

表 7.6　三向干纱纺织预制件与穿刺织物预制件的特性比较

预制件类型	预制件密度/(g/cm^3)	纤维体积含量/%	
		X-Y	Z
穿刺织物	0.9	50	9
三向编织	0.8	32	13

(3) 预固化纱结构　预固化纱结构与前两种结构不同，不用纺织法制造。这种结构的基本单元体是杆状预固化碳纤维纱，即单向高强度碳纤维浸酚醛树脂及固化后得的杆。这种结构比较有代表性的是四向正规四面体结构，纤维按三向正交结构中的四条对角线排列，它们之间的夹角为 70.5°。预固化杆的直径为 1～1.8mm，为了得到最大充填密度，杆的截面呈六角形，碳纤维的最大体积含量为 75%，根据预先确定的几何图案很容易将预固化的碳纤维杆组合成四向结构。

用非纺织法也能制造多向圆筒结构。先将预先制得的石墨纱-酚醛预固化杆径向排列好，在它们的空间交替缠绕上涂树脂的环向和轴向纤维纱，缠绕结束后进行固化得到三向石墨-酚醛圆筒，再经进一步处理即成碳/碳复合材料。

7.2.2　碳/碳的致密化工艺

预制体含有许多孔隙，密度也低，不能直接应用，碳/碳的致密化工艺过程就是基体碳形成的过程，实质是用高质量的碳填满碳纤维周围的空隙，以获得结构、性能优良的碳/碳复合材料。最常用的制备工艺有液相浸渍法和化学气相沉积法。

7.2.2.1　液相浸渍法

液相浸渍工艺是制造碳/碳的一种主要工艺。按形成基体的浸渍剂，可分为树脂浸渍、沥青浸渍及沥青树脂混浸工艺；按浸渍压力，可分为低压浸渍、中压浸渍和高压浸渍工艺。通常可用于先驱体的有热固性树脂，例如酚醛树脂和呋喃树脂以及煤焦油沥青和石油沥青。

(1) 浸渍用基体的先驱体的选择　在选择基体的先驱体时，应考虑黏度、产碳率、焦炭的微观结构和晶体结构，这些特性都与碳/碳复合材料制造过程中的时间-温度-压力关系有关。绝大多数热固性树脂在较低温度（低于 250℃）下聚合成高度交联的、不熔的非晶固体。热解时形成玻璃态碳，即使在 3000℃时也不能转变成石墨，产碳率为 50%～56%，低于煤焦油沥青。加压炭化并不使收率增加，密度也较小（小于 1.5g/cm^3）。酚醛树脂的收缩率可达 20%，这样大的收缩率将严重影响两向增强的碳/碳复合材料的性能。收缩对多向复合材料性能的影响比两向复合材料小。预加张力及先在 400～600℃炭化，然后再石墨化，都有助于转变成石墨结构。

沥青是热塑性的，软化点约为 400℃，用它作为基体的先驱体可归纳成以下要点：0.1MPa 下的碳收率约为 50%；在大于等于 10MPa 压力下炭化，有些沥青的碳收率可高达 90%；焦炭结构为石墨态，密度约为 $2g/cm^3$，炭化时加压将影响焦炭的微观结构。

(2) 低压过程　预制件的树脂浸渍通常将预制体置于浸渍罐中，在温度为 50℃左右的真空下进行浸渍，有时为了保证树脂渗入所有孔隙也施加一定的压力，浸渍压力逐次增加至 3～5MPa，以保证织物孔隙被浸透。浸渍后，将样品放入固化罐中进行加压固化，以抑制树脂从织物中流出。采用酚醛树脂时固化压力为 1MPa 左右，升温速度为 5～10℃/h，固化温度为 140～170℃，保温 2h；然后将样品放入炭化炉中，在氮气或氩气保护下，进行炭化的温度范围为 650～1100℃，升温速度控制在 10～30℃/h，最终炭化温度为 1000℃，保温 1h。

沥青浸渍工艺常常采用煤沥青或石油沥青作为浸渍剂，先进行真空浸渍，然后加压浸渍。将装有织物预制体的容器放入真空罐中抽真空，同时将沥青放入熔化罐中抽真空并加热到 250℃，使沥青熔化，黏度变小；然后将熔化沥青从熔化罐中注入盛有预制体的容器中，使沥青浸没预制体，待样品容器冷却后，移入加压浸渍罐中，升温到 250℃进行加压浸渍，使沥青进一步浸入预制体的内部空隙中，随后升温至 600～700℃进行加压炭化。为了使碳/碳复合材料具有良好的微观结构和性能，在沥青炭化时要严格控制沥青中间相的生长过程，在中间相转变温度（430～460℃），控制中间相小球生长、合并和长大。

在炭化过程中树脂热解，形成碳残留物，发生质量损失和尺寸变化，同时在样品中留下空隙。因此，浸渍-热处理需要循环重复多次，直到得到一定密度的复合材料为止。在低压过程中制得的碳/碳复合材料的密度为 $1.6\sim1.65g/cm^3$，孔隙率为 8%～10%。

(3) 高压过程　先用真空-压力浸渍方法对纤维预制体浸渍沥青，在常压下炭化，这时织物被浸埋在沥青碳中，加工以后取出已硬化的制品，把它放入一个薄壁不锈钢容器（称为“包套”）中，周围填充好沥青，并且将包套抽真空焊封起来；然后将包套放进热等静压机中慢慢加热，温度可达 650～700℃，同时施加 7～100MPa 的压力。经过高压浸渍炭化之后，将包套解剖，取出制品，进行粗加工，去除表层；最后在 2500～2700℃的温度和氩气保护下进行石墨化处理。上述高压浸渍炭化循环需要重复进行 4～5 次，以达到 $1.9\sim2.0g/cm^3$ 的密度。高压浸渍炭化工艺形成容易石墨化的沥青碳，这类碳热处理到 2400～2600℃时，能形成晶体结构高度完善的石墨片层。高压炭化工艺与常压炭化工艺相比，沥青的产碳率可以从 50%提高到 90%，高产碳率减少了工艺中制品破坏的危险，并且减少了致密化循环的次数，提高了生产效率。高压浸渍炭化工艺多用于制造大尺寸的块体、平板或厚壁轴对称形状的多向碳/碳复合材料。

7.2.2.2　化学气相沉积法

将碳纤维织物预制体放入专用化学气相沉积炉中，加热到所要求的温度，通入碳氢气体（如甲烷、丙烷、天然气等），这些气体分解并在织物的碳纤维周围和空隙中沉积碳（称为热解碳）。根据制品的厚度、所要求的致密化程度与热解碳的结构来选择化学气相沉积工艺参数，主要参数有源气种类、流量、沉积温度、压力和时间。源气最常用的是甲烷，沉积温度通常为 800～1500℃，沉积压力在几百帕至 0.1MPa 之间。预制件的性质、气源和载气、温度和压力，都对基体的性能、过程的效率及均匀性产生影响。

化学气相沉积法的主要问题是沉积碳的阻塞作用形成很多封闭的小孔隙，随后长成较大的孔隙，使碳/碳复合材料的密度降低，约为 $1.5g/cm^3$。将化学气相沉积法与液相浸渍法结合应用，可以基本上解决这个问题。

7.2.3　石墨化

根据使用要求常需要对致密化的碳/碳复合材料进行2400～2800℃的高温热处理，使N、H、O、K、Na、Ca等杂质元素逸出，碳发生晶格结构的转变，这一过程称为石墨化。经过石墨化处理，碳/碳复合材料的强度和热膨胀系数均降低，热导率、热稳定性、抗氧化性以及纯度都有所提高。石墨化程度的高低（常用晶面间距$d002$表征）主要取决于石墨化温度。沥青碳容易石墨化，在2600℃进行热处理无定形碳的结构（$d002$为0.344nm）就可转化为石墨结构（理想的石墨，其$d002$为0.3354nm）。酚醛树脂炭化以后，往往形成玻璃碳，石墨化困难，要求较高的温度（2800℃以上）和极慢的升温速度。沉积碳的石墨化难易程度与其沉积条件和微观结构有关，低压沉积的粗糙层状结构的沉积碳容易石墨化，而光滑层状结构不易石墨化。常用的石墨化炉有工业用电阻炉、真空碳管炉和中频炉。石墨化时，样品或埋在碳粒中与大气隔绝，或将炉内抽真空或通入氩气，以保护样品不被氧化。石墨化处理后的碳/碳制品的表观不应有氧化现象，经X射线无损探伤检验，内部不存在裂纹。同时，石墨化处理使碳/碳制品的许多闭气孔变成通孔，开孔孔隙率显著增加，对进一步浸渍致密化十分有利。有时在最终石墨化之后，将碳/碳制品进行再次浸渍或化学气相沉积处理，以获得更高的材料密度。对于某些制品，在某一适中的温度（如1500℃）进行处理，既能使碳/碳复合材料净化和改善其抗氧化性能，又不增加其杨氏模量。

7.3　碳/碳复合材料的性能及应用

7.3.1　碳/碳复合材料的性能

碳/碳复合材料的性能与纤维的类型、增强方向、制造条件以及基体碳的微观结构等因素密切相关，但其性能可在很宽的范围内变化。

（1）碳/碳复合材料的化学和物理性能　碳/碳复合材料的体积密度和气孔率随制造工艺的不同而变化，密度最高可达2.0g/cm^3，开口气孔率为2%～3%。树脂碳用于基体的碳/碳复合材料，体积密度约为1.5g/cm^3。

碳/碳复合材料除含有少量的氢、氮和微量的金属元素外，99%以上都是由元素碳组成的。因此，碳/碳复合材料与石墨一样具有化学稳定性，它与一般的酸、碱、盐溶液不起反应，不溶于有机溶剂，只与浓氧化性酸溶液起反应。碳在石墨态下，只有加热到4000℃，才会熔化（在压力超过12GPa条件下）；只有加热到2500℃以上，才能测出其塑性变形；在常压下加热到3000℃，碳才开始升华。

碳/碳复合材料具有碳的优良性能，包括耐高温、耐腐蚀、较低的热膨胀系数和较好的抗热冲击性能。碳/碳复合材料在常温下不与氧作用，开始氧化的温度为400℃（特别是当微量K、Na、Ca等金属杂质存在时），温度高于600℃将会发生严重氧化。碳/碳复合材料的最大缺点是抗氧化性能差。

（2）碳/碳复合材料的力学性能　碳/碳复合材料的力学性能主要取决于碳纤维的种类、取向、含量和制备工艺等。研究表明，碳/碳复合材料的高强度、高模量特性主要是来自碳纤维，碳纤维强度的利用率一般可达25%～50%。碳/碳复合材料在温度高达1627℃时，仍能保持其室温时的强度，甚至还有所提高，这是目前工程材料中唯一能保持这一特性的材料。碳纤维在碳/碳复合材料中的取向明显影响材料的强度，在一般情况下，单向增强复合材料强度在沿纤维方向拉伸时的强度最高，沿碳纤维长度方向的力学性能比垂直方向高出几十倍。但横向性能较差，正交增强可以减少纵、横向强度的差异。单向高强度碳/碳复合材料可达750MPa以上（一般的碳/碳复合材料的拉伸强度大于270MPa），在1000℃时强度为1000MPa，超过1000℃时强度和模量都有所下降。但由于碳/碳复合材料密度低，即使在强度最低时其比强度也高于耐热合金和陶瓷材料。

碳/碳复合材料的断裂韧性较碳材料有极大的提高，其破坏方式是逐渐破坏，而不是突然破坏，因为基体碳的断裂应变低于碳纤维。经表面处理的碳纤维与基体碳之间的化学键与机械键结合强度高，拉伸应力引起基体中的裂纹扩展越过纤维/基体界面，使纤维断裂，形成脆性断裂。而未经过表面处理的碳纤维与基体碳之间结合强度低，碳/碳复合材料受载一旦超过基体断裂应变，基体裂纹在界面会引起基体与纤维脱黏，裂纹尖端的能量消耗在碳纤维的周围区域，碳纤维仍能继续承受载荷，从而呈现非脆性断裂方式。

（3）碳/碳复合材料的特殊性能

① 抗热震性能　碳纤维的增强作用以及材料结构中的空隙网络，使得碳/碳复合材料对于热应力并不敏感，不会像陶瓷材料和一般石墨那样产生突然的灾难性损毁。衡量陶瓷材料抗热震性好坏的参数是抗热应力系数，即：

$$R=K\sigma/(aE)$$

式中　K——热导率；

σ——抗拉强度；

a——热膨胀系数；

E——弹性模量。

该式可作为碳/碳复合材料衡量抗热震性能的参考，例如AJT石墨的R为270，而三维碳/碳复合材料的R可达500～800。

② 抗烧蚀性能　这里“烧蚀”是指导弹和飞行器再入大气层在热流作用下，内热化学和机械过程引起的固体表面的质量迁移（材料消耗）现象。碳/碳复合材料暴露于高温和快速加热的环境中，由于蒸发、升华和可能的热化学氧化，其部分表面可被烧蚀。但是，它的表面凹陷浅，良好地保留其外形，烧蚀均匀而对称，这是它被广泛用于防热材料的原因之一。由于其升华温度高达3000℃以上，因此碳/碳复合材料的表面烧蚀温度高。在现有的材料中，碳/碳复合材料是最好的抗烧蚀材料，具有较高的烧蚀热和较大的辐射系数与较高的表面温度，在材料质量消耗时，吸收的热量大，向周围辐射的热流也大，具有很好的抗烧蚀性能。

研究表明，碳/碳复合材料的有效烧蚀热比高硅氧/酚醛高1～2倍，比芳纶/酚醛高2～3倍。多向碳/碳复合材料是最好的候选材料。当碳/碳复合材料的密度大于1.95g/cm^{3}而开口气孔率小于5%时，其抗烧蚀-侵蚀性能接近热解石墨。经高温石墨化后，碳/碳复合材料的抗烧蚀性能更加优异。烧蚀试验还表明，材料几乎是热化学烧蚀，但在过渡层附近，80%左右的材料是机械削蚀而损耗，材料表面越粗糙，机械削蚀越严重。

③ 摩擦磨损性能　碳/碳复合材料具有优异的摩擦磨损性能。碳/碳复合材料中碳纤维的微观组织为乱层石墨结构，摩擦系数比石墨高，因此碳纤维除起增强基体碳作用外，也提高了复合材料的摩擦系数。众所周知，石墨因其层状结构而具有固体润滑能力，可以降低摩擦副的摩擦系数。通过改变基体碳的石墨化程度，就可以获得摩擦系数适中而又有足够强度和刚度的碳/碳复合材料。碳/碳复合材料摩擦制动时吸收的能量大，摩擦副的磨损率仅为金属陶瓷/钢摩擦副的1/10～1/4。特别是碳/碳复合材料的高温性能特点，可以在高速、高能量条件下摩擦升温高达1000℃以上时，其摩擦性能仍然保持平稳，这是其他摩擦材料所不具有的。因此，碳/碳复合材料作为军用和民用飞机的刹车盘材料已得到越来越广泛的应用。

7.3.2 碳/碳复合材料的应用

碳/碳复合材料的发展与航空航天技术以及军事技术发展所提出的要求密切相关。碳/碳复合材料具有高比强度、高比模量、耐烧蚀、高热导率、低热膨胀以及对热冲击不敏感等性能，很快就在航空航天和军事领域得到应用。随着碳/碳复合材料制备技术的进步和成本的降低，逐渐在许多民用工业领域也得到应用。

（1）在军事、航空航天工业方面的应用 碳/碳复合材料在宇航方面主要用于耐烧蚀材料和热结构材料，其中最重要的用途是用于洲际导弹弹头的端头帽（鼻锥）、固体火箭喷管、航天飞机的鼻锥帽和机翼前缘。

碳/碳复合材料在军事领域的另一重要应用是用于固体火箭发动机喷管材料。喷管是固体火箭发动机的能量转换器，由喷管喷出数千摄氏度的高温、高压气体，将推进剂燃烧产生的热能转换为推进动能。喷管通常由收敛段、喉衬、扩散段及外壳体等几部分组成。固体发动机的喷管是非冷却式的，工作环境极其恶劣；喷管喉部是烧蚀最严重的部位，要求其能承受高温、高压和高速两向流燃气的机械冲刷、化学侵蚀和热冲击（热震），因此，喷管材料是固体推进技术的重大关键。喉衬采用多维碳/碳复合材料制造，已广泛应用于固体火箭发动机。

固体火箭发动机的喷口采用的是高密度碳/碳复合材料，为了提高抗氧化和抗磨损能力，往往要用陶瓷（如 SiC）涂覆。因为喷口的气流温度可达 2000℃以上，流速达几倍声速，气流中还常含有未燃烧完的燃料以及水，这对未涂层的碳/碳复合材料会造成极大破坏，影响喷口的尺寸稳定性，造成火箭失控。

碳/碳复合材料具有质量小、耐高温、摩擦磨损性能优异以及制动吸收能量大等特点，表明其是一种理想的摩擦材料，已用于军用和民用飞机的刹车盘。飞机使用碳/碳复合材料刹车片后，其刹车系统比常规钢刹车装置减小质量 680kg。碳/碳复合材料刹车片不仅轻，而且特别耐磨，操作平稳，当起飞遇到紧急情况需要及时刹车时，碳/碳复合材料刹车片能够经受住摩擦产生的高温，而到 600℃钢刹车片制动效果就急剧下降。碳/碳复合材料刹车片还用于一级方程式赛车和摩托车的刹车系统。

碳/碳复合材料的高温性能及低密度等特性，使其有可能成为工作温度达 1500～1700℃的航空发动机理想轻质材料。在航空发动机上，已经采用碳/碳复合材料制作航空发动机燃烧室、导向器、内锥体、尾喷鱼鳞片和密封片及声挡板等。

（2）在民用工业上的应用 随着碳/碳复合材料的工艺革新、产量的扩大和成本降低，它将在汽车工业中大量使用。用碳/碳复合材料可制成以下汽车零部件，如发动机系统中的推杆、连杆、摇杆、油盘和水泵叶轮等；传动系统的传动轴、万能箍、变速器、加速装置等；底盘系统的底盘和悬置件、弹簧片、框架、横梁和散热器等；车体的车顶内外衬、地板和侧门等。

在化学工业中，碳/碳复合材料主要用于耐腐蚀化工管道和容器衬里、高温密封件和轴承等。

碳/碳复合材料是优良的导电材料，可用它制成电吸尘装置的电极板、电池的电极、电子管的栅极等。例如，在制造碳电极时，加入少量碳纤维，可使其力学性能和电性能都得到提高。用碳纤维增强酚醛树脂的成型物在 1100℃氮气中炭化 2h 后，可得到碳/碳复合材料。用它作为送话器的固定电极时，其敏感度特性比碳块制品要好得多，与镀金电极的特性接近。

许多在氧化气氛下工作的 1000～3000℃高温炉装配有石墨发热体，它的强度较低、性脆，加工、运输困难。碳/碳复合材料的机械强度高，不易破损，电阻大，能提供更高的功率，用碳/碳复合材料制成大型薄壁发热元件，可以更有效地利用炉膛的容积。例如，高温热等静压机中采用的长 2m 的碳/碳复合材料发热元件，其壁厚只有几毫米，这种发热体可工作到 2500℃的高温。在 700℃以上，金属紧固件强度很低，而用碳/碳复合材料制成的螺钉、螺母、螺栓和垫片，在高温下呈现优异的承载能力。

碳/碳复合材料新开发的一个应用领域是代替钢和石墨来制造热压模具和超塑性加工模具。在陶瓷和粉末冶金生产中，采用碳/碳复合材料制作热压模具，可减小模具厚度，缩短加热周期，节约能源和提高产量。用碳/碳复合材料制造复杂形状的钛合金超塑性成型空气进气道模具，具有质量小、成型周期短、减少成型时钛合金的折叠缺陷以及产品质量好等优点。碳/碳复合材料热压模具已被试验用于钴基粉末冶金中，比石墨模具使用次数多且寿命长。

(3) 在生物医学方面的应用　碳与人体骨骼、血液和软组织的生物相容性是已知材料中最佳的。例如，采用各向同性热解碳制成的人造心脏瓣膜已广泛应用于心脏外科手术，拯救了许多心脏病患者的生命。碳/碳复合材料因为是由碳组成的材料，继承了碳的这种生物相容性，可以作为人体骨骼的替代材料，例如，可以作为人工髋关节和膝关节植入人体，还可以作为牙根植入体。人在行走时，作用在大腿骨上的最大压缩应力或拉伸应力为48～55MPa，髋关节每年大约超过10^6次循环。关节在行走时的受力试验表明，应力是不同方向的，而且取决于走步的形态。因此，碳/碳复合材料人造髋关节应根据其受力特征进行设计。例如，靠近髋关节骨颈、骨干处需要采用承受最大弯曲应力的单向增强碳/碳复合材料，而受层间剪切力的固位螺旋采用三维碳/碳复合材料，而与骨颈、骨干连接的骨柄处承受横向和纵向应力，采用二维碳/碳复合材料。

不锈钢或钛合金人工关节的使用寿命一般为7～10年，失效后则需要进行第二次手术更换，这既给患者带来痛苦，也花费很大。碳/碳复合材料疲劳寿命长，可以提供各方向上所需的强度和刚度，更为主要的是具有比不锈钢和钛合金假肢更好的与骨骼的适应性，采用碳化硅/碳复合材料人工关节球与臼窝的磨损更小，延长了人工关节的寿命。

7.4 碳/碳复合材料的切削加工

7.4.1 碳纤维复合材料的切削加工工艺

碳/碳复合材料由脆性的碳纤维和韧性的碳基体组成，碳纤维具有很高的比强度，其强度是碳基体的若干倍，所以切削过程是碳基体破坏、碳纤维断裂相互交织的复杂过程。在此过程中，碳纤维类似于砂轮中的磨料，对刀具进行研磨，使刀具磨损加快，切削条件恶化，同时由于碳/碳复合材料导热性差，碳纤维断裂和基体剪切，切屑与前刀面、后刀面以及已加工表面之间的摩擦所产生的大量切削热难以在加工中随切屑排除，大部分传给了刀具本身，使切削区温度迅速上升，加速刀具的磨损。故碳/碳复合材料加工时刀具基本难以完成切削的全过程，加工效率低下，加工精度很难达到要求。所以，选用耐热性能优良的刀具材料具有非常重要的现实意义，在此基础上选用合理的刀具结构及几何参数可以在不改变其他工艺参数情况下大大提高刀具的使用寿命，从而实现提高加工效率和精度。

在这方面的研究中，美国伊利诺斯州大学的J. R. Fcrrch等分别选用PCD刀具、CBN刀具和硬质合金刀具对碳/碳复合材料进行车削加工刀具磨损对比试验，对比结果证明，三种刀具材料中PCD磨损量最小，最适于碳/碳复合材料加工。国内大连理工大学的杨志翔等选用表面粗糙度三维测量评价参数S_q，分别利用Al_2O_3涂层刀具、PCD刀具和CBN刀具对碳/碳复合材料进行车削加工表面质量的对比试验，研究了这三种刀具材料及刀尖圆弧半径对碳/碳复合材料切削表面质量的影响，结果表明，对提高表面质量而言，PCD刀具与Al_2O_3涂层刀具是较好的选择。另外，成飞数控加工厂的龚清洪等在碳纤维复合材料实际数控加工中选用了CVD金刚石涂层刀具，其切削性和耐磨性良好。

复合材料属难切削材料，难切削特性主要有硬度高、层间剪切强度低和导热性差。其难加工性表现为刀具的缺损、崩刃和磨损。表7.7列出了这种材料的特性与加工缺陷之间的关系，其中最大问题是刀具寿命短，主要原因是碳纤维磨损和切削热，因此要解决碳纤维复合材料的切削加工问题，首先应解决刀具材料问题。

表7.7 碳纤维复合材料特性与切削加工的关系

碳纤维复合材料特性	加工时存在的主要问题
硬度高	刀具磨损快，切削阻力大
炭颗粒	刀具磨损快
层间剪切强度低	切削温度高，易产生分层
热导率低	切削温度高，基体易炭化，刀具易磨损

(1) 切削刀具材料　分别用碳素钢、高速钢、硬质合金和聚晶金刚石刀具对碳纤维复合材料进行切削试验，可得切削时间与刀具磨损量的关系曲线（图7.1）。刀具的磨损主要是在刀尖处先形成一个亮点，然后主切削刃和副切削刃相继磨损，当主切削刃形成一个反转的渐开线圆弧时，表明刀具已严重磨损，不能再使用。

在碳纤维复合材料加工领域，碳素钢作为切削刀具材料已接近尾声；高速钢材料由于近年来晶粒细化，可增加刀具强度和耐磨性，仍可继续使用，硬质合金刀具由于晶粒超细化，结合界面增大，出现了整体硬质合金刀具群，改善了刀具的刚度和耐用性，因而获得广泛应用；聚晶金刚石（PCD）刀具的出现，使碳纤维复合材料表面加工质量大幅度提高，以车代磨逐步成为可能。可以预料，聚晶金刚石刀具将作为首选刀具而在碳纤维复合材料加工中占有更大比重。但目前碳/碳复合材料的类型较多，而当前大多数研究还处在只针对某一种碳/碳复合材料，并且主要通过试验对比的方法选择适用的刀具材料、刀具结构及几何参数的阶段，故PCD刀具对各类碳/碳复合材料加工的普遍适用性还有待进一步的研究验证。

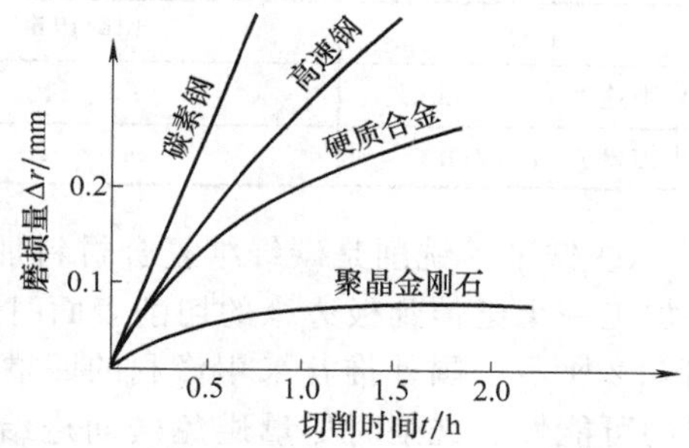

图7.1 不同刀具切削时间与刀尖磨损量的关系曲线

(2) 切削刀具参数　用人造金刚石聚晶刀具加工碳纤维复合材料时宜采用低转速、中走刀量、大吃刀深度和干法切削。刀具几何参数的选择是保证碳纤维复合材料表面加工质量的关键，车削时可采用表7.8的刀具参数。

表7.8 人造金刚石聚晶刀具加工碳纤维复合材料切削参数

角度名称	角度	作用
前角 γ	12°～15°	适当增大 γ，可以加大刀具切割作用，减少切削热，提高刀具寿命
后角 α	6°～8°	适当增大 α，保证切削轻快，减少摩擦和切削热
主偏角 ϕ	75°～90° 45°～60°	可减少径向力和振动，提高刀具强度，改善刀具散热条件
刃倾角 λ	0°～5°	适当减小 λ，可减少加工中的冲击力，保护刀具强度
刃口形状	锐角	保持刃口锋利
刀尖形状	圆弧刃或修光刃 r=0.2～0.5mm C=1～1.5mm	提高刀尖强度和耐用度

铣削时应采用正前角型高速钢铣刀和硬质合金铣刀，正前角铣刀有利于减小切削力，双向螺旋式铣刀有利于防止产生层间剥离。建议硬质合金立铣刀选用表 7.9 所列的参数。

表 7.9 硬质合金立铣刀几何参数

角度名称	角度	作　用
螺旋角 β	15°～20°	螺旋角较大，有利于减少切削变形和切削力
前角 γ_0	10°～15°	适当增大前角，可提高刀具寿命，减少切削力
后角 α_f	10°～20°	适当增大后角，可减少对工件的刮擦和损伤，减少切削热

(3) 切削工艺

① 车削　车削过程中，切屑是外力作用在刀具上挤压工件形成的，碳纤维复合材料的车削加工经过挤压、滑移、挤裂、分离四个阶段，相同条件下碳纤维复合材料的切削力比金属材料要大得多。要保证碳纤维复合材料表面加工质量，除选择合适的刀具参数外，还应选择合理的切削用量。切削用量的大小是影响切削力的重要因素，用人造金刚石聚晶刀具车削碳纤维复合材料时，建议采用表 7.10 所列的切削用量。

表 7.10 人造金刚石聚晶刀具车削碳纤维复合材料切削用量

名称	切削用量	名称	切削用量
切削速度 v/(m/min)	60～110	吃刀量 t/mm	1～2
走刀量 s/(mm/r)	0.6～1.0		

② 铣削　铣削是碳纤维复合材料加工的一种主要手段。一般来说，对碳纤维复合材料层板加工一个延伸到板边缘的切削表面时，应先铣削层板边缘，以防止分层。正确的铣削方法如图 7.2 所示。国外推荐采用锋利的四槽端面铣刀，以提高切削效率和降低切削力，从而减少分层的可能性。铣削时尽量避免横向进给，只有在背部有足够的支撑时才可使用横向进给。表 7.11 给出了硬质合金立铣刀加工碳纤维复合材料层板时的切削用量。

表 7.11 碳纤维复合材料层板切削用量

名称	切削用量	名称	切削用量
切削速度 v_c/(m/min)	70～80	每齿进给量 f_z/(mm/z)	0.05～0.10
吃刀深度 a_p/mm	0.3～2		

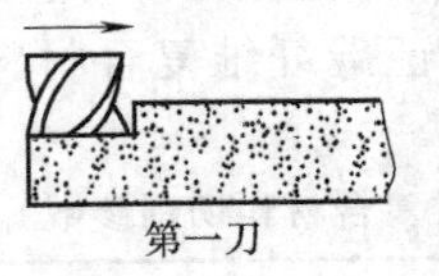

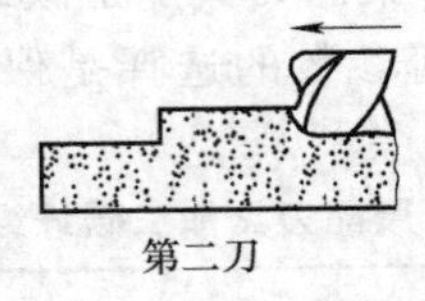

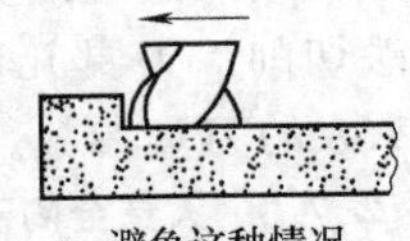

图 7.2　正确的铣削工艺

③ 磨削　为了避免切削难的问题，往往采用磨削或特种加工，但是磨削效率很低，进给量一般在 0.02～0.10mm 之间。金刚石砂轮和用树脂胶黏剂制作的砂轮，适合于碳纤维复合材料的磨削加工，但易粘刀引起堵塞，建议采用粒度为 60～80 号的金刚石砂轮作为磨削工具。

④ 碳纤维复合材料的切割工艺　碳纤维复合材料切割过程中易产生两种缺陷，一是切口损伤，二是层间分层。切口损伤主要是切口边缘附近产生出口分层、撕裂、毛刺、拉丝等缺陷；层间分层主要是指碳纤维复合材料层与层之间发生的分离，使构件内部组织变得疏松，从而降低了构件强度和其他性能。碳纤维复合材料的切割可以采用激光切割和高压水切割等特种工艺，也可以采用金刚石砂轮片切割工艺。

一般选用金刚石砂轮片作为切割工具（图 7.3）。有时为加强基体强度，防止切割振动偏摆，也选用图 7.4 所示的切割工具。

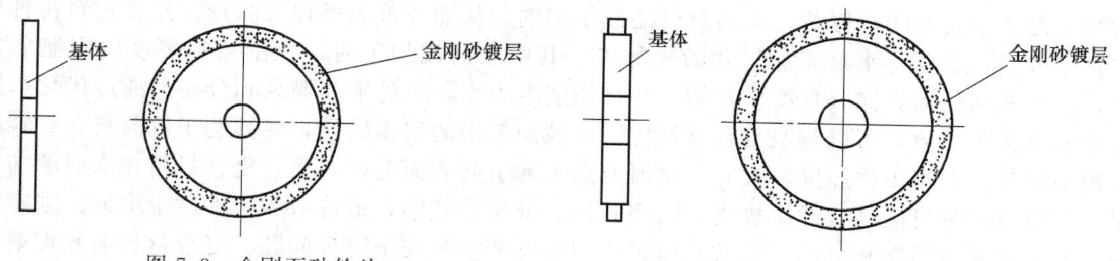

图 7.3 金刚石砂轮片

图 7.4 加强的金刚石砂轮片

金刚石砂轮片由基体和金刚砂镀层组成。基体厚度一般为 1.5～2.0mm，起支承作用；镀层是切割工具的工作部位，其厚度约 0.20mm。一般的镀层硬度在 80HRC 以上，而碳纤维制品硬度一般为 60HCR，所以选用金刚砂镀层的砂轮片作为切割工具是可行的。镀层粒度一般选 60～100 号。

将金刚石砂轮片安装在卧式铣床上切割碳纤维复合材料层板，切割时层板背面用垫板支衬，以防切透时造成切口边缘的撕裂和拉丝缺陷。切割厚板时一般采用双面切割工艺（即分别从两面各切割一半），以减少切割时产生分层等缺陷，这种方法切口对接处有接台，接台可用 80～100 号粒度的金刚石磨轮加以修整，兼用细砂纸打磨，以保证切口质量。

切割试验按以下参数可获得较理想的切口：砂轮转速大于 2800r/min；切割速度为 0.1～0.6mm/min；镀层厚度为 0.1～0.2mm。

应选用大功率电动切割工具，以提高切割力，减少振动和偏摆。

切割工艺参数与碳纤维复合材料厚度有很大关系，从图 7.5 可以看出，进给量与厚度成反比。对于小于 2.5mm 的层板，理想的最大切割速度是 1.3mm/s。

综上所述，机械切割工艺适于切割直线类碳纤维复合材料制品，而曲线类切口加工应借助于数控高压水切割等更为先进的手段。目前要解决的是高压水切割的切口质量和切割精度问题。

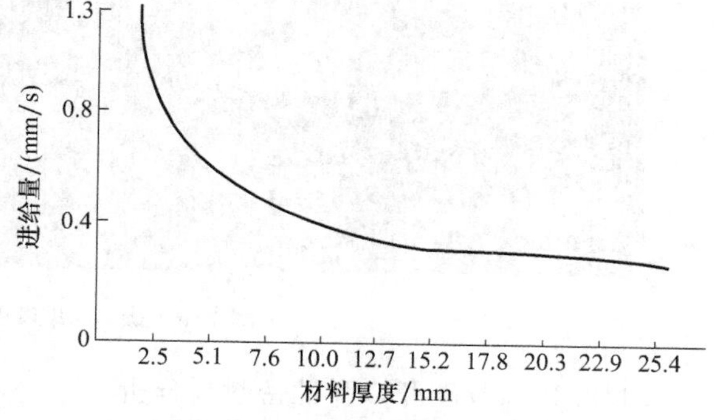

图 7.5 进给量与碳纤维复合材料厚度的关系

碳纤维复合材料的切削加工问题能否解决直接关系到该材料的应用，刀具是制约切削加工工艺的主要因素，而工艺参数的改进则有利于保证加工质量和克服加工缺陷。要想真正解决这一难加工材料的切削加工问题，首先应提高工艺设备水平，其次是解决适合于碳纤维复合材料加工的刀具技术，在此基础上，逐步开发出碳纤维复合材料加工用的刀具群，建立碳纤维复合材料切削加工工艺理论，从而促进碳纤维复合材料在航天产品中的应用。

7.4.2 切削工艺对复合材料表面质量的影响

切削工艺与复合材料性能之间的关系是复合材料加工技术研究中最重要的内容，目前复合材料的后加工方法主要有传统的机械加工和特种加工两种，但仍以传统的机械加工方法为主。由于复合材料与金属材料两者的性质差异很大，传统的金属材料加工选用刀具的经验与加工工艺并不适于复合材料的加工。传统加工方面，刀具是影响碳纤维复合材料表面质量的主要因素，通过改进工艺参数可有效克服加工缺陷，从而提高加工质量。通过采用直角自由切削方法对单向碳纤维复合材料进行切削试验发现，纤维方向角、刀具前角和切削厚度等因素均对复合材料表面质量具有明显影响，可通过设法减小切削力从而改善表面加工质量。复合材料特种加工技术方面，主要是水射流加工和激光加工。其中水射流加工对被切削材料厚度的限制非常小，切割能从任何方向（角度）开始，并且切削阻力小，工件不易撕裂和分层。通过优化水射流并调整工艺参数，可以克服复合材料传统机械加工中的很多缺点，尤其适于较薄复合材料层压板的加工。但当工件厚度较大时，水射流加工易引起表面毛刺，而且复合材料在水射流加工过程中吸收水分可能导致纤维拔出、内部脱黏、分层等缺陷，最终造成工件质量增加、强度降低、加工表面不规则和分层，在航空航天应用中有严重的安全隐患问题。复合材料激光切削切缝窄，可最大限度地避免材料浪费，同时切削深度大、热输入低，可避免材料的撕裂与损伤，而且无传统机械加工中的刀具磨损问题，加工效率高。激光加工的应用主要受热影响区（HAZ）限制，切削加工时复合材料内部基体材料易因高温产生变化，从而导致工件耐疲劳性下降。

目前，复合材料加工仍然缺乏系统深入的工艺研究，刀具磨损过快、加工精度低、表面质量和加工效率难以保证等问题仍未得到很好的解决，对于碳/碳复合材料的实际加工缺少较完善的加工工艺规范和工艺数据库。

7.4.3 碳/碳复合材料切削加工实例

大直径碳/碳复合材料开口弹性密封环用于航空发动机的轴间密封，该材料具有良好的热性能、低而稳定的摩擦系数以及高速旋转产生的巨大离心力所需的高强度，但该材料难加工、零件尺寸大，具有很大的挑战性，对加工工艺、刀具、机床等有一定的特殊要求。针对碳/碳复合材料加工特点，从密封环开口定型、车削、铣削、平面研磨等几个方面阐述碳/碳开口弹性密封环的加工技术。图 7.6 为加工完成的碳/碳开口弹性密封环零件。

图 7.6 碳/碳开口弹性密封环零件

7.4.3.1 碳/碳开口弹性密封环分析

碳/碳开口弹性密封环是典型的材料难加工、结构较复杂、精度要求高的航空产品。

（1）零件结构分析　密封环是单开口的薄壁环形件，有以下几种特征：环槽、花边、开口、台阶孔等，端面、外圆具有较高的尺寸精度、表面质量和形位要求。密封环收口状态下外圆尺寸超 ϕ400mm，自由状态下开口间隙（23±2.5）mm，闭口间隙（0.15±0.1）mm，外圆 Ra0.8μm，左、右两端面 Ra0.4μm，平面度 0.009mm，而且右端面有两处宽 1mm、深 0.8mm 的同心优弧环槽。

（2）碳/碳复合材料主要指标

① 抗拉强度：周向、径向≥120MPa，轴向≥40MPa。

② 密度 1.8～2.0g/cm^3。

③ 邵氏硬度≤70。

（3）碳/碳复合材料特点　碳/碳复合材料是新材料领域中重点研究和开发的一种新型超高温材料，它具有以下显著特点。

① 密度小（<2.0g/cm³），仅为镍基高温合金的1/4，陶瓷材料的1/2。

② 高温力学性能极佳。温度升高至2200℃时，其强度不仅不会降低，甚至比室温还高，这是其他结构材料无法比拟的。

③ 抗烧蚀性能良好，烧蚀均匀，可以用于3000℃以上高温短时间烧蚀的环境中。

④ 摩擦磨损性能优异，其摩擦系数小，性能稳定，是各种耐磨损和摩擦部件的最佳候选材料。

⑤ 具有其他复合材料的特性，如高强度、高模量、高耐疲劳度和抗蠕变性能等。碳/碳复合材料力学性能呈各向异性，机械加工条件比较恶劣，是典型的难加工材料。碳/碳复合材料切削加工的主要特点是：脆性大、强度高、硬度高、层间强度低、切削温度高，切削时在切削力的作用下容易产生分层、崩缺、掉渣等缺陷。

（4）密封环加工难点　碳/碳开口弹性密封环直径较大，加工难度高。在密封环加工中主要有以下难点。

① 由于直径超大、材料特殊，密封环开口间隙很难保证。

② 碳/碳复合材料的车削、铣削性能差，易发生分层、崩缺、掉渣现象，刀具磨损严重。

③ 右端面宽1mm环槽非完整的一圈，不能采用车削加工，铣削时ϕ1mm铣刀极易折断。

④ 因直径超大，密封环端面研磨难度大。

7.4.3.2　车削加工技术

车削时采用工装装夹，端面定位轴向压紧。针对碳/碳复合材料的车削性能，主要从车削刀具、车削用量、清除粉尘等几个方面来考虑。

（1）车削刀具　刀具材料是决定刀具切削性能的根本因素，对加工效率、加工质量、加工成本以及刀具耐用度影响很大。刀具材料越硬，其耐磨性越好，硬度越高，冲击韧性越低，材料越脆。硬度和韧性是一对矛盾，也是刀具材料所应克服的一个关键。金刚石涂层刀具为超硬刀具材料，具有硬度高、耐磨性好、摩擦系数低等优点，就加工性能而言，现阶段金刚石涂层是碳/碳复合材料加工刀具的最佳选择。考虑到单件、小批量的加工特点，碳/碳复合材料刀具尽量选用钨钴类（YG）硬质合金刀具进行加工，可选YG8。在相同切削条件下，YG硬质合金车刀较普通W18Cr4V高速工具钢车刀车削磨损要轻微、使用寿命更长；而与加工碳/碳复合材料专用刀具相比，YG类硬质合金刀具成本低得多、易于刃磨。

碳/碳刀具选择合适的几何角度，有助于减小刀具的振动，反过来，零件也不容易崩缺。碳/碳复合材料加工的主要刀具磨损区域为前刀面和后刀面。刀具前角、后角不宜过大，采用大正前角加工时，刀具磨损严重，切削振动也较大；刀具后角过大后，切削振动加强。

以车削外圆上宽2mm、深0.8mm环槽的切断刀刀具角度为例，切断刀前角（γ_0）应在10°～15°之间，后角（α_0）应在8°～10°之间，两处副偏角（κ_r'）应在2°～3°之间，两处副后角（α_0）应在2°～3°之间。

车削加工碳/碳零件过程中一定要保证刀具刃口锐利。由于加工碳/碳复合材料对刀具磨损较为严重，在加工过程中应注意观察刀具的使用情况，若磨损应用油石修磨前刀面和后刀面，保证刀具锋利，提高表面质量，以减小摩擦。

（2）车削用量　选择在CW6180B卧式车床上进行车削加工，其最大加工直径为800mm。一切削深度大，切削力大，变形振动；进给量小，表面质量高，但过小则效率降低；切削速度快，可以缩短切削时间，但过快刀具会急剧磨钝失效。粗加工时，一般优先选择尽可能大的切削深度，其次选择较大进给量，最后根据刀具的耐用度，确定合适的切削速度；精加工时，首先要保证零件的加工精度和表面质量要求，故一般选用较小进给量和切削深度，以及尽可能高的切削速度。粗加工，切削深度0.1～0.2mm，进给量0.2～0.4mm/r，切削速度50～150m/min；精加工，切削深度0.05～0.1mm，进给量0.05～0.2mm/r，切削速度150～

250m/min。

(3) 清除粉尘　加工碳/碳复合材料一般采用干切削方法，在加工过程中采用吹气或吸尘方式，及时清理工件表面的石墨粉尘，有利于减小刀具二次磨损，延长刀具的使用寿命，减少石墨粉尘对机床丝杠和导轨的影响。同时，石墨粉尘对人体健康危害大，应戴口罩做好防护。

7.4.3.3　铣削加工技术

铣削时采用工装装夹，端面定位轴向压紧。针对碳/碳复合材料的铣削性能，铣削花边、右端面两处宽1mm、深0.8mm的优弧环槽时，主要从铣床、铣削刀具和铣削用量等几个方面来考虑。

(1) 铣削环槽铣床选择　铣削宽1mm的环槽时ϕ1mm铣刀非常容易出现折断现象，因此选择合适的铣床非常重要，要考虑以下几点：首先，铣床的精度要高、刚性要好，能够达到零件的要求精度；其次，小批量加工，尽量在一台铣床上完成两道工序的加工内容，一次装夹加工两道工序，能够节省加工准备时间，大大提高生产效率；再次，也是非常重要的一点，如果采用数控铣床铣宽1mm的环槽，虽然数控铣床精度能够达到零件的精度要求，但是加工过程中ϕ1mm铣刀的受力情况无法感知，即使发生了折刀情况也无法准确、及时观察到，非常不利于铣削加工过程的掌控。

综合考虑，选择XA6232A万能升降台铣床铣削加工宽1mm的两处环槽。

(2) 铣削刀具及铣削参数　刀具磨损是碳/碳复合材料加工中最重要的问题。磨损量不仅影响刀具损耗费用、加工时间、加工质量，而且影响加工零件的表面质量。碳/碳复合材料具有非常强的耐磨性，而且采用干切削方法，机械加工过程中刀具的磨损比较快，因此铣刀选择YG8牌号的铣刀。加工右端面宽1mm的环槽时，铣刀选择刀柄ϕ3mm、刀径ϕ1mm、刀尖R0.2mm的两刃键槽铣刀；加工外圆20×ϕ12mm圆弧槽时，铣刀选择4mm刃立铣刀。

顺铣时的切削振动小于逆铣时的切削振动。逆铣时，刀具的切入厚度从零增加到最大，刀具切入初期因切削厚度薄将在工件表面划擦一段路径，此时刃口如果遇到碳/碳复合材料中的硬质点或残留在工件表面的切屑颗粒，都将引起刀具的弹刀或振颤，因此逆铣的切削振动大；顺铣时的刀具切入厚度从最大减小到零，刀具切入工件后不会出现因切不下切屑而造成的弹刀现象，工艺系统的刚性好，切削振动小。

在顺铣加工试件及之后的正式零件中，切削参数选择每齿进给量0.1～0.15mm，吃刀深度为0.1～0.2mm，机床主轴转速为1080～1500r/min时，铣刀磨损相对要稍小，单把铣刀的加工效率稍大。同时，在加工中应缓慢匀速摇动圆盘手柄，必须控制切削力和切削振动，保持加工余量均匀，尽量减少刀具的振动，避免出现零件崩缺现象。

7.4.3.4　平面研磨技术

平面研磨是碳/碳开口密封环加工的关键。研磨有诸多优点：尺寸精度高、形状精度高、表面粗糙度低、零件表面耐磨性提高、零件表面疲劳强度提高，但研磨不能提高零件各表面间的位置精度。平面研磨碳/碳密封环，使用恰当的研具、研磨剂、工装很重要，同时对研磨环境要求较为严格。

(1) 机械研磨　手工研磨平面对操作者的经验和研磨手法要求非常高，适用于小尺寸零件，研磨大尺寸平面时因受力不均匀导致研磨不均匀的现象比较明显。碳/碳密封环直径尺寸较大，安排在大直径研磨机上进行机械研磨，微粉选用金刚石微粉，粒度W3.5，研磨液选用普通洗涤剂，并且采用小流量清水自流方式对研磨机台面进行不断冲洗。

(2) 研磨环境要求　研磨为终结加工，其结果决定了零件的加工质量。因此对研磨环境要求比较严格，操作间门、窗应密封良好，应保持操作间内清洁、无灰尘，温度、湿度要严格控制。碳/碳复合材料平面研磨过程中对灰尘、杂质等细小硬质颗粒非常敏感，灰尘、杂质等细小硬质颗粒易在石墨材料表面留下划痕，影响研磨质量，严重的甚至导致报废。

（3）平面度检测　密封环直径尺寸太大，平面度测量工作安排在三坐标测量机上进行。

7.4.4　碳/碳复合材料的特种加工技术

7.4.4.1　超声振动辅助切削加工

在普通加工方式下，许多刀具都难以完成碳/碳复合材料切削的全过程。为了解决这一难题，把超声振动与普通切削复合起来即超声振动辅助切削加工，能有效减少刀具磨损，提高工件表面的加工质量。有规律的振动使刀具和工件之间产生间歇性的分离，刀具、切屑和已加工表面之间利于形成牢固的黏结物。同时，在超声振动作用下，纤维和基体的协同效应得到解除，材料变得容易切削而形成比较光滑的加工表面，能有效抑制加工缺陷的产生。

超声辅助切削能够有效减小切削力达30%以上，这对于降低切削温度、提高加工表面质量、延长刀具寿命具有非常重要的作用。两种加工方式切削碳/碳复合材料，硬质合金刀具的后刀面磨损带上都分布着许多沟痕，但超声切削的后刀面沟痕较浅，分布比较均匀，而普通切削的后刀面沟痕深浅、宽窄、长短不一，而且破碎较多。

7.4.4.2　旋转超声铣磨加工

铣磨加工即用铣磨头在数控铣床上对工件表面进行切削加工，优点是具有磨削加工中多刃切削的特点，又有与铣削加工相似的加工路线，能获得较好的表面质量和提高加工效率。在传统的铣磨加工基础上引入超声振动就获得了旋转超声铣磨加工。

采用旋转超声铣磨加工，表面粗糙度一般可降低16%～36%。轴向超声振动引起的最大加速度是重力加速度的25000倍左右。在如此大加速度的瞬时冲击下，端面金刚石磨粒使碳/碳复合材料切削层基体产生大量微裂纹。同时，由于基体和纤维结合紧密，导致纤维上产生应力集中，容易被捣碎，抑制了纤维拔出等缺陷的产生，加工表面比较光滑。侧面金刚石磨粒运动路径变长，在材料去除率一定的情况下，单颗金刚石磨粒切入工件的深度变小，相比于传统铣磨加工，在金刚石尺寸相同的情况下，所受切削力就会变小，可使 Y 方向的切削力降低44%左右，Z 方向的切削力降低46%左右。

7.4.4.3　超声电火花加工

电火花加工碳/碳复合材料时，火花放电通道处被看成一个点热源，放电温度非常高（8000～12000℃），完全满足碳/碳复合材料熔化和气化的物理条件，材料以球形碎片（ϕ3～30mm）的形式脱落。随着脉冲宽度和脉冲电流的增大，每次火花放电的能量增大，材料去除率就会增大。而当脉冲宽度和脉冲电流大于一定值时，材料去除率达到峰值。如果继续增大脉冲宽度和脉冲电流，已加工表面将产生不能被液体绝缘材料完全冲走的一层厚厚的熔化层，材料去除率反而会降低。上层材料在极度高温（8000～12000℃）下发生气化，同时下层的材料熔化，并且被放电产生的高压力冲走。但是，还有一层残留的熔化层不能被完全冲走，这层液态材料重新固化附着在已加工表面上，称为白层。白层的存在导致残余应力和缺陷的产生，并且白层越厚，加工表面质量就越差。当脉冲电流较小时，在一般不会在工件表面产生缺陷，放电能量越大，缺陷就越严重，容易导致沿孔边缘产生应力集中，材料的力学性能变差。在一般情况下，电火花加工碳/碳复合材料出口端的质量明显好于入口端。

超声电火花加工是在电极上附加超声振动，可以使电极端面频繁进入合适的放电间隙，提高火花击穿的概率。同时，还可以提高被加工孔的深径比、加工稳定性、加工效率和脉冲电源的利用率等，并且在振幅得到良好控制的情况下，可以获得更高的加工精度。超声电火花复合打孔的尺寸精度、形位精度和孔的表面粗糙度明显优于电火花打孔。

综上所述，复合加工技术可以实现碳/碳复合材料及其部件高质量、高精度、高效率加工。聚晶金刚石刀具仍然能够保证良好的切削性能，刀具磨损大大减小，这对提高加工表面质量、降低刀具成本具有重要作用。硬质合金刀具亦能获得良好的加工效果，刀具的磨损较弱，而且呈现一定的规律性，刀具耐用度高，能够完成碳/碳复合材料切削的全过程。超声电火花复合打孔的尺寸精度、形位精度和孔的表面粗糙度明显优于电火花打孔。

7.4.5 复合材料表面质量评价

复合材料由于非均质性和明显的各向异性导致其工件切削表面特性与普通金属材料不同，普通金属材料切削表面粗糙度的一些结论和经验公式对复合材料并不适用，表面粗糙度评定标准也不完全适用。例如，当纤维方向为45°时，此时切削表面既容易出现纤维被拔出而导致的孔洞，也容易出现纤维由于刀具的挤压而伏倒后的弹性回复留下纤维的露头；当纤维方向为135°时，就会出现纤维的弯曲断裂，其破坏点在刀具的作用点之下，因而容易出现凹坑。这些特征都是一些局部的信息，而且这些信息对材料表面的使用性能有重要的影响，如表面高峰的分布将影响其烧蚀性能、纤维的露头对材料的装配性能几乎无影响，采用二维评定方法将会丢失表面这方面的许多信息。故对复合材料简单地沿用金属材料表面质量检测与二维评定方法会出现许多问题。虽然目前复合材料应用中选用的评定参数依然以金属切削表面粗糙度评定参数中的轮廓算术平均偏差 Ra 为主，但是近年来国内外学者针对复合材料表面质量的检测与评价难题已经开展了一些研究工作。

对碳/碳复合材料切削表面粗糙度的评定方法与评定参数需选用三维评定参数才能准确表达其表面粗糙度特征；表面粗糙度的三维标准应优先选用表面均方根偏差 S_q 作为评定参数，表面分形维数可作为碳/碳复合材料切削表面粗糙度的表征参数之一。三维形貌测量仪中有接触式探针测量和非接触式激光测量等多种形式，通过利用 Talycsna150 型粗糙度测量仪对碳纤维复合材料切削表面进行接触式探针测量和非接触式激光测量的对比研究，发现接触式探针测量会导致切削加工表面划伤从而改变表面的微观形貌，使得测量结果失真，分析其原因这主要是由于碳纤维复合材料切削表面有大量纤维切断产生的毛刺和纤维拔出产生的凹坑，接触式探针在碳纤维复合材料切削表面上的移动会抹平毛刺，同时刮下的碎末会填平凹坑，所以碳纤维复合材料切削加工表面最好采用非接触式测量的方法。

在对碳纤维复合材料加工表面进行测量时，主要选择了能够反映复合材料幅度特征的两个最常用参数。

① S_a：三维形貌算术平均偏差。它是表面粗糙度偏离参考基准的平均值。

② S_q：三维轮廓均方根偏差。它是表面粗糙度偏离参考基准的均方根值，反映了轮廓偏离平均平面的程度，相当于统计学中的标准偏差，是一个较理想的评定参数。

第8章 复合材料高效加工刀具技术

复合材料多数为难加工材料，其主要原因是复合材料是两种或两种以上的材料通过物理方法形成的，不同于晶格结构的金属，材料的塑性变形难，散热性也差，因此，复合材料的切削加工性能差、效率低、刀具寿命短，已加工表面粗糙度值大，易出现分层或抽丝现象。传统的复合材料加工刀具的切削刃不足够锋利、切削阻力大，加剧了刀具的磨损，而且刀具的切削进给速度很低，很难满足复合材料优质高效的加工要求。

针对复合材料难加工的问题，需要根据不同的复合材料性质对专用刀具及其加工工艺进行研究。通过对复合材料的化学和物理性能、材料的切削加工性能进行系统的技术分析，确定加工复合材料刀具的材料、结构及其切削方式。并依据切削试验数据，对加工复合材料刀具的结构参数及其切削加工参数进行优化处理，以确定最佳的刀具材料及结构。

复合材料的切削过程与金属的切削过程大不相同，金属切削的机理是塑性变形，材料比刀具软，切屑随刀刃下落。复合材料例如 CFRP（纤维增强塑料）的切削，根本谈不上有切屑，或者可以看成是粉末状的切屑。刀刃的作用使坚硬的碳纤维产生破碎，在加工过程中，刀刃所受到的磨损相当大，以至于刀具的几何结构也在快速改变，除非刀刃材料足以抵抗磨损来保持其几何条件和性能。其切削刃产生切屑并非像大多数金属那样通过剪切生成，而是通过折断去除多余的复合材料。加工复合材料的刀具切削刃要非常锋利，在获得光洁的切削效果的同时将刀具与工件之间的摩擦降到最低。由于切削刃槽形的细微变化都会迅速导致过量切削热的产生进而发生切削刃崩裂，因此必须将刀具磨损降到最低，否则将严重影响加工质量。为了降低切削力，针对不同的复合材料制定刀具不同的槽形。

8.1 复合材料的孔加工刀具

8.1.1 碳纤维复合材料的孔加工

8.1.1.1 碳纤维复合材料孔加工需要注意的问题

（1）刀具材料　可以采用硬质合金刀具，但是由于磨损较快，硬质合金刀具加工复合材料不得不频繁更换。金刚石刀具比较能持久，例如加工 CFRP 的金刚石刀具包括金刚石砂粒镀在刀上、金刚石涂层或 PCD 做的硬刀片。另有一种专门为加工复合材料而开发的“纹理”金刚石刀具，是把金刚石纹理烧结在硬质合金刀具的槽沟里。

（2）刀具的几何条件　在复合材料的加工中，切削时产生的能量与切削金属相同，多数转化为切削热。而复合材料的散热问题较为突出，例如钻削 CFRP 复合材料，所产生的碎屑根本不能带走热量，材料本身的导热性能就很差，冷却剂也不能起作用，因为某些复合件的加工不允许使用冷却剂，其结果就是热量的堆积就会引起熔化或损坏基材。因此，刀具和刀具路径都必须保持以减少加工热量为原则。锐角是解决此问题的关键方法之一。加工复合材料工件的铣刀和钻头都具有正倾角的特点，可以快速、锋利而干净地切削，并且保持最低热量。这种刀具也含有足够的间隙角以防止刀刃通过时发生摩擦。

（3）夹具　虽然复合材料工件的机加工过程可能比较简单（经常是钻孔和修边之类），但实际上，复合材料工件的机加工需要一定数量的夹具来保障。因为复合材料在机加工过程中一般要求干净切削以及没有擦伤、变形或分离层，这就要求工件牢牢地被固定住而不能产生振动。从外形上与工件吻合的真空夹具是典型的复合材料工件机加工夹具。另外，可以在工作台等位置处加上衬垫来抑制振动。

8.1.1.2　碳纤维复合材料孔加工刀具

碳纤维复合材料制孔的刀具主要有整体硬质合金钻头、硬质合金铰刀、硬质合金和PCBN/PCD（聚晶立方氮化硼/聚晶金刚石）锪钻以及钻铰锪复合刀具，如图8.1所示。碳纤维复合材料制孔刀具应针对被加工复合材料及其结构的不同，选用对应的最佳结构参数及其切削加工参数，这些参数一般要通过切削试验后获得。

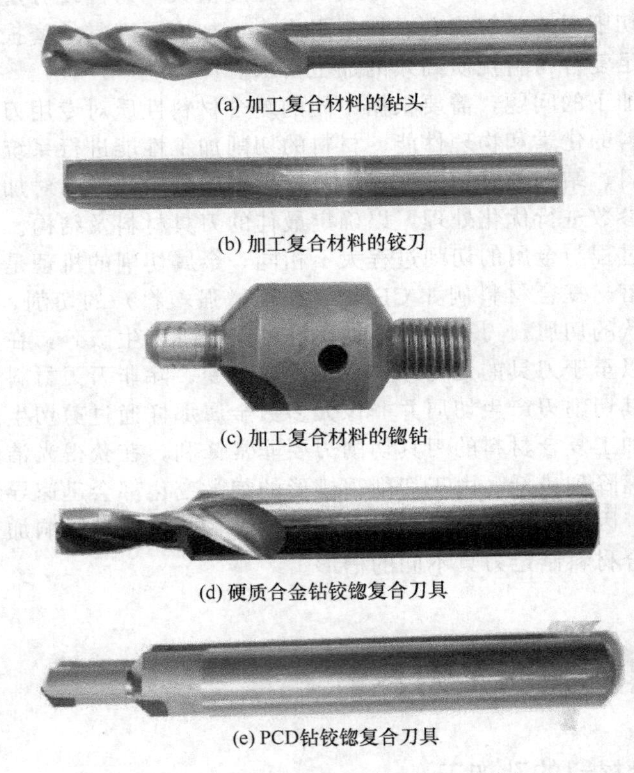

(a) 加工复合材料的钻头

(b) 加工复合材料的铰刀

(c) 加工复合材料的锪钻

(d) 硬质合金钻铰锪复合刀具

(e) PCD钻铰锪复合刀具

图 8.1　碳纤维复合材料孔加工刀具

“群钻式”钻头基于群钻的设计思想，在普通麻花钻的基础上对主切削刃、横刃进行修磨，使钻头的主切削刃呈内凹圆弧形，外刃刀尖角为锐角，形成一中心钻尖加两外缘刀尖的三尖两刃钻头。此类几何结构的钻头能保证纤维结构特别是纤维布结构的复合材料在钻孔时孔壁的质量。钻尖与外刃边缘处刃尖的相对位置关系如图8.2所示。对于钻尖低于修磨切削刃外缘刀尖的钻头，

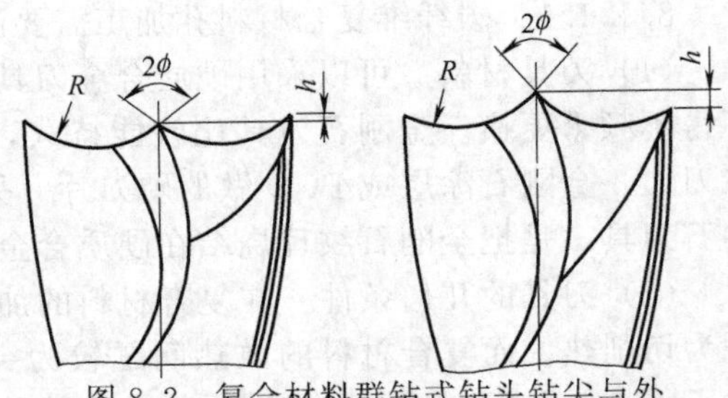

图 8.2　复合材料群钻式钻头钻尖与外刃边缘处刃尖的相对位置关系

能保证孔的入口与出口的孔壁表面粗糙度，但孔的位置精度略受影响；对于钻尖高于修磨切削刃外缘刀尖的钻头，适用于在已有预制孔的材料上钻孔，可以防止因加工过程中振颤而使钻头轴心偏斜。

PCD八面刃钻头采用八面刃的钻尖设计，如图8.3所示，使得刀具能够更好地钻入和钻出增强型纤维复合材料，减少复合材料的分层趋势。为了能够更好地切断纤维，该类刀具可采用在整体硬质合金钻头焊接PCD的切削刃方式制造，以获得更好的耐磨性能，能够在加工过程中长久地保持刀具的锋利性。

8.1.1.3 碳纤维复合材料孔加工方法

图8.3 PCD八面刃钻头

碳纤维制孔工艺的关键是在保证被加工孔精度的前提下尽可能防止被加工孔出现分层或抽丝现象，同时，应尽可能提高制孔加工的效率。通过对碳纤维复合材料制孔系列刀具的优化切削试验，确定碳纤维复合材料制孔刀具的结构形式，以极大地提高碳纤维复合材料制孔加工的效率和质量。碳纤维复合材料制孔加工方法如图8.4所示。

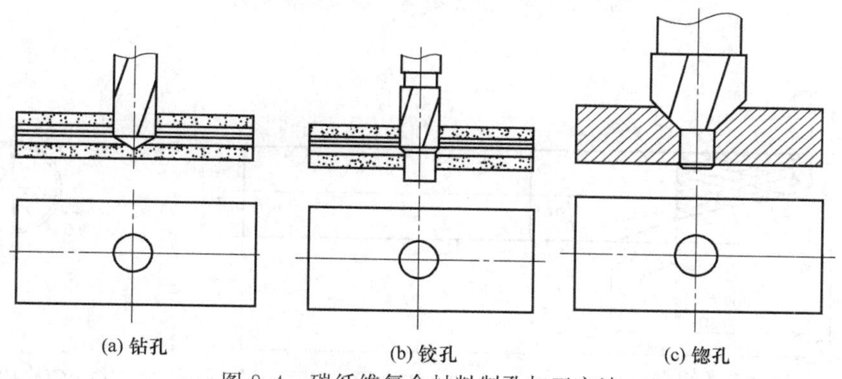

图8.4 碳纤维复合材料制孔加工方法

8.1.2 芳纶纤维、纸蜂窝及其夹层结构复合材料的孔加工

芳纶纤维、纸蜂窝及其夹层结构复合材料具有与碳纤维复合材料相似的结构和性能特点，因此大多数适用于碳纤维复合材料加工的刀具也可应用于芳纶纤维复合材料的加工。但与碳纤维复合材料相比，芳纶纤维复合材料的硬度低、韧性好、抗冲击，层间结合强度更低，导致在加工时容易出现分层、拉毛等缺陷（图8.5）。因此要求加工刀具具有锋利的切削刃，具备快速切断纤维并抑制分层和拉毛的能力。

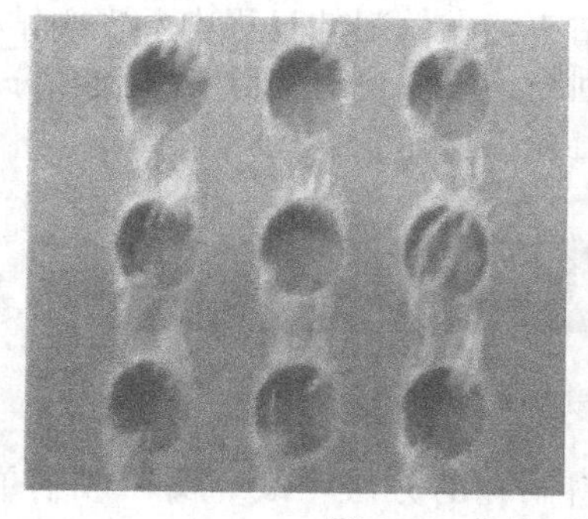
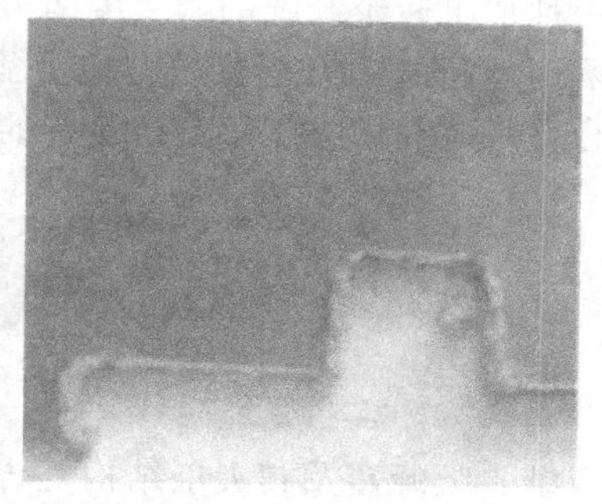
图8.5 芳纶纤维复合材料加工缺陷

（1）芳纶纤维、纸蜂窝及其夹层结构复合材料制孔刀具的分类　芳纶纤维、纸蜂窝及其夹层结构复合材料制孔刀具主要有整体硬质合金麻花钻、整体硬质合金鱼鳞钻以及 PCBN/PCD（聚晶立方氮化硼/聚晶金刚石）钻头。

常用的芳纶纤维、纸蜂窝及其夹层结构复合材料制孔刀具是整体硬质合金鱼鳞钻，如图 8.6 和图 8.7 所示。其中，图 8.6 所示的是整体硬质合金鱼鳞钻铣刀的图片，而图 8.7 所示的是一种规格整体硬质合金鱼鳞钻的结构图。该鱼鳞钻同时具有钻削和铣削功能，并且钻尖为“三尖两刃”结构，从而更好地满足了芳纶纤维、纸蜂窝及其夹层结构复合材料高精度制孔加工的要求。

图 8.6　加工芳纶蜂窝夹层鱼鳞钻铣刀

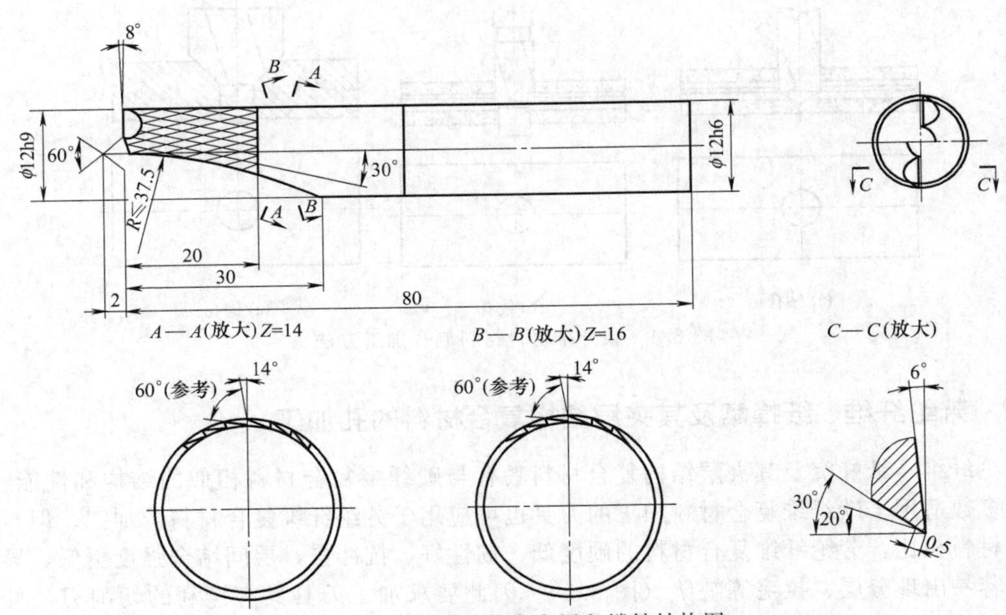

图 8.7　加工芳纶蜂窝夹层鱼鳞钻结构图

图 8.8 为一种加工芳纶纤维的“三尖两刃”钻头，在钻削的过程中，中心钻尖起到定中心的作用，钻头两侧锋利的钻尖能够在切削过程中划断纤维，可以消除纤维须和分层，特别是在钻入、钻出复合材料过程中，能够获得良好的入口和出口质量。

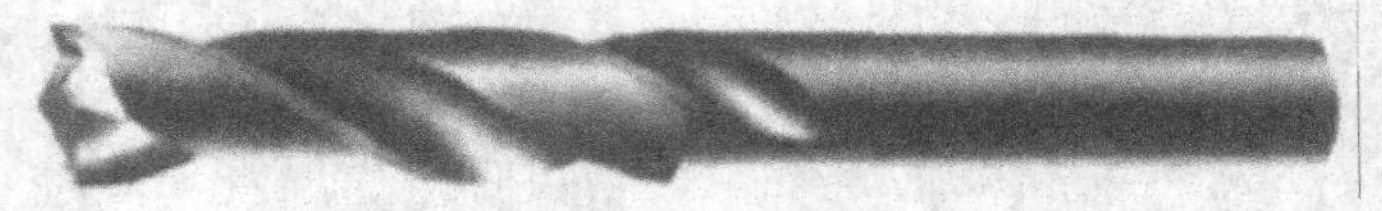

图 8.8　芳纶纤维复合材料专用钻头

（2）芳纶纤维、纸蜂窝及其夹层结构复合材料制孔的方法　纸蜂窝一般不单独制成构件，常与芳纶纤维复合材料制成夹层结构，以增加其结构强度。针对纸蜂窝及芳纶夹层复合材料的结构特点及其加工特点，刀具采用“三尖两刃”结构的鱼鳞钻铣刀（图 8.8）。该刀具的“三尖两刃”结构更好地保证了纸蜂窝及芳纶夹层结构钻孔的质量，避免了芳纶复合材料出现分层或抽丝的现象。

8.1.3 山特维克可乐满复合材料孔加工刀具

山特维克可乐满针对不同的复合材料及不同的加工工况，研制了不同的复合材料钻孔刀具，以解决复合材料钻削过程中出现的分层和劈裂等问题。用于加工碳纤维增强聚合物基复合材料（CFRP）的刀具选用金刚石涂层硬质合金钻头和烧结金刚石钻头。

（1）刀具材料的选择　聚晶金刚石（PCD）是最硬的刀具材料，耐磨性最好。同时，它也是用于加工 CFRP 以及叠板材料的最佳刀具材料。在质量水平和一致性要求更趋严格并对生产效率要求更高的现状下，采用硬质合金作为钻体材料（带有 PCD 切削刃）的钻头可作为复合材料孔加工的理想刀具。硬质合金刀具可通过其钻尖设计和钻柄进行增强，同时在保证刀具后角和排屑能力最大化的前提下，确保最佳的切削效应。使用手持刀具加工、操作员施加的推力不均匀或者钻头和导向套间隙容易变化时，硬质合金的钻头尤其适合此类不稳定的工况。同样这些钻头也可以应用于定进给设备以及在机床上需要一次走刀加工叠层材料。作为切削刀具材料，硬质合金和 PCD 各有不同的优缺点。硬质合金非常坚固，但加工研磨材料时磨损很快；PCD 非常耐磨但易碎。如果把这两种刀具材料组合到一起，可获得最佳的效果。

（2）钻尖结构对加工缺陷的影响　针对不同的复合材料和切削工况，需要采用不同钻尖形式和材质的具有 PCD 涂层的标准、半标准和定制品钻头。精心开发的钻尖，可以作为 CFRP 高纤维基或高树脂基的复合材料的首选，同时也可以加工复材金属叠板材料。应根据现有 CFRP 的特性做出选择，其中有不同的钻尖形式和 PCD 材质可供选择。在机床和定进给设备的应用中，可选用两种标准钻头优化工序。一种钻头最适合于高纤维含量材料，具有降低孔中纤维破裂趋势的极强能力。钻头周边处有用以切断纤维的尖刺，这样既可有效地避免劈裂和分层缺陷的发生；同时，它也适合于 CFRP 和铝叠层材料。另一种标准钻头擅长于钻削高树脂基的 CFRP 复材，其双顶角钻尖结构使钻头能够平稳地切入和切出工件，由此降低了分层风险。用户可以通过定制选项选择所需的标准品系列之外的产品。要获得加工 CFRP 与铝叠层材料时的通用型钻头，可采用半标准化方式。此类方式所获得的通用性主要针对于高纤维基复合材料，这为在大量不同应用中找到最佳的通用解决方案提供了便利。

在为钻削 CFRP 复材或叠板材料进行工艺规划时，需要考虑许多因素。在大量不同的部件材料中理想地钻削孔需要进行大量的切削参数试验以确定最佳的切削参数。为了获得更长的刀具寿命、更精确的孔公差和缩短加工时间，通过对钻尖形式进行改进，可以提高孔加工的强度和精度。类金刚石涂层是硬质合金钻头上的备选，其优点包括高通用性、低成本以及可重磨性。

（3）金刚石涂层整体硬质合金钻头　该公司生产的金刚石涂层整体硬质合金钻头 CoroDrill 854 和 CoroDrill 856（图 8.9），可以实现复合材料的可靠、高效和高品质的孔加工。为了提高高纤维含量材料孔出入端的加工质量，在加工容易发生纤维碎裂或起毛的高纤维含量材料时，在 CoroDrill 854 钻头的槽形设计时进行了优化，并且提高了切削效率。使用 CoroDrill 854 钻头在 CFRP/铝叠层复合材料上加工 $\phi 6.35$ mm 的孔时，切削参数如下：切削速度为 45m/min，钻深为 70mm，进给率为 0.03mm/r，进给量为 51mm/min。为了获得最佳加工效果，宜采用干切削或 MQL（微量润滑）切削条件。在加工高树脂含量的材料时，为了控制材料的分层缺陷，可使用双顶角的 CoroDrill 856 钻头，以便钻头平稳地钻入、切出工件材料。

钻削复合材料时，钻削轴向力是产生分层以及劈裂缺陷的主要原因。因此，CoroDrill 854 和 CoroDrill 856 的独特槽形可以降低钻削轴向力，并且实现碳纤维的正确切削，以满足严格的孔质量要求。在航空领域，对加工的孔质量的要求通常包括表面粗糙度 $Ra<4.8\mu m$，孔径周边小于 1mm 的分层，无纤维碎裂现象。

在高树脂含量复合材料上加工孔时，CoroDrill 856 钻头的小顶角和大前角有助于改进孔质量以及降低轴向力，对薄壁件来说，这一点尤其重要。这两款 CoroDrill 钻头产品均有助于消除钻孔毛刺，并且提高表面质量。例如，使用 CoroDrill 854 在 CFRP 环氧树脂覆以铝合金叠层（12mm＋12mm）上加工直径 $\phi 12.7$mm 的孔时，在切削速度为 118m/min、进给率为 0.05mm/r 的切削参数下，CoroDrill 854 可加工厚度为 24mm 的叠层材料 650 个孔——相当于钻削了 15.6m。所有孔的表面粗糙度都在 $Ra<1.6\mu m$（铝合金）和 $Ra<3.2\mu m$（CFRP）之内，同时满足 IT8 公差等级标准要求。并且 CFRP 的分层很小，铝合金出口的毛刺高度小于 0.2mm。使用 CoroDrill 856 钻头，在 CFRP 增强（双马来酰亚胺）高温树脂材料上钻削 $\phi 6.35$mm 孔时，采用 150m/min 的切削速度，0.05mm/r 的进给率，孔公差小于 H11，保证了孔入/出端的孔口质量。

(4) 烧结金刚石钻头　基于烧结技术，使硬质合金与 PCD 通过烧结有效地结合为一个整体，即在硬质合金钻体中集成 PCD 切削刃，用于 CFRP 和叠层材料的钻削加工，如图 8.10 所示。通过结合，在高韧性的硬质合金钻体中结合了坚固且耐磨的 PCD 切削刃，使 PCD 切削刃融合为钻头的一部分，由于距钻尖足够远，因此就能够应用高强度的钎焊与钻头本体连接。

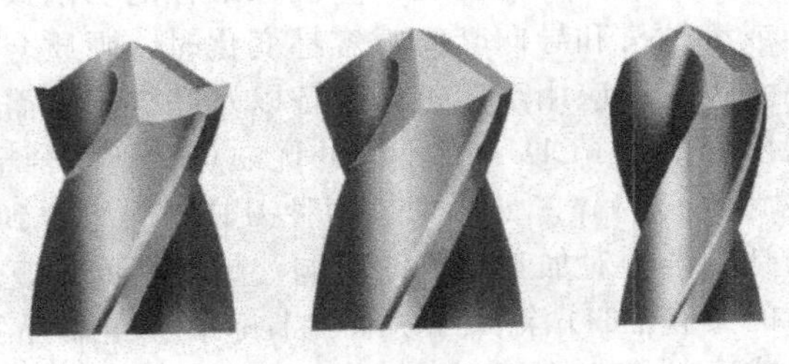

(a) 钻尖结构

(b) 整体结构

图 8.9　金刚石涂层整体硬质合金钻头

钻尖的刃形角度全部经过磨削，切削刃由合金刀体渐变形成，起到保护钻尖的作用。采用传统的焊接 PCD 工艺就无法实现这一点，而烧结技术可以研发不同结构的金刚石钻尖刃形角度。这样，就可以根据工艺系统的刚性，选用不同的优化钻尖，从而稳定地加工出大量高品质的孔。烧结 PCD 钻头通常应用在自动化加工设备，旨在优化刀具性能以及保证钻削 CFRP 复材时孔质量的一致性。同时为了应用更高的切削速度并保证更小的孔入口和出口缺陷，其独特的切削刃要经过刃口强化处理。烧结 PCD 钻头也可针对叠有金属叠板的 CFRP 复材而专门设计。在高应力的集中区域经过精密研磨，使钻头更能保持锋利性，并且确保更长的刀具寿命。同时也能确保刀具在低钻削力下切削 CFRP 纤维，这样在复材层或金属层的孔出端，可保证劈裂、分层和毛刺等缺陷风险最小化。应用烧结金刚石钻头，可以高质量地加工 CFRP 复合材料以及 CFRP 复材＋金属叠板材料。

8.1.4　伊斯卡复合材料孔加工刀具

随着新一代碳纤维增强塑料（CFRP）和层压材料向更轻、更强发展，性能也不断提高，其在军用飞机和汽车等各个领域中的地位日渐突出。伊斯卡研制了新一代专用刀具，解决各类复合材料的最常见加工需求。例如，伊斯卡聚晶金刚石(PCDLINE)系列钻头和铣刀加工覆盖面宽，是经过实践验证的复合材料加工刀具。既有适合加工以铝合金为底层的较厚材料的钻头，也有适合加工以碳纤维增强塑料为底层的较薄材料的钻头。还提供一系列组合刀，如埋头螺钉孔组合钻头、钻铰刀、槽铣刀以及组合钻铣刀。

图 8.10 烧结金刚石复合钻头

(1) 刀具材料的选择 目前市场上有 4 种金刚石增强刀具适合加工复合材料。

① CVD 金刚石涂层硬质合金 兼具金刚石的高耐磨性、硬质合金刀具的尺寸精度的优点。缺点是涂层较厚，可能降低切削刃的锋利性，甚至使得切削刃偏离正确的几何形状。

② PVD 金刚石涂层硬质合金 兼具金刚石的高耐磨性、硬质合金刀具的尺寸精度的优点。切削刃更锋利，对切削刃几何形状的控制更佳。

③ 钎锌金刚石刀片整体硬质合金 在整体硬质合金基体上，钎焊金刚石刀片，适用于仅对刀具前刃具有金刚石耐磨性要求的情况。

④ 高压整体烧结金刚石(PCD)整体硬质合金 其特点为PCD位于整体硬质合金刀具刃槽中。

(2) 孔加工刀具 复合材料的钻孔加工应保持较小的切削力，以最小化被加工材料的分层和切削应力。在加工铝制蜂窝结构或泡沫芯材料，采用硬质合金钻头即可。基材硬度越高，增强纤维的含量越多，采用使用金刚石涂层/金刚石刀片切削刃刀具的趋势就越大。如果孔的尺寸允许，采用硬质合金立铣刀加工中心孔或选用带 PCD 涂层刀尖的变形金刚石系列刀具进行插补铣，比采用直柄麻花钻效果更佳。加工浅孔，采用短粗的直柄钻头。

加工较深的孔，需要为各种切屑考虑可靠的排屑方式。如果可能的话，需考虑“啄钻”。速度和进给需要符合层压材料的每层材质要求。准备好为每一层的加工而改变钻削参数。

刀具几何结构参数的选择应该基于层压材料中的底层材料。如果底层为塑料，使用带锥角的锥形钻头。如果底层为铝或钛，使用带锋利切削刃的高剪切力钻头使得退刀更干净，余留更少的毛刺。锥形钻头只会黏结更多的铝屑。

当加工较厚的复合材料时，需要提防热量积聚以及切屑阻塞。选择更窄的刃带、更宽的排屑槽和较大螺旋角的钻头，以在工件过热前完成钻孔。

图 8.11 为复合材料钻孔用的钻铰刀。

图 8.11 复合材料钻孔用的钻铰刀

8.2 复合材料的铣削加工刀具

除了制孔加工外，复合材料的加工主要就是复合材料的铣边以及曲面的铣削加工。

8.2.1 碳纤维复合材料的铣削加工刀具

8.2.1.1 碳纤维复合材料铣削加工刀具的分类

加工碳纤维复合材料铣刀的特点是刀具的材料硬

度高、耐磨性好。因此，加工复合材料铣刀均为硬质合金、金刚石、CBN 等超硬材料；加工复合材料的铣刀转速又是特别高，一般都大于 12000r/min，达到了以铣代磨的效果。同时，为了防止复合材料分层，加工复合材料铣刀的侧刃均为左右对称双螺旋刃结构。碳纤维复合材料铣削加工刀具主要有整体硬质合金鱼鳞铣刀、PCBN/PCD（聚晶立方氮化硼/聚晶金刚石）直刃铣刀、左右螺旋交错刃无毛刺铣刀等。

（1）加工碳纤维复合材料整体硬质合金鱼鳞铣刀　常见的复合材料加工方法一种是切削，另一种是磨削。为了不出现材料分层或毛刺现象而且还要提高加工效率，对于复合材料铣削加工应该采用铣磨结合的加工方式。可采用整体硬质合金“鱼鳞”铣刀（图 8.6），该刀具是由刃部和柄部两部分组成的，该种鱼鳞铣刀刃部上的切削刃是由左右螺旋对称交错的螺旋槽而形成的许多切削单元组成的，左旋螺旋槽比右旋多 2 条，左右螺旋槽的螺旋角均为 30°；每个切削单元为主切削刃长只有 0.05～0.1mm 的螺旋刃；螺旋刃前角制成 10°～15°，而且前刀面在法剖面上为直线；螺旋刀槽深为刀具直径的 7%～8%；螺旋刃后角制成 20°～25°；螺旋刃后刀面沿圆柱面宽度制成 0～0.01mm。该刀具的优点为：切削刃是由许多切削单元组成的，切削刃锋利，从而极大地降低了切削阻力，而且可以实现高速切削，达到了以铣代磨的效果，因此，提高了复合材料的加工效率和表面质量，延长了铣刀的使用寿命。

（2）加工复合材料左右螺旋交错刃无毛刺铣刀　左右螺旋交错刃硬质合金立铣刀主要用于纸蜂窝及其芳纶夹层结构复合材料的切边铣削加工。由于该刀具的切削刃是左右螺旋对称交错的，而且左右螺旋切削刃的交汇处始终保持在纸蜂窝及其芳纶夹层结构的中间位置，因此，在切边加工过程中，夹层结构两表面的切削力始终向着夹层结构的中心，从而避免了产生裂纹、

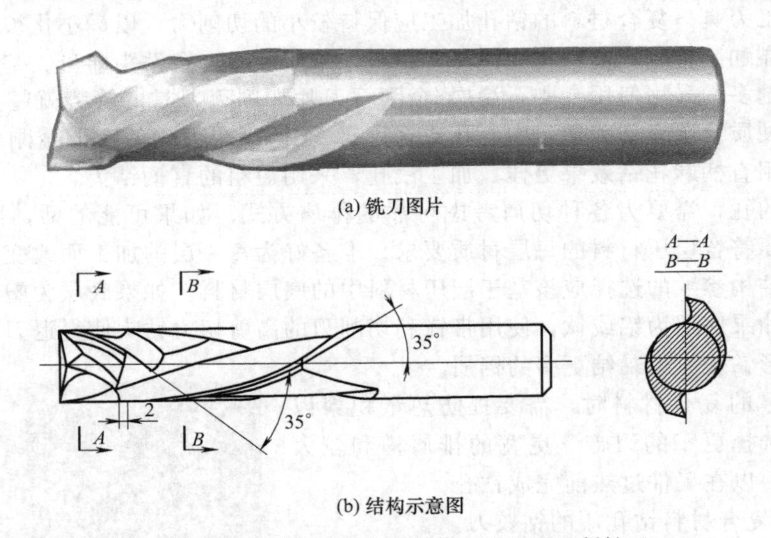

(a) 铣刀图片

(b) 结构示意图

图 8.12　加工复合材料左右螺旋交错刃无毛刺铣刀

起层或抽丝现象。加工复合材料左右螺旋交错刃无毛刺铣刀如图 8.12 所示。

8.2.1.2　碳纤维复合材料铣削加工方法

碳纤维复合材料铣边主要是将成型后复合材料零件周边的多余部分去除，而碳纤维复合材料型面铣削加工主要是将复合材料按零件型面设计要求加工成型。

根据碳纤维复合材料的加工特点，碳纤维复合材料铣边和型面铣削加工刀具主要是硬质合金“鱼鳞”铣刀，该刀具切削刃锋利，可以实现高速切削，达到了以铣代磨的效果，因此，提高了复合材料的加工效率和表面质量，更好地防止了碳纤维复合材料出现分层或抽丝等现象。

8.2.2　芳纶纤维、纸蜂窝及其夹层结构复合材料的铣削加工刀具

8.2.2.1　芳纶纤维、纸蜂窝及其夹层结构复合材料铣削加工刀具的分类

加工芳纶纤维、纸蜂窝及其夹层结构复合材料刀具主要有PCBN/PCD（聚晶立方氮化硼/聚晶金刚石）直刃铣刀、左右螺旋交错刃无毛刺铣刀以及加工纸蜂窝复合材料专用组合铣刀等。

图8.13为加工纸蜂窝复合材料专用组合铣刀。该刀具可以实现纸蜂窝复合材料的平面以及五坐标曲面的高精度、高效率铣削加工。刀具的装配图如图8.13（b）所示，主要是由合金刀片、蜂窝粉碎的刀体、传动键、锁紧螺钉以及刀杆五部分组成的。刀片的主要作用是将纸蜂窝材料要去除的部分切断。蜂窝粉碎的刀体主要作用是将切掉的纸蜂窝粉碎变成碎末状切屑。刀杆主要是将刀具的各组件连接成一体，同时也是刀具的柄部。

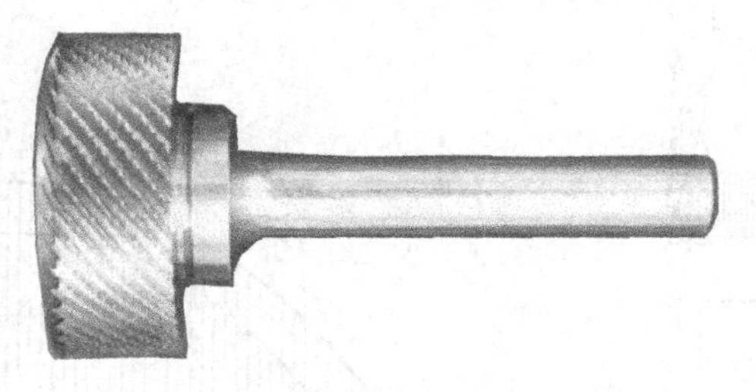

(a) 铣刀图片

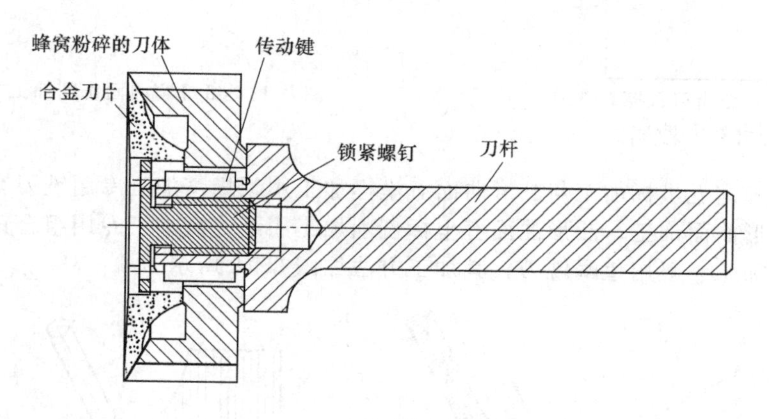

(b) 结构示意图

图8.13　加工纸蜂窝复合材料专用组合铣刀

8.2.2.2　纸蜂窝、芳纶纤维复合材料及其夹层结构铣削加工方法

（1）纸蜂窝复合材料平面铣削加工方法　纸蜂窝平面铣削加工方式如图8.14所示，刀具端部的合金刀片将纸蜂窝材料切断，而侧刃则将切掉的纸蜂窝粉碎变成碎末状切屑。

（2）纸蜂窝与芳纶复合材料夹层结构的切边铣削加工方法　由于芳纶具有极强的韧性以及纸蜂窝的低刚性，而且纸蜂窝芳纶夹层结构中的芳纶复合材料为薄板类结构，因此目前芳纶复合材料的切边加工大多应用直刃金刚石刀具和左右交错刃数控立铣刀加工，以确保切边后纸蜂窝芳纶夹层结构复合材料具有较好的粗糙度和尺寸精度。可采用性价比较高的左右交错刃数控立铣刀加工纸蜂窝芳纶夹层结构复合材料。为

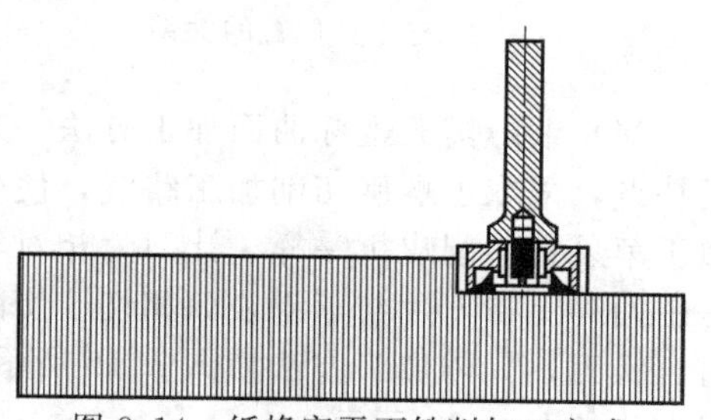

图8.14　纸蜂窝平面铣削加工方式

了提高刀具的寿命，可以将刀具的刃部加以成本较低的金刚石涂层。

用左右交错刃数控立铣刀加工复合材料工艺方法如图 8.15 所示。由于该刀具的切削刃是左右螺旋对称交错的，而且，左右螺旋切削刃的交汇处始终保持在纸蜂窝及其芳纶夹层结构的中间位置，在切边加工过程中，夹层结构两表面的切削力始终向着夹层结构的中心，从而避免了产生裂纹、起层或抽丝现象。

（3）纸蜂窝复合材料曲面五轴数控铣削加工方法　纸蜂窝曲面铣削加工方法如图 8.16 所示，刀具端部的合金刀片将纸蜂窝材料切断，而侧刃则将切掉的纸蜂窝粉碎变成碎末状切屑。被加工纸蜂窝曲面与刀具位置的关系如图 8.17 所示，在加工过程中，始终保证刀具的断面与被加工曲面相切于切削点。

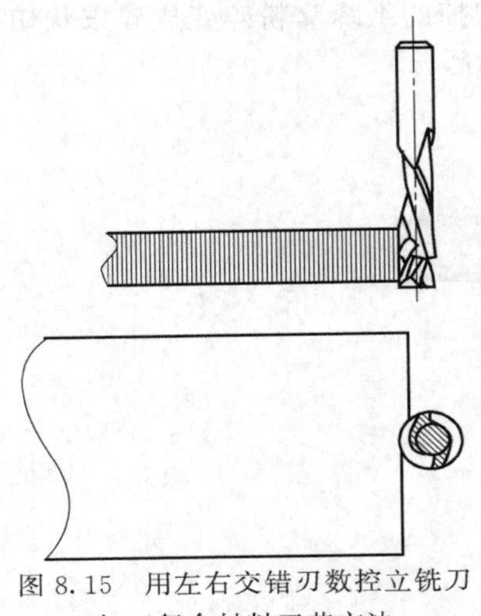

图 8.15　用左右交错刃数控立铣刀加工复合材料工艺方法

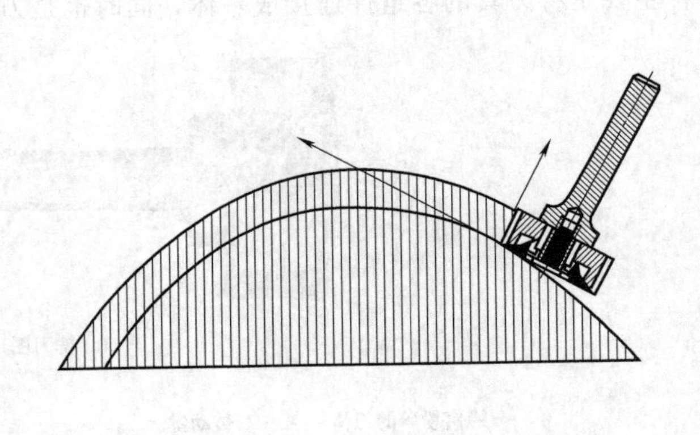

图 8.16　纸蜂窝曲面铣削加工方法

凹形曲面纸蜂窝五坐标加工与凸形曲面五坐标加工用纸蜂窝加工专用铣刀有所不同，尤其是较大曲率的凹形曲面加工。凸形曲面五坐标铣削加工用纸蜂窝加工专用组合铣刀，而凹形曲面纸蜂窝五坐标加工一般用鱼鳞铣刀，其加工方法如图 8.18 所示。

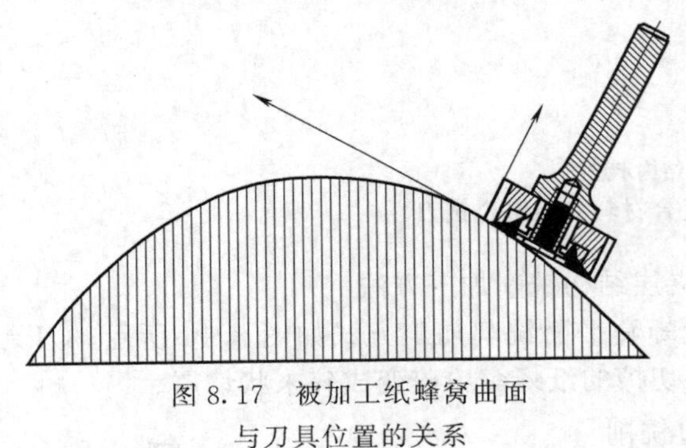

图 8.17　被加工纸蜂窝曲面与刀具位置的关系

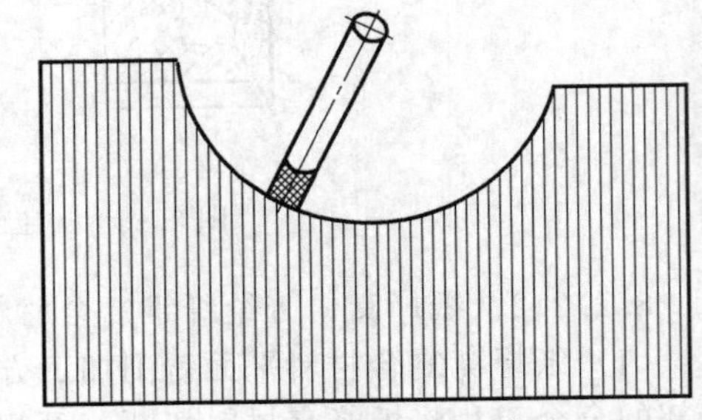

图 8.18　凹形曲面纸蜂窝五轴数控加工方法

（4）纸蜂窝五坐标曲面加工方法　某纸蜂窝产品的形状近似于抛物面，根据纸抛物面的曲面特点，采取了螺旋切削加工路线，使得被加工表面质量更好、加工效率更高。该加工方法类似于苹果自动削皮机一样，让刀片相对苹果做螺旋切削运动，将苹果皮连续地削除，而削皮过程中始终保持刀片与苹果表面相切于切削点。纸蜂窝抛物曲面五轴数控加工用纸蜂窝加工专用组合铣刀，具体加工方法如图 8.19 所示。纸蜂窝抛物曲面数控切边加工用鱼鳞铣刀，具体加工方法如图 8.20 所示。

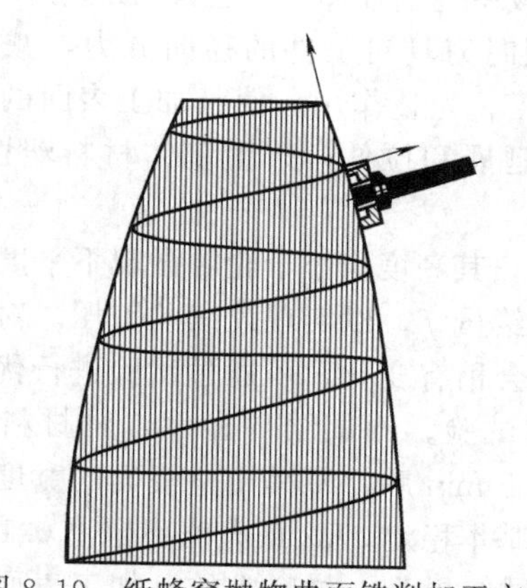

图 8.19　纸蜂窝抛物曲面铣削加工方法

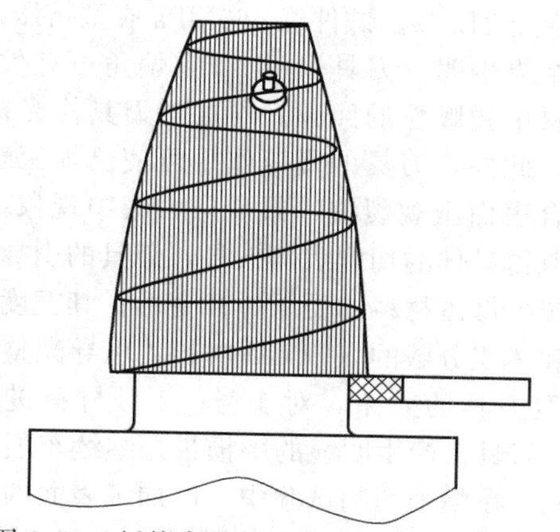

图 8.20　纸蜂窝抛物曲面数控切边加工方法

8.3 复合材料的车削加工刀具

(1) 切削颗粒增强金属基复合材料时刀具的磨损　在碳化硅颗粒增强铝基复合材料(SiC_p/Al) 中，由于碳化硅颗粒的硬度高达 2700～3200HV，而常规 YG 类硬质合金刀具的硬度仅为 1800HV 左右，所以在加工过程中，碳化硅颗粒与前、后刀面发生剧烈的摩擦，从而加速刀具磨损。在车削外圆工件时，刀具的主、副后刀面的磨粒磨损是刀具的主要失效形式，这在材料的颗粒度较小时尤为明显。当 SiC 颗粒度较大时，刀具在切削过程中，由于材料的局部不均匀和非连续性，造成对刀具的冲击，所以在主切削刃处往往发生崩刃。随着切削时间增加，崩刃处呈钝圆并有沟纹，从而造成加工表面质量恶化。

(2) 切削刀具的设计　颗粒增强金属基复合材料的切削加工难点在于刀具磨损很快，普通硬质合金刀具切削 30s，刀具磨损 VB 大于 0.14mm ，而且加工表面随机性大，质量差。这主要是这种材料由于具有不连续的、硬度相差很远的多相结构，材料的切削性能表现出塑、脆两性（总体硬度低，但切屑呈单元或崩碎状），磨钝的刀具往往靠硬挤较软的基体而形成粗糙的表面。颗粒增强复合材料中增强相 SiC 颗粒的尺寸、形态、体积分数和切削用量中的进给量是影响切削表面粗糙度的主要因素。在刀具设计中，必须针对材料切削时弹、塑性变形的特点，有效地减轻刀具与工件之间的挤压滑擦。通过合理设计刀具，改变材料受力情况，诱导材料内剪切带网络和裂纹的扩展沿理想切削线方向进行，在刃前区材料中形成潜在分离面，再由切削刃对其进行压熨修平，从而达到主动控制切削加工过程，获得良好的切削加工表面质量及延长刀具寿命的目的。

加工颗粒增强金属基复合材料的刀具几何参数为：刀具前角为 5°～10°，具有较大的刀具后角和大的修光圆弧半径；前刀面具有大的负倒棱前角。倒棱的宽度和前角与材料增强相颗粒大小有关，后接圆弧过渡的熨压带，以利于使凸出的硬质点向加工表面下压，减小其对切削刃和熨压带的划擦磨损。较大的前角使切屑能以一定的压力沿前刀面顺利流出，由于切屑中 SiC 颗粒对前刀面的摩擦作用，在一定程度上可实现刀具的“自磨锐”。

具有熨压光整作用的硬质合金外圆车刀，刀具材料为 YG8 ，刀具几何参数为：前角 $\gamma_0=6°$，主后角 $\alpha_0=10°$，主偏角 $\kappa_r=90°$，副偏角 $\kappa_r'=15°$，刀尖圆弧半径 $r_\varepsilon=0.20$mm。此外，在副切削刃与刀尖连接处，刃磨出大圆弧过渡，并且在副切削刃上磨出负倒棱。

(3) 熨压光整刀具的试验结果　选用两种不同颗粒度和体积分数的 SiC 颗粒增强铝基复合材料进行试验。其颗粒度参数分别为：1 号材料：14μm ，10%；2 号材料：40μm，20%。基体材料为铸铝合金ZL109。试件经160MPa成型挤压冷却制备成中空圆柱体，并且经T6热处理。

试验结果表明，刀具采用90°主偏角可有效减少切削时刀具对工件的径向分力，减轻由此产生的材料中硬颗粒的回弹。再通过刀具修光棱面的熨压、光整作用，使已加工表面的粗糙度明显下降。此外，刀具的熨压作用可使已加工表面发生延展和拉伸，产生基体材料塑性流动，从而可弥合表面微观裂纹，减少应力集中现象。

为了取得最佳的切削表面效果，刀具的引导光整棱面，其高度应小于轮廓微观不平度的平均高度，以减少母体材料的受压弹性变形；其宽度应大于进给量 f，以实现连续的熨压。对于不同颗粒尺寸和体积分数的 SiC_p/Al 材料，引导光整面的尺寸会稍有变化，可通过试验进行优化。为了验证新型刀具的效果，对1号、2号材料进行了切削试验。测试结果显示，对材料1车削15min后，刀具未产生明显的磨损带，继续车削材料2约40min后，刀具光整棱面的宽度仅增加了0.11mm。在整个切削试验中，已加工表面的粗糙度值基本稳定，Ra 最大值不超过0.18μm。

经切削光整加工后，试验材料的加工表面粗糙度测试结果为：材料1的已加工表面的粗糙度 Ra 的平均值为1.08μm；材料2的粗糙度 Ra 的平均值为0.52μm，均小于由PCD刀具切削的加工表面粗糙度试验结果。

8.4 加工复合材料的类金刚石涂层刀具

由于复合材料如纤维增强金属、纤维增强塑料、烧结材料、石英玻璃及陶瓷等，硬度高，有的脆性大，有的过于强韧，增强基体的纤维与硬物质在切削过程中相当于磨料反过来磨耗刀具，而且复合材料本身耐热性高，导热性差，切削温度传导不出去，一般刀具材料的红硬性都有一定限度，故在加工过程中刀具很快被磨损。以前能加工这些材料的只有金刚石类刀具，此类刀具价格昂贵，同时由于其组织是金刚石结晶体，存在突出的棱角，直接影响加工表面粗糙度，并且使切屑排出不畅。类金刚石涂层是加工复合材料的优异刀具材料。

8.4.1 类金刚石涂层

类金刚石涂层（DLC涂层）的硬度高、弹性模量大、摩擦系数低、耐磨性好、热导率高、热膨胀系数小、电阻率极高、化学稳定性好以及在红外线和微波频段透过性高。由于类金刚石涂层具有仅次于金刚石涂层的硬度，因而可以作为优秀的耐磨防护涂层。和CVD金刚石涂层相比，DLC是非晶态，没有晶界，这意味着涂层相当光滑致密，没有晶界缺陷，可以作为很好的耐腐蚀涂层。DLC涂层可以在室温沉积，这对于温度敏感的衬底材料很有意义，然而DLC涂层的内应力大，与衬底的结合强度低，涂层不能沉积太厚，特别是在铁基材料（不锈钢和高速钢）和硬质合金材料上，情况更是严重，目前，这些问题正逐渐被克服。

DLC涂层是超硬涂层，不但硬度高，而且具有低的摩擦系数，是非常理想的耐磨涂层，因而特别适合作为机械加工和其他工具涂层。在高速钢的刀具上沉积厚度为0.7μm、硬度为3500HV的DLC涂层，切削铝箔性能明显优于未涂覆的刀具。通过在工具上镀DLC涂层，切削共晶硅-铝合金和耐磨铝青铜时，刀具寿命显著提高。美国Gillette公司推出镀DLC涂层的剃须刀片，不仅使刀片变得锋利和不易刮伤脸面，还可以保护刀片使其不受腐蚀作用，有利于清洗和长期使用。美国IBM公司在微型钻头上沉积DLC涂层用于线路板中钻孔，发现钻孔速度提高50%，使用寿命增加5倍，钻孔加工成本降低50%。在镀锌钢板的深冲模具上沉积DLC涂层，生产现场考核表明，渗W的DLC涂层可以不用润滑剂，经同样次数的深冲后工件的表面质量明显优于未镀涂层的模具；日本有专利介绍在微电子工业精密冲剪模具的硬质合金衬底上采用DLC/Ti、Si涂层，可提高模具寿命。DLC涂层可广泛应用于一些机械设备及汽车发动机耐磨部件，增加其耐磨损性。DLC 涂层还可以作为磁介质保护涂层，在磁盘、磁头或磁带表面沉积一层很薄的 DLC 涂层，不仅极大地减少摩擦磨损和纺织机械划伤，提高磁介质的使用寿命，而且由于 DLC 涂层具有良好的化学惰性，防止液体的腐蚀，而且对磁介质的电磁特性没有不良影响。日本 Seiko 公司就手表玻璃面易划伤问题，提出沉积 DLC 涂层提高耐磨性的构想。同样 DLC 涂层可用于玻璃和树脂眼镜片上的保护涂层。DLC 涂层因化学稳定和表面光滑致密，还可以应用于一些耐腐蚀领域。

8.4.2 DLC 涂层刀具加工实例

DLC 涂层在表面粗糙度、摩擦系数、抗黏结熔结性能方面比金刚石涂层好，价格也有优势，在复合材料加工方面是值得推荐的优异刀具材料。DLC 涂层基体材料为 K 类硬质合金，经过先进工艺制成的 DLC 涂层与基体结合强度非常高，压痕边缘膜层无剥离。

玻璃纤维增强塑料（GFRP），又称为玻璃钢，又强又韧。采用 DLC 刀具铣削加工 GFRP 零件上的为 6mm×0.5mm 的槽，刀具直径为 6mm，其切削条件为 $n=8000$r/min（151m/min），进给速度 $F=2000$mm/min。刀具耐用度是（Ti，Al）N 涂层刀具的 4 倍。

8.4.3 加工碳纤维复合材料用整体硬质合金涂层刀具

金刚石涂层硬质合金刀具是复合材料加工的理想工具，其特点是：硬度为 8000～10000HV，高热导率，涂层表面光滑，不受刀具几何外形限制。金刚石涂层硬质合金刀具能保证刀具刃口锋利，耐磨性好，复材不易被烧伤，不易分层，加工效率高。厦门金鹭合金公司开发的亚微晶金刚石涂层、纳米晶金刚石涂层及多层复合金刚石涂层，如图 8.21 所示。多层复合金刚石涂层的特点是：纳米晶体涂层表面光滑，刀刃锋利、坚韧，耐磨损能力极强。

碳纤维复合材料孔加工刀具有适合纯复合材料加工的钻铰复合刀具、W 形复合材料加工刀具及倒角钻头。适合复合材料与钛或铝合金叠层板加工的刀具有钻头、扩孔钻、铰刀及螺纹柄钻头。其中，螺纹柄设计适合于工作空间狭窄时装配使用。

碳纤维复合材料侧边加工刀具包括适合粗加工的左右交错菱齿立铣刀和适合精加工的人字形立铣刀，如图 8.22 所示。

采用金刚石涂层钻铰复合刀具，钻削碳纤维增强复合材料（CFRP），转速 $n=4500$r/min，$v_e=68.1$m/min，$a_p=6$mm，通孔加工质量如图 8.23 所示。采用金刚石涂层 12 刃菱齿铣刀 D6×14，铣削碳纤维增强复合材料（CFRP），转速 $n=6360$r/min，$v_e=120$m/min，$a_p=7$mm，$v_f=636$mm/min，$f_z=0.008$mm/r，$a_e=6$mm，铣槽加工质量如图 8.24 所示。

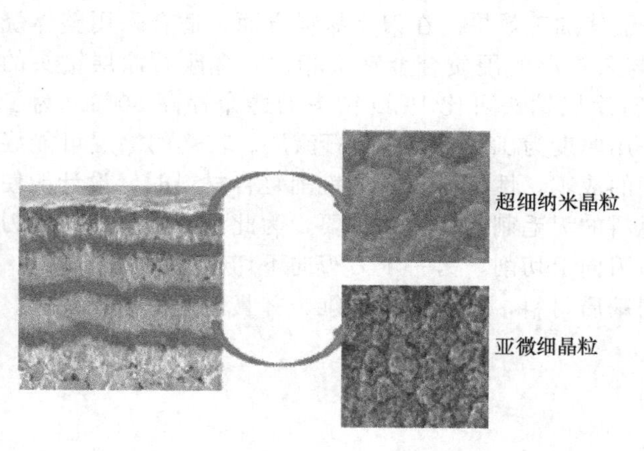

图 8.21 多层复合金刚石涂层

图 8.22 复合材料加工刀具

图 8.23 复合材料通孔

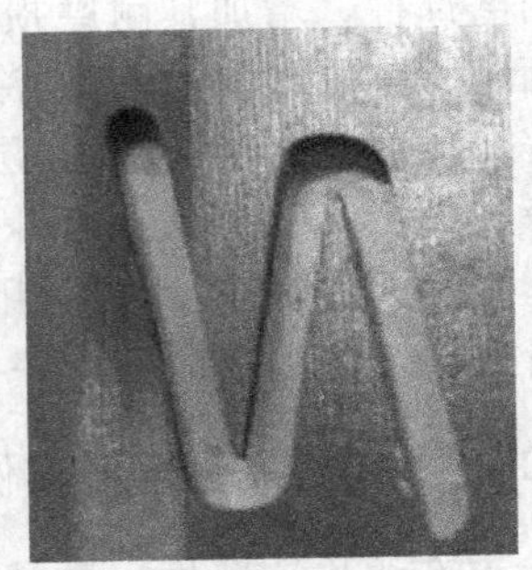

图 8.24 复合材料铣槽

8.5 复合材料加工刀具面临的挑战

与金属切削相比，复合材料的加工遇到了独特的挑战。增韧纤维的磨蚀性使刀具寿命缩短。与金属切屑不同，塑料基质带走的热量很少，而温度过高可能会使基质熔化。复合材料容易分层剥离，加工产生的毛刺和纤维表明，钻削的孔或铣削的边缘质量很差。

其他挑战还包括对由复合材料与钛合金（或铝合金）组成的压合叠层材料进行加工和钻削。研发出可一次完成对这种叠层材料钻孔加工的刀具特别困难。设计复合材料切削刀具的常用策略包括采用非涂层硬质合金刀具以及 CVD 金刚石涂层刀具以及 PCD 作为刀刃或刀头的焊接刀具等。传统的 PCD 刀具是通过将金刚石晶体烧结嵌入金属基体制成，刀具的切削部分被切割成所需形状，并且焊接（或烧结）在硬质合金刀柄上。传统的 PCD 刀具在刀具几何形状上受到一定局限，不过现在已有一些公司可以提供具有更复杂几何形状的整体烧结式 PCD 刀具。

设计复合材料加工刀具时，需要使切削力最小化，尤其在钻削加工中，避免材料分层剥离极为重要。分层剥离通常发生在刀具钻出工件时，此时轴向推力会对下表面的叠层施加压力。分层剥离也容易产生在刀具钻入工件上表面时。尽管材料的分层剥离与轴向推力有关，但纤维的位置不同以及材料中存在孔隙也会造成分层剥离。加工金属材料时，切屑的剪切和成型可以是均匀一致的，而复合材料的加工则有所不同，它需要切断纤维，同时还要对基质材料进行剪切。为了以最小的刀具磨损实现无毛刺切削，在钻削复合材料时需要采用大的螺旋角、大的后角和大的齿隙角，以使刀具较容易切入工件。尤其需要重视切削刃后角的设计，随着刀具后角的增大，被加工孔的质量明显改善。刀具的锋利度也至关重要，刀具在涂层前具有锋利的切削刃（刀尖圆弧半径$\leqslant 10\mu m$），就可以获得最佳加工效果。在刀具材料方面，适合采用整体烧结式 PCD 钻头和低钴钢金刚石涂层钻头。与未涂层的硬质合金钻头相比，金刚石涂层钻头的寿命可以提高 10 倍；在某些情况下，金刚石涂层钻头可比 PCD 钻头的寿命提高 50%。为了获得最好的耐磨性和最佳切削性能，推荐采用厚度为 $12\mu m$ 的金刚石涂层。较薄的涂层可能导致切削刃崩刃，而更厚的涂层需要增加额外的成本，性价比较差。铣削复合材料时，设计能使切削压力最小化的刀具几何形状对于复合材料的无毛刺切削至关重要，为此设计复合材料铣刀时可包含两个分离的锯齿状切削刃，一个刀刃向上切削，另一个刀刃向下切削。刀刃旋转时，其效果类似于剪刀的剪切运动，可高效铣削基质材料，同时剪切纤维，并且能避免磨损效应。

参考文献

[1] 刘万辉. 复合材料. 哈尔滨：哈尔滨工业大学出版社，2011.

[2] 朱晋生，王卓，欧峰. 先进复合材料在航空航天领域的应用. 新技术新工艺，2012，(10)：76-79.

[3] 胡宝刚，杨志翔，杨哲. 复合材料后加工技术的研究现状及发展趋势. 宇航材料工艺，2000，(5)：24-27.

[4] 刘万辉，于玉城，高丽敏. 复合材料. 哈尔滨：哈尔滨工业大学出版社，2011.

[5] 贾成厂. 陶瓷基复合材料导论. 2 版. 北京：冶金工业出版社，2002.

[6] 切尚三. 新材料成型加工事典. 东京：产业调查会材料情报，1989.

[7] 李光辉. 气体还原氮化法制备 AlN 纤维. 耐火材料，2002，(3)：131.

[8] 青柳全. 新素材. 东京：日刊工业新闻社，1984.

[9] 尹洪峰，魏剑. 复合材料. 北京：冶金工业出版社，2010.

[10] 贾成厂，等. 复合材料教程. 北京：高等教育出版社，2010.

[11] 于春田，等. 金属基复合材料. 北京：冶金工业出版社，1995.

[12] [英] 克莱因，威瑟斯. 金属基复合材料导论. 余永宁，房志刚译. 北京：冶金工业出版社，1996.

[13] 香川，八田博志. 复合材料. 东京：承风社，1990.

[14] 赵玉涛，等. 金属基复合材料. 北京：机械工业出版社，2010.

[15] 贺毅强. 颗粒增强金属基复合材料的研究发展. 热加工工艺，2012，41 (2)：133-134.

[16] 王彩兰. 纤维增强复合材料（FRP）特性. 山西建筑，2011，37 (8)：106.

[17] 肖利，于立军. 晶须增强铝、镁金属基复合材料的研究发展. 吉林师范大学学报：自然科学版，2004，5 (2)：77-78.

[18] 王倩，高建国，马伟民. 金属基复合材料的发展与应用. 沈阳大学学报，2007，19 (2)：12-14.

[19] 孙跃军，仲伟深，时海芳，张伟强. 金属基复合材料的研究现状与发展. 铸造技术，2004，25 (3)：160.

[20] [葡] J Paulo Davim 编. 金属基复合材料加工. 贾继红，孙晓雷，牛群译. 北京：国防工业出版社，2013.

[21] 全燕鸣，曾志新，叶邦彦. 复合材料的切削加工表面质量. 中国机械工程，2002，13 (21)：1872-1875.

[22] 李元元，张大童，张文，温利平. 金属基复合材料的切削加工性的研究进展. 材料导报，1999，13 (1)：54-55.

[23] 边卫亮. 钛基复合材料车削加工试验研究. 南京：南京航空航天大学机电学院，2012.

[24] 王扬，杨立军，齐立涛. Al_2O_3颗粒增强铝基复合材料激光加热辅助切削的切削特性. 中国机械工程，2003，14 (4)：344-346.

[25] 李丹，闫国成. 颗粒增强铝基复合材料铣削加工实验研究. 现代制造工程，2007，(3)：15-17.

[26] 宦海洋，葛英飞，傅玉灿，徐久华. 铝基复合材料的高速切削. 航空制造技术，2012，14：40-44.

[27] 都金光，李建广，姚英学. 基于正交设计的 SiC_p/Al 复合材料铣磨力实验. 金刚石与磨料磨具工程，2013，(2)：52-55.

[28] 代汉达，高印寒，刘耀辉，杜军. $Al_2O_{3f}+C_f$/ZL109 混杂复合材料钻削加工性的研究. 复合材料学报，2004，21 (1)：141-145.

[29] 白大山，黄树涛，周丽. 金刚石涂层钻头钻削 SiC_p/Al 复合材料的仿真有限元分析. 工具技术，2011，10 (45)：12-15.

[30] 王福松. SiC_p/Al 复合材料磨削机理的研究. 沈阳：沈阳理工大学，2012.

[31] 张吉秀，胡津，孔令超. 激光表面处理金属基复合材料耐腐蚀性能的影响. 材料保护，2005，(11)：40-42.

[32] 朱宁伟. 颗粒增强铝基复合材料电火花加工技术的研究. 哈尔滨：哈尔滨工业大学机电工程学院，2010.

[33] 徐可伟，朱训生，赵波. 金刚石刀具振动切削颗粒增强金属基复合材料的切削机理研究. 工具技术，2009，11 (43)：15-17.

[34] 高国富，何全茂，董小磊，向道辉，赵波. PCD 刀具超声铣削 SiC_p/Al 复合材料的试验研究. 制造业自动化，2010，32 (3)：41-43.

[35] 许幸新，张晓辉，刘传绍，赵波. SiC 颗粒增强铝基复合材料的超声振动钻削试验研究. 中国机械工程，2010，21 (21)：2574-2576.

[36] 张长瑞，郝元恺. 陶瓷基复合材料原理、工艺、性能与设计. 长沙：国防工业出版社，2001.

[37] 朱则刚. 陶瓷基复合材料展现发展价值开发应用新蓝海. 现代技术陶瓷，2013，(2)：1-6.

[38] 丁柳柳，江国健，姚秀敏，李汶军，徐家跃，刘云英，彭桂花. 连续陶瓷基复合材料研究新进展. 硅酸盐通报，2012，31 (5)：1150-1154.

[39] 白大山. SiC_p/Al 复合材料高效精密钻削机理研究. 沈阳：沈阳理工大学，2012.

[40] 王平，张权明，李良. C_f/SiC 陶瓷基复合材料车削加工工艺研究. 火箭推进，2011，(2)：67-70.

[41] 毕铭智. C/SiC 复合材料钻、铣加工技术的试验研究. 大连：大连理工大学，2013.

[42] 杨杨. 纤维增强复合材料的磨削及基于声发射信号砂轮磨损状态识别研究. 天津：天津大学，2011.

[43] 池宪，吴凡，锁小红. C-SiC 陶瓷基复合材料磨削参数优化研究. 航空精密制造技术，2012，48（1）：41-43.
[44] 季凌飞，闫胤洲，鲍勇，蒋毅坚. 陶瓷激光切割技术的研究现状与思考. 中国激光，2008，35（11）：1686-1691.
[45] 胡保全，牛晋川. 先进复合材料. 2版. 北京：国防工业出版社，2013.
[46] [葡] J Paulo Davim. 复合材料制孔技术. 陈明，安庆龙，明伟伟译. 北京：国防工业出版社，2013.
[47] 刘万辉. 复合材料. 黑龙江：哈尔滨工业大学出版社，2011.
[48] 张忠伟，魏莲珍，徐莹. 大直径 C/C 开口弹性密封环的加工技术. 航空制造技术，2013，（13）：33-35.
[49] 郭孟，樊会涛，李辉. 面向航空航天的 C/C 复合材料加工技术研究. 装备制造技术，2014，（3）：182-185.
[50] 唐臣升. 复合材料高效加工刀具技术. 航空制造技术，2013，（6）：47-51.
[51] 刘汉良，张加波，王震，张佳朋，李光. 碳纤维与芳纶纤维复合材料机械加工刀具选用. 宇航材料工艺，2013，（4）：95-98.
[52] 山特维克可乐满. 复合材料孔加工技术的新进展. 航空制造技术，2011，（14）：34-37.
[53] 伊斯卡刀具国际贸易（上海）有限公司. 先进复合材料机加工解决方案. 航空制造技术，2012，（7）：10004-10005.
[54] 叶邦彦，刘伟，徐进，全燕鸣，刘晓初. 颗粒增强复合材料加工表面粗糙度及刀具设计. 工具技术，2004，（9）：99-102.
[55] 辛志杰. 超硬刀具、磨具与模具加工应用实例. 北京：化学工业出版社，2012.
[56] 海天. 整体硬质合金刀具在航空业的应用. 金属加工：冷加工，2013，（22）：26-27.
[57] Yahya Altunpak，Mustafa Ay，Serdar Aslan. Drilling of a hybrid Al/SiC/Cr metal matrix composites. Int J Adv Manuf Technol，2012，60：513-517.